黄河水利委员会治黄著作出版资金资助出版图书

三门峡水库泥沙试验与研究

焦恩泽　著

U0790813

黄 河 水 利 出 版 社
·郑州·

内 容 提 要

三门峡水库1960年开始运用至今已有50余年，本书较为系统、全面地对三门峡水库泥沙问题作了初步总结，是一本关于三门峡水库泥沙的专著。本书在总结经验的基础上着重介绍了主要专题试验结果，同时对各个阶段泥沙问题及专题作了点评。通过总结，我们认为，在规划、治理多沙河流时，应当多从全局考量，尤其要研究修建的大型水利水电枢纽带来的一些负面影响甚至可能发生意想不到的灾难。因此，在本书最后三章，作者以实例阐述了自己的浅显之见。

本书可以供水利高等院校师生，以及相关规划设计、科研人员参考使用。

图书在版编目(CIP)数据

三门峡水库泥沙试验与研究/焦恩泽著.—郑州：黄河水利出版社,2011.7

ISBN 978-7-5509-0083-7

Ⅰ.①三…　Ⅱ.①焦…　Ⅲ.①水库泥沙-试验-研究-三门峡市　Ⅳ.①TV145

中国版本图书馆CIP数据核字(2011)第139617号

组稿编辑：岳德军　电话：13838122133　E-mail：983375628@qq.com

出 版 社：黄河水利出版社

地址：河南省郑州市顺河路黄委会综合楼14层　邮政编码：450003

发行单位：黄河水利出版社

发行部电话：0371-66026940、66020550、66028024、66022620(传真)

E-mail：hhslcbs@126.com

承印单位：河南地质彩色印刷厂

开本：787 mm　1092 mm　1/16

印张：19.75

字数：456千字　印数：1—1 500

版次：2011年7月第1版　印次：2011年7月第1次印刷

定价：69.00元

前　言

1954年,我毕业于天津大学水利系,分配到北京水利科学研究院(现为中国水利水电科学研究院),当时研究院正在筹建,我先到官厅水库实习,参加了水库野外观测、室内资料整理,开始了解水库泥沙方面的知识。1956年回中国水利水电科学研究院,被分配到泥沙研究所,参加三门峡水库泥沙课题组工作,从此就与黄河三门峡水库结下了不解之缘。

1964年,我被调到水利电力部水文局,主管全国12座重点水库泥沙观测研究工作,有机会了解、考查这些水库的基本情况,丰富了对水库泥沙的感性知识。1968年3月,水电部军管会遵照周恩来总理"解放钱正英,边检查边工作,到群众中去"的指示,钱正英参加我们的学习小组,我与她有所接触,深知她对黄河的事情异常关心。

1969年,我随北京水利科学研究院下放到三门峡工地,参加当时急需的一些研究工作。1975年,调到黄河水利委员会(简称黄委)规划办公室参与治黄规划,结束后分配到黄河水利科学研究院,仍然围绕着三门峡水库的问题做一些研究工作。1989年离休,继续做一些力所能及的事情。

2003年,我编写了《黄河水库泥沙》一书,由黄河水利委员会治黄著作出版资金资助,并于2004年出版,送给钱正英院士一本。2005年收到了钱院士来信,信中写了一些鼓励的话,同时提出:"你和龙毓骞在有生之年能对三门峡水库建设的得失、经(验)、教(训),作一科学的全面的总结,这将为我国以至世界的水利界留下宝贵的财富。"这是对我的鼓励,同时也是鞭策,留下深刻的记忆。当时已经承担几项任务,没有时间响应钱正英老部长的提议。

2008年我心脏病突发,在家休养。2009年在整理书籍过程中又重读钱正英来函,引起我几番思考。50多年来,我几乎是伴随着三门峡水库的研究走过来的:1960年我与中国科学院地理所地貌室的同行,从三门峡开始沿河徒步而上,历经两个月沿河查勘、调研,在西安市作了初步总结。1960年三门峡蓄水运用之后,我几乎年年造访。建成初期,少则两三个月,多则半年以上住在三门峡库区,及时研究三门峡水库泥沙实测资料。围绕三门峡水库泥沙方面的研究课题参与较多,参与过一些重大项目的研讨或决策,熟悉很多细节问题。自20世纪50年代起,对三门峡的实测资料进行过多次梳理和分析,积累了大量的数据和素材。上述情况是总结工作的绝好条件。

尽管如此,"总结"的题目太大。研究过三门峡水库的专家、学者成百上千,课题之广、难度之大是国内外所罕见的。通过各方面的努力,三门峡水库经过两次增建、改建,取得了辉煌成就,创造出世界奇迹,为开发、利用多沙河流上的水资源开辟出创新途径。上述问题与成果总结决非个人所能完成的。因此,在本书编写完成之后,命名为"三门峡水库泥沙试验与研究",在各篇各章中也尽可能地作些点评与展望,供同行们参考。

2010年是三门峡水库正式运用50周年,半个世纪以来,它经历了争议、挫折、改造和不断的修正与改进，有许多科研院所、高等院校参与，在现场和室内进行了众多的试验研究，尤其可贵的是野外的原型试验研究，都取得了丰富甚至是世界领先的成果，丰富了我们对水库泥沙的基础理论、生产手段。

回首往事，如果在50年前，我们的水库泥沙知识达到现在的50%水平，就会看出三门峡是个禁区。上有山西、陕西省库区无法避免的泥沙淤积，下有河南、山东两省的河道不能因修建三门峡而升高。在无知的情况下闯了大祸，增长了知识，从失败中学习到很多意想不到的学问。我们是在苦中取乐，其乐无穷。这正是：身染泥沙职业病，朝思暮想乐无穷。

编写本书是一件很难的事情，它涉及50多年来发生和解决的许多事故，而且是我们从来没有遇到过的难点。首次完成书稿之后，总感到漏洞百出。为此三易其稿，有些章节推倒重来。至今仍然感到是挂一漏万，与“总结”相去甚远，还有许多不足之处有待充实。

本书在筹划和编写过程中，得到全国政协原副主席钱正英院士的真诚鼓励，以及黄河水利科学研究院时明立院长、江恩惠副院长的鼎力支持，黄委科技委主任陈效国、副主任胡一三以及缪凤举教授、李世滢教授也对书稿提出了很多宝贵意见。在张清、康占芯、荆新爱工程师的热心帮助下，得以完成本书出版工作，对此表示衷心感谢。

限于著者水平，本书会有许多不足之处，敬请读者批评指正。

作　者

2011年4月

目　录

第二篇　试验与研究

绪　论

“吃梨子才知道梨子是什么味”，这句很普通的语言已经上升到哲学的高度。其实梨有很多品种，其特色又各有差异。辽宁省西部有一种冻秋梨，成熟之后一定要在严冬季节冻起来，在春节前后拿出来吃，别有一番风味。陕西省彬县出产一种梨，要轻拿轻放，稍有挤压立刻变质烂掉。对许多品种的梨不仅要品尝，还要深入研究其内在的物质结构，方能清楚它们的本性。黄河泥沙问题也是如此，要从多方面去观察、探索。在多沙河流上修建水库，其泥沙问题就更加复杂，像黄河三门峡水库泥沙问题尤为特殊。

三门峡水库已经运行50多年了。走过了极不平凡的曲折路程，回顾过去，人们在三门峡水库泥沙问题方面有四个经验教训：水沙特异，条件多变；任务繁重，难点太多；不断试验，敢于创新；征途艰险，硕果丰满。

第一节　水沙特异，条件多变

黄河三门峡以上地区的水文泥沙情况非常复杂，主要表现在河口镇至三门峡区间。该地区的流域面积约30万km^2，约占全流域面积的40%；地区产沙量为12.2亿t，占三门峡多年输沙量的90%；径流量约81亿m^3，占三门峡多年径流量的20.6%。

输沙量在质量方面差异较大。吴堡以上地区以产粗颗粒泥沙为主，吴堡至龙门区间以产细颗粒泥沙为主；渭河，干流的泥沙组成较细，北洛河泥沙组成较粗，泾河泥沙居中。

由于泥沙组成不同，渭河、泾河发生暴雨洪水多形成高含沙洪水；延河、清涧河、无定河发生的洪水多为高含沙洪水。高含沙洪水对河床演变的作用异常强大，时有发生“揭河底”的强烈冲刷现象。粗泥沙地区产生的洪水，进入三门峡水库多以淤积为主。进入21世纪，流域内降水量有所减少，而所产生的径流量减少的更多，窟野河控制站在2008～2009年的年输沙量为零或接近于零，至今尚未找出造成这个结果的真实原因。

自20世纪80年代开始，黄河上中游地区的水沙情况发生了很大变化，有些年份甚至是恶化，这些变化造成三门峡库区的冲淤出现不正常现象。水沙搭配(S/Q)变异，促使水库运用过程中遇到了很多不确定因素，由此涉及水库减淤排沙、潼关河床高程逐渐上升，威胁渭河下游和黄河下游防洪等，这是在规划设计阶段想象不到的重大问题，提醒我们在今后的规划工作中应引以为鉴。

1960年汛初，三门峡水利枢纽初建成功开始拦洪，是黄河上第一坝，在治理黄河规划中还初步规划了40余座水利水电坝址，作出简略的论证，没有提出具体的建设规模、建成后运用的原则，更谈不上可能出现哪些负面作用。

20世纪60年代以后，在黄河上中游相继建成三盛公、盐锅峡、刘家峡、青铜峡等大型水利水电枢纽。在支流上建成汾河水库、巴家嘴水库、王瑶等大型水库。水土流失严重的无定河流域，已建成大中型水库32座，小型水库70余座。

1986 年龙羊峡水电站建成，总库容为 247 亿 m^3，对黄河上游的径流量的调节能力异常强大。龙羊峡加入黄河上游 7 座梯级水电站（黄河源、龙羊峡、李家峡、公伯峡、刘家峡、盐锅峡、八盘峡），经过多级调控，使得洪水演变成平水，流量的均匀程度已接近渠化。

黄河是一条水沙异源非常强烈的河流，在自然状态时，径流量主要来自兰州以上，输沙量主要产地是黄河中游，径流量进入中游，可稀释水流中的含沙量。上游 7 座水电站对径流的调节，造成洪水期进入中游的径流量大幅度减少，降低了稀释中游洪水含沙量的能力。

龙羊峡与刘家峡两座大型水库联合调度，龙羊峡库容至今仍未蓄满，对洪水的调控尚有很大空间，刘家峡水库可以高蓄水，不用顾及防洪问题。这种对全年或多年径流量的大调控，使径流量在年内的分配出现很大变化。

三门峡水库在 1968 年以前，汛期径流量占全年径流量的 60%，受龙羊峡和刘家峡两座大型水库的调节与控制，汛期径流量占全年百分比下降到 40%。黄河中游河口镇至龙门区间是黄河的主要产沙区，经近 30 年大量开展水土保持，已经减少入黄沙量 3 亿～4 亿 t。尽管如此，黄河上游汛期控制下泄的径流量相比显得太少。促使水沙搭配参数（S/Q）升高。从水流输沙规律来看，输沙率（Q_s）与流量（Q）呈高次方关系，即 $Q_s \sim Q^2$ 的关系，汛期进入三门峡水库的流量降低，势必引起输沙能力下降。这仅仅是引起三门峡水库在近 20 年来出现累积性淤积的重要原因之一，同时也是潼关高程上升的主要原因。

正因为水沙条件受上游水电工程大规模的调控作用，三门峡水库在新的形势下，必须重新研究水库泥沙运动规律，修改水库运用方案，以达到“确保西安，确保下游”的战略目标。

由于黄河上游超大型水库联合调度，引起宁蒙河段河势萎缩，三门峡水库出现累积性淤积等问题，使得我们在新形势下学到了新知识，增加了治黄工作的经验，“坏事变好事”。对今后多沙河流上修建工程或者进行流域规划有一定的借鉴意义，人们的境界更宽阔，视野范围更大，同时也引起人们的深思，水资源的管理与利用应当既能达到最好的优化方案，又能使矛盾降到最低。

第二节　任务繁重，难点太多

黄河流域规划工作曾做过多次，对三门峡水库的任务安排，始终是以防洪为主，其他为辅，并对防洪具体操作都讲得清楚明确。

1964 年 12 月，周恩来总理亲自主持召开治理黄河会议，周总理作了重要讲话，对三门峡水利枢纽工作提出新的要求：“确保西安，确保下游”，简称“两个确保”。从此以后，三门峡水利枢纽的改造、水库调度及管理等事宜都是在“两个确保”的前提下进行的。

三门峡水库为了落实和完成“两个确保”任务，首先，要保证 335 m 高程以下，要有长时期不被泥沙淤死的 30 亿 m^3 库容，或叫做“可以长期使用的库容”，简称可用库容；其次，要维持或降低潼关高程，这两项任务的内容是非常广泛的，难度很大。

一、可用库容问题

多沙河流上的水库，只要蓄水就会淤积，所谓"水停则沙止"，自古有之，要保持一定数量的库容何其难也。泥沙运动过程有淤积也有冲刷。随着这两种过程的发展，人们也发现，淤积过程河床细化，综合糙率减少；冲刷过程河床粗化，综合糙率增加。而糙率的增加与减少又反映到水流输沙能力上来，从而将研究的视线引到水库输沙能力方向上去，得到"富余输沙能力"的研究成果。水库的富余输沙能力是有限的，不足以将淤积在河槽库容的泥沙全部冲刷干净。

水库水位的升降过程，是泥沙在库区的沉积与起动，又是泥沙运动规律的另一个重要内容。当库水位降落幅度大、历时长久，库区会产生强烈的溯源冲刷与沿程冲刷，此时的排沙能力非常强大，可以利用这种时机来恢复河槽库容。经过长期的观察、观测与研究，总结出溯源冲刷与沿程冲刷的输沙规律。

水库中的可用库容主要分布在河槽中。已经淤积成锥体的水库受到冲刷作用后，形成高滩深槽的几何断面形态，其平均水深要超过平原河流上的断面平均水深。若达到这样的形态，水库排沙洞(孔)的底坎高程愈接近原床面高程，其排沙效果越好，河槽平均水深也越大。

然而，并非所有水库都是如此。修建在平原河流上的水库(如黄河上游三盛公水利枢纽)，其原河床床面是由悬移质中的床沙质组成的，其中也存在很少部分冲泻质。水库蓄水以后，坝上游淤积下来的泥沙以悬移质泥沙为主。因此，淤积后的床面糙率比原河床的糙率减少的不多，几乎没有什么差别。淤积后的床面与原河床床面平行上升，只是在坝前冲刷漏斗的范围陡然下降，淤积成局部小范围上凸形的形态。每当库水位大幅度下降之后，其河槽库容与自然条件下的河槽容积相比，增大的不多，因此水流输沙能力即使增加也是很少，其结果只能维持自然情况下的槽蓄量。

二、潼关高程

潼关高程是原潼关水文站基本水尺断面(建库后为黄淤41断面)，用1 000 m^3/s的流量表征，在其上游附近是渭河汇入黄河的汇流地点，很多文章定义为"渭河下游侵蚀基准面"。

一般来讲，河流的侵蚀基准面的水准点是固定不变的，如流进海洋的河流用海平面作为侵蚀基准面。潼关基本水尺断面是设置在沙质河床上，它随着水流功率($\gamma' QJ$：γ'为水的容重，Q为流量，J为水面比降)的变化而出现冲淤。用潼关断面同流量水位来反映潼关高程只能是定性的。潼关高程升降对渭河下游河床演变的作用也是定性的，或者说是重要原因之一。因此，还不能用它作为唯一指标来确定是否影响西安，还需要与渭河下游来水来沙条件相结合作综合分析，多方商榷来探讨三门峡水库淤积对西安市产生的影响，"确保西安"有待研究。

三、出库水沙条件影响下游河床演变

黄河下游河道，在三门峡水库修建以前处在自然状态时期，水与沙在流通过程中基本上是相互适宜的，洪水期水大沙多，平枯水期水少沙少。

三门峡水库修建以后，受水工建筑物控制作用，改变了出库的水沙搭配情况。高水位时，坝上游水流缓慢甚至接近于静止状态，大量泥沙发生沉积，坝前高水位的情况下出库流量大而含沙量小，不饱和的挟沙水流进入下游河道。挟沙水流总是向饱和方向发展，这就造成在三门峡水库下泄大流量时段，黄河下游很长一段河床发生冲刷或侧蚀。

三门峡水库为了防洪的需要，在汛期到来之前，降低库水位腾出库容。库水位很低，相应出库流量很小，在水库水位下降过程中，库区发生沿程冲刷和溯源冲刷，将非汛期拦截下来的泥沙几乎全部冲起，随水流排出库外，形成了小水带大沙。这种高浓度水流进入纵比降较缓的下游河道，水流能量与所挟带的输沙量极不适应，在流向下游过程中，超饱和那部分泥沙在沿程逐渐离开水流沉积在床面上，更多地淤积在主河槽内，造成下游河道的上段出现严重的淤积，同流量水位上升，威胁防汛工程。

小浪底水库于2000年正式蓄水投入运用，其拦沙库容尚未淤满，至2009年，共淤积泥沙25.8亿 m^3，尚有堆沙库容约50亿 m^3。三门峡水库出库的不协调水沙过程所挟带的泥沙拦截在小浪底水库内，然而人为制造的泥沙问题在小浪底堆沙库容淤满之后立即出现，小浪底出库水沙不协调的现象将步三门峡水库的后尘。这是一项难度极高的重大课题，需要继续深入研究，及早提出对策。

四、三门峡受地理位置的制约

潼关测流断面河宽不足600 m，其上游黄河与渭河汇流处，河道宽度在3 km左右。潼关断面是一处天然的卡口。当上游来水达到3 000 m^3/s 以上时，卡口作用突出，潼关至黄河上源头的水面比降由3.5‱下降到3.0‱以下，渭河河口段的纵比降为1.0‱～1.2‱，黄河发生洪水很容易倒灌渭河，最远可以上溯到华县水文站（距潼关80 km左右），在黄河、渭河、洛河汇流区常常淤积成拦门沙坎。潼关断面距坝址不足130 km。

三门峡小北干流（龙门至潼关）库区，在自然状态下多年平均淤积0.51亿 m^3，其累积淤积体自然向下游延伸，三门峡水库运用以后，多年平均淤积0.68亿 m^3，与建库前相比，受三门峡水库的影响，年均多淤0.17亿 m^3。其淤积加重向下游延伸的力度，促使潼关断面高程上升，增加对渭河下游下段河床演变向负面发展的机率。

三门峡承担确保下游的任务，是水库调度的核心，时刻不能忘记。

为了完成上述各项任务，都离不开泥沙问题，它又不是泥沙一个方面的课题，有些课题几乎是前所未有的，如水库富余输沙能力、可用库容、拦粗排细转化为拦细排粗、河道异重流、高含沙水流、坝区冲刷漏斗等。这些问题是国内外所有水库很少遇到的，无先例可寻。

第三节　不断试验，敢于创新

三门峡水库建成后，始终处在各种矛盾错综复杂的环境中，所遇到的难题又是前所未有的，无先例可以借鉴。为此，下定决心从现场试验开始。

三门峡水库在汛期的洪水过程含沙量特别大，泥沙组成偏粗，对过流部件磨损非常严重。1974 年改建成功之后，汛期开始发电。经过一段时间发现水轮机磨损异常严重，机组运行工况恶化，于 1980 年起仅非汛期发电，汛期停止发电。偌大一座水电站，在径流多、流量大的汛期季节竟然不发电让人难以理解。三门峡枢纽管理局经过多方的努力，为了在含沙量比较高的汛期能够发电，对水轮机进行抗磨材料试验，取得了新成果。

经水利部水管[1994]519 号文件批复，于 1994 年汛期开展三门峡水库发电现场试验，至 1999 年结束，取得较好的成果（见第五章）。

汛期发电是在不影响潼关高程、潼关以下库区维持冲淤平衡的前提下，提高发电效益。

汛期的输沙量多集中在洪水期间，其他时间（可称做平水期）的输沙量较少，水流含沙浓度低，对过流部件的磨损程度较小，从多年的经验中得到的含沙量小于 30 kg/m^3 时，可以发电。虽然平水期含沙浓度低，若抬高水位仍然会在坝上游发生淤积，积少成多，会使达到水库冲淤平衡的条件受到冲击。因此，需要研究一个带有指标性质的水位，或称做指标水位。首先，汛期发电期间应当永远低于指标水位，才能基本保证"库区冲淤平衡"的运用条件，使潼关高程不受影响。其次，在抬高水位过程淤积下来的泥沙，要借助于洪水或降低库水位所引发出来的溯源冲刷，将这部分泥沙排出库外。因此，这项试验就需要水文观测部门的配合，科研单位的人员参加，黄委高层领导的参与与协调，三门峡枢纽局也全力以赴。

1999 年以后，在取得较为成熟的全面经验的基础上，于 2000 年开始作为正常的水库运用的布置继续进行汛期发电。这是在多沙河流上修建的水电站，如何充分地开发利用水资源是一项创新的成果。从实践的结果来看，尚有进一步改进和完善的空间，还要不断地深化研究。

三门峡水库创造出来的"调水调沙"运用方式，解决了在多沙河流修建大型水库可以保持部分库容长期使用问题。三门峡水库近 20 年来的运用实践表明，当上游来水来沙受多方面的干扰，水沙条件发生很大的变化时，对三门峡水库调水调沙影响较大。20 世纪 80 年代，进库流量大于2 500 m^3/s时，敞泄排沙，排沙比大，对下游河道没有产生较多的副作用，洪水挟带的输沙量几乎全部输送到河口以下近海区，河床几近不淤。2000 年以来，进入三门峡水库大于 2 000 m^3/s 的流量很少出现，用以敞泄排沙的下限流量降到 1 500 m^3/s 流量级，这对保持水库冲淤平衡目标带来许多难题。自然界没有为难我们，而是人类破坏了环境受到了惩罚，在新的水沙条件下，再修订、完善水库运用方案，重新研究破解难题。

只要做到确保三门峡水库的可用库容不被泥沙淤积侵占，就可以达到"确保下游"的目的。因此，要研究潼关以下库区在非汛期淤积部位，有利于汛期敞泄能够将非汛期淤积物排出库外。为此，就要研究敞泄期间冲刷可能达到的最大范围。1973 年 11 月以前，三门峡水库运用方式为敞泄排沙，除特殊情况（如防凌蓄水、库区水上事故等）要关闭闸门外，均敞开泄流，其冲刷范围可以上溯到小北干流和渭河下游库区，1973 年以后，水库改为蓄水排浑或调水调沙运用方式；非汛期蓄水拦沙，汛期降低水位排沙，其中洪水期敞泄排沙。近 20 年汛期中的洪水总历时很短不足 30 d，洪峰流量低，洪水水量少。即使实施敞泄排沙，其天数也很短，1994 ~ 2008 年中，2003 年洪水天数为 55 d，洪水水量为 115 亿

m^3，是历年最多的，其中敞泄天数为 32 d，排沙比为 1.93，净冲刷量 3.07 亿 m^3（见第五章）。敞泄冲刷范围在北村水文站附近（距坝址 42 km），与坝区冲刷大漏斗的结果是一致的。因此，非汛期淤积重心应当控制在北村断面（黄淤 22 断面）以下。

从控制淤积部位、有利于减淤排沙出发，非汛期的水库水位最好不超过 312 m 的高程。

第四节　征途艰险，硕果丰满

1960 年，水库蓄水投入运用以来，遇到了泥沙淤积严重的问题，不得不改变水库运用方式，给我们当头一棒，在社会上掀起惊天的巨浪，人们不禁要问：三门峡何去何从?!

三门峡工程建设者，参与三门峡工程规划、设计及研究水库泥沙的专家、学者，在舆论和媒体的压力下，放下包袱，勇往直前。经历了困难岁月，闯过十年动乱，扎根在生产前线，冒着各种风险，日日夜夜精心研究，在征服水库泥沙的道路上，艰难地一步一步前进，终于取得了巨大成就。

回过头来再看当初规划设计阶段，我们对泥沙的认识水平太肤浅，又不能用现在的认知去评判过去。人类对世界的认识总是不断地深入，在改造世界过程中，既有成功也有失败。我们先人说过“失败是成功之母”，从失败中找到问题、解决问题，就前进了一大步，这种不断前进就是创造辉煌的开始。

三门峡水库就是这样走过来的，由此看来，今天三门峡水库取得的成就应当是人类的财富，祝愿三门峡水库的明天更加辉煌！

第一篇　三门峡水库泥沙问题回顾

三门峡水库泥沙是一项非常复杂而又特殊的问题。它所承担的任务是“确保西安，确保下游”。这是国内外找不到的特殊性。在水库运用方面，为保持库容，以排沙、减淤为主。

要确保西安，潼关高程是晴雨表，要想维持潼关高程，非汛期的淤积重心应当在北村以下库区。三门峡敞泄冲刷大漏斗的上限边界就在北村。淤积重心在北村以下，有利于排沙、恢复河槽库容，非汛期库水位不宜过高，要维持潼关河段不淤为好。

要确保下游，首先是防御黄河上大洪水，要求潼关以下库区至少要保留30亿m^3的库容用于防御大洪水。为此要保持潼关以下库区冲淤平衡，如果出现累积性淤积，除有利水沙条件外，在洪水期，降低库水位敞泄排沙，恢复库容；防止或减少潼关河段发生淤积，充分利用水库富余输沙能力、溯源冲刷和沿程冲刷的排沙能力，将非汛期泥沙排出库外。

上述这些难题具有三门峡的特色，国内外其他水库望尘莫及。

第一章　三门峡小北干流库区冲淤演变研究

第一节　小北干流库区概况

黄河中游的河口镇至禹门口河段长725 km，穿行于内蒙古、陕西与山西之间，区间纳入大小支流390多条，区间面积为111 591 km^2，两岸山石峭壁陡立，河道坡陡流急，碛滩绵连，孤石林立，河道窄深，称之为“黄河北干流”。

黄河出禹门口至潼关河段长132.5 km，平均宽度为8.5 km，控制面积为1 107 km^2。在禹门口处，河道是不足百米的窄口，河出禹门口之后，突然拓宽至数公里，向南偏西流向潼关。河道两岸台塬高出河床10～200 m，至潼关河宽又缩窄至850 m左右。这一段河流是一条非常典型的游荡型冲淤善变的河道，也是天然的滞洪滞沙地区，为了与“黄河北干流”区别，称之为“黄河小北干流”，简称“小北干流”。

小北干流从地形地貌上看可分为上、中、下三段，上段与下段为游荡型河道，中段两岸受天然节点的控制较为稳定。

河出禹门口至庙前（黄淤68断面—黄淤61断面），河段长度为42.5 km，左岸有汾河、右岸有涺水河等支流汇入。河出禹门口后突然展宽，河床宽度均在4.0 km以上，汾河河口地带最宽，达13 km。东岸有清涧湾、连伯滩滩地，西岸有下峪口、芝川滩地，本河段为小北干流上段。

中段是庙前至夹马口（黄淤61断面--黄淤54断面），本河段长度为30 km，两岸有第三纪红土层出露，抗冲能力较强，形成多处节点，控制河道左右摆动，河势比较稳定。两侧只有零星滩地，面积较小。

夹马口至潼关（黄淤54断面—黄淤41断面）河段为下段，河道长度为60 km。平均宽度达到10 km。最大宽度在蒲州旧城地段，为18 km。河段东岸有永济滩，西岸有新民滩和朝邑滩。这三处滩地面积较大，又是黄河、渭河、北洛河汇流区，该区地面高程绝大部分都在335 m以下，属于三门峡水库库区范围。

本河段东岸有涑水河汇入，西岸有渭河、北洛河（有时入黄河，有时入渭河）汇入。

在禹门口附近，河道纵比降约6.5‰，向南流河道坡度逐渐变缓，及至潼关附近，纵比降已经下降到3.0‰，小北干流全河段的平均纵比降为4.0‰。就全河段来看，河道较为顺直，宽浅而游荡性很强。滩槽差很小，只有0.5～1.5 m，宽深比（$\sqrt{B}/H$）比较大，均在40以上，河道稳定系数为0.38～0.78。由于河道游荡性极强，主流时而东西滚动，下段河道最大摆幅可达12～18 km，素有“三十年河东，三十年河西”之称。

小北干流河床演变的研究工作较少，最早是在1970年三门峡水库泥沙问题基本经验总结组设置的小北干流组才开始研究，用4个月的时间对建库前后的水沙条件、河道冲淤形态、小北干流多年平均淤积量、滞洪滞沙、冲淤基本规律以及“揭河底”等作了初步分析，编写了《三门峡水库小北干流冲淤分析》（三门峡水库泥沙问题基本经验总结组附件之二）。杜殿勋在1985年、1986年分别提出有关小北干流河床冲淤的研究报告。总之，我们对小北干流河道特性、演变规律及开发利用的研究不多，多属于基本情况和数据统计之类的工作，缺乏深入研究。同时，小北干流的基本资料也十分缺乏。加之这一河段尚处在封闭状态，对国民经济、社会发展、工农业生产影响很小，不被人们所重视。

一、三门峡建库前小北干流概况

汉唐时期小北干流的河道比较稳定，汉武帝刘彻乘舟巡视河东，经渭河而至小北干流、汾河到达河东地区，说明当时的渭—黄—汾水道非常畅通发达。唐开元十二年（公元724年），唐明皇李隆基在小北干流建桥，为蒲津桥。在桥两岸各铸铁牛4个，一牛配一人牵，下熔有铁山，将铁牛、铁人及铁山熔为一体，用来锚固浮桥。桥宽200步，两岸商贾往来，极为繁荣。

自宋以后，至元、明、清，小北干流受黄河上中游地区人类活动剧增的影响，大量泥沙随水流进入小北干流河道，引起河道堆积，河床随之抬升，河流开始不稳定，演变到左右摆动不定，尤其是明隆庆四年（公元1570年）夏发生大水，河道淤积最为严重。《荣河县志》记载：“黄河泛涨，水溢入城，漂没庄禾人畜。”《平民县志》记载：“河溢，高数丈，大庆关至朝邑三十里不见水端，河西徙，移大庆关于河东。”《朝邑县志》记载：“朝邑赵渡镇南有西仓村，1570年被淹没，沙淤平其村又重建，挖沙五尺见原城墙。”

清康熙三十七年（公元1698年），河西摆二十里。《朝邑县志》记载：“连岁河又大决，向西顶冲塌岸，崩毁严天村等二十余村庄，人无宁日，土无立锥，坟域尽挖，积尸遍野。”《行水金鉴》记载：“清乾隆三十八年（公元1773年），黄河大涨，冲毁朝邑八里庄等村。”陕西巡抚毕沅奏文："五月二十一日，朝邑黄河水涨高一丈至二丈五尺，沿河堤岸村庄尽被淹没，黄河在陕西此涨甚少。"《朝邑县志》记载："清光绪三年（公元1877年）六月二十七日河水大涨，水势急，水头高，泥沙滚滚，来势十分可怕。"类似上述水患实例不胜枚举。

二、三门峡建库后小北干流情况

为了修建三门峡水库，小北干流地区335 m高程以下为移民区，小北干流的回水末端距坝址156 km，达到山西省永济县旧城和新盛镇附近河段（黄淤51断面）。小北干流淹没涉及陕西省的潼关、朝邑县，山西省的芮城、永济县。受水库回水和淤积上延的作用以及自然状态下小北干流就是堆积性河道的影响，1960～2002年，42年共淤积25.45亿m^3，年均淤积量为0.605 9亿m^3。建库前，小北干流年均淤积量约0.51亿m^3，两者相比，三门峡水库对小北干流的增淤作用也只有0.096亿m^3。受两岸防洪工程的控导作用，1960年以后河道基本稳定，没有发生大的摆动，主流始终行走在主河槽，时有较大的含沙水流通过，所以淤积也发生在主河槽。因此，主河槽河床高程高于两侧滩地，这对大河东西摆动打下了非常危险的基础，应及早采取治本措施，最好能在滩区进行大放淤，形成高滩、固滩固槽，以免"河东三十年、河西三十年"引起不必要的纠纷发生，以达到"团结治河"的目标，维护秦晋和谐、和好共处。

第二节　小北干流水文泥沙特性

小北干流河道的径流量和输沙量来自于黄河干流和汾河支流。龙门水文站是干流进库站，河津水文站是汾河进库站。龙门水文站控制流域面积为497 557 km^2，河津水文站控制流域面积为38 728 km^2。龙门水文站始建于1933年，因战事等影响，自1949年汛后才有不间断的连续观测资料。汾河河津水文站也是如此。

一、龙门水文站径流量

1950～2000年，龙门水文站多年平均径流量为280.8亿m^3，其中汛期径流量为154.4亿m^3，占全年径流量的55%。黄河上游刘家峡水库于1968年建成，龙羊峡水库于1986年建成。龙羊峡、刘家峡两库的调蓄和联合调度，改变了龙门水文站径流量在年内的分配，见表1-1。

表1-1　龙门水文站各时期径流量年内分配

时段	径流量（亿m^3）			汛期/全年（%）
	汛期	非汛期	全年	
1949～1959年	201.0	130.6	331.6	60.6
1960～1968年	200.0	152.7	352.7	56.7
1969～1986年	143.7	125.6	269.3	53.4
1987～2000年	84.7	116.8	201.5	42.0

从表 1-1 中可以看出，三门峡水库建成之前（1949～1959 年），龙门水文站汛期径流量占全年径流量的 60.6%，刘家峡水库建成之前（1960～1968 年），汛期径流量占全年径流量的 56.7%，刘家峡水库建成之后至 1986 年期间，由于刘家峡水库的调蓄作用，龙门水文站汛期径流量占全年径流量的百分比下降到 53.4%。1986 年龙羊峡水电站建成后，龙羊峡、刘家峡两库实施联合调度，调节幅度增大。汛期拦蓄径流量较多，则龙门水文站汛期径流量占全年径流量的百分比下降到 42.0%，致使径流量在全年的分配发生质的变化。

众所周知，黄河河口镇至龙门区间是黄河流域的主要产沙区，其多年平均输沙量约 9.0 亿 t，汛期约 8.0 亿 t。受黄河上游地区水利水电工程调蓄影响，汛期径流量大幅度减少，而输沙量减少的不多，势必给黄河小北干流、潼关高程及三门峡水库、小浪底水库带来负面作用。当小浪底水库堆沙库容淤满以后，它对黄河下游河道也会造成很大的麻烦。

从表 1-1 中还可以看出，1969 年之后年均径流量大幅度下降，属于枯水系列。尤其是 1987 年以后，与 1968 年以前相比，平均径流量减少 100 多亿 m^3，汛期径流量减少的原因也是如此。这些变化都对小北干流河床演变造成很大的影响。

二、龙门水文站输沙量

龙门水文站的多年平均输沙量为 8.97 亿 t，其中汛期（7～10 月）输沙量为 7.86 亿 t，占全年输沙量的 87.6%。河口镇至龙门区间又没有大型水利水电工程，因此对年内的输沙量基本上没有调节。20 世纪 70 年代以后，黄河中游大兴水土保持工程，各地小流域水土保持工程大范围开展，保土、减沙效益显著。1996～2000 年，年均输沙量已下降到 3.872 亿 t，其中也有枯水系列的因素，见表 1-2。

表 1-2　龙门水文站各时期输沙量

时段	输沙量（亿 t）			汛期/全年（%）
	汛期	非汛期	全年	
1949～1959 年	10.67	1.16	11.83	90.2
1960～1968 年	10.20	2.01	12.21	83.5
1969～1986 年	6.15	0.875	7.025	87.5
1987～1995 年	4.84	0.916	5.756	84.1
1996～2000 年	3.024	0.848	3.872	78.1

从表 1-2 中可以看出，1969～1986 年年均输沙量与 1949～1968 年相比，减少了近 40%左右，其中汛期减少 42%。这与表 1-1 中的 1969～1986 年的径流量减少是相对应的。从表 1-2 中还可以看出，黄河中游地区的水土保持工程对减少入黄泥沙是有效的，只是水土流失面积太大，加上水土保持工程手段和相应的技术及投资等又不相适应，留给人们的印象不佳。

三、悬移质泥沙组成

进入黄河中游北干流的泥沙组成，由北而南入黄泥沙颗粒最粗的支流属黄甫川。中数粒径 d_{50} 为 0.049 mm，平均粒径 d_m 为 0.140 mm。黄河上游来沙（河口镇站）最细，d_{50} 为 0.015 mm，d_m 为 0.028 mm，其次是孤山川（高石崖）、无定河（白家川），窟野河（温家川）悬沙组成也比较粗，仅次于黄甫川，见表 1-3。

表 1-3　黄河北干流干支流主要测站悬沙粒径级配（多年平均）

站名	河流	小于某粒径（mm）的沙重百分比（%）								d_{50} （mm）	d_m （mm）
		0.005	0.01	0.025	0.050	0.100	0.250	0.500	1.000		
河口镇	黄河	27.8	40.3	61.7	82.6	96.3	99.8	100	100	0.015	0.028
府谷	黄河	21.5	31.5	51.6	73.0	91.7	98.1	99.5	100	0.023	0.043
吴堡	黄河	20.9	29.0	46.9	69.4	90.4	98.6	99.8	100	0.027	0.043
龙门	黄河	18.9	26.6	44.9	72.0	92.8	98.3	99.7	100	0.028	0.044
黄甫	黄甫川	16.7	22.8	36.8	51.9	65.3	79.7	97.0	99.3	0.049	0.140
高石崖	孤山川	19.2	25.5	42.0	63.2	86.8	96.7	99.3	100	0.033	0.057
温家川	窟野河	16.4	22.3	35.0	50.6	67.7	83.4	94.7	98.9	0.050	0.128
白家川	无定河	14.1	20.0	38.5	68.6	92.5	97.8	99.5	100	0.033	0.048
延川	清涧河	17.1	23.7	44.7	76.9	96.8	99.5	99.8	99.9	0.028	0.037
甘谷驿	延河	16.3	23.0	43.2	73.0	92.8	97.7	99.5	100	0.029	0.046

悬移质泥沙中的较细部分（$d<0.01$ mm）泥沙容易形成高含沙水流，从而引起高含沙水流“揭河底”的现象发生；支流高含沙水流进入干流可发生河道异重流；高含沙水流进入水库以后可产生水库高含沙异重流。

从泥沙运动基本规律来看，泥沙粒径的大小又是决定泥沙运动最重要的因素之一，也是研究河床演变、水库冲淤变化、渠首渠系泥沙最主要的基本资料。然而，由于泥沙颗粒的岩性很复杂，种类繁多，形状千奇百怪，难以求得较为准确的粒径分配基数，这有待今后努力解决。

四、高含沙水流

黄河中游地区的很多支流的含沙量都很高，每逢洪水经常出现高含沙洪水，根据不完全统计（1962～1971 年），黄河干支流日平均含沙量大于 400 kg/m^3 的次数为 18～93 次，平均每年出现几次到十几次。黄河上游龙羊峡、刘家峡两座大型水库调蓄与联合调度，宁蒙灌区大量引水，使得黄河干流来水对河口镇至龙门区间入黄的各支流高含沙洪水的稀释作用相应减少，龙门水文站出现高含沙水流机会增加。

黄河中游地区多暴雨洪水，对黄土的侵蚀最为剧烈。黄土组成较细，高浓度浑水具有宾汉流体特征。经分析研究,泥沙中小于0.01 mm沙重的百分比越大,则出现的极限剪切力所需要的含沙浓度越小;反之则越大。对 τ_B 在0.1～0.3范围内的临界含沙量 S_{C_v},可给出 $S_{Cv} \sim P_{d<0.01\ mm}$ 关系曲线及试验成果,见图1-1及表1-4。

其表达式为:

$$S_{C_v}(\%) = 40e^{-0.06P_{d<0.01\ mm}} \tag{1-1}$$

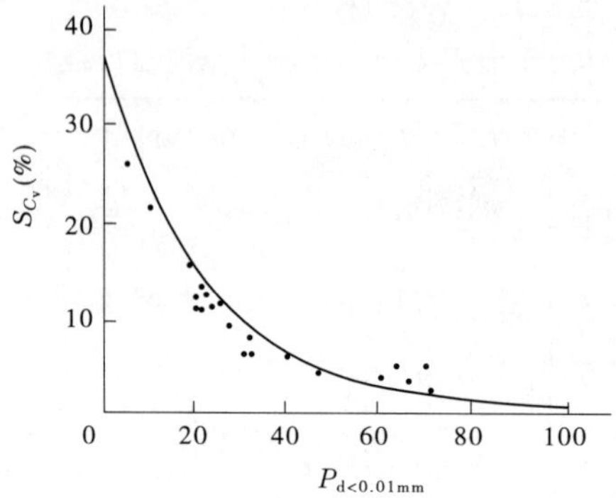

图1-1 $S_{C_v} \sim P_{d<0.01\ mm}$ 关系曲线

表1-4 临界含沙量 $S \sim P_{d<0.01\ mm}$ 试验成果

沙样来源	作者	S (kg/m³)	$P_{d<0.01mm}$ (%)	τ_B (Pa)	沙样来源	作者	S (kg/m³)	$P_{d<0.01\ mm}$ (%)	τ_B (Pa)
花园口淤区	张隆荣	18.0	90.5	0.10	白家川	水文局	329	21.5	0.4
花园口淤区	张隆荣	606	10.5	0.15	姚新庄	水文局	159	40.1	0.15
马渡	张隆荣	19.6	88.0	0.20	王道恒塔	水文局	541	11.7	0.3
南河川	张隆荣	100	50.0	0.40	皇甫	水文局	295	20.5	0.4
南河川	张隆荣	102	47.2	0.20	皇甫	水文局	410	19.8	0.2
巴家嘴	水文局	210	36.0	0.30	皇甫	水文局	688	6.0	0.2
巴家嘴	水文局	254	27.8	0.20	龙门	水文局	290	22.0	0.2
巴家嘴	水文局	209	31.6	0.30	大村	水文局	290	28.4	0.3
巴家嘴	水文局	92	47.3	0.20	延安	水文局	299	24.3	0.2
巴家嘴	水文局	87	66.6	0.10	延川	水文局	300	26.4	0.2
巴家嘴	水文局	292	32.3	0.20	桃园	曹如轩	158	30.2	0.12
巴家嘴	水文局	99	60.7	0.30	红山水库	曹如轩	57	71.0	0.30
巴家嘴	水文局	132	64.0	0.30	红山水库	曹如轩	107	51.0	0.12
济南淤区	水文局	353	22.0	0.15	红山水库	曹如轩	121	71.0	0.12

注:“水文局”是黄委水文局,该局内部出版的“黄河高含沙水流流变试验资料汇编”,1979～1984年。

从表1-4中可以粗略估算出:在天然河流中,出现伪一相流时,需要 $d<0.01$ mm的含沙量在100 kg/m³左右。

龙门水文站出现高含沙洪水并不都发生“揭河底”(有关“揭河底”将另节讨论),每逢高含沙洪水,小北干流都发生严重淤积。如1964年、1966年、1967年、1970年、1971年和1977年共6年的汛期总淤积量为15.7亿m^3,1960~2000年总淤积量为24.65亿m^3,而这6年汛期淤积量约占总淤积量的64%。

高含沙洪水对黄河下游河道也是不利的,表1-5是1950~1977年28年中三门峡发生的18场高含沙洪水(含沙量大于300 kg/m^3),在下游河道中的淤积量占28年总淤积量的50.6%,见表1-6。

表1-5　1950~1977年三门峡发生的18场高含沙洪水

编号	洪水时段	三门峡				花园口			
		Q_{max} (m^3/s)	S_{max} (kg/m^3)	$\overline{Q}$ (m^3/s)	$\overline{S}$ (kg/m^3)	Q_{max} (m^3/s)	S_{max} (kg/m^3)	$\overline{Q}$ (m^3/s)	$\overline{S}$ (kg/m^3)
1	1950-07-20~07-23	6 160	369	2 645	214	6 180	177	2 765	133
2	1953-08-17~08-24	5 786	716	2 308	221	6 795		2 830	113
3	1953-08-25~08-31	12 100	412	3 061	249	8 406	247	3 571	154
4	1954-09-01~09-07	13 900	590	6 894	213	12 300	286	7 177	127
5	1956-07-23~07-27	7 230	676	3 614	157	6 500	206	3 362	90.4
6	1959-08-03~08-11	8 260	397	3 669	196	7 680	269	3 341	109
7	1969-07-24~08-07	4 160	435	1 722	218	4 450	318	1 667	133
8	1969-08-11~08-15	3 250	315	1 569	195	3 090	180	1 630	127
9	1970-07-26~08-02	1 280	306	757	181	2 710	131	1 366	61.2
10	1970-08-03~08-17	4 780	620	1 874	340	4 960	320	1 963	231
11	1971-07-21~07-31	5 380	660	1 644	232	5 040	192	1 608	137
12	1971-08-10~08-24	1 970	653	1 356	226	3 170	170	1 852	95
13	1972-07-20~07-26	5 000	310	2 090	134	4 090	143	1 930	62
14	1973-08-19~08-22	2 900	332	1 375	209	3 130	176	1 290	137
15	1973-08-26~09-05	4 570	477	3 125	249	5 890	449	3 457	213
16	1974-07-29~08-05	4 180	391	1 500	203	3 700	220	1 455	110
17	1977-07-06~07-12	7 900	589	4 125	301	8 100	546	4 580	215
18	1977-08-05~08-10	8 900	911	3 693	410	10 800	437	3 995	217

表 1-6　黄河下游 18 场高含沙洪水特征值

统计时段	三门峡 + 黑石关 + 小董		黄河下游淤积量（亿 t）
	水量（亿 m^3）	输沙量（亿 t）	
1950～1977 年	12 762.5	409.1	96.0
18 场高含沙洪水	330.7	74.3	48.6
1970 年 2 场	35.1	9.26	6.52
1977 年 2 场	46.53	15.36	9.94

从表 1-6 中可以看出：18 场高含沙洪水的水量占 28 年总水量的 2.6%，输沙量占 28 年总输沙量的 18.2%，但淤积量却占 28 年总淤积量的 50.6%❶。

黄河北干流高含沙洪水进入小北干流以后，因为河道宽浅，在不发生“揭河底”冲刷的情况下，均发生严重淤积，表 1-7 列出了龙门水文站最大含沙量超过 300 kg/m^3 以上的洪水，潼关高程都是上升的。

表 1-7　龙门水文站高含沙洪水对潼关高程的影响

洪水日期（年-月-日）	Q_{max}（m^3/s）	S_{max}（kg/m^3）	$\overline{Q}$（m^3/s）	$\overline{S}$（kg/m^3）	$H_{潼}$（m）
1974-07-30～08-05	9 000	533	1 771	257	−0.71[1]
1977-07-03～07-14	14 500	690	1 913	199	−2.43[2]
1977-08-02～08-14	13 600	821	2 370	313	0.56
1978-07-21～07-31	3 970	461	1 168	205	0.12
1987-08-24～09-01	6 840	375	1 511	112	0.20
1988-07-19～07-27	4 230	441	1 387	113	0.70
1988-08-04～08-08	10 200	500	2 782	295	0.38
1989-07-16～07-20	3 800	466	931	254	0.12
1989-07-21～07-25	8 310	356	2 760	175	−0.003
1990-07-25～07-30	3 700	308	1 084	88	0.19

注：1. 三门峡调水调沙运用第一年，潼关以下河道比降达到 2.6‱，是发生强烈冲刷造成的。

2. 渭河高含沙洪水 $\overline{Q}$ = 950 m^3/s，渭河发生“揭河底”冲刷，波及到潼关断面。

❶中国水利学会泥沙专业委员会，全国泥沙基本理论研究学术讨论会论文集，1992 年。

第三节　河床冲淤演变

黄河小北干流河道宽浅，水流分散，沙洲众多，加之水流含沙量随季节晴雨多变，时而剧增，时而减少，引起河床随之冲淤不定，是非常典型的游荡型堆积性河道。河道两侧塬地高出河面 50～200 m，因此小北干流又是极好的滞洪滞沙区。

一、三门峡水库建成前淤积量估算

黄河小北干流在三门峡水库建成之前可以收集到的资料就是干支流水文站资料。主要水文站有黄河龙门水文站、汾河河津水文站、渭河华县水文站和北洛河洑头水文站等为进口站，陕县为出口站。这 5 处测站之间尚有未控制区区间面积为 16 365 km^2。此外，有 1950 年、1960 年两次地形测量，据称地形测量精度略差，未被采用。

小北干流冲淤的数量已经采用多种方法进行估算，如输沙率法、野外调查法、考古法和地形法等。

（一）输沙率法

（1）根据 1949～1959 年水沙系列，采用 4 站多年输沙量减去陕县多年输沙量，其多年平均差值为 0.47 亿 t。此外，加上潼关至 4 站区间未控区面积、潼关至陕县区间面积，采用估算法求得多年平均输沙量为 0.382 4 亿 t，从而得到小北干流多年平均淤积量为 0.852 4 亿 t。

（2）1985 年，黄河水利科学研究院采用 1950～1955 年系列求出小北干流多年平均淤积量为 1.315 亿 t。如果再加上 1959 年资料，则多年平均淤积量为 1.53 亿 t。

（二）野外调查法

（1）黄委原规划一分队，在 1970～1972 年对小北干流两岸作了访问与调研，求得多年平均淤积量为 1.454 1 亿 m^3，见表 1-8。

表 1-8　小北干流调查量估代算

调查地段	年数（年）	淤积厚度（m）	多年平均（m）	计算宽度（m）	断面间距（m）	平均淤积厚（m）	淤积体积（亿 m^3）	总计（亿 m^3）
禹门口（黄淤 68 断面）	50	6.0	0.12					
				7 000	43.5	0.164	0.499 4	
宝井（黄淤 60 断面）	60	12.46	0.203					
				5 000	54.8	0.209	0.572 7	
老永济（黄淤 49 断面）	50	10.5	0.21					
				8 000	33.3	0.144	0.382	1.454 1
潼关（黄淤 47 断面）	27	2.1	0.078					

（2）杜殿勋在表 1-8 资料的基础上又作了补充，求得多年平均淤积量为 1.172 1 亿 m^3，见表 1-9。

表 1-9　小北干流淤积量推算

河段	区域	区间面积（km^2）	淤积厚度（m）	淤积体积（亿 m^3）
黄淤 68 断面—黄淤 59 断面	禹门口—安昌	340	0.129	0.438 6
黄淤 59 断面—黄淤 53 断面	安昌—黄龙镇	140	0.136	0.190 4
黄淤 53 断面—黄淤 45 断面	黄龙镇—上源头	390	0.096	0.374 0
汇流区	汇流区	115	0.065	0.074 8
渭洛河	渭洛河	145	0.065	0.094 3
合计		1 130		1.172 1

（三）考古法

李春荣在编写《黄河志》过程中，较为系统地收集了小北干流沿河各县、州、府志及群众在修建防护工程时挖出的城镇护拦遗址资料，认为明代至今小北干流河道内普遍淤积 13 m 左右，老永济城附近淤积 20 m 以上。1972 年，农民在老永济城西打井时，挖到明万历年间修筑的石堤。据史料记载：石堤高 12 尺。则明代的地面比现在滩地低 16 m，黄龙镇（黄淤 53 断面）以上河段平均淤积厚度按 13 m 计算，黄龙镇以下按平均厚度 16 m 计算，用表 1-9 中的面积，其结果如表 1-10 所示。

表 1-10　根据考古、遗址资料估算淤积体积

河段起讫断面	区间面积（km^2）	年均淤积厚度（m）	年均淤积体积（亿 m^3）
黄淤 68 断面—黄淤 53 断面	480	0.032 6	0.156
黄淤 53 断面—黄淤 41 断面	650	0.040 1	0.261
累积全河段（禹门口—潼关）	1 130	0.036 9	0.417

（四）地形法

依据 1950 年及 1960 年两次地形测量图（1∶10 000）按三门峡库区淤积大断面相应坐标切取断面，求得在天然河道情况下小北干流年均淤积量为 0.51 亿 m^3。

通过上述多种途径和不同方法所求得的淤积量：最大为 1.455 亿 m^3、1.530 亿 t，最小为 0.417 亿 m^3、0.582 亿 t，将上述各种结果列成表 1-11。

表 1-11　各家估算淤积量

估算方法	年均淤积量	作者
输沙率法	①0.58 亿～0.852 亿 t	焦恩泽
	②1.315 亿～1.53 亿 t	杜殿勖
野外调查法	①1.454 1 亿 m^3	黄委原规划一分队
	②1.172 1 亿 m^3	杜殿勖
考古法	0.417 亿 m^3	焦恩泽利用李春荣资料
地形法	0.51 亿 m^3	潘贤娣

从表 1-11 中可以看出，多年平均淤积量在 ±(0.417～0.51)亿 m^3 较为合理。

二、三门峡水库建库后小北干流冲淤量

三门峡水库建成之前，在库区设置了很多淤积测量大断面。黄河小北干流库区自禹门口起至潼关共设置了黄淤 41 断面至黄淤 68 断面 28 个断面，蓄水初期只观测到黄淤 50 断面(335 m 高程范围)，由于淤积上延较快，于 1966 年测量工作延伸到黄淤 68 断面。

三门峡水库建成后，黄河小北干流受三门峡水库运用方案的改变，其河床演变所受到的影响很大，其次是龙羊峡、刘家峡的调蓄作用，特别是两库联合调度之后，对小北干流的河床演变干扰更大。此外，黄河上中游水沙变化也是重要因素之一。因此，小北干流受到多种因素的影响，不能只从单一的物理量去解释，而且不同时期的主要物理量都在改变，因此反映在冲淤量上就会出现突变现象。

小北干流汛期输沙量占全年输沙量的 78.1%～90.2%，见表 1-2。黄河北干流河床窄深，坡度陡，因此流域产沙与河道输沙能力基本相适应，河道基本上是冲淤平衡的。然而，小北干流的河床形态宽浅，纵向坡度从北到南由 6.5‱ 下降到 3.0‱，因此水流能量($\gamma' WJ$，γ' 为浑水容重，W 为时段径流量，J 为纵向坡度)小，不足以输送流域加给小北干流河道的输沙量。因此，汛期或者说洪水期小北干流多为淤积。当汛期或洪水期平均含沙量小于 40 kg/m^3 时，小北干流河道也会发生冲刷。如 1962 年汛期，龙门水文站径流量为 136.5 亿 m^3，输沙量为 4.43 亿 t，平均含沙量为 33 kg/m^3，黄淤 41 断面—黄淤 68 断面共冲刷0.629 8亿 m^3(见表 1-12)。其中，黄淤 41 断面—黄淤 45 断面河段还受到三门峡水库改为滞洪排沙运用、降低库水位的影响。1962 年汛前，潼关高程为 325.93 m，到汛后下降到 325.11 m。这对黄淤 41 断面—黄淤 45 断面河段的冲刷有一定影响，但是对黄淤 45 断面以上河道已经是"鞭长莫及"了。非汛期，黄河上中游地区基本上没有暴雨无洪水可言，一般降水量在 10 mm 以下时不产生径流。各支流进入干流的水量几乎都是地下水渗入河道而成。因此，水流中的泥沙是水流从床面上冲起来的，数量微小。

表 1-12　1960～1968 年小北干流各河段冲淤量

时间（年-月-日）	分段冲淤量（亿 m^3）				
	黄淤 41 断面—黄淤 45 断面	黄淤 45 断面—黄淤 50 断面	黄淤 50 断面—黄淤 59 断面	黄淤 59 断面—黄淤 68 断面	黄淤 41 断面—黄淤 68 断面
1960-04-30～1960-09-20	0.173 3				0.173 3
1960-09-20～1960-11-30	0.434 0	-0.005 6	-0.018 2	-0.046 0	0.364 2
1960-11-30～1961-06-10	0.523 8	0.412 0			0.935 8
1961-06-10～1961-10-31	0.850 0	0.480 0	0.102 9	0.275 0	1.707 9
1961-10-31～1962-05-20	0.221 0	-0.128 0			0.093 0
1962-05-20～1962-10-20	-0.316 0	-0.244 0	-0.018 8	-0.051 0	-0.629 8
1962-10-20～1963-07-11	-0.073 2	-0.032 2			-0.105 4
1963-07-11～1963-10-16	0.066 0	-0.013 0	0.002 5	0.008 0	0.063 5
1963-10-16～1964-06-11	0.086 0	-0.119 0			-0.033
1964-06-11～1964-10-11	1.122 0	1.870 7	0.372 2	0.575 0	3.939 9
1964-10-11～1965-04-16	-0.234 4	-0.054 8	-0.038 4		-0.327 6
1965-04-16～1965-10-12	0.004 2	0.045 5	0.023 8	0.027 0	0.100 5
1965-10-12～1966-05-15	-0.032 4	-0.052 7	-0.098 8		-0.183 9
1966-05-15～1966-10-07	0.474 0	1.936 0	1.093 0	0.794 0	4.297 0
1966-10-07～1967-05-11	-0.029 6	-0.225 4	-0.249 1		-0.504 1
1967-05-11～1967-10-09	0.087 5	2.262 0	0.929 0	0.761 0	4.039 5
1967-10-09～1968-06-02	0.485 0	-0.218 0	-0.231 0		0.036 0
1968-06-02～1968-10-12	-0.020 9	0.238 2	0.262 7	0.418 9	0.898 9
合计	3.820 3	6.151 7	2.131 8	2.761 9	14.865 7

非汛期进入小北干流的输沙量很少，以 1962 年为例，非汛期径流量为 153 亿 m^3，输沙量为 1.3 亿 t，平均含沙量只有 8.5 kg/m^3，因此非汛期发生冲刷。

通过分析，黄河小北干流汛期、洪水期平均含沙量大于 40 kg/m^3 时则淤积，小于 40 kg/m^3 时则冲刷，非汛期、汛期中的平水期含沙量大于 20 kg/m^3 时淤积，小于 20 kg/m^3 时冲刷，见图 1-2、图 1-3。

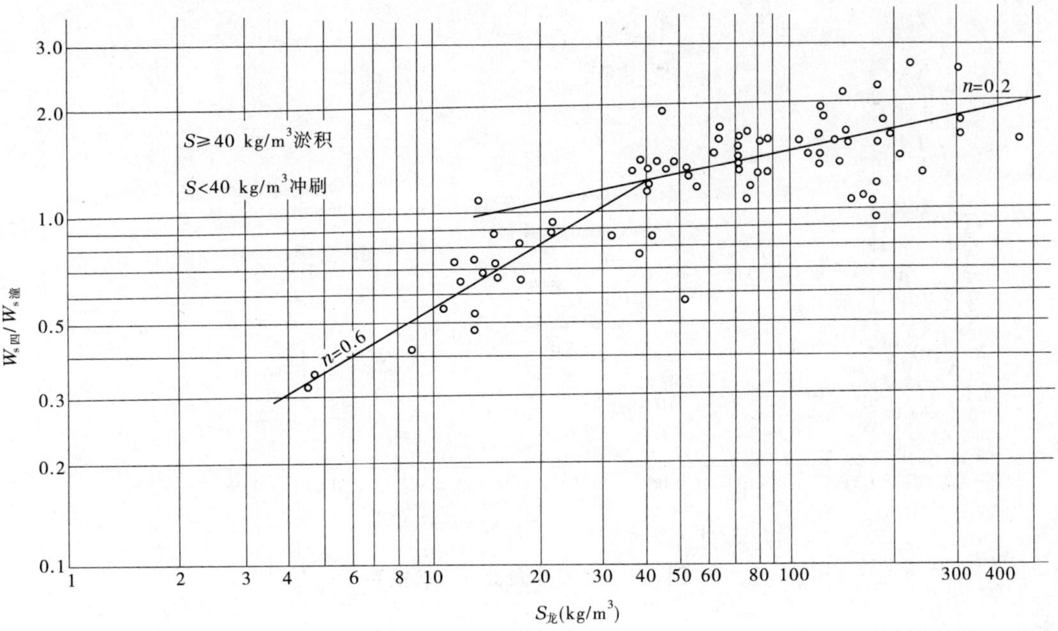

图 1-2　汛期、洪水期 $S_龙 \sim W_{s四}$ / $W_{s潼}$ 关系

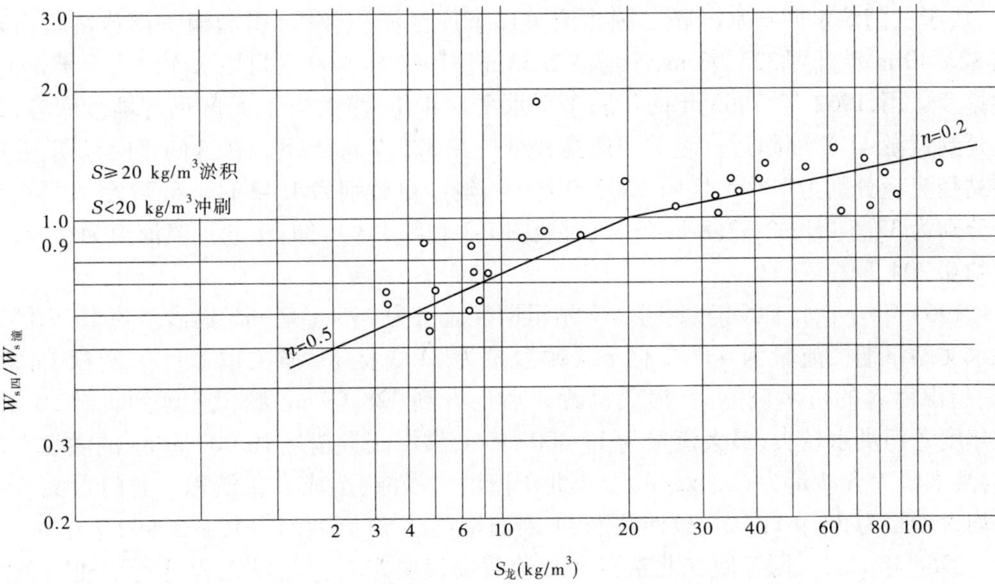

图 1-3　非汛期、汛期 $S_龙 \sim W_{s四}$ / $W_{s潼}$ 关系

注：$W_{s四}$指龙门、华县、河津、洑头等四站输沙量；$W_{s潼}$指潼关站输沙量；$S_龙$指龙门站含沙量。

如果点绘水沙搭配参数 S/Q 与小北干流河道冲淤量关系，发现 $S/Q<0.01$ kg · s/m⁶时，河道发生冲刷，$S/Q\geq 0.011$ kg · s/m⁶ 时，河道则发生淤积，见图 1-4。

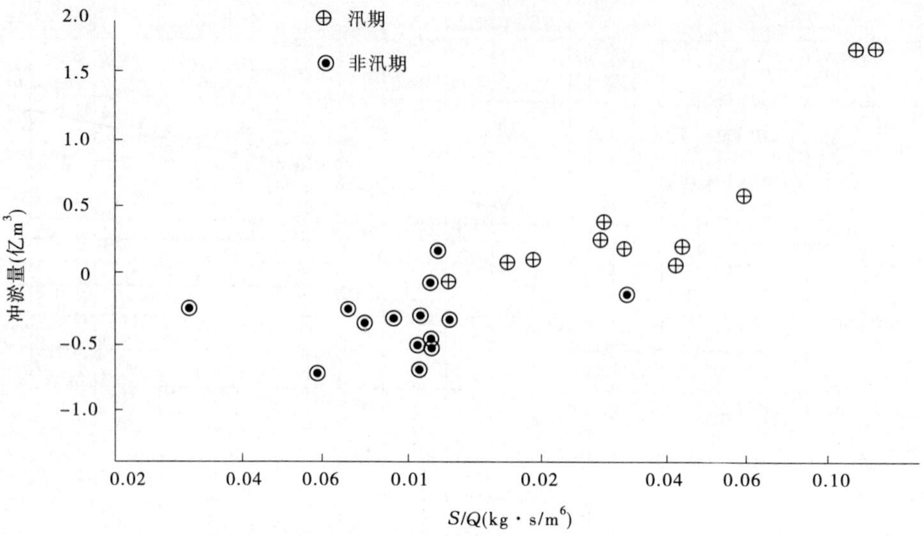

图 1-4　河段冲淤量 ~ S/Q 关系

(一)三门峡建成初期小北干流河床冲淤演变

1960 年 9 月,三门峡水利枢纽建成并下闸蓄水,至 1968 年 10 月,小北干流共淤积 14.865 7 亿 m^3,各年和各河段冲淤量见表 1-12。其中,1962 年 5 月以前淤积 3.274 2 亿 m^3,属于三门峡水库蓄水淤积。因为潼关以下库区淤积较多,引起潼关河床高程由建库前 323.40 m 上升到 325.93 m,净增高 2.53 m。1962 年 4 月三门峡水库改为全部敞泄、滞洪排沙运用,1962 年、1963 年两年属于平水平沙年份,潼关以下库区仍有堆沙库容,淤积上延到黄淤 41 断面附近。潼关河床高程维持在 325.7 m 上下。在这两年的汛期,龙门水文站径流量分别为 136.5 亿 m^3、207.0 亿 m^3,输沙量分别为 4.43 亿 t、6.79 亿 t,平均含沙量分别为 32.5 kg/m^3、32.8 kg/m^3。对照图 1-2 和图 1-3 可知,小北干流河道为冲刷,冲刷量约 0.704 7 亿 m^3。

1964 年为丰水丰沙年,龙门水文站汛期径流量为 295.1 亿 m^3,输沙量为 15.9 亿 t;潼关水文站汛期径流量为 437.2 亿 m^3,输沙量为 21.3 亿 t。潼关以下库区淤积 11.56 亿 m^3,超出库容的可承载能力,潼关高程汛后上升到 328.09 m,淤积上延到黄淤 50 断面。该年度龙门洪水较大,最大流量为 17 300 m^3/s,洪峰流量超过 10 000 m^3/s 的洪水出现两次,洪水最大含沙量为 695 kg/m^3。小北干流洪水漫滩,造成大量淤积。龙门水文站汛期平均含沙量为 53.9 kg/m^3,致使黄淤 41 断面至黄淤 50 断面河段共淤 2.992 7 亿 m^3。

1964 年 12 月,国务院在北京召开的治黄会议决定对三门峡工程进行增建两条泄洪隧洞、改造四条发电钢管作为泄洪管道,至 1968 年竣工投产。增加的流量满足不了宣泄洪水能力,又遭遇到 1966 年、1967 年、1968 年连续 3 年洪水,3 年汛期维持较高库水位(见表 1-13)。潼关以下库区又淤积了 1.662 亿 m^3,迫使潼关高程上升到 328.71 m,水库淤积上延到黄淤 59 断面附近,1966 年、1967 年、1968 年 3 年小北干流共淤积 8.767 3 亿 m^3。

表 1-13　1962 ~ 1968 年三门峡水库汛期库水位

年份	1962	1963	1964	1965	1966	1967	1968
$\overline{H}$(m)	310.15	312.31	320.27	308.54	311.38	314.51	311.37
H_{max}(m)	315.11	319.25	325.90	318.21	319.52	320.13	318.01

注:书中列出的水沙系列和与之相应的其他资料按"运用年"统计。运用年是指每年 11 月至次年 10 月,因为水库建成后多为汛后蓄水。

刘家峡水电站于 1968 年汛后下闸蓄水,该电站是不完整的年调节水库,然而,电站要求在汛期适当时机开始蓄洪,这也影响了黄河中游年内径流分配。

(二)1969 ~ 1986 年小北干流河床演变

1969 年 12 月,三门峡水利枢纽进行第二期工程改造,于 1973 年汛后改建工程基本完成,同年 11 月投入运行,水库运用方式确定为:非汛期蓄水拦沙,汛期泄洪排沙,径流发电,简称为"蓄清排浑"运用,1977 年以后改称为"调水调沙"运用。

在本时段内,黄河小北干流共淤积 4.360 5 亿 m^3,年均淤积量为 0.243 3 亿 m^3,比 1950 ~ 1960 年自然条件下的淤积量还少,见表 1-14。

表 1-14　1969 ~ 1986 年小北干流各河段冲淤量　(单位:亿 m^3)

时　间 (年-月-日)	分段冲淤量				
	黄淤 41 断面—黄淤 45 断面	黄淤 45 断面—黄淤 50 断面	黄淤 50 断面—黄淤 59 断面	黄淤 59 断面—黄淤 68 断面	黄淤 41 断面—黄淤 68 断面
1968-10-12 ~ 1969-05-21	0.073 4	-0.132 0	-0.180 0	-0.140 0	-0.378 6
1969-05-21 ~ 1969-10-06	0.032 6	0.227 6	1.036 7	0.642 0	1.938 9
1969-10-06 ~ 1970-05-20	0.025 8	-0.068 6	-0.144 0	-0.140 0	-0.326 8
1970-05-20 ~ 1970-09-22	0.111 9	0.643 6	1.162 0	0.481 0	2.398 5
1970-09-22 ~ 1971-06-01	-0.047 6	-0.098 5	-0.392 7	-0.117 8	-0.656 6
1971-06-01 ~ 1971-09-21	0.246 0	0.275 9	0.206 4	0.298 7	1.027 0
1971-09-21 ~ 1972-05-20	-0.135 9	-0.168 6	-0.193 0	-0.140 0	-0.637 5
1972-05-20 ~ 1972-09-23	-0.005 6	-0.014 9	0.172 1	0.274 1	0.425 7
1972-09-23 ~ 1973-06-11	0.012 2	-0.140 4	-0.200 6	-0.284 0	-0.612 8
1973-06-11 ~ 1973-10-05	-0.263 8	0.050 5	0.157 4	0.549 5	0.493 6
1973-10-05 ~ 1974-06-14	-0.084 9	-0.265 2	-0.303 6	-0.427 5	-1.081 2
1974-06-14 ~ 1974-09-22	0.023 7	0.103 9	0.418 0	0.307 4	0.853 0
1974-09-22 ~ 1975-06-07	-0.075 9	-0.180 8	-0.273 7	-0.106 5	-0.636 9

续表 1-14

时间 (年-月-日)	分段冲淤量				
	黄淤 41 断面—黄淤 45 断面	黄淤 45 断面—黄淤 50 断面	黄淤 50 断面—黄淤 59 断面	黄淤 59 断面—黄淤 68 断面	黄淤 41 断面—黄淤 68 断面
1975-06-07 ~ 1975-10-10	-0.098 4	0.063 5	0.034 3	0.063 4	0.062 8
1975-10-10 ~ 1976-06-02	-0.106 1	-0.367 2	-0.273 8	-0.333 5	-1.080 6
1976-06-02 ~ 1976-10-05	0.005 6	-0.053 1	0.110 7	0.436 2	0.499 4
1976-10-05 ~ 1977-05-18	-0.009 8	-0.111 6	0.199 7	-0.129 0	-0.050 7
1977-05-18 ~ 1977-10-02	0.911 0	0.808 0	0.241 0	-1.044 0	0.916 0
1977-10-02 ~ 1978-05-27	-0.016 5	0.033 1	0.123 9	-0.062 9	0.077 6
1978-05-27 ~ 1978-10-06	-0.006 3	-0.015 4	0.237 4	0.293 4	0.509 1
1978-10-06 ~ 1979-06-02	-0.080 9	-0.051 5	-0.268 5	0.017 1	-0.383 8
1979-06-02 ~ 1979-10-10	0.003 3	0.019 9	0.104 2	0.491 6	0.619 0
1979-10-10 ~ 1980-06-15	-0.140 0	-0.221 9	0.004 4	-0.182 4	-0.540 1
1980-06-15 ~ 1980-10-03	-0.039 0	0.083 8	0.299 8	0.152 4	0.497 0
1980-10-03 ~ 1981-06-15	-0.003 7	-0.075 0	-0.147 0	-0.140	-0.365 7
1981-06-15 ~ 1981-10-08	-0.069 7	0.023 2	0.345 5	0.313 4	0.612 4
1981-10-08 ~ 1982-05-27	-0.090 7	-0.059 1	-0.135 6	-0.143 8	-0.429 2
1982-05-27 ~ 1982-10-12	-0.012 3	0.021 8	0.281 3	0.291 1	0.581 9
1982-10-12 ~ 1983-05-31	0.017 1	-0.134 0	-0.182 0	-0.140	-0.438 9
1983-05-31 ~ 1983-10-21	-0.093 0	0.025 9	0.091 5	0.099 4	0.123 8
1983-10-21 ~ 1984-05-20	-0.011 5	-0.174 0	-0.205 0	-0.140 0	-0.530 5
1984-05-20 ~ 1984-09-23	0.022 2	0.001 1	0.020 6	0.150 0	0.193 9
1984-09-23 ~ 1985-06-05	-0.049 8	-0.059 0	-0.062 4	-0.140 0	-0.311 2
1985-06-05 ~ 1985-10-21	0.031 5	0.146 9	0.310 4	0.255 8	0.744 6
1985-10-21 ~ 1986-06-11	-0.024 5	-0.032 6	-0.065 0	0.171 7	0.049 6
1986-06-11 ~ 1986-10-04	0.051 9	-0.028 5	0.149 3	0.025 2	0.197 8
总计	0.132 0	0.046 8	2.679 7	1.502 0	4.360 5

其中,黄淤 41 断面—黄淤 45 断面河段淤积 0.132 0 亿 m^3,黄淤 45 断面—黄淤 50 断面河段淤积 0.046 8 亿 m^3,黄淤 50 断面—黄淤 59 断面河段淤积 2.679 7 亿 m^3,黄淤 59 断面—黄淤 68 断面河段淤积 1.502 0 亿 m^3。在本时段内,小北干流河道淤积量下降的主要原因是龙门水文站的水沙条件有利,见表 1-15。

表 1-15　1969～1986 年龙门站径流量、输沙量、含沙量

年份	径流量(亿 m^3)		输沙量(亿 t)		含沙量(kg/m^3)	
	汛期	非汛期	汛期	非汛期	汛期	非汛期
1969	84.6	120.6	9.46	1.34	112	11.1
1970	108.9	129.5	12.6	1.13	116	8.73
1971	108.3	124.2	9.16	0.86	84.6	6.92
1972	109.9	150.1	3.61	1.01	32.8	6.73
1973	127.7	108.3	6.54	0.828	51.2	7.65
1974	92.7	128.3	5.10	0.815	55.0	6.35
1975	215.0	132.0	5.03	0.893	23.4	6.77
1976	250.6	168.4	5.80	0.851	23.1	5.05
1977	131.9	146.5	15.5	1.09	118	7.44
1978	171.0	103.8	7.67	0.584	44.9	5.63
1979	189.4	133.7	7.03	0.670	37.1	5.01
1980	86.8	130.4	1.98	0.988	22.8	7.58
1981	248.7	105.4	6.14	0.773	24.7	7.33
1982	140.7	149.0	3.53	0.737	25.1	4.95
1983	211.4	142.2	3.10	0.813	14.7	5.72
1984	173.9	162.0	2.82	0.999	16.2	6.17
1985	169.2	127.2	4.02	0.797	23.8	3.27
1986	169.3	142.0	1.54	0.858	14.1	6.04

潼关高程由 1969 年汛前的 328.70 m 下降至 1986 年汛前的 327.08 m。其中,1985 年汛后曾经下降到 326.64 m,汛期坝前平均水位大多数年份都在 305 m 以下,见表 1-16。

表 1-16　1969～1986 年三门峡坝前水位特征值

运用方式	年份	非汛期水位(m)		汛期水位(m)		非汛期超过某级水位天数(d)	
		平均	最高	平均	最高	>315 m	>320 m
滞洪排沙(二期改建)	1969	310.29	327.72	302.82	311.39	63	49
	1970	309.12	323.31	299.75	313.31	86	66
	1971	302.41	323.42	297.94	312.84	59	33
	1972	301.11	319.98	297.23	309.68	32	0
	1973	312.46	326.05	296.96	312.05	143	121

续表 1-16

运用方式	年份	非汛期水位(m)		汛期水位(m)		非汛期超过某级水位天数(d)	
		平均	最高	平均	最高	>315 m	>320 m
调水调沙（蓄清排浑）	1974	316.28	324.81	303.58	308.30	140	121
	1975	316.13	324.03	304.77	318.47	129	72
	1976	316.82	324.53	306.74	316.89	149	73
	1977	318.35	325.99	305.53	317.18	167	118
	1978	317.71	324.26	305.87	311.21	175	102
	1979	318.51	324.56	304.59	312.20	184	132
	1980	316.51	324.03	301.88	311.22	148	100
	1981	315.66	323.59	304.84	310.38	123	94
	1982	317.57	323.99	303.39	309.92	159	101
	1983	316.35	323.73	304.66	310.74	130	80
	1984	316.50	324.58	304.16	315.02	132	93
	1985	316.78	324.94	304.08	314.73	152	49
	1986	315.20	322.63	302.44	313.15	138	25

从表 1-15 中可以看出，18 年汛期中，平均含沙量只有 7 年超过 40 kg/m³；18 年非汛期的平均含沙量多数年份均小于 10 kg/m³。18 年中只有 1969 年、1970 年、1971 年 3 年的汛期淤积量超过 1.0 亿 m³，分别为 1.938 9 亿 m³、2.398 5 亿 m³、1.027 0 亿 m³，1977 年汛期淤积量为 0.916 0 亿 m³，这 4 年汛期淤积量总和为 6.280 4 亿 m³，其他年份的冲刷量总和约 1.92 亿 m³（见表 1-14）。

（三）1987～1995 年小北干流冲淤演变

黄河上游龙羊峡水电站于 1986 年汛后下闸蓄水，使龙羊峡坝址以下河道断流百天以上，从此以后龙羊峡与刘家峡两座大型水电枢纽实施联合调度，改变了黄河中下游径流量在年内的分配，参见表 1-1，龙门水文站在 1968 年之前汛期径流量占全年的 60%，在 1986 年以后下降为 42%。

1987～1995 年，小北干流共淤积 5.043 5 亿 m³。其中，黄淤 41 断面—黄淤 45 断面河段淤积 0.407 3 亿 m³，黄淤 45 断面—黄淤 50 断面河段淤积 0.945 4 亿 m³，黄淤 50 断面—黄淤 59 断面河段淤积 1.205 1 亿 m³，黄淤 59 断面—黄淤 68 断面河段淤积 2.485 2 m³，见表 1-17。

在本时期内，9 年中有 4 年汛期淤积量大于 1.0 亿 m³，共淤积 5.868 6 m³，说明在本时段的淤积主要是由上述 4 年造成的，而 9 年总共淤积 5.043 5 亿 m³。

从来水来沙条件看，汛期来沙量有 7 年平均含沙量超过 40 kg/m³，非汛期含沙量均在 20 kg/m³ 以下，由此看来，小北干流的淤积是由 1988 年、1991 年、1992 年、1994 年 4 年的不利水沙造成的,见表 1-17。

表 1-17　1986 ~ 1995 年小北干流各河段冲淤量　(单位:亿 m³)

时间(年-月-日)	分段冲淤量				
	黄淤 41 断面—黄淤 45 断面	黄淤 45 断面—黄淤 50 断面	黄淤 50 断面—黄淤 59 断面	黄淤 59 断面—黄淤 68 断面	黄淤 41 断面—黄淤 68 断面
1986-10-04 ~ 1987-06-14	-0.027 7	0.038 6	-0.093 9	-0.222 0	-0.305 0
1987-06-14 ~ 1987-09-23	0.056 9	0.052 0	0.278 4	0.378 8	0.766 1
1987-09-23 ~ 1988-06-09	-0.030 5	-0.069 7	-0.164 9	-0.233 3	-0.498 4
1988-06-09 ~ 1988-09-10	0.284 1	0.438 6	0.528 8	0.900 0	2.151 5
1988-09-10 ~ 1989-06-14	-0.112 7	-0.050 7	-0.083 9	-0.190 3	-0.437 6
1989-06-14 ~ 1989-10-04	0.024 6	-0.004 4	0.149 0	-0.184 9	-0.015 7
1989-10-04 ~ 1990-05-27	0.007 5	-0.019 1	-0.241 0	0.001 5	-0.251 1
1990-05-27 ~ 1990-09-24	0.024 9	0.110 4	0.281 8	0.468 4	0.885 5
1990-09-24 ~ 1991-06-01	-0.032 6	-0.051 5	-0.217 7	-0.209 0	-0.510 8
1991-06-01 ~ 1991-09-23	0.106 1	0.124 9	0.427 1	0.639 9	1.298 0
1991-09-23 ~ 1992-05-28	-0.005 9	-0.026 1	-0.229 1	-0.254 4	-0.515 5
1992-05-28 ~ 1992-09-05	0.014 9	0.165 1	0.385 3	0.462 9	1.028 2
1992-09-05 ~ 1993-05-23	-0.004 3	-0.051 9	-0.299 9	-0.035 3	-0.391 4
1993-05-23 ~ 1993-09-25	0.018 7	-0.013 0	0.083 1	0.154 7	0.243 5
1993-09-25 ~ 1994-05-26	-0.027 9	-0.007 2	-0.064 2	-0.236 9	-0.336 5
1994-05-21 ~ 1994-09-24	0.088 4	0.203 8	0.359 7	0.739 0	1.390 9
1994-09-24 ~ 1995-06-01	-0.002 3	-0.006 5	-0.166 2	-0.140 7	-0.315 7
1995-06-01 ~ 1995-10-12	0.025 1	0.112 1	0.273 5	0.446 8	0.857 5
合计	0.407 3	0.945 4	1.205 1	2.485 2	5.043 5

在本时段内,三门峡坝前水位基本上是稳定的,与前一时段相比,没有突出变化,见表 1-18。

表 1-18　1987～1995 年三门峡坝前水位特征值

年度	非汛期水位(m)		非汛期超过某级水位天数(d)		汛期水位(m)	
	平均	最高	>315 m	>320 m	平均	最高
1987	316.77	323.73	143	66	303.13	309.55
1988	316.55	324.09	138	77	302.30	308.90
1989	315.59	324.11	142	66	304.21	310.75
1990	316.47	323.99	143	81	301.60	308.44
1991	314.91	323.84	127	47	302.06	305.89
1992	316.40	323.91	148	90	302.68	311.93
1993	314.49	321.61	132	38	303.15	310.82
1994	315.16	322.66	133	43	306.61	318.28
1995	315.12	321.80	111	23	303.75	311.56

引起小北干流淤积量增加的原因除龙门以上流域来水来沙条件的不利外，潼关高程上升也是原因之一，潼关高程由 1986 年汛后(327.18 m)就逐年缓慢升高，到 1995 年汛后上升到 328.28 m。

(四)1995～2000 年小北干流冲淤演变

1995～2000 运用年，黄河小北干流共淤积 0.469 5 亿 m^3，时段内只有 1998 年汛期淤积 1.114 0 亿 m^3。黄淤 41 断面—黄淤 45 断面河段冲刷 0.359 4 亿 m^3，占全河段的 76.9%。黄淤 50 断面—黄淤 59 断面河段淤积最多，占总淤积量的 80.3%，其次是黄淤 59 断面—黄淤 68 断面河段，淤积 0.333 8 亿 m^3，占总淤积量的 71.1%，见表 1-19。

表 1-19　1995～2000 年小北干流各河段冲淤量

时段(年-月-日)	分段冲淤量(亿 m^3)				
	黄淤 41 断面—黄淤 45 断面	黄淤 45 断面—黄淤 50 断面	黄淤 50 断面—黄淤 59 断面	黄淤 59 断面—黄淤 68 断面	黄淤 41 断面—黄淤 68 断面
1995-10-12～1996-05-16	0.020 1	0.024 0	-0.024 8	-0.366 0	-0.346 7
1996-05-16～1996-09-12	-0.441 3	0.166 3	0.314 8	0.395 7	0.435 5
1996-09-12～1997-05-28	-0.001 2	-0.093 8	-0.063 3	-0.018 6	-0.176 9
1997-05-28～1997-09-30	-0.001 9	0.093 8	0.175 9	0.159 9	0.427 7
1997-09-30～1998-05-15	0.019 1	-0.035 4	-0.133 6	-0.080 9	-0.230 8
1998-05-15～1998-09-26	0.106 7	0.120 5	0.332 6	0.554 2	1.114 0
1998-09-26～1999-05-17	-0.058 9	-0.037 1	-0.241 6	-0.426 2	-0.763 8
1999-05-17～1999-09-30	0.010 4	0.024 9	0.0693	0.065 3	0.169 9
1999-09-30～2000-05-30	-0.039 4	-0.172 3	-0.174 9	-0.147 0	-0.533 6
2000-05-30～2000-09-27	0.027 0	0.027 2	0.122 6	0.197 4	0.374 2
合计	-0.359 4	0.118 1	0.377 0	0.333 8	0.469 5

潼关高程均在 328.50 m 以下，对小北干流冲淤演变没有特殊影响，非汛期坝前水位平均值为 314.70 ~ 316.69 m，见表 1-20。

表 1-20　1996 ~ 2000 年三门峡坝前水位特征值

年份	非汛期水位(m)		非汛期超过某级水位天数(d)		汛期水位(m)	
	平均	最高	>315 m	>320 m	平均	最高
1996	316.58	321.71	151	62	303.39	306.88
1997	314.70	321.81	118	61	303.57	306.86
1998	316.69	323.80	162	72	303.56	308.67
1999	315.79	320.78	153	20	306.08	318.22
2000	315.53	321.93	139	37	305.40	314.90

1996 ~ 2000 年，潼关水文站汛期含沙量最大值为 75.3 kg/m^3，最小值为 26.9 kg/m^3，属于正常状况，不构成促使潼关上游河道出现严重的冲淤变化，见表 1-21。

表 1-21　1996 ~ 2000 年潼关水文站水沙特征值

年份	径流量(亿 m^3)		输沙量(亿 t)		含沙量(kg/m^3)	
	汛期	非汛期	汛期	非汛期	汛期	非汛期
1996	127.8	122.7	9.62	1.78	75.3	14.5
1997	55.66	93.74	4.12	1.09	74.0	11.6
1998	86.35	114.05	4.62	1.99	53.5	17.4
1999	97.07	125.7	3.63	1.63	37.4	13.0
2000	73.12	112.9	1.97	1.44	26.9	12.8

1996 ~ 2000 年，龙门水文站前 3 年汛期的水沙条件不利，平均含沙量在 40 kg/m^3 以上，而且是连续出现的，见表 1-22。

表 1-22　1996 ~ 2000 年龙门站水沙特征值

年份	径流量(亿 m^3)		输沙量(亿 t)		含沙量(kg/m^3)	
	汛期	非汛期	汛期	非汛期	汛期	非汛期
1996	89.84	107.8	6.11	1.22	68.0	11.3
1997	49.57	83.13	2.10	0.90	42.3	10.8
1998	55.70	101.5	3.52	0.97	63.2	9.56
1999	77.53	107.77	1.71	0.64	22.1	5.94
2000	57.74	99.46	1.68	0.51	29.1	5.13

从表 1-19 中可以看出，小北干流在 1996 ~ 1998 年连续 3 年是淤积的，1999 ~ 2000 年

连续2年是冲刷的;黄淤50断面以上淤积较多,黄淤50断面以下淤积较少,占全年淤积量的18.3%。从上述分析可以看出,本时段沿河自上而下的冲淤分布是龙门以上流域不利的水沙条件造成的。

(五)2001~2008年小北干流冲淤演变

在本时段内,三门峡水库运用作了调正和改进,从2002年汛后(即2002年运用年起始时间)起,非汛期坝前水位控制在318 m高程以下。同时,又遇到枯水枯沙系列,改变了三门峡水库冲淤形势,向有利方向发展。

本时段小北干流共冲刷0.909 2亿 m^3,见表1-23。

表1-23 2001~2008年小北干流各河段冲淤量 (单位:亿 m^3)

时段		各河段冲淤量				
		黄淤41断面—黄淤45断面	黄淤45断面—黄淤50断面	黄淤50断面—黄淤59断面	黄淤59断面—黄淤68断面	黄淤41断面—黄淤68断面
2001年	非汛期	-0.013 3	0.007 6	-0.126 5	-0.139 5	-0.271 7
	汛期	0.034 6	0.087 5	0.240 0	0.251 0	0.616 1
2002年	非汛期	-0.036 0	-0.119 0	-0.204 0	-0.241 0	-0.600 0
	汛期	0.123 0	0.154 0	0.290 0	0.322 0	0.889 0
2003年	非汛期	-0.050 8	-0.035 2	-0.128 5	-0.119 9	-0.334 4
	汛期	0.018 8	-0.020 5	0.044 0	0.009 4	0.051 7
2004年	非汛期	-0.060 5	-0.050 4	-0.205 5	-0.191 0	-0.507 4
	汛期	0.021 3	0.057 4	0.159 0	0.142 9	0.380 6
2005年	非汛期	-0.024 5	-0.129 3	-0.150 5	-0.241 9	-0.546 2
	汛期	0.080 0	-0.008 2	0.101 8	0.049 5	0.223 1
2006年	非汛期	-0.166 0	-0.274 0	-0.089 0	-0.196 0	-0.725 0
	汛期	-0.013 0	0.073 0	0.036 0	0.007 0	0.103 0
2007年	非汛期	0.005 0	-0.078 0	0.138 0	0.008 0	0.073 0
	汛期	-0.029 0	0.104 0	0.083 0	0.048 0	0.206 0
2008年	非汛期	0.019 0	-0.052 0	-0.092 0	-0.177 0	-0.302 0
	汛期	-0.027 0	-0.046 0	-0.076 0	-0.013 0	-0.162 0
平　均		-0.118 4	-0.329 1	0.019 8	-0.481 5	-0.909 2

从表1-23中可以看出,2001年、2002年及2007年为淤积,分别为0.344 4亿 m^3、0.289 0亿 m^3、0.279 0亿 m^3。其他年平均为冲刷,其中2006年冲刷最多,为0.622 0亿 m^3。

从水沙条件来看,龙门水文站的径流量、输沙量及含沙量均属于枯水枯沙系列。汛期只有2001年、2002年两年含沙量大于40 kg/m^3,非汛期含沙量均小于10 kg/m^3,这为小北干流河床冲刷创造了有利条件。其中,2008 年汛期平均含沙量与非汛期相当,均在 3.0 kg/m^3 左右,因此出现了河床在全年、全河段冲刷,共冲刷 0.464 0 亿 m^3,冲刷量沿河由上而下由 0.19 亿 m^3 逐渐减少到 0.008 亿 m^3。这说明小北干流冲刷主要是在流域来水来沙极为有利的条件下所造成的,见表 1-24。

表 1-24　2001 ~ 2008 年龙门站水沙量

年份	径流量(亿 m^3)		输沙量(亿 t)		含沙量(kg/m^3)	
	汛期	非汛期	汛期	非汛期	汛期	非汛期
2001	48.5	86.0	2.04	0.28	42.11	3.26
2002	52.2	108.2	2.36	1.07	45.2	9.89
2003	77.0	80.0	1.516 4	0.329 8	11.8	4.12
2004	58.0	101.0	2.003	0.346 2	34.5	3.43
2005	71.0	101.0	0.870 4	0.373 7	12.3	3.70
2006	79.4	128.1	1.51	0.290 0	19.0	2.30
2007	87.0	106.0	1.047	0.371	12.0	3.50
2008	65.4	119.0	0.410	0.210	3.14	3.41

在本时段内,潼关河床高程由 2001 年汛前的 328.56 m 逐步下降到 2008 年汛后的 327.72 m,而且在 2003 年汛后曾经一度下降到 327.94 m,由此可知,小北干流下段(黄淤 41 断面—黄淤 50 断面)的冲刷受到了潼关高程下降的影响。然而,潼关高程只下降 0.84 m,又逢龙门水文站枯水枯沙系列,水流动力相对较弱,还不能确定小北干流下段河床的冲刷量全是潼关高程下降起的作用,只能说起到了某些影响而已。

自 2002 年汛后起,三门峡水库非汛期水库水位控制在 318 m 高程以下,潼关以下库区净冲 2.0 亿 m^3,这对改善潼关高程极为有利,在此期间,潼关水文站的水沙条件与龙门水文站相类似,也属于枯水枯沙系列。非汛期平均含沙量除 2002 年为 15.9 kg/m^3 外,其余各年份均在 10 kg/m^3 以下,汛期平均含沙量除 2001 年、2002 年外均在 40 kg/m^3 以下,其中 2008 年汛期平均含沙量仅为 9.12 kg/m^3,见表 1-25。

表 1-25　2001 ~ 2008 年潼关站水沙量

年份	径流量(亿 m^3)		输沙量(亿 t)		含沙量(kg/m^3)	
	汛期	非汛期	汛期	非汛期	汛期	非汛期
2001	61.1	96.9	2.714	0.657	44.4	6.78
2002	57.9	123.0	3.12	1.95	53.9	15.9
2003	156.1	80.6	5.38	0.76	34.5	9.40
2004	75	134.0	2.33	0.84	31.1	6.27
2005	113.3	115.5	2.50	0.83	22.1	7.19

续表 1-25

年份	径流量(亿 m³)		输沙量(亿 t)		含沙量(kg/m³)	
	汛期	非汛期	汛期	非汛期	汛期	非汛期
2006	95.9	146.7	1.70	0.87	17.7	5.93
2007	126.1	111.6	1.825	0.63	14.5	5.64
2008	77.8	137.4	0.71	0.69	9.12	5.02

自 2002 年以后，三门峡水库在非汛期库水位不得超过 318 m 高程（简称“318 m”试验），从上述讨论中已经看到成效，然而从汛期最高水位来看，还值得探讨，见表 1-26。

表 1-26　2001～2008 年三门峡坝前水位特征值

年份	非汛期水位(m)		非汛期超过某级水位天数(d)		汛期水位(m)	
	平均	最高	>315 m	>320 m	平均	最高
2001	316.55	320.62		24	304.46	313.45
2002	316.71	320.25	170	27	304.51	312.19
2003	315.59	317.92	179	0	302.31	316.09
2004	317.01	317.97	236	0	304.78	317.69
2005	316.41	317.94	213	0	303.36	316.27
2006	316.21	317.96	194	0	304.76	316.72
2007	316.71	317.93	206	0	305.09	317.13
2008	316.63	317.97	196	0	304.91	317.23

表 1-26 给出汛期最高库水位均在 310 m 以上，据了解，这些较高的库水位均出现在各年的 10 月，由此可以猜想，三门峡水利枢纽管理局为了多发电，于 10 月下旬就开始部分下闸蓄水，汛期平均水位从 304 m 上下很快上升到 312.19～317.69 m。每年 10 月的平均输沙量并非少数，如此行事值得深思与探讨。

有关“318 m”试验见第九章。

第四节　小北干流“揭河底”问题

黄河小北干流“揭河底”问题，据传说在 1933 年大水过程中已经发生过。洪水从河底掀起整块泥板从上而下翻滚而来，景象十分壮观，沿河群众称之为“揭河底”。这种现象实际上是在特殊（水流、河床）条件下发生的强烈冲刷，不仅在小北干流发生过，而且在渭河下游也发生过。这里只讨论黄河小北干流发生的“揭河底”问题。

“揭河底”改变了河床纵横向的形态和特性，引起冲淤分布的变化，有时会严重毁坏防洪堤防和引水、提水工程。对“揭河底”问题的资料收集、机理研究仍属初始阶段。

一、“揭河底”概况

1970 年,在三门峡市进行“三门峡水库泥沙问题基本经验总结”时,开始从龙门水文站实测资料中整理出“揭河底”材料,并提出“揭河底”的基本条件❶。三门峡水文水资源局程龙渊、席占平等曾多次对小北干流的“揭河底”进行调查,也目睹过“揭河底”全过程并拍照几十张照片。许多学者对产生“揭河底”的机理作了探讨。江恩惠的专题组对渭河、北洛河、黄河北干流、小北干流进行广泛的调查、访问,在室内用模型模拟了“揭河底”冲刷全过程。

(一)“揭河底”必须在高含沙水流条件下才能产生

高含沙水流必须是非牛顿流体,由泥沙组成的非牛顿流体具有极强的黏滞力,而黏滞力来源于 $d<0.01$ mm 的群体颗粒,这样的颗粒的表面积很大,能够与水形成悬浮液,承载较粗颗粒的泥沙向前运动。当 $d<0.01$ mm 的含沙量达到 80 ~ 100 kg/m^3 以上时,挟沙水流就转变为高含沙水流。挟带这样的泥沙水流含沙量在 500 kg/m^3 时,就可以托浮起干容重 1.4 t/m^3 的泥块,也就是说,只有这样的挟沙水流才是产生“揭河底”的最基本条件。

黄河中游干支流的黄土沟壑区,在出现暴雨过程中,由于水力侵蚀、重力侵蚀的作用,流入河道的泥沙中 $d<0.01$mm 沙重比例较大,因而容易构成高含沙水流。它所挟带的泥沙在沉积下来以后容易形成胶泥板块,被高含沙水流掀起的泥块出现在河道水面以上,群众称之为“揭河底”现象。

黄河中游各地区的地理地貌情况各异,除黄土沟壑区外还有土石山区、土石丘陵区,多为粗泥沙产生地,或者说是推移质泥沙来源区。推移质、床沙质进入河道后,在不利的水流条件时发生沉积,当细泥沙与粗泥沙成层交错淤积在河床中时,就形成粗泥沙容易起动、透水性能好,粗泥沙层掩埋在胶泥板块之下,受水流冲刷,久而久之,胶泥板块悬空。此时是掀起泥块的最佳时机。由此可知,仅有高含沙水流还不足以产生“揭河底”冲刷,还要具备河床成层交错的沉积条件,如图 1-5 所示。

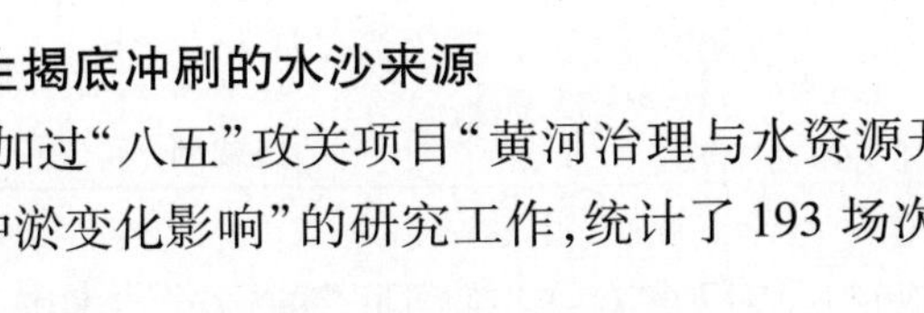

图 1-5 “揭河底”处成层交错示意图

(二)小北干流发生揭底冲刷的水沙来源

本书作者,曾经参加过“八五”攻关项目“黄河治理与水资源开发利用”中子专题“拦减粗泥沙对黄河河道冲淤变化影响”的研究工作,统计了 193 场次洪水和降水资料,从中

---

❶三门峡水库泥沙经验总结组,三门峡水库泥沙问题基本经验总结附件二——黄河小北干流冲淤分析,1970。

发现小北干流发生“揭河底”冲刷的高含沙洪水来源区(见表1-27)。

表1-27　黄河小北干流“揭河底”水沙条件产生地区

日期	河名	站名	Q_{max} (m^3/s)	$\overline{S}$ (kg/m^3)	$d<0.01$ mm (%)
1964-07-06 ~ 07-08	孤山川	高石崖	193	602	
	岚漪河	裴家川	209	508	
	佳芦河	申家湾	297	532	
	湫水河	林家坪	790	452	
	黄河	吴堡	3 330	82	45.8
	三川河	后大成	209	292	41.9
	无定河	川口	3 020	592	16.8
	清涧河	延川	4 130	696	16.2
	昕水河	大宁	1 020	350	25
	延河	甘谷驿	1 910	724	15.5
	州川	吉县	581	708	25
	黄河	龙门	10 200	368	
1966-07-18 ~ 07-20	岚漪河	裴家川	969	467	33.3
	蔚汾河	碧村	170	347	40.0
	窟野河	温家川	1 190	678	7.8
	秃尾河	高家川	349	244	7.5
	佳芦河	申家湾	582	600	11.0
	清凉寺	杨家坡	800	526	25
	湫水河	林家坪	487	466	18.7
	黄河	吴堡	3 700	352	21.8
	三川河	后大成	4 070	536	23.4
	无定河	川口	4 980	711	13.7
	清涧河	延川	181	620	18.2
	昕水河	大宁	671	429	32.0
	延河	甘谷驿	360	442	67.4
	黄河	龙门	7 460	533	
1967-07-27 ~ 07-29	岚漪河	裴家川	137	186	23.4
	蔚汾河	碧村	422	359	15.3
	秃尾河	高家川	217	381	10.1
	佳芦河	申家湾	74	573	23.9
	清凉寺	杨家坡	108	362	26.7
	湫水河	林家坪	1 080	498	22.4
	黄河	吴堡	2 300	159	27.4
	三川河	后大成	2 860	478	26.2
	屈产河	裴沟	3 380	599	33.9
	无定河	川口	569	529	27.0
	清涧河	延川	605	648	30.3
	昕水河	大宁	2 880	412	42.6
	延河	甘谷驿	623	607	23.7
	州川	吉县	362	431	33.9
	黄河	龙门	8 860	476	
1970-08-02 ~ 08-03	朱家川	后会村	187	259	23.4
	蔚汾河	碧村	286	332	24.0
	清凉寺	杨家坡	348	517	29.0
	湫水河	林家坪	850	353	33.6
	孤山川	高石崖	2 700	638	24.4
	窟野河	温家川	4 330	684	23.5
	秃尾河	高家川	3 500	623	18.2
	佳芦河	申家湾	5 700	770	25.2
	黄河	吴堡	17 000	528	17.9
	三川河	后大成	152	256	25.1
	昕水河	大宁	262	256	43.4
	无定河	川口	1 760	732	15.2
	清涧河	延川	611	542	228
	黄河	龙门	13 800	617	
1977-07-05 ~ 07-08	蔚汾河	碧村	648	342	
	三川河	后大成	1 350	404	21.7
	屈产河	裴沟	2 710	581	
	湫水河	林家坪	1 860	484	19.1
	黄河	吴堡	4 770	84	22.0
	无定河	白家川	939	531	18.3
	昕水河	大宁	1 820	436	23.0
	三川河	后大成	1 350	152	21.7
	清涧河	延川	4 320	625	19.9
	延河	甘谷驿	9 050	685	16.1
	黄河	龙门	14 500	358	18.7
1977-08-05 ~ 08-08	蔚汾河	碧村	194	165	
	三川河	后大成	1 300	345	20.3
	屈产河	裴沟	1 200	503	
	湫水河	林家坪	875	324	31.1
	黄河	吴堡	4 700	93.1	22.0
	三川河	后大成	13 000	227	20.3
	无定河	白家川	3 840	630	26.8
	清涧河	延川	2 340	621	17.0
	延河	甘谷驿	620	513	13.1
	黄河	龙门	12 700	346	17.4

从表1-27中可知,1964~1977年6次“揭河底”冲刷的洪水中有4次是由吴堡至龙门区间支流产生的洪水为主的高含沙洪水造成的,1970年8月洪水主要来自孤山川、窟野

河和佳芦河的高含沙洪水。以往人们总认为窟野河是粗泥沙来源区，即使是含沙量很大，也不会构成高含沙水流，而 1970 年 8 月场次洪水的暴雨中心落在窟野河支流牛拦沟，造成温家川水文站出现平均含沙量为 684 kg/m^3、d < 0.01 mm 含沙量为 160 kg/m^3 的洪水，这也是历史上罕见的。表 1-27 中 1964 年汛期洪水由吴堡上下游各支流所组成，由于吴堡站洪峰流量高达 3 330 m^3/s，因此还不能确定是吴堡水文站以下各支流组成的洪水。

表 1-28 是龙门水文站发生较大洪水统计出来的 20 次，从表中可看出，并非流量大、龙门断面超过某级水位就一定发生"揭河底"，还要考虑前期河床条件，泥沙中 d < 0.01 mm 沙重的百分比，正因为"揭河底"冲刷的条件很复杂，至今尚无准确的预测方法。

表 1-28　小北干流是否揭底的洪水水沙特征值

编号	时段	Q_{max} (m^3/s)	$\overline{Q}$ (m^3/s)	$\overline{S}$ (kg/m^3)	$S_{d<0.01\ mm}$ (kg/m^3)	$H_{龙1\ 000}$	揭底与否
1	1964-07-06～07-08	10 200	2 898	368	73	383.62	揭
2	1966-07-18～07-20	7 460	1 934	533	98	383.20	揭
3	1969-07-27～07-29	8 860	1 637	476	102	382.30	揭
4	1970-08-02～08-03	13 800	2 433	565	98	382.30	揭
5	1977-07-05～07-08	14 500	2 713	312	79	383.10	揭
6	1977-08-05～08-08	12 700	2 935	325	90	380.90	揭
7	1964-07-16～07-18	8 500	5 642	154	39	381.13	未揭
8	1964-08-13～08-15	17 300	5 957	170	42	381.57	未揭
9	1966-07-26～07-28	9 150	2 249	305	61	377.05	未揭
10	1966-07-29～07-31	10 100	2 440	215	21	377.05	未揭
11	1966-08-16～08-20	9 200	4 860	234	58	378.07	未揭
12	1967-07-18～07-20	8 080	2 760	151	34	380.38	未揭
13	1967-08-06～08-08	15 300	4 340	225	61	377.94	未揭
14	1967-08-11～08-13	21 000	5 240	248	74	378.82	未揭
15	1967-08-20～08-24	14 900	4 820	165	37	378.77	未揭
16	1970-08-09～08-11	5 750	2 060	441	138	374.32	未揭
17	1971-07-25～07-27	14 300	3 851	461	104	373.72	未揭
18	1974-07-31～08-02	9 000	1 989	342	85	377.79	未揭
19	1977-08-03～08-05	13 600	3 117	328	102	374.72	未揭
20	1988-08-04～08-08	10 200	2 440	294	57	379.72	未揭

过去,人们认为只有高含沙、大洪水才可以“揭河底”,实际上,高含沙小洪水也可以发生“揭河底”。1988 年 6 月 25 日下午 2 时,史辅成等在黄河中游府谷河段调查,乘船时就亲眼目睹了黄河“揭河底”现象。之后又到府谷水文站了解当天的黄河中游水文泥沙情况,见表 1-29。其泥沙组成为:$d<0.01$ mm 沙重为56.2%,平均直径为0.019 mm,含沙量在 500 kg/m^3 以上。

表 1-29　1988 年 6 月 18 ~ 25 日府谷实测流量、流速

时间(月-日 T 时)	流量(m^3/s)	流速(m/s)	
		最大	平均
06-18T12	438	1.48	1.08
06-21T15	148	1.15	0.97
06-22T06	103	1.28	0.95
06-25T08	82	1.31	1.09
06-25T11	48	1.63	1.09
06-25T14	534	1.99	1.50

席占平等在 1993 年 7 月 12 日看到单块“揭河底”的情况,最大流量为 1 040 m^3/s,最大含沙量为 436 kg/m^3。如此看来,不一定在高含沙、大洪水条件下才能“揭河底”,高含沙小洪水也可以“揭河底”。

从上述情况看来,“揭河底”时间多发生在汛期 7 月上中旬,也是黄河中游地区第一场暴雨洪水出现的时期,地表经过长时期的干旱,存留有很多松散土质,被降水的产流、汇流带入河中组成高含沙水流,为“揭河底”提供必要的水沙条件。

二、“揭河底”机理讨论

江恩惠等❶对黄河龙门以上至天桥电站、渭河下游、北洛河洑头水文站以下至河口及三门峡水文水资源局、山西黄河河务局等地段和单位,专访了目睹“揭河底”现场的河务工作者、专家,收集了很多实测资料。对以往研究“揭河底”的论文和有关著作进行充分研究,在此基础上进行了室内模型试验,最后提出了判别指标关系式:

$$K\frac{v^2}{gd} \geqslant \frac{\gamma_s - \gamma_m}{\gamma_m} \tag{1-2}$$

式中:K 为系数;v 为平均流速,m/s;g 为重力加速度,m/s^2;d 为胶泥板块厚度,m;γ_s 为胶泥块湿容重,kg/m^3;γ_m 为浑水容重,kg/m^3。

❶江恩惠等,黄河高含沙洪水“揭河底”机理研究,黄科技 2 × –2008 –13 –18,黄河水利科学院、水利部黄河泥沙重点实验室。

公式两侧为无量纲形式。左侧为费氏数形式，表示水流强度；右侧是胶泥块本身在高含沙水流托浮状态下的单位体积重量。

根据韩其为、张金良的论文中提出的龙门水文站1964～1977年"揭河底"的实测资料，用式(1-2)作了计算，如表1-30所示。

表1-30　龙门站揭底实测资料计算

时间 (年-月-日)	v (m/s)	J (‰)	d (m)	γ_s (kg/m³)	γ_m (kg/m³)	E	G	揭底 与否
1964-07-06	6.8	1.60	2.34	1 870	1 433	0.65	0.30	揭
1966-07-18	8.6	2.53	7.55	1 870	1 581	0.51	0.18	揭
1970-08-02	8.3	3.18	6.59	1 870	1 447	0.68	0.29	揭
1977-07-06	10.7	0.72	4.05	1 870	1 359	0.42	0.38	揭
1964-08-13	5.0	0.50	0.50	1 870	1 106	0.51	0.69	未揭

三、"揭河底"概率与利弊

黄河中游干支流的"揭河底"现象是多沙河流特有的景观，在三门峡水库修建之前，沿河群众早已发现，揭河底只是对河床形态起到重新塑造的作用，对沿岸工农业生产、人民群众生活没有造成损害或者损害轻微，没有引起人们的重视，在历史文献上也少有记载。三门峡水库建成前也只有1～2次"揭河底"。水库建成之后发生不足10次，产生概率很小。今后，随着黄土高原大规模开展水土保持工程，退耕还林、还草，小流域治理等也彰显出成效，高含沙水流减少，"揭河底"的出现概率会更少，甚至有逐渐消失的可能。

从已有"揭河底"资料、研究论文来看，高含沙水流对河床形态进行三维塑造：①高含沙水流功率大($\gamma_m qJ$)，浑水容重可达到1 310 kg/m³以上，比清水大30%，可将河床冲刷很深，河床变成窄深，则单宽流量增大，即"揭河底"使河床向纵深方向发展；②"揭河底"所掀起来的泥沙只有一部分送往下游，其中大部分被掀起落淤到两侧滩地上，造成滩面高程上升；③水流功率大，冲刷河槽使河槽纵向变得顺直。"揭河底"冲刷的特性对河道整治工程是有害的。

河床被揭深以后，来自上游的非高含沙水流：①超饱和挟沙水流很快淤积主槽，河床抬升，水流向两侧滩地漫溢；②不饱和挟沙水流则向主槽两侧侵蚀，河槽拓宽又恢复成宽浅河槽进而变成游荡性河床。当小流量进入河道以后，小水坐弯，又进一步拓宽河床，河流分汊，出现沙洲。维持不久，河床又恢复到"揭河底"之前的河床状态。

有甚者：①"揭河底"水流不仅掀起胶泥块，同时将粗颗粒泥沙掀起并向下游输送，会引起下段河道发生淤积，进而减少过洪面积，突发险情，给防洪抢险工作带来麻烦。②揭底冲刷使河床高程下降，使原有护堤工程悬空下坠，出现新的险情，给防洪工作带来措手不及的情况。③“揭河底”主流靠近河岸过程，冲深主河槽之后，岸边引水工程会出现悬空状态，断绝了引水条件，影响岸上工农业生产。

2002 年 7 月，在小北干流上段发生的“揭河底”，造成小石嘴 1# 坝坍塌 33 m 长，出现非常严重的险情。

从上述情况可以看出：高含沙水流发生的概率不高、造成的后果弊多利少，给沿河防洪工作带来许多困难。因此，今后研究“揭河底”的方向应当是如何预报“揭河底”的产生和在河道中的走向，以求做好预防和减少险情出现。

第五节　小北干流河床形态

小北干流具有河道游荡，宽浅而主流极不稳定，左右摆幅较大，曲折系数较小，宽深比值大等特点，如表 1-31 所示。

表 1-31　小北干流河势特征

河段	主流摆幅(km)		河相关系		平滩流量(m^3/s)	曲折系数
	最大	一般	稳定系统	$\sqrt{B}/H$		
禹门口—庙前	10.4	3.4～6.4	0.34	44	5 000～6 000	1.0～1.4
庙前—夹马口	6.0	3.0～4.8	0.37	53	1 000～8 000	1.0～1.13
夹马口—潼关	14.8	3.0～13	0.73	41	4 000～6 000	1.0～1.12

小北干流主流摆动是经常的，主要发生在汛期，尤其是洪水期，进入小北干流的超饱和挟沙水流在主流区因坡度变缓，较粗泥沙发生沉积，随之河床抬高，进而引发出主流向两侧摆动，亦即“主流在哪里淤积在哪里，河床上升，主流摆动”。

小北干流在历史上出现较大的摆动次数很多，有地形图记载的只有 5 次完整，见图 1-6。

小北干流自禹门口至庙前河段平均坡度为 5.7‰，庙前至夹马口河段平均坡度为 4.7‰，夹马口至潼关河段平均坡度为 3.1‰，全河段平均坡度为 4.1‰。

1970 年、1977 年两年高含沙洪水“揭河底”前后河势变化，如图 1-7 所示。

小北干流横断面变化是非常复杂的，目前主河槽已经高出两侧滩地，形成“地上悬河”。若遇大洪水，主流会出现较大的摆动，或者是“三十年河东，三十年河西”的场面再次出现。图 1-8～图 1-12 是小北干流几个典型断面在各时期的变化。

表 1-32 是 1960 年汛前至 2000 年汛前，小北干流各淤积大断面主槽平均河床高程表，其纵向形态见图 1-13。

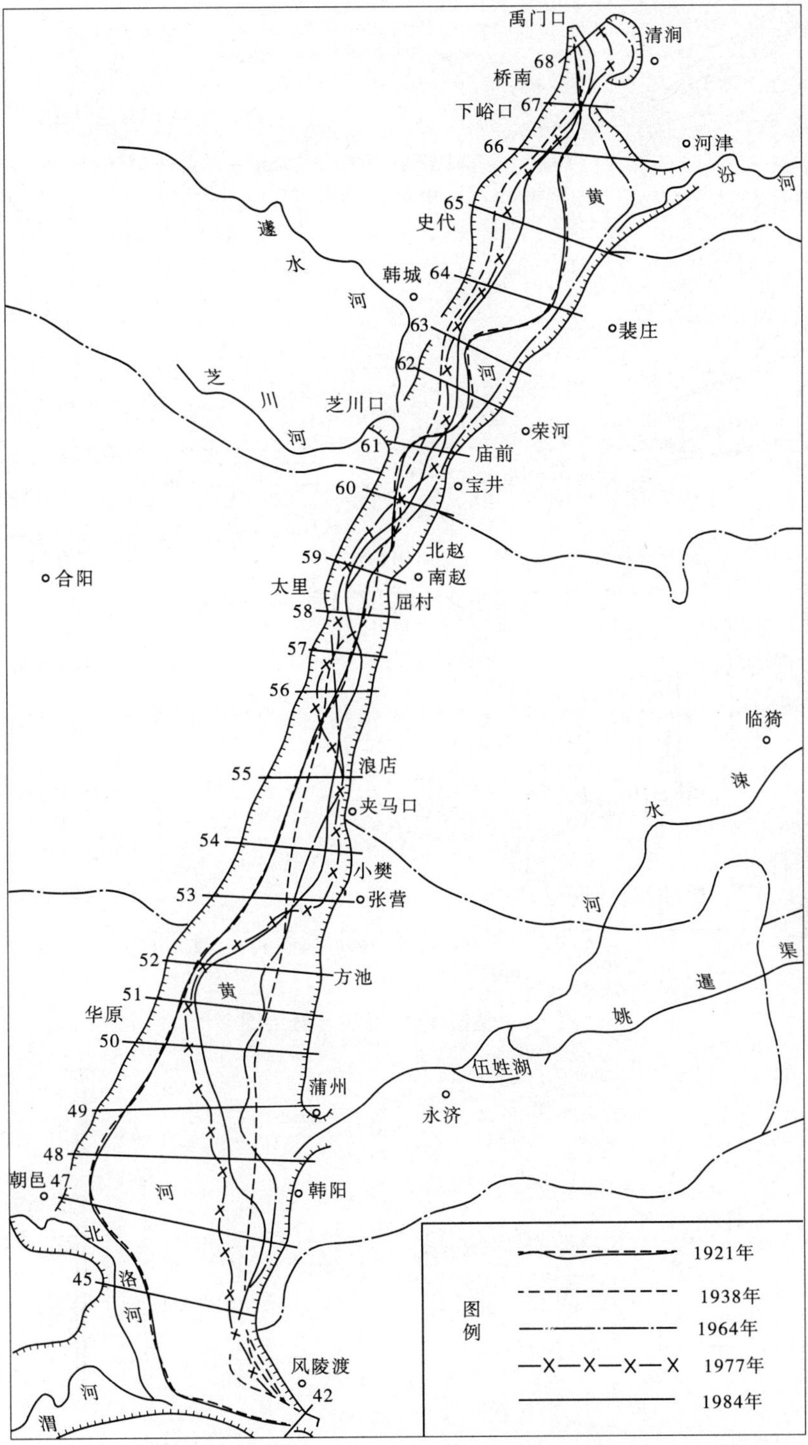

图 1-6　黄河小北干流历史主流变化

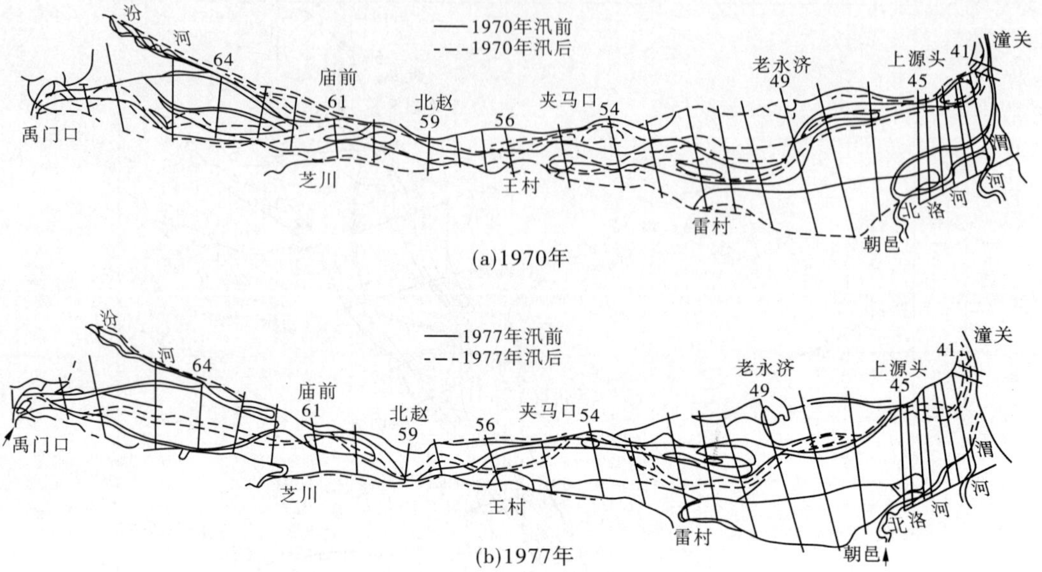

图 1-7　黄河小北干流“揭河底”河势变化

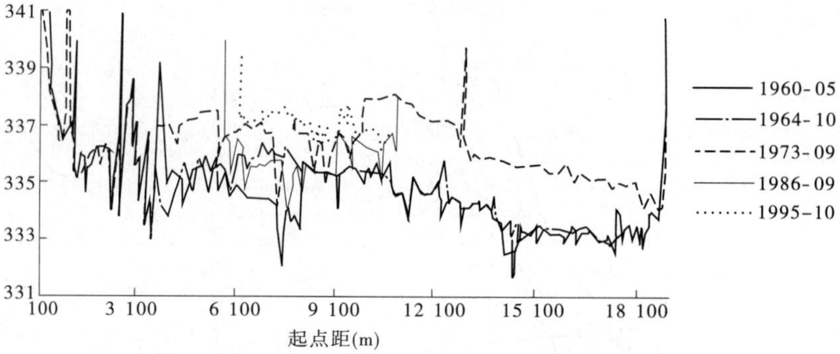

图 1-8　黄淤 49 断面历年套绘图

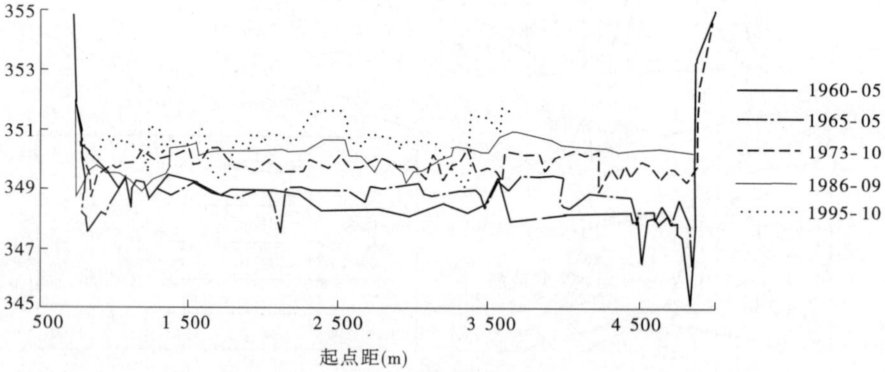

图 1-9　黄淤 56 断面历年套绘图

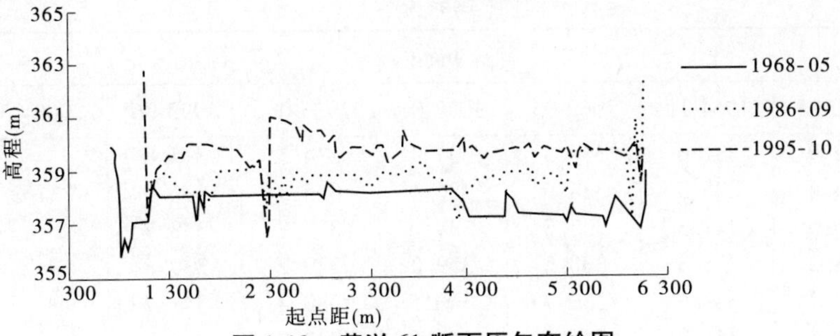

图 1-10　黄淤 61 断面历年套绘图

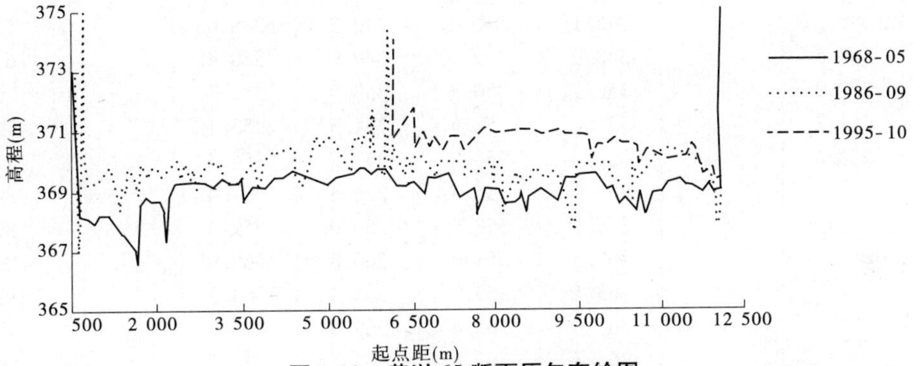

图 1-11　黄淤 65 断面历年套绘图

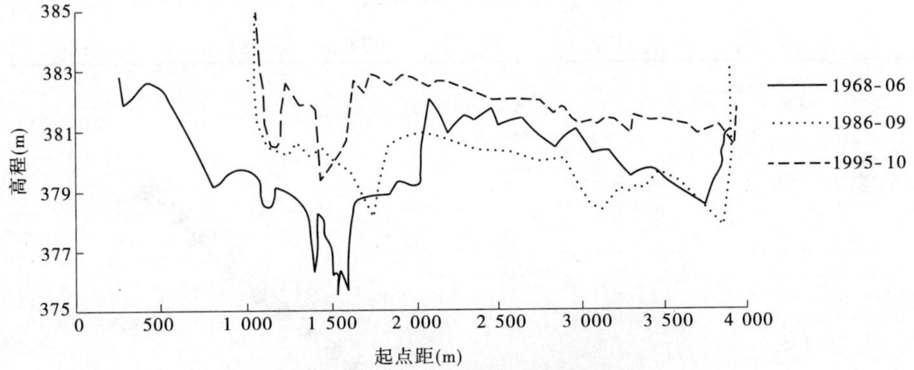

图 1-12　黄淤 68 断面历年套绘图

表 1-32　黄河小北干流各断面主河槽平均河床高程

断面（黄淤）	河床高程(m)							距潼关里程(km)
	1960-05	1964-10	1969-05	1973-06	1985-06	1995-06	2000-05	
41	323.3	327.0	327.8	327.2	325.9	327.3	327.7	0
42	324.5	327.3	328.9	328.2	327.6	328.9		3.09
43	325.2	326.7	328.8	329.0	328.9	329.6		7.40
44	326.6	329.6	—	—	—	—		10.9
45	328.8	330.8	331.8	331.3	330.9	331.0	332.5	14.3
47	331.2	332.3	332.9	333.0	332.9	333.6		20.1

续表 1-32

断面（黄淤）	河床高程(m)							距潼关里程(km)
	1960-05	1964-10	1969-05	1973-06	1985-06	1995-06	2000-05	
48	332.9	334.0	334.3	334.4	334.5	335.8		25.3
49	334.6	335.3	334.9	336.1	335.9	336.9	337.3	29.4
50	336.5	337.3	337.3	338.0	337.8	338.7		34.6
51	338.2	338.3	338.5	339.2	339.2	339.8		38.7
52	339.7	339.6	339.7	340.5	340.3	341.7		42.2
53	341.6	341.9	341.4	342.6	342.8	344.0		48.3
54	343.9		344.4	344.5	345.1	345.8	345.7	53.5
55	346.2		346.1	346.9	342.2	348.0		59.9
56	348.5		348.9	349.8	349.9	350.4		67.0
57	350.2		350.7	350.3	350.8	351.7		70.5
58	351.2		351.7	352.6	351.8	353.1		73.7
59	353.1		353.4	353.8	353.7	354.5		77.6
60			356.1	356.4	356.4	357.4		84.2
61			358.1	358.5	359.0	359.4	359.8	89.2
62			360.3	361.0	360.8	362.0		94.7
63			363.1	363.2	363.4	364.2		99.2
64			365.0	365.4	365.5	366.9		104.2
65			368.4	367.8	369.1	370.3		110.3
66			373.2	372.4	373.5	374.7		117.7
67			375.6	374.6	376.1	377.9		122.0
68			379.4	367.7	379.3	381.1	381.6	127.6

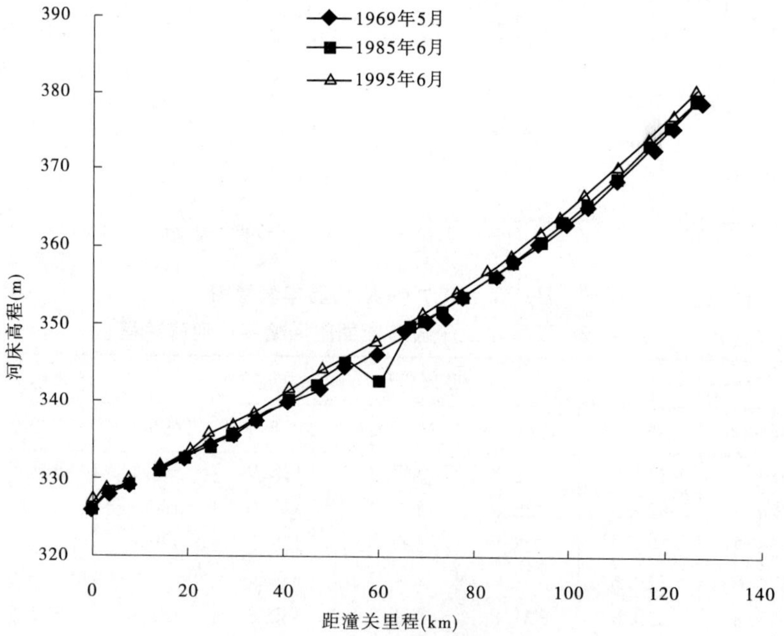

图 1-13　小北干流河床纵剖面

第六节　展望与思考

黄河中游禹门口以上河道，还有两处优越坝址，即碛口与古贤，也是治黄工作中的两张王牌，两处均可建造库容超过百亿立方米的大型水利枢纽。

一、古贤水利枢纽概况

古贤水利枢纽坝址位于壶口瀑布上游 10 km 处的古贤村。水库以防洪、减淤为主，兼顾供水、发电、调控水沙等综合利用。正常蓄水位为 645 m，相应总库容为 166 亿 m^3，其中拦沙库容为 118 亿 m^3，淤积干容重按 1.3 t/m^3 计可拦沙 153 亿 t，设计 2020 年龙门以上来沙量为 5.0 亿 t，可拦沙 30 年。

在古贤水库拦沙 30 年中，除汛期排泄异重流泥沙外，水库下泄全是清水，为冲刷黄河小北干流创造良好机会。因为古贤水利枢纽规划设计中，就有利用古贤水库下泄清水冲刷小北干流及潼关河段，预估冲刷可降低潼关高程 2.0 m 多，为改善渭河下游河道防洪形势起到了很好的作用，这是一个方面。

此外，也可考虑另外一种情况，即在禹门口处修建放淤闸，对小北干流进行大放淤，预估小北干流可存放 100 亿 m^3 相当于 130 亿 t 泥沙，可拦截黄河龙门以上来沙 27 年。

二、古贤下泄清水冲刷小北干流

古贤水库拦沙运用时间约 30 年，预估多年平均径流量约 250 亿 m^3。在通常情况下，日平均下泄流量在 600 m^3/s 上下，这一级流量对小北干流河道的冲刷是有限的。以 2008 年三门峡水库实测资料可以作为旁证，2008 年龙门水文站非汛期径流量为 119.0 亿 m^3，输沙量为 0.41 亿 t，平均含沙量为 3.45 kg/m^3；汛期径流量为 65.4 亿 m^3，输沙量为 0.21 亿 t，平均含沙量为 3.21 kg/m^3。这与未来建成后的古贤水库出库水沙情况很相似。2008 年三门峡库区小北干流冲淤量及分布见表 1-33。

表 1-33　2008 年三门峡库区小北干流冲淤量及分布　　（单位：亿 m^3）

时段	冲淤量				
	黄淤 41 断面—黄淤 45 断面	黄淤 45 断面—黄淤 50 断面	黄淤 50 断面—黄淤 59 断面	黄淤 59 断面—黄淤 68 断面	全河段
非汛期	0.019	-0.052	-0.092	-0.177	-0.302
汛期	-0.027	-0.046	-0.076	-0.013	-0.162
全年	-0.008	-0.098	-0.168	-0.190	-0.464

2008 年，三门峡水库在运用年内，坝前水位不超过 318 m（见表 1-26），非汛期水库淤积分布在黄淤 36 断面以下，总淤积量为 0.528 亿 m^3，潼关河段（黄淤 36 断面—黄淤 41 断面）冲刷 0.006 亿 m^3，非汛期淤积对潼关高程没有影响。

2008 年属枯水枯沙年，尤其是输沙量在历史上是罕见的，已近似“清水河流”，因此全年均为冲刷是合理的。

从表1-33中可以看出:①小北干流是由上段开始冲刷,逐渐向下游发展。因此,首当其冲的是黄淤59断面—黄淤68断面河段,冲刷量最多。当然,上段河道比降要大于下段,输沙能大。②非汛期径流量大、历时长,径流量是汛期的1.82倍。因此,冲刷量也是汛期的1.86倍。③非汛期小北干流上段与中段冲刷量多,及至下段靠近潼关(黄淤41断面)河床比降减缓到3‰以下,出现少量淤积也是合理的。

小浪底水库于1999年汛后下闸蓄水,2000年开始下泄清水,对黄河下游河道开始冲刷。

小浪底下泄径流量和花园口以上河段冲淤量见表1-34。

表1-34　小浪底下泄径流量和花园口以上河段冲淤量　（单位:亿 m^3）

年份	非汛期		汛期		运用年	
	径流量	冲淤量	径流量	冲淤量	径流量	冲淤量
2000	117.6	-0.591	89.4	-0.122	207.0	-0.713
2001	105.9	-0.327	49.9	-0.146	155.8	-0.473
2002	107.8	-0.122	85.0	-0.182	192.8	-0.304
2003	72.7	-0.005 6	88.0	-0.642	160.7	-0.647
2004	182.4	-0.014 3	69.2	-0.164	251.6	-0.178
2005	139.1	-0.083	67.0	-0.077	206.1	-0.160
2006	195.7	-0.343	71.6	-0.052	267.3	-0.395
2007	134.8	-0.070	100.8	-0.040	235.6	-0.110
2008	182.3	-0.109	64.0	-0.114	246.3	-0.223

从表1-34可以看出,开始几年,冲刷量与径流量成正比。随着时间的推移,冲刷量越来越少,似乎与径流量关系不很密切。当然,冲刷量中没有更详细地了解河床的变形、河势摆动及两岸坍塌等情况。

从上述两座水库实例来看,200亿 m^3 径流量的可能冲刷量为0.4亿~0.6亿 m^3,冲刷历时越长,冲刷量随之下降。也就是说,冲刷效益越来越小。

任何一条河流或者某座水库,冲刷的最终是向不冲刷或接近终止冲刷的方向发展,而淤积的发展则走向不淤积或者冲淤平衡方向发展。

对于小北干流河道接受古贤水库清水冲刷来看,首先冲刷壶口瀑布至禹门口河段,禹门口上游附近河床覆盖层深达70 m,禹门口上游33 km处的宁家碛是壶口下游最后一道石碛,河床由岩石和大块石组成,覆盖层为零,在33 km长的河道,宽度均在100 m以内。因为有禹门口河床高程的控制,可以冲刷起来的泥沙有限,水流冲刷的深度不可能达到几十米深。但是这一段河道的淤积物颗粒均属于推移质范围,进入小北干流、潼关以下三门峡库区、小浪底水库,都比较容易落淤,若进入黄河下游也是如此。这些粗颗粒泥沙,多为主流挟带,而落淤也会出现在主槽,这是十分不利的。

禹门口以下河道，按治导线规定：宽度为 2 500 m，河道长 132.5 km，可冲面积为 331.25 km^2，即 3.31 亿 m^2。平均冲刷深 5.0 m，即可冲刷 16.6 亿 m^3；平均冲刷深 4.0 m，即冲刷 13.25 亿 m^3；平均冲刷深 3.0 m，即可冲刷 9.94 亿 m^3。总冲刷出的 10 亿～16 亿 m^3 泥沙几乎都为粗颗粒泥沙。泥沙冲起之后将被输送到潼关以下的三门峡、小浪底甚至到黄河下游河道，可能带来意想不到的祸害。这样的泥沙大搬家是否值得，也是应当深思的。

三、控制小北干流河道的“下切与展宽”

为了避免从小北干流河道中冲起来的泥沙给三门峡库区和河段带来负面影响，可以在小北干流河道和两岸修造工程，控制河床冲刷（下切）和加固防护工程（展宽）。

禹门口至老永济（黄淤 49 断面）河长约 100 km，落差约 44 m。每 10 km 修筑拦沙堰，作为控制水流冲刷的基面，同时加固两岸防洪堤、坝、节点工程。必要时，在全断面修筑土堤，以防洪水夺流，也可以结合放淤工程避免泥沙搬家。

这一工程应与古贤水利枢纽同时进行。

四、小北干流放淤

小北干流放淤规划工作已经在 20 世纪 70 年代做过若干次。有 3 个放淤量：80 亿 m^3、100 亿 m^3 和 120 亿 m^3。

小北干流有滩地 101.3 万亩（1 亩 = 1/15 hm^2），约 675 km^2。按 100 亿 m^3 放淤，平均淤积厚度约 15 m；按 90 亿 m^3 放淤，平均淤积厚度约 13 m。

小北干流放淤，首先在禹门口修建 2 座放淤闸，山西、陕西两省各 1 座，应与古贤水利枢纽同时进行，在目前治导线规定的河道上修建拦沙坝坝高应在 20 m 上下，每 10 km 修建一座，黄淤 49 断面是最后一座，古贤水库下泄清水及放淤澄出的清水，在黄淤 49 断面以下的槽中冲刷黄淤 49 断面—黄淤 41 断面河段，进而冲刷潼关河段（黄淤 41 断面—黄淤 36 断面），才能稳定或降低潼关高程。

三门峡水库修建之前，小北干流滩地是陕西、山西两省油料基地，盛产花生，目前滩区又大面积种植芦笋。放淤后，能够改造大片沼泽、盐碱及低产农田，改变落后的生产局面。

小北干流放淤涉及的移民、搬迁问题相对较少，基本上是临时性的，放淤完成后仍可迁回到原来地区，但也需政府给予一定的支助。

参 考 文 献

[1] 张仁，等. 拦减粗泥沙对黄河河道冲淤变化影响[M]. 郑州：黄河水利出版社，1998.
[2] 焦恩泽. 黄河水库泥沙[M]. 郑州：黄河水利出版社，2004.
[3] 黄河小北干流山西河务局. 黄河小北干流志[M]. 郑州：黄河水利出版社，2002.
[4] 黄河小北干流陕西河务局. 黄河小北干流志[M]. 郑州：黄河水利出版社，1999.
[5] 焦恩泽. 黄河小北干流南段河道安迁分析[J]. 黄河史，1988(3).
[6] 陈霁巍，等. 黄河治理与水资源开发利用[M]. 郑州：黄河水利出版社，1998.

[7] 焦恩泽,等.黄河小北干流冲淤数量估算[J].人民黄河,1988(4).
[8] 焦恩泽.黄河高含沙水流的特性和利用[J].西北水电,1994,2.
[9] 缪凤举,等."揭河底"冲刷现象机理探讨[J].人民黄河,1984(1).
[10] 王尚毅.黄河"揭底冲刷"问题的初步研究[J].泥沙研究,1982(2).
[11] 庄恒星.黄河小北干流"揭河底"冲刷及预筹对策[J].人民黄河,1995(8).
[12] 张红武,等.高含沙洪水"揭河底"的判别指标及其条件[J].人民黄河,1996(9).
[13] 程龙渊,等.黄河小北干流和渭河"揭河底"冲刷现象分析[J].泥沙研究,2005(4).
[14] 史辅成,等.黄河"揭河底"冲刷的形成条件分析[J].人民黄河,2002(9).
[15] 焦恩泽,等.高含沙量洪水与"揭河底"冲刷[C]//第四届全国泥沙基本理论研究学会论文集.成都:四川大学出版社,2000.
[16] 薛选世,等.黄河小北干流"揭河底"冲刷对策探讨[J].人民黄河,2003,25(2).
[17] 程龙渊.三门峡库区水文泥沙实验研究[M].郑州:黄河水利出版社,1999.

第二章　三门峡渭河库区冲淤演变

第一节　渭河库区概况

三门峡渭河库区，东起黄淤41断面，顺渭河口向上延伸到支流赤水河入渭的渭淤14断面下游0.5 km，距潼关71.6 km(1968年340 m中心线)、98.7 km(1976年河淤中心线)。它是渭河下游河道(咸阳—河口)的下段，三门峡水库修建前，属蜿蜒型河流，河床纵剖面约1.2‰，弯曲系数为1.4～1.7，河相关系$\sqrt{B}/H$为5，枯水季节河道宽度为150～500 m，河床基本上是冲淤平衡，按长系列统计有微量淤积。

1958年，陕西省组建了陕西省三门峡库区管理局(简称陕管局)。在渭河下游中段的临潼设立了临潼水文站，自渭河口至咸阳全河段设置了37个淤积大断面，负责渭河库区水文泥沙观测。每年在汛前、汛后测量淤积大断面，计算库区冲淤量。水文站按国家规范规定进行观测工作，已经积累了50多年资料。收集到的资料系统、项目齐全、质量较高，为工程、科研提供了可靠数据。黄河水利委员会在渭河下游河段上设有华县水文站(渭淤10断面)、咸阳水文站(渭淤37断面)，两站观测的历时较长，有几十年的连续资料。

第二节　渭河水文泥沙特性

渭河咸阳水文站、泾河张家山水文站，均距库区回水末端(赤水河口)较远，测站不受水库回水影响，作为进库站。华县水文站位于渭淤10断面，在三门峡水库蓄水运用时期，受水库蓄水影响。1968年以后，三门峡水利枢纽一期改建完成后，水库回水一般不超过潼关，只有黄河大洪水倒灌渭河时，才可能影响到华阴水文站(渭淤2断面)。因此，1968年以后渭河进入三门峡库区的径流量和输沙量可以用华县水文站的资料代替咸阳、张家山。

一、三门峡建库前渭河水沙特性

(一)渭河径流量

渭河华县水文站于1934年建站，同年开始观测，1933年以前的资料是借相关站网补插而得。1949～1960年多年平均径流量为85.8亿m^3，其中汛期径流量为53.3亿m^3，占全年径流量的62.2%，其中最大值是1958年的115.0亿m^3，最小值是1960年的52.9亿m^3，两者相差2.13倍，见表2-1。

在1949～1960年期间，最大洪峰流量为7 660 m^3/s(1954-08-18)，最小洪峰流量为2 900 m^3/s(1960-08-04)。

(二)渭河输沙量

1949～1960年,多年平均输沙量为4.258亿t,其中汛期为3.880亿t,占全年输沙量的91.1%。最大值为7.43亿t(1958年),最小值为1.384亿t(1951年)。同期,多年平均含沙量为49.6 kg/m^3,汛期为72.8 kg/m^3,非汛期为11.6 kg/m^3。年平均最大含沙量为95.9 kg/m^3(1959年),汛期最大含沙量为183.0 kg/m^3(1959年);年平均最小含沙量为21.4 kg/m^3(1951年),汛期最小含沙量为25.9 kg/m^3(1952年)。非汛期含沙量最大值为25.3 kg/m^3(1956年),最小值为2.58 kg/m^3(1960年),见表2-1。

表2-1　1949～1960年渭河华县水文站水沙量

年份	径流量(亿m^3)			输沙量(亿t)			含沙量(kg/m^3)		
	年	汛期	非汛期	年	汛期	非汛期	年	汛期	非汛期
1949	120.3	82.4	37.9	5.850	5.620	0.230	48.7	68.2	6.1
1950	77.2	41.1	36.1	5.040	4.720	0.320	65.3	115.0	8.9
1951	64.7	36.2	28.5	1.384	1.274	0.110	21.4	35.2	3.9
1952	106.3	65.1	41.2	2.343	1.690	0.653	22.1	25.9	15.8
1953	57.2	30.7	26.5	2.319	2.030	0.289	40.6	66.2	10.9
1954	105.5	69.1	36.4	5.530	5.000	0.530	52.2	72.3	14.6
1955	90.4	64.4	26.0	3.940	3.840	0.100	43.6	59.6	3.85
1956	103.4	57.9	45.5	6.190	5.040	1.150	59.9	87.0	25.3
1957	73.3	39.2	34.1	2.780	2.360	0.420	38.0	60.1	12.3
1958	115.0	84.6	30.4	7.430	6.850	0.580	64.7	80.9	19.1
1959	62.9	31.9	31.0	5.930	5.820	0.110	95.9	183.0	3.55
1960	52.9	37.4	15.5	2.360	2.320	0.040	44.6	62.1	2.58
合计	1 029.1	640	389.1	51.096	46.564	4.532			
平均	85.5	53.3	32.4	4.258	3.880	0.377 7	49.6	72.8	11.6

渭河泥沙颗粒较细,$d<0.01$ mm沙重百分比为36.8%,$d<0.025$ mm沙重百分比为64.2%,见表2-2。

表2-2　1959～1990年渭河华县水文站悬沙组成多年平均值

平均小于某粒径的沙重百分数(%)									中数粒径(mm)	平均粒径(mm)
0.005	0.01	0.025	0.05	0.1	0.25	0.5	1.0	2.0		
24.0	36.8	64.2	88.9	97.8	99.3	99.9	100	100	0.016	0.026

二、三门峡水库修建后渭河水沙特性

(一)1960～1968 年渭河下游来水来沙情况

1960 年 9 月三门峡水库正式蓄水,同年底水库水位上升到 332.58 m,回水末端上延到支流赤水河河口。1962 年 3 月,三门峡水库改为滞洪排沙运用,渭河下游脱离水库回水影响,在此时段内,渭河有 3 年年径流量超过 100 亿 m^3,有 3 年输沙量超过 5.0 亿 t,其中 1964 年达到 10.588 1 亿 t,见表 2-3。

表 2-3　1960～1968 年渭河华县水文站径流量、输沙量及含沙量年内分配

年份	径流量(亿 m^3)			输沙量(亿 t)			含沙量(kg/m^3)		
	非汛期	汛期	运用年	非汛期	汛期	运用年	非汛期	汛期	运用年
1960	14.57	37.35	51.92	0.043 9	2.319 8	2.363 7	3.01	62.1	45.5
1961	30.59	60.76	91.35	0.263 3	2.257 9	2.521 2	8.61	37.2	27.6
1962	33.44	51.07	84.51	0.113 0	2.647 9	2.760 9	3.38	51.8	32.7
1963	61.80	38.92	100.10	0.939 6	1.744 0	2.683 6	15.36	44.8	26.8
1964	67.85	110.92	178.76	0.947 8	9.640 3	10.588 1	13.97	86.9	29.2
1965	60.21	30.98	91.20	0.391 4	1.439 9	1.831 4	6.50	46.5	20.1
1966	20.62	64.95	85.57	0.579 8	8.927 0	9.506 8	28.10	137.4	111.1
1967	48.05	51.60	99.66	0.726 6	2.683 4	3.410 0	15.10	52.0	34.2
1968	44.54	71.67	116.21	0.325 1	4.808 2	5.133 4	7.30	67.1	44.2
合计	381.05	518.22	899.27	4.330 5	36.468 4	40.798 9			
平均	42.33	57.58	99.92	0.481 2	4.052 0	4.533 2	11.4	7.04	45.4

从表 2-3 中还可以看出,1966 年是丰沙年,该年汛期平均含沙量达到 137.4 kg/m^3,其中 7 月平均含沙量高达 325 kg/m^3,见表 2-4。

表 2-4　1966 年汛期华县水文站各月水沙特征值

月份	径流量(亿 m^3)	平均流量(m^3/s)	输沙量(亿 t)	平均含沙量(kg/m^3)	S/Q($kg \cdot s/m^6$)
7	17.73	662	5.76	325	0.491
8	7.952	297	1.10	138	0.465
9	28.92	1 120	2.00	69	0.061 6
10	10.37	387	0.047	4.53	0.011 7

1966 年汛前,潼关高程上升到 327.99 m,渭河的侵蚀基面由 1960 年汛前的 323.4 m 抬升了 4.59 m,又遭遇 1966 年汛期丰沙年,该年汛期渭河下游河床淤积异常严重,达 2.554 亿 m^3,是渭河下游河道淤积最大的年份之一。

渭河及其支流泾河悬移质泥沙组成较细，本时段内各年平均中值粒径、平均粒径、$d<0.025$ mm 沙重百分比、$d<0.05$ mm 沙重百分比，如表 2-5 所示。

表 2-5　1960～1968 年华县水文站悬沙径特征值

年份	平均粒径（mm）	中值粒径（mm）	$d<0.025$ mm（%）	$d<0.05$ mm（%）
1960	0.028	—	—	—
1961	0.016	0.028	78.3	93.4
1962	0.010	0.042	—	—
1963	0.016	0.043	63.2	86.3
1964	0.018	0.025	59.0	86.3
1965	0.010	0.030	74.5	93.5
1966	0.017	0.052	67.7	91.2
1967	0.013	0.034	66.6	91.0
1968	0.015	0.034	63.1	87.0

三门峡水库在 1960 年 9 月至 1962 年 3 月为蓄水运用期，华县水文站处在 335 m 高程以内渭河库区，时而受水库回水影响。1960 年 9 月至 1962 年 5 月，渭河下游淤积量为 0.740 4 亿 m^3，在这个时段内的淤积量是三门峡水库蓄水直接影响造成的。

渭河在潼关（黄淤 41 断面）上游附近汇入黄河，北洛河河口距潼关 12.8 km，在渭淤 1 断面下游附近进入渭河。小北干流尾闾河床比降约 3.0‱，渭河渭淤 1 断面以下河床比降约 1.1‱。在如此地形条件下，遇到渭河中水、枯水情况时，黄河洪水很容易倒灌渭河，在黄渭交汇处由泥沙淤积成一道阻碍渭河洪水的拦门沙坎。

1967 年 8 月，北洛河高含沙（含沙量大于 700 kg/m^3）洪水频繁，渭河流量大于 500 m^3/s 洪水有 15 次，8 月 11 日黄河龙门水文站出现 21 000 m^3/s 洪水，相应潼关水文站流量为 9 530 m^3/s，潼关高程维持在 328 m 以上。同期，渭河华县水文站日平均流量在 25～394 m^3/s 范围变化。在黄河、洛河、渭河干支流的水沙组合下，发生黄河洪水侧灌渭河的历时长达 29 d，在此期间北洛河洪水加入的总沙量为 0.846 亿 m^3，全部落淤在渭河河口段，淤堵三河口至仓西河段长 8.8 km。8 月 23 日以后，华阴水文站（仓西）附近水位不断上升，达到 333 m 高程左右。9 月份渭河来沙 1.01 亿 t，因河口段淤堵，自仓西向上游溯源淤积，一直达到渭淤 4 断面（西阳）。洪水倒灌前后，渭河河段河床纵剖面见表 2-6。

表 2-6　1967 年渭河河段淤堵前后河床纵剖面

断面	距渭拦 12 距离(km)	高程(m)			
		1967 年 5 月 11 日	1967 年 8 月 14 日	1967 年 10 月 17 日	1968 年 10 月 20 日
渭拦 12	0	325.5	326.1	325.3	326.1
渭拦 1	1.68	325.8	327.5	325.5	326.4
渭拦 7	6.67	326.4	327.7	326.4	324.7
渭拦 9	8.44	325.2	327.0	324.7	325.2
渭淤 1	10.42	326.6	327.9	327.4	327.4
渭淤 2	13.12	327.1	329.0	328.4	327.9
渭淤 2 + 1	14.95	326.4	329.3	332.6	327.0
渭淤 3	16.88	327.3	329.6	333.1	327.6
渭淤 3 + 1	18.99	328.0	333.0	333.6	329.0
渭淤 4	20.76	328.8	330.4	331.9	329.3
渭淤 4 + 1	23.11	328.7	330.8	331.7	329.6
渭淤 5	25.26	329.7	331.3	330.9	329.3
渭淤 6	28.63	330.6	331.7	330.3	330.9
渭淤 7	34.63	332.4	333.0	333.4	332.0

(二)1969 ~ 1980 年渭河水沙特性

1969 ~ 1980 年水沙系列(见表 2-7)与 1951 ~ 1990 年水沙系列相比较,前者属枯水平沙系列。年平均输沙量前者为 3.687 2 亿 t,后者为 3.84 亿 t。然而,径流量相差较多,年平均径流量前者为 59.33 亿 m^3,后者为 80.42 亿 m^3,两者相差 21.09 亿 m^3,见表 2-8。尽管如此,在 12 年中,渭河下游共淤积 1.6 亿 m^3,年平均淤积量为 0.133 亿 m^3。这里应当指出,在此期间三门峡水库对渭河下游十分不利,有关水库运用问题将在另外章节讨论。

1969 年在三门峡市召开四省会议,会议报送国务院,经批准,1969 年底三门峡水利枢纽工程二期改建工程开始。1970 年 6 月底打开施工导流底孔 3 条,至 1973 年底,二期工程改建工程基本完成。对“确保西安”提供了可靠的硬件措施,1973 年底三门峡水库开始蓄清排浑(调水调沙)运用。1970 年渭河属于平水丰沙年,汛期输沙量达到 7.146 7 亿 t,平均含沙量为 122 kg/m^3,然而当年打开大坝 3 条施工导流底孔,底坎高程为 280 m,比原深孔底坎高程下降 20 m,溯源冲刷自坝址迅速向上游发展,潼关高程 1970 年汛前(6 月 30 日)为 328.55 m,至汛后下降到 327.71 m。在 1970 年丰沙年的情况下,渭河下游河道还冲刷了 0.128 2 亿 m^3,初步看到三门峡枢纽工程改建的效益。

表 2-7　1969～1980 年渭河华县水文站历年水沙量

年份	径流量(亿 m^3)			输沙量(亿 t)			含沙量(kg/m^3)		
	非汛期	汛期	运用年	非汛期	汛期	运用年	非汛期	汛期	运用年
1969	43.74	18.97	62.71	0.539 2	2.314 5	2.853 7	12.3	122.0	45.5
1970	31.39	58.50	89.86	0.337 3	7.146 7	7.484 0	10.8	122.2	83.3
1971	29.71	15.29	45.01	0.209 9	1.444 9	1.654 8	7.1	94.5	36.8
1972	21.02	13.33	34.35	0.142 0	0.385 0	0.527 0	6.8	28.9	15.3
1973	14.92	45.98	60.90	0.641 9	7.699 0	8.340 9	43.0	167.4	137.0
1974	17.27	28.09	45.36	0.119 2	1.499 7	1.618 9	6.90	53.4	35.7
1975	20.78	78.20	98.98	0.069 9	3.672 4	3.742 3	3.70	47.0	37.8
1976	42.97	53.34	96.31	0.169 4	2.663 3	2.832 7	3.94	49.9	29.4
1977	19.13	19.20	38.33	0.203 1	5.480 0	5.683 1	10.6	285.4	148.3
1978	8.73	43.04	51.78	0.158 7	4.258 7	4.417 4	18.2	98.9	85.3
1979	13.51	24.04	37.55	0.020 0	2.098 2	2.118 2	1.48	87.3	56.4
1980	9.68	41.09	50.77	0.125 4	2.844 4	2.970 2	13.0	69.2	58.5
合计	272.82	439.07	711.89	2.736 5	41.510 8	44.277 3			
平均	22.74	36.59	59.33	0.228 0	3.459 2	3.687 2	10.0	94.5	62.1
占全年比例(%)	38.3	61.7	100	6.2	93.8	100			

表 2-8　1951～1990 年华县上多年平均水沙差

项目	汛期	非汛期	全年
径流量(亿 m^3)	49.14	31.28	80.42
输沙量(亿 t)	3.44	0.404	3.84
含沙量(kg/m^3)	70.0	12.9	47.7

(三)1981～1986 年渭河水沙情况

1981～1986 年，渭河属于丰水枯沙年，汛期多年平均含沙量在 40 kg/m^3 上下，见表 2-9。与 1951～1990 年长系列相比较，平均含沙量：汛期减少 32.6 kg/m^3，全年减少 17.7 kg/m^3。

表 2-9 1981～1986 年渭河华县水文站水沙量年内分配

年份	径流量(亿 m^3)			输沙量(亿 t)			含沙量(kg/m^3)		
	非汛期	汛期	运用年	非汛期	汛期	运用年	非汛期	汛期	运用年
1981	12.05	82.45	94.50	0.293 8	3.323 8	3.617 6	24.4	40.3	38.3
1982	23.35	32.64	56.00	0.139 9	1.366 7	1.506 6	6.00	41.9	26.9
1983	34.06	87.19	121.25	0.404 0	2.098	2.502 0	11.9	24.1	20.6
1984	43.69	87.47	131.16	0.617 0	3.598 1	4.215 1	14.1	41.1	32.1
1985	42.84	43.07	85.91	0.328 9	2.231 4	2.560 3	7.7	51.8	29.8
1986	24.91	20.45	45.36	1.019 8	0.602 4	1.622 2	40.9	29.5	35.8
合计	180.9	353.27	534.17	2.803 4	13.220 6	16.023 8			
平均	30.15	58.88	89.03	0.467 2	2.203 4	2.670 6	15.5	37.4	30.0

在此期间,渭河下游河道各年有淤有冲,其中 1983 年、1984 年两年,汛期全河段(渭淤 1 断面—渭淤 37 断面)发生冲刷,1981～1986 年冲淤相抵以后净冲刷 0.1212 m^3,见表 2-10。

从水库运用来看,这一时期非汛期蓄水水位,超过某水位的天数与 1980 年以前比较,没有较多的改进,见表 2-11。汛前潼关高程比较稳定,由 1981 年汛前的 327.95 m 下降到 1986 年汛前的 327.08 m。

表 2-10 1981～1986 运用年渭河库区冲淤量 (单位:亿 m^3)

时段 (年-月-日)	渭淤 1 断面— 渭淤 10 断面	渭淤 10 断面— 渭淤 26 断面	渭淤 26 断面— 渭淤 37 断面	渭淤 1 断面— 渭淤 37 断面
1980-09-23～1981-06-11	0.052 6	0.010 2	0.042 2	0.105 0
1981-06-11～1981-10-13	-0.003 1	0.107 9	-0.007 5	0.097 3
1981-10-13～1982-05-22	0.033 9	-0.098 1	-0.003 0	-0.067 2
1982-05-22～1982-10-07	0.139 5	0.125 8	0.030 9	0.296 2
1982-10-07～1983-05-22	0.002 1	0.014 2	0.002 7	0.019 0
1983-05-22～1983-10-26	-0.260 7	-0.356 4	-0.068 2	-0.685 3
1983-10-26～1984-05-20	-0.009 7	0.114 0	0.018 3	0.122 6
1984-05-20～1984-10-16	-0.090 3	-0.362 4	-0.059 8	-0.512 5
1984-10-16～1985-05-21	0.013 3	-0.081 5	0.012 5	-0.055 7
1985-05-21～1985-10-28	0.167 5	0.281 4	-0.046 5	0.402 4
1985-10-28～1986-05-24	0.019 9	-0.002 6	0.011 3	0.028 6
1986-05-24～1986-10-24	0.004 4	0.119 6	0.004 4	0.128 4

表 2-11　1974～1986 年非汛期坝前水位蓄水天数、潼关高程特征值

年份	非汛期坝前水位(m)		超过某级水位蓄水天数(d)			潼关高程(m)	
	平均	最高	>315 m	>320 m	>322 m	汛前	汛后
1974	314.29	324.80	140	121	77	327.19	326.70
1975	316.13	323.99	129	72	61	327.23	326.04
1976	316.83	324.50	149	73	31	326.71	326.12
1977	318.32	325.95	167	118	108	326.37	326.79
1978	317.72	324.25	175	101	59	327.30	327.09
1979	318.50	324.55	184	132	105	327.76	327.62
1980	316.51	323.94	148	100	51	327.82	327.38
1981	315.66	323.57	123	94	55	327.95	326.94
1982	317.58	323.94	159	101	76	327.44	327.06
1983	316.32	323.73	130	80	61	327.39	326.57
1984	316.48	324.57	132	93	62	327.18	326.75
1985	316.73	324.90	152	49	38	326.96	326.64
1986	315.15	322.62	138	25	8	327.08	327.18

从表 2-11 中可以看出，水库运用对渭河下游河床冲淤没有明显的影响，潼关以下库区基本上是冲淤平衡的，见表 2-12。表中 330 m 高程包括潼关以下库区，黄河、洛河、渭河干支流三河的汇流区一部分。328 m、326 m 高程的库容是潼关以下库区的库容。从表 2-11 中可以看出，1974 年蓄水运用之后潼关以下库区处在不断调整、冲淤平衡的自然状态，因此渭河下游河床冲淤演变的主要因素是渭河自身的有利水沙条件，潼关高程的升降也有一定的影响，但不是主要的。

表 2-12　1974～1986 年三门峡水库库容曲线（部分高程）

时间(年-月)	不同高程对应库容(亿 m^3)			
	326 m	328 m	330 m	332 m
1974-06	18.78	24.58	31.35	39.56
1976-06	18.36	24.29	31.18	39.60
1981-06	17.56	23.47	30.09	38.02
1983-05	17.37	23.38	30.13	38.23
1984-05	17.85	23.90	30.71	38.91
1985-06	18.27	24.31	31.11	39.35
1986-06	18.49	24.54	31.35	34.54

(四)1987 ~ 1995 年渭河华县水文站水沙特性

1987 ~ 1995 年,多年平均径流量为 65.4 亿 m^3,输沙量为 2.915 9 亿 t,年平均含沙量为 51.7 kg/m^3,属于枯水丰沙年,见表 2-13。其中,1992 年、1994 年、1995 年 3 年径流量极枯,相对而言,输沙量又是丰沙年。尤其是 7、8、9 三个月水沙搭配参数(S/Q)高达 0.6 kg · s/m^6 以上(见表 2-14),引起渭河下游发生严重淤积。1992 年、1994 年、1995 年 3 年共淤积 2.663 1 亿 m^3,占 1987 ~ 1995 年总淤积量(2.843 4 亿 m^3)的 93.7%。

表 2-13　1987 ~ 1995 年渭河华县水文站水沙量

年份	径流量(亿 m^3)			输沙量(亿 t)			含沙量(kg/m^3)		
	非汛期	汛期	运用年	非汛期	汛期	运用年	非汛期	汛期	运用年
1987	28.75	22.11	50.86	0.456 8	0.727 3	1.184 1	15.9	32.9	23.2
1988	22.41	62.00	84.41	0.284 5	5.267 1	5.551 6	12.7	85.0	65.8
1989	33.85	33.78	67.63	0.227 1	1.615 7	1.842 8	6.7	47.8	27.2
1990	31.92	44.99	76.91	0.213 1	2.720 7	2.933 8	6.7	60.5	38.1
1991	36.94	12.31	49.25	1.517 9	0.648 1	2.166 0	41.1	52.6	44.0
1992	13.95	45.64	59.49	0.350 1	4.510 2	4.860 3	25.1	98.8	81.6
1993	30.33	31.87	62.20	0.134 4	1.358 3	1.492 8	4.4	42.6	24.0
1994	19.81	16.81	36.42	0.240 0	3.566 3	3.806 3	12.1	212.0	104.0
1995	10.94	11.42	22.36	0.240 0	2.365 3	2.405 3	3.7	207.0	108.0
合计	228.9	280.9	509.8	3.463 9	22.779 0	26.243 0			
平均	25.4	31.2	65.4	0.384 9	2.531 0	2.915 9	15.2	81.1	51.7

表 2-14　1992 年、1994 年、1995 年华县水文站汛期水沙特征值

时期	Q(m^3/s)			S(kg/m^3)			S/Q(kg · s/m^6)		
	1992 年	1994 年	1995 年	1992 年	1994 年	1995 年	1992 年	1994 年	1995 年
7 月	163	319	545	104	229	323	0.638	0.718	0.593
8 月	566	112	207	230	397	304	0.406	3.55	1.47
9 月	575	89.4	96.4	33.4	164	78.7	0.058	1.83	0.816
10 月	419	111	71.3	6.54	12.7	6.28	0.016	0.114	0.088
汛期	430	158	231	98.7	212	207	0.230	1.34	0.896

渭河下游单位水量冲淤量与水沙搭配参数有较好关系,见图 2-1。对照表 2-13,由图 2-1可知,水沙搭配参数大于 0.1 kg · s/m^6 时,渭河河道发生淤积,含沙量在 200 kg/m^3 以上时淤积更为严重。

1987 ~ 1995 年,三门峡水库非汛期坝前水位仍然维持较高(见表 2-15),至 1995 年潼

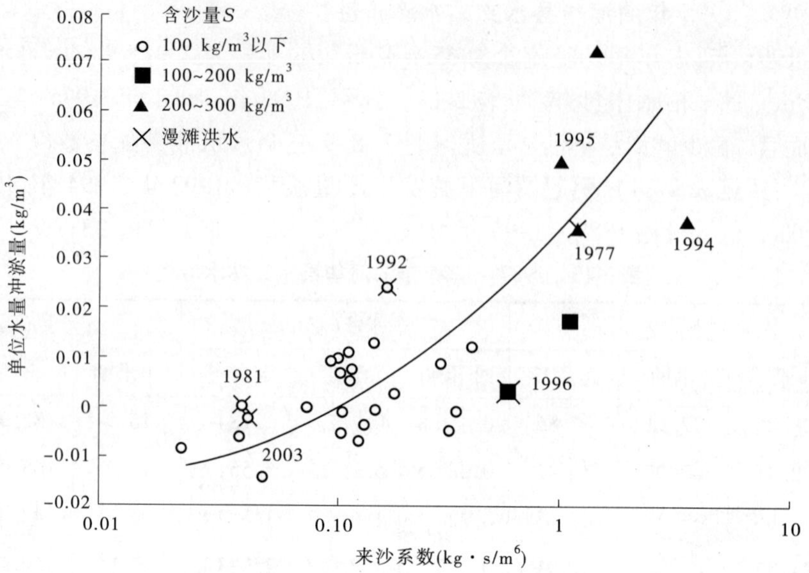

图 2-1　1974～2003 年汛期渭河下游单位水量冲淤量与水沙搭配参数关系

关高程超过 328 m。1994 年、1995 年 2 年，渭河下游淤积接近 1.0 亿 m^3，见表 2-16。

除三门峡水库影响外，渭河自身的水沙条件起到主要作用。1994 年汛期，黄河、渭河、洛河三河，有 5 次高含沙洪水相遇，1995 年 8 月上旬有一场高含沙洪水相遇，引起渭河下游发生强烈淤积，见表 2-17。

表 2-15　1987～1995 年非汛期三门峡坝前水位和潼关高程

年份	坝前水位(m)		超过某级水位蓄水天数(d)			潼关高程(m)	
	平均	最高	>315 m	>320 m	>322 m	汛前	汛后
1987	316.77	323.73	143	66	41	327.30	327.16
1988	316.55	324.99	138	77	34	327.37	327.08
1989	315.59	324.11	142	66	53	327.62	327.36
1990	316.47	323.99	143	81	50	327.75	327.60
1991	314.91	323.84	127	47	34	328.02	327.90
1992	316.40	323.91	148	90	54	328.40	327.30
1993	314.49	321.61	132	38	0	327.78	327.78
1994	315.16	322.66	133	43	9	327.95	327.69
1995	315.12	321.00	111	23	0	328.12	328.28

表 2-16　1987 ~ 1995 年渭河下游冲淤量　　　（单位：亿 m^3）

年份	冲淤量			年份	冲淤量		
	非汛期	汛期	全年		非汛期	汛期	全年
1987	−0.002 3	0.155 6	0.153 3	1992	0.043 8	1.111 8	1.155 6
1988	0.035 1	−0.043 7	−0.008 6	1993	−0.183 1	−0.184 2	−0.367 3
1989	−0.119 1	0.361 8	0.242 7	1994	−0.059 7	0.828 2	0.768 5
1990	−0.111 0	0.316 7	0.205 7	1995	−0.078 0	0.817 0	0.733 9
1991	−0.004 9	−0.010 6	−0.015 5				

1994 年 7 月 6 日至 7 月 10 日，渭河高含沙洪水洪峰流量 2 000 m^3/s，最大含沙量达到 765 kg/m^3，当黄河洪水流量对渭河达不到顶托倒灌的条件时，渭河洪水在下游造成普遍冲刷，华阴冲刷 1.16 m。

1994 年 7 月 27 日至 7 月 30 日，渭河发生高含沙小洪水，洪峰流量 1 010 m^3/s，最大含沙量为 802 kg/m^3。黄河流量只有 1 460 m^3/s，含沙量不足 100 kg/m^3，这场高含沙小洪水造成华县以下河道普遍淤积，陈村、华县淤积厚度超过 1.0 m。

1994 年 8 月 6 日至 8 月 10 日，黄河出现 10 600 m^3/s 洪水，最大含沙量为 401 kg/m^3。此时，渭河有一场高含沙小洪水，最大流量只有 649 m^3/s，最大含沙量为 649 kg/m^3，北洛河无水，黄河洪水倒灌渭河，引起渭河下游严重淤积。

表 2-17　1994 年、1995 年黄河、渭河、洛河洪水组合对渭河下游作用

年份	时段（月-日）	洪水组合						潼关最大流量	同流量水位升降修值 H(m)			
		龙门		华县		洑头						
		Q_{max} (m^3/s)	S_{max} (kg/m^3)	Q_{max} (m^3/s)	S_{max} (kg/m^3)	Q_{max} (m^3/s)	S_{max} (kg/m^3)	Q_{max} (m^3/s)	潼关	华阴	陈村	华县
1994	07-06 ~ 07-10	4 780	115	2 000	765	695	1 030	4 980	−0.50	−1.16	0	−0.40
	07-27 ~ 07-30	1 460	73	1 010	802	—	—	1 930	0.30	1.08	1.15	0
	08-06 ~ 08-10	10 600	401	643	649	—	—	7 360	0	0.34	1.60	0.80
	08-12 ~ 08-15	5 460	378	1 450	782	2 160	655	4 310	0	−0.62	0	0
	09-01 ~ 09-04	4 020	316	59.1	—	6 280	805	3 700	0	0.45	1.10	1.0
1995	08-06 ~ 08-10	3 910	346	94.6	716	189	—	3 980	0	1.0	1.05	0.8

注：1. 潼关同流量为 1 000 m^3/s，其他渭河水位站同流量为 200 m^3/s。

2. 同流量为日平均。

3. 引用《三门峡水库蓄清排浑运用以来库区冲淤演变初步分析》。

1994 年 9 月上旬，渭河流量不足 60 m^3/s，北洛河发生高含沙大洪水，洪峰流量达 6 288 m^3/s，最大含沙量高达 805 kg/m^3，与此同时，黄河发生 4 020 m^3/s 洪水，黄河、洛河洪水相遇，阻挡北洛河洪水下泄，滞留在渭河河口段，造成渭河下游严重淤积。致使 1994 年渭河下游河道在汛期的淤积量达到 0. 828 2 亿 m^3，由此引起华县水文站测流断面严重萎缩，见图 2-2。平滩流量由 2 500 m^3/s 下降到 800 m^3/s，对以后的河床演变十分不利。

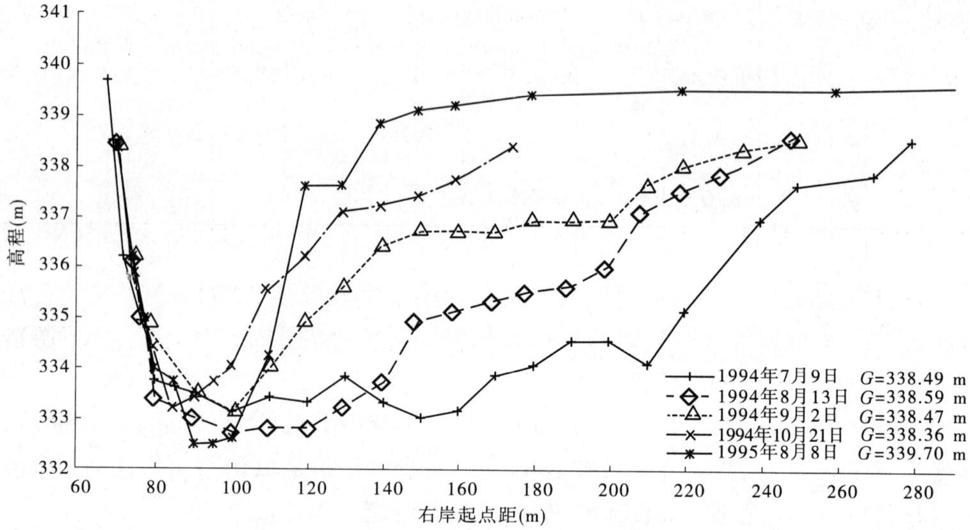

图 2-2　华县水文站 1994 年、1995 年实测断面套绘图

从表 2-16 可知，1987 ~ 1995 年 9 年期间渭河下游共淤积 2. 873 4 亿 m^3，其中 1992 年、1994 年、1995 年 3 年共淤积 2. 663 1 亿 m^3，占 9 年总淤积量的 92. 7%，这一时期潼关高程有所波动，最大值是 1992 年汛前，上升到 328. 40 m，这对渭河下游会产生不利影响，然而上升幅度不大。1992 年淤积 1. 155 6 亿 m^3 主要是由该年的不利水沙条件造成的。1994 年、1995 年两年的大淤积量是黄河、渭河、洛河三河高含沙洪水遭遇，加上黄河倒灌渭河，阻挡北洛河高含沙洪水下泄等原因造成的，是造成渭河下游淤积的重要原因。

（五）1996 ~ 2002 年水沙特性

1991 年汛前，潼关高程窜升到 328. 02 m，1992 年汛后又回落到 327. 30 m，人们只看到回落的结果，没有进一步查找原因。1993 年、1994 年两年，潼关高程逐渐上升逼近 328. 0 m 高程。

对此黄河水利委员会总工办于 1994 年连续召开会议，讨论采取何种措施来扼制潼关高程上升。最后决定采用射流技术，在潼关河段（黄淤 41 断面—黄淤 36 断面）长 20 km 高程范围进行作业。然而，采用射流技术在黄河进行清淤的可行性缺乏深入研究。

在本时段内，三门峡水库非汛期水库水位除 1998 年特殊情况外，均控制在 322 m 高程以下，见表 2-18。非汛期平均水位在 314. 70 ~ 316. 71 m 范围变动。

表 2-18　1996 ~ 2002 年非汛期蓄水位、潼关高程

年份	坝前水位(m)		蓄水天数(d)			潼关高程(m)	
	平均	最高	>315 m	>320 m	>322 m	汛前	汛后
1996	316.58	321.71	151	62	0	328.50	328.07
1997	314.70	321.81	118	61	0	328.20	328.10
1998	316.69	323.80	162	72	23	328.23	328.20
1999	315.79	320.78	153	20	0	328.40	328.25
2000	315.53	321.93	139	37	0	328.45	328.36
2001	316.55	320.62	168	44	4	328.56	328.33
2002	316.71	320.25	170	27	0	328.72	328.78

1996 ~ 2002 年渭河来水来沙属于枯水枯沙系列，径流量尤甚，见表 2-19。其中，1996 年为枯水丰沙年。但是渭河下游淤积量仅为 0.086 7 亿 m^3，见表 2-20，为什么淤积量如此之少？多次询问未得到答复。1996 年 6 ~ 10 月各月的平均流量、平均含沙量和水沙搭配参数(S/Q)等特征值见表 2-21。

表 2-19　1996 ~ 2002 年渭河华县水文站水沙量

年份	径流量(亿 m^3)			输沙量(亿 t)			含沙量(kg/m^3)		
	非汛期	汛期	运用年	非汛期	汛期	运用年	非汛期	汛期	运用年
1996	8.76	22.90	31.66	0.090 3	4.034 0	4.124 4	9.3	176	126.3
1997	17.6	6.06	23.66	0.097 9	1.610 4	1.708 3	5.6	266	72.2
1998	13.33	26.70	40.03	0.734 0	1.135 7	1.869 7	55.1	42.5	46.7
1999	13.97	23.22	37.18	0.087 1	2.178 4	2.265 5	6.2	93.8	60.9
2000	10.20	22.39	32.59	0.537 0	0.942 0	1.479 0	52.6	40.1	45.4
2001	12.55	15.77	28.32	0.026 3	1.268 3	1.294 6	2.1	80.4	45.7
2002	17.64	10.89	28.53	0.743 0	1.659 8	2.402 8	42.1	152.4	84.2
合计	94.05	127.93	221.98	2.315 6	12.828 6	15.144 2			
年平均	13.44	18.28	31.72	0.330 8	1.832 7	2.163 4	24.6	100.3	88.2

表 2-20　1996 ~ 2002 年渭河下游河道冲淤量　　(单位:亿 m^3)

年份	冲淤量			年份	冲淤量		
	非汛期	汛期	运用年		非汛期	汛期	运用年
1996	0.000 2	0.086 5	0.086 7	2000	-0.005 5	0.285 8	0.2803
1997	-0.027 5	0.239 7	0.212 2	2001	-0.035 1	0.191 6	0.156 5
1998	-0.071 2	-0.186 5	-0.257 7	2002	0.013 0	0.176 2	0.189 2
1999	-0.172 6	-0.099 2	-0.271 8	总计	-0.298 7	0.694 1	0.395 4

表 2-21　1996 年汛期华县站各月水沙特征值

月份	径流量（亿 m^3）	输沙量（亿 t）	平均流量（m^3/s）	平均含沙量（kg/m^3）	搭配参数（$kg\cdot s/m^6$）
6	4.277	0.081 9	165	19.2	0.116 4
7	7.205	2.440 0	269	339	1.260 0
8	6.991	1.340 0	261	192	0.735 6
9	5.210	0.225 0	201	43.1	0.214 4
10	3.509	0.026 5	131	7.56	0.057 7

从表 2-21 中可以看出,6～9 月的水沙搭配是十分不利的。客观上讲,各月径流量均在 10 亿 m^3 以下,月平均流量不足 300 m^3/s,含沙量在 150 kg/m^3 以上,水沙搭配参数在 0.12 $kg\cdot s/m^6$ 以上,均属于淤积的不利水沙条件。

受 1994 年、1995 年两年不利水沙条件的影响,1995 年汛后,华县水文站平滩流量只有 800 m^3/s,影响了 1996 年汛期行洪。1996 年 8 月洪水引起渭河渭南以下广大滩区漫滩,个别堤防决口,值得深思的是,这样的"小洪水大灾害",如何是好。

从水库运用、潼关高程分析,非汛期坝前平均水位变化不大,最高水位有所下降,参见表 2-18。至 2002 年汛后,潼关高程略有上升。

从渭河下游河道冲淤变化来看,7 年总淤积量为 0.395 4 亿 m^3(见表 2-20),多年平均只淤积 0.056 5 亿 m^3。初步认为,潼关河段清淤阻止了作为渭河下游河道侵蚀基面的潼关高程上升,基本维持稳定;渭河、黄河都处在枯水枯沙年系列,只有个别年份输沙量属于平偏丰。从多年平均值来看,渭河下游处在冲刷平衡、微淤状态。

(六)2003～2008 年渭河水沙特性

2003～2008 年,渭河年平均径流量为 52.92 亿 m^3,输沙量为 1.333 9 亿 t,平均流量为 168 m^3/s,平均含沙量为 25.2 kg/m^3,属于枯水枯沙系列,见表 2-22。

表 2-22　2003～2008 年渭河水沙量

年份	径流量（亿 m^3）			输沙量（亿 t）			含沙量（kg/m^3）		
	非汛期	汛期	运用年	非汛期	汛期	运用年	非汛期	汛期	运用年
2003	9.09	74.80	83.89	0.033 2	2.938 5	2.971 7	3.65	39.3	35.4
2004	24.79	18.24	43.03	0.026 6	1.083 8	1.110 4	1.07	59.4	25.8
2005	13.88	20.24	64.13	0.074 8	1.446 8	1.521 6	5.39	28.8	23.7
2006	20.80	19.1	39.90	0.030 0	0.870 0	0.900 0	1.44	45.6	22.6
2007	12.56	34.49	47.04	0.010 0	0.910 0	0.920 0	0.80	26.4	13.3
2008	19.90	19.6	39.50	0.020 0	0.560 0	0.580 0	1.01	28.6	147
合计	101.02	216.47	317.49	0.194 6	7.809 1	8.003 7			
年平均	16.84	36.08	52.92	0.324 3	1.301 5	1.333 9	1.92	36.1	25.2

按照水利部指示，自 2002 年汛后开始，三门峡水库非汛期库水位控制在 318 m 高程以下，简称“318 试验”。自 2003 运用年开始，三门峡水库在非汛期的最高水位一般均在 318 m 高程以下，但平均水位均在 315 m 高程以上，最高水位达到了 317.97 m，6 年平均库水位为 316.63 m，见表 2-23。

表 2-23　2003～2008 年三门峡水库非汛期水位、潼关高程

年份	非汛期坝前水位(m)		蓄水天数(d)		潼关高程(m)	
	平均	最高	>315 m	>320 m	汛前	汛后
2003	315.59	317.92	179	0	328.64	327.90
2004	317.01	317.97	236	0	328.24	327.98
2005	316.41	317.94	213	0	328.15	327.75
2006	316.21	317.96	194	0	328.10	327.79
2007	316.71	317.93	206	0	327.93	327.79
2008	316.63	317.97	196	0	327.98	327.72

2003～2008 年，汛期与非汛期的含沙量都很低，6 年汛期的平均含沙量只有 36.1 kg/m^3，非汛期更低，为 1.92 kg/m^3，这是历年少见的。汛期多年平均流量为 340 m^3/s，水沙搭配参数(S/Q)为 0.106 $kg \cdot s/m^6$，处在交界带淤积区，因输沙量少，其淤积数量较小。

2003 年夏秋之际，渭河连续发生 6 场次洪水，又是多年不遇的“华西秋雨”。其特点是：径流量大，输沙量偏枯；洪峰流量大，输沙量少，见表 2-24、表 2-25。从表 2-24、表 2-25 中可以看出，2003 年“华西秋雨”是多年来少见的有利水沙条件，水沙搭配参数(S/Q)除第一场洪水达到 0.292 4 $kg \cdot s/m^6$ 会造成渭河下游河道发生淤积外，其他场次洪水均有利于渭河河床冲刷。

表 2-24　渭河华县水文站不同时段的运用年、汛期水沙多年平均值

时段	径流量(亿 m^3)		输沙量(亿 t)		含沙量(kg/m^3)	
	汛期	全年	汛期	全年	汛期	全年
1950～1990 年	48.6	80.2	3.42	3.79	70.4	47.3
1990～2002 年	20.5	37.7	2.10	2.48	102.4	65.8
2003 年	75.0	84.1	2.94	2.97	39.2	35.3

表 2-25　2003 年渭河华县水文站 6 场次洪水特征值

洪水场次	洪水时段（月-日）	洪峰流量（m^3/s）	S_{max}（kg/m^3）	华县最高水位（m）	径流量（亿 m^3）	输沙量（亿 t）	$\overline{S}$（kg/m^3）	$\overline{Q}$（m^3/s）	S/Q（$kg \cdot s/m^6$）
1	08-26～08-29	1 500	598	341.32	3.27	0.905	276.6	946	0.292 4
2	08-30～09-05	3 540	174	342.76	12.68	0.429	33.8	2 097	0.016 1
3	09-06～09-11	2 290	34.8	341.73	7.35	0.156	21.2	1 418	0.015 0
4	09-19～09-25	3 120	39.5	342.03	8.97	0.186	20.7	1 483	0.014 0
5	09-30～10-09	2 740	33.9	341.23	13.74	0.369	26.8	1 590	0.016 9
6	10-10～10-17	2 010	23.5	339.73	9.35	0.179	19.2	1 353	0.014 2
合计					55.36	2.224	40.1		

2003 年非汛期淤积量为 0.026 6 亿 m^3，汛期冲刷量为 0.169 8 亿 m^3，冲刷主要发生在渭淤 1 断面—渭淤 10 断面河段，淤积则发生在渭淤 19 断面—渭淤 28 断面河段，见表 2-26。表 2-26 显示，主槽大冲达到 1.011 8 亿 m^3，而滩地大淤几乎等于第一场洪水的输沙量。

表 2-26　2003 年渭河下游河道冲淤分布　（单位：亿 m^3）

项目		渭拦	渭淤 1 断面—渭淤 10 断面	渭淤 10 断面—渭淤 19 断面	渭淤 19 断面—渭淤 28 断面	渭淤 28 断面—渭淤 37 断面	全河段
非汛期冲淤量		0.003 9	0.017 0	0.043 2	−0.030 9	−0.006 6	0.026 6
汛期冲淤量	主河槽	−0.121 7	−0.536 2	−0.292 9	0.037 7	−0.098 7	−1.011 8
	滩地	0.062 1	0.083 9	0.415 2	0.332 1	−0.050 8	0.842 5
	全断面	−0.059 6	−0.452 3	0.122 3	0.369 8	−0.149 5	−0.169 3
全年		−0.055 7	−0.435 3	0.165 5	0.338 9	−0.156 1	−0.142 7

第一场次洪水造成河道主槽淤积，降低了平滩流量，加上自 1994 年以来平滩流量下降，过洪能力很小，致使 2003 年渭河下游河道洪水过程发生较大漫滩，造成很大灾害。

第三节　渭河库区河床演变

一、渭河下游河道情况

咸阳铁路桥至渭河河口称做渭河下游，在潼关断面（六）上游附近汇入黄河，全长 210 km。泾河口以上至咸阳铁桥，河长 35 km，纵向坡度较陡，约 6‰，属于游荡分汊河型，分汊系数为 1.7～1.8。河床宽浅、沙洲众多，河相系数 $\sqrt{B}/H$ 在 10 以上，平枯水时河槽宽度为300 ~ 2 000 m，河床组成较粗，偶有小卵石散落在河床之上。赤水河河口以上至泾河口属微弯河道，河段长度约80 km，河流纵向坡度约4‱，弯曲系数为1.2，河相关系$\sqrt{B}/H$为5 ~ 10，中枯水季节河槽宽度为300 ~ 1 000 m，河床组成多为粗沙，由上而下逐渐细化。渭河口至赤水河口属蜿蜒型河段，河道长度为95 km，河床纵向坡度为1.0‱ ~ 1.4‱，弯曲系数为1.6 ~ 1.7，河相关系$\sqrt{B}/H$小于5，河床窄深，河宽为150 ~ 500 m，河床组成多为细沙、粉沙。

三门峡水库修建前，渭河下游属于微淤类型河流。

杜殿勖根据输沙率法，计算了1919 ~ 1960年咸阳、张家山至华县河段的输沙量差，河道年均淤积量为0.07亿t。用200 m^3/s同流量水位对比，华县水文站1935 ~ 1960年上升了1.64 m，年平均上升0.06 m。

夏开儒在研究渭河下游冲淤形态时认为，渭河下游冲淤过程十分复杂，有构造运动影响，每年水沙条件差异很大，黄河对渭河的顶托、倒灌增加河床冲淤演变因素，近期渭河口向东延伸10 km以上，潼关高程的升降及人为因素促使渭河冲淤变化。这些因素互相交替、互相促进，也相互之间产生抵消作用。因此，若理清诸因素对渭河下游冲淤量化的影响又比较困难。

冉大川等认为，1970年以后，渭河水沙条件变化（水量减少38.3%，沙量减少10%）对渭河冲淤演变不利。

采用同流量（华县采用250 m^3/s，咸阳、道口采用150 m^3/s）水位对比法分析河床冲淤变化，三门峡水库修建前咸阳年均上升0.07 m（1934 ~ 1959年），道口年均上升0.089 m（1952 ~ 1959年），华县年均上升0.038 m（1935 ~ 1959年）。

二、三门峡渭河库区冲淤演变

1960年4月至2002年10月，三门峡渭河库区总淤积量为13.218 2亿m^3，其中1973年10月以前淤积10.074 6亿m^3，占总淤积量的76.2%。1973年10月以后调水调沙运用时期的39年，共淤积3.143 6亿m^3，占总淤积量的23.8%，年均淤积量为0.080 6亿m^3。

淤积量在各库段的分布，渭淤10断面（华县水文站，潼关断面77 km）以下淤积9.181 4亿m^3，占全库段的69.5%，渭淤10断面—渭淤28断面（耿镇桥距潼关断面约166 km）淤积3.891 6亿m^3，占总淤积量的29.5%，即渭淤28断面以下淤积量占总淤积量的99%，见表2-27。

从表2-27中可以了解到：在调水调沙运用之前，渭淤26断面以上河道是冲刷的，水库淤积末端在渭淤26断面以上。当渭河水沙条件较好时，淤积末端向下移动，如1981 ~ 1991年，渭淤26断面—渭淤28断面冲刷0.033 7亿m^3，渭河28断面以上也是冲刷的。

由于多种原因，黄河水利科学研究院于2002年委托陕西秦安河流研究所对渭河下游河道河床横断面与河势变化、影响潼关高程等问题，采用渭河库区实测资料进行整理、加工和分析工作，甲、乙双方签订了合同。陕西秦安河流研究所于2003年7月分别提出研究报告“渭河下游河道横断面与河势变化研究”、“影响潼关高程的因素及合理潼关高程的确定”(第4~7部分)。本书在本章中将引用上述报告中部分数据,佐证渭河库区河床冲淤演变的发展过程和基本规律。

表2-27 1960~2002年三门峡渭河库区冲淤量及其分布

水库运用时期	时段(年-月)	冲淤体积	三门峡渭河库区冲淤量(亿 m^3)					
			渭拦断面—渭淤1断面	渭淤1断面—渭淤10断面	渭淤10断面—渭淤26断面	渭淤26断面—渭淤28断面	渭淤28断面—渭淤37断面	渭拦断面—渭淤37断面
改建前	1960-04~1966-05	冲淤量(亿 m^3)	0.190 8	1.498 7	0.282 7	-0.062 4	-0.002 9	1.906 9
		占总冲淤量比例(%)	10.0	78.6	14.8	-33	-0.1	100
一期改建	1966-05~1969-10	冲淤量(亿 m^3)	0.214 3	4.968 3	1.647 7	0.019 1	0.017 2	6.866 6
		占总冲淤量比例(%)	3.1	72.3	24.0	0.3	0.3	100
二期改建	1969-10~1973-10	冲淤量(亿 m^3)	-0.008 8	0.163 7	1.138 1	0.041 2	-0.033 1	1.301 1
		占总冲淤量比例(%)	-0.7	12.6	87.5	3.2	-2.6	100
调水调沙时期	1973-10~1981-10	冲淤量(亿 m^3)	0.059 1	0.044 9	-0.217 3	0.110 3	0.071 1	0.068 1
		占总冲淤量比例(%)	86.8	65.9	-319.1	162	104.4	100
	1981-10~1991-10	冲淤量(亿 m^3)	0.056 7	0.262 4	0.016 3	-0.033 7	-0.005 3	0.296 4
		占总冲淤量比例(%)	19.1	88.6	5.5	-11.4	-1.8	100
	1991-10~2002-10	冲淤量(亿 m^3)	0.088 2	1.643 1	0.807 9	0.051 7	0.098 2	2.779 1
		占总冲淤量比例(%)	3.2	59.1	32.3	1.9	3.5	100
二期改建至2002-10	1973-10~2002-10	冲淤量(亿 m^3)	0.204 0	1.950 4	0.696 9	0.128 3	0.164 0	3.143 6
		占总冲淤量比例(%)	6.5	62.0	22.2	4.1	5.2	100
建库至2002-10	1960-04~2002-10	冲淤量(亿 m^3)	0.600 3	8.581 1	3.765 4	0.126 2	0.145 2	13.218 2
		占总冲淤量比例(%)	4.5	64.9	28.5	1.0	1.1	100

图2-3是渭河库区累积淤积体积分布图。

从图2-3中可以明显看出:渭河库区在距潼关143 km,即渭淤21断面以下的堆积是三门峡水库淤积造成的。渭淤21断面以上的淤积有两方面原因,一是三门峡水库淤积上延的作用;二是渭河自身水沙变化引起的,在自然状态下,咸阳、道口水文站河床高程也是微升的。

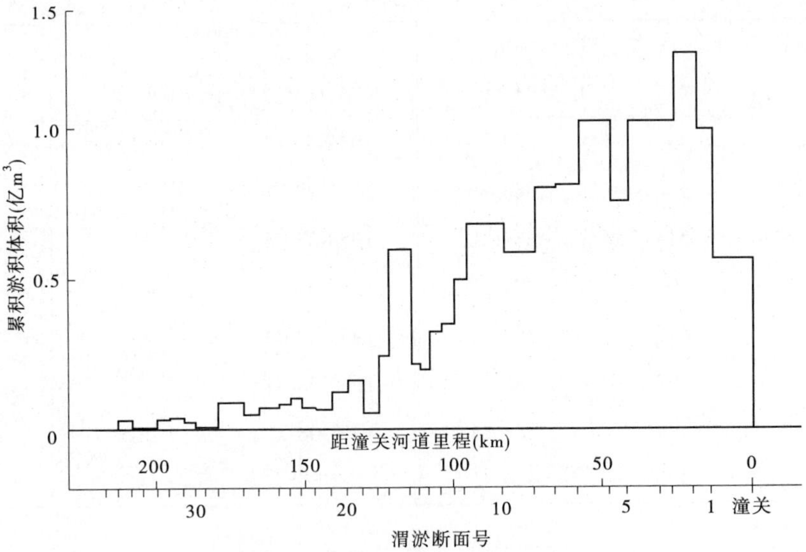

图 2-3　渭河库区累积淤积体积分布

三、用同流量水位来分析三门峡水库建库前渭河咸阳、华县两水文站的微淤实况

咸阳水文站 500 m^3/s 同流量水位:1934 年 8 月 4 日同流量水位为 382.79 m,至 1960 年 8 月 29 日,同流量水位上升到 384.48 m,净升高 1.69 m。1 000 m^3/s 同流量水位:1934 年 8 月 20 日同流量水位为 383.47 m,到 1960 年 5 月 17 日,同流量水位上升到 385.48 m,净上升 2.01 m,见表 2-28、表 2-29。

表 2-28　咸阳水文站同流量水位($Q=500$ m^3/s)

日期(年-月-日)	Q (m^3/s)	H (m)	日期(年-月-日)	Q (m^3/s)	H (m)
1934-08-04	505	382.79	1949-07-11	504	384.11
1937-08-23	516	383.73	1949-10-09	510	384.18
1937-08-24	499	383.71	1950-10-23	495	384.38
1940-08-21	516	383.40	1951-10-20	501	384.20
1940-08-31	495	838.66	1952-04-12	498	384.21
1940-09-21	510	838.68	1952-05-07	500	384.23
1940-11-06	495	384.01	1952-06-30	496	384.12
1941-08-20	517	383.70	1953-07-29	510	384.13
1943-05-28	485	384.05	1954-08-12	527	384.05
1943-07-13	518	384.13	1955-09-14	515	384.07
1943-07-31	505	384.11	1955-09-20	495	384.05

续表 2-28

日期 (年-月-日)	Q (m^3/s)	H (m)	日期 (年-月-日)	Q (m^3/s)	H (m)
1944-07-11	494	383.95	1956-07-13	510	383.93
1945-09-07	500	383.85	1956-08-21	508	383.86
1946-05-26	514	384.10	1958-07-06	498	384.16
1947-10-06	505	384.27	1958-09-06	498	384.16
1948-04-14	505	384.24	1959-09-22	517	384.97
1948-08-21	492	384.04	1960-08-04	520	384.78
1948-09-05	494	384.21	1960-08-29	495	384.48
1948-10-06	497	384.15			

表 2-29　咸阳水文站同流量水位($Q=1\ 000\ m^3/s$)

日期 (年-月-日)	Q (m^3/s)	H (m)	日期 (年-月-日)	Q (m^3/s)	H (m)
1934-08-20	1 030	383.47	1947-08-26	952	384.41
1935-07-13	1 041	383.42	1948-08-19	1 055	384.42
1937-08-05	1 001	383.93	1949-09-17	1 010	384.65
1937-08-07	1 022	384.16	1952-05-05	1 002	384.56
1937-09-04	1 010	383.81	1952-08-01	1 003	384.42
1938-09-30	1 002	384.36	1954-08-13	1 020	384.25
1939-07-21	978	384.03	1954-08-13	1 020	384.45
1940-10-03	1 050	384.17	1954-10-08	1 050	384.49
1943-09-30	1 050	384.30	1955-09-09	952	384.17
1944-06-03	990	384.21	1955-10-08	988	384.61
1945-04-19	1 070	384.44	1956-06-26	1 060	384.30
1946-07-03	1 030	384.33	1656-09-02	1 050	384.41
1958-08-23	988	384.16	1960-05-17	958	385.48
1946-09-13	1 050	384.50			
1947-08-18	1 060	384.29			

华县水文站 500 m^3/s 同流量水位见表 2-30,1935 年 7 月 23 日为 332.65 m,及至 1960 年 9 月 10 日,上升到 334.57 m,净升高 1.92 m。1 000 m^3/s 同流量水位:1935 年 7 月 21 日同流量水位为 333.53 m,1960 年 8 月 22 日上升到 335.07 m,净上升水位为 1.54

m，见表 2-30、表 2-31。

上述各不同流量所表征的水位上升值，其绝对值大体上是合理的，它只能定性说明。自 1935 年以来至 1960 年 26 年时间，渭河下游河道在不受人类较大活动影响的条件下，是微淤的，不能看做是冲淤平衡，或者只能勉强称之为“基本冲淤平衡”。

表 2-30　华县水文站同流量水位($Q=500\ m^3/s$)

日期（年-月-日）	Q (m^3/s)	H (m)	日期（年-月-日）	Q (m^3/s)	H (m)
1935-07-23	510	332.65	1951-09-05	500	333.70
1935-08-12	493	332.67	1951-09-14	502	334.36
1935-08-13	504	332.67	1952-05-19	506	334.37
1935-09-01	495	332.74	1952-05-23	507	334.35
1935-09-20	503	332.87	1952-07-11	500	334.34
1936-09-16	510	333.22	1952-07-19	490	334.47
1937-07-06	485	332.88	1952-09-16	503	334.57
1937-10-07	505	333.21	1953-08-06	495	334.53
1938-09-02	515	333.89	1954-05-22	511	335.28
1939-08-02	506	333.74	1954-08-06	491	335.00
1940-05-21	490	333.69	1954-09-10	492	334.41
1941-08-27	497	333.55	1955-07-07	492	334.27
1941-09-17	500	333.57	1955-10-17	520	334.53
1942-06-02	520	333.62	1956-07-13	510	334.45
1942-08-28	513	333.84	1956-07-18	508	334.42
1943-06-02	515	334.70	1958-07-14	508	334.05
1943-10-22	490	334.21	1958-09-01	492	334.60
1950-10-31	520	334.02	1958-10-03	500	334.47
1951-07-09	480	333.88	1958-11-10	500	334.56
1951-08-03	505	333.78	1960-09-10	508	334.57

表 2-31 华县水文站同流量水位（$Q=1\ 000\ m^3/s$）

日期 （年-月-日）	Q （m^3/s）	H （m）	日期 （年-月-日）	Q （m^3/s）	H （m）
1935-07-21	1 078	333.53	1950-10-28	1 013	334.40
1935-08-09	990	333.40	1952-04-12	1 028	335.07
1935-09-01	1 055	333.46	1952-07-15	1 023	335.04
1935-09-16	1 025	333.53	1952-09-10	1 024	335.13
1936-08-24	1 038	333.50	1952-09-11	1 010	335.11
1936-08-30	1 064	333.49	1953-08-02	1 010	334.94
1937-06-18	1 020	333.60	1954-08-04	1 050	335.60
1937-08-02	1 053	333.89	1954-09-19	1 060	335.21
1937-09-19	955	333.74	1955-08-24	1 040	334.96
1938-10-02	1 047	333.45	1955-08-28	1 030	334.99
1940-07-04	990	334.60	1955-09-20	988	335.16
1940-08-12	1 030	334.18	1955-09-28	1 040	335.15
1940-09-04	1 060	334.32	1956-06-13	993	335.27
1941-08-20	1 025	334.35	1958-07-06	1 020	335.18
1941-09-10	970	334.18	1958-08-08	1 010	334.71
1942-07-10	1 052	335.69	1958-08-28	1 060	334.98
1942-08-29	1 002	335.29	1959-09-22	950	334.52
1942-09-09	1 020	335.48	1960-08-16	1 000	334.83
1942-09-25	1 010	335.36	1960-08-22	1 010	335.07
1942-10-02	1 025	335.36			

（一）渭河库区淤积纵剖面

渭河下游河道，自交口（渭河21断面）以下属于冲积性河流，河床组成为粗、细沙混合而成，与上游输送下来的悬移质泥沙组成非常接近，因此淤积过程是呈平行上升的，如图2-4所示。泾河口以下河床的物质组成为小卵石、粗沙、中沙和细沙，沿程由粗变细。

在渭淤 23 断面以上，河床质中 $d>2$ mm 的粗沙占 40% 左右，至渭淤 17 断面 $d>2$ mm 的粗沙已经消失。

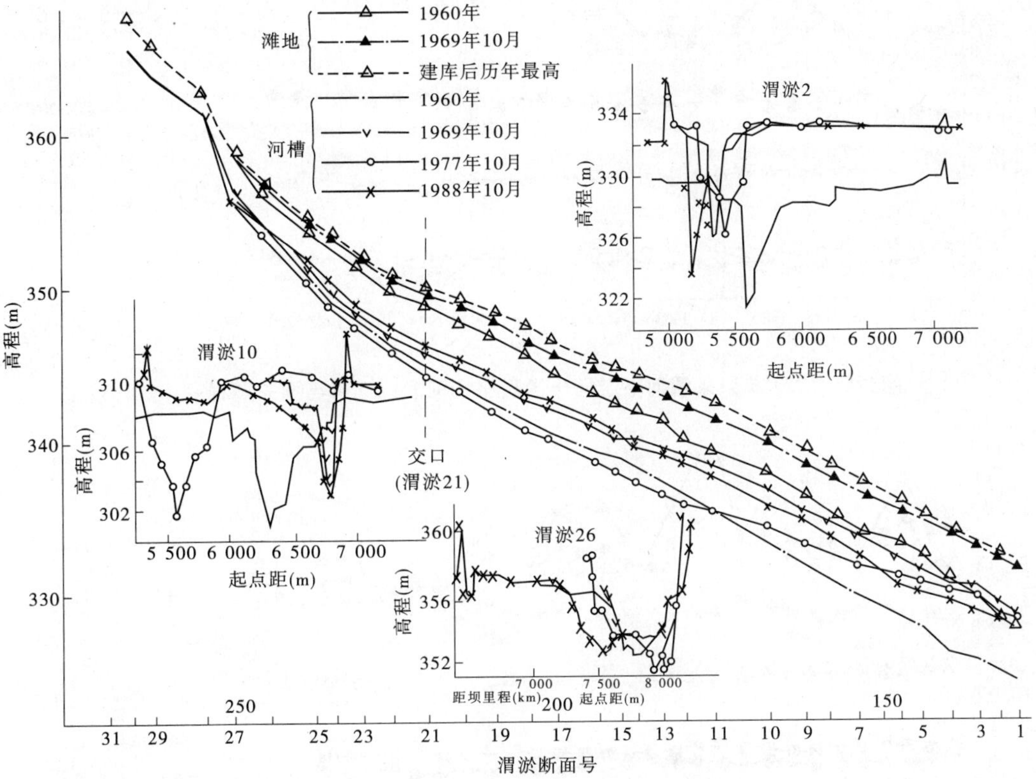

图 2-4 渭河下游滩地与河槽纵剖面

水库建成后，渭河下游受潼关高程上升的作用，已经淤积 13 亿 m^3 多，其中临潼（渭淤 26 断面）以下淤积 12.95 亿 m^3（见表 2-26）。淤积之后，纵剖面自动进行调正。渭淤 1 断面—渭淤 10 断面河段受潼关高程上升的作用，但是淤积前后的河床组成变化很小，其纵剖面没有什么改变，这就是冲积性河流上典型的水库淤积特性，比降为 1.0‱ ~ 1.4‱；渭淤 10—渭淤 18 断面，受潼关高程上升的影响，纵比降略有下降，为 1.3‱ ~ 1.9‱；渭淤 18 断面以上河段，受两方面的影响，一是潼关高程作用，二是水沙条件作用，比降随着时间的推移呈跳动变化，时而上升，时而下降，见图 2-5、图 2-6。

（二）河床横断面的演变

河床横断面的展宽与缩窄、淤积与冲刷、过洪能力的增大与减小，均与上游来水来沙、潼关高程升降有关，也与相邻河段河势变化有关。当上游有利的水沙情况出现时，一般讲断面会发生冲刷，过流面积增大，行洪能力增加，若遇不利水沙条件来临时，就会出现相反的结果。

自 1960 年 4 月至 2002 年 10 月，渭河库区共淤积 13.218 2 亿 m^3，其中在 1973 年 10 月以前淤积 10.074 4 亿 m^3，而 1973 年 10 月至 2002 年 10 月 29 年共淤积 3.143 6 亿 m^3，多年平均淤积 0.080 6 亿 m^3。由于淤积量较少，横断面的演变幅度除特殊年份（1994 ~

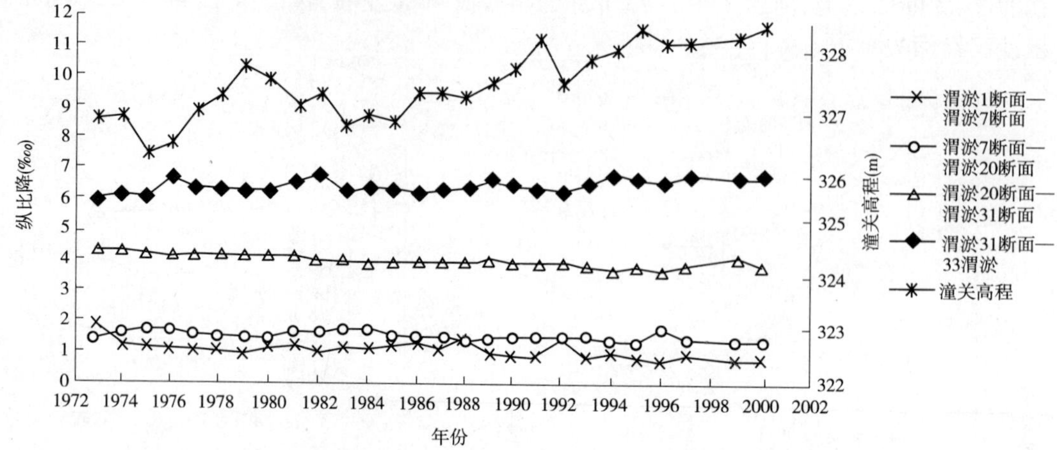

图 2-5　1973 年以来渭河下游历年汛后平均河底纵比降与潼关高程变化

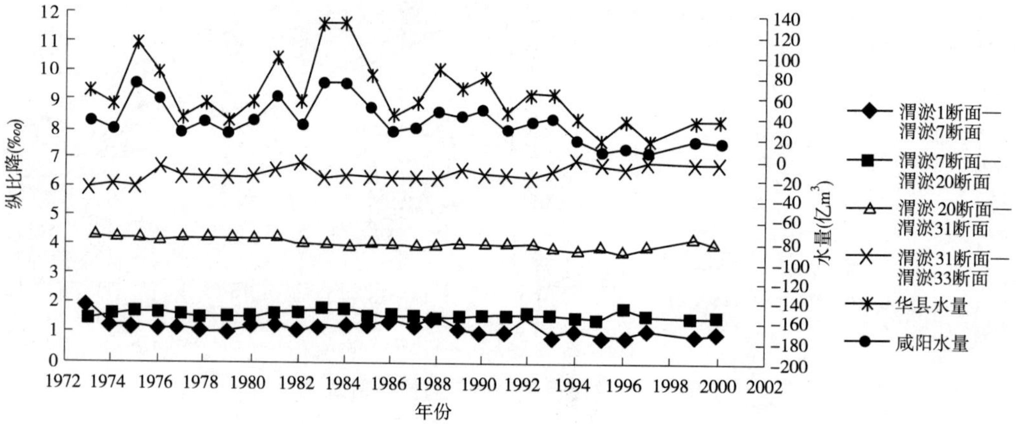

图 2-6　1973 年以来渭河下游历年汛后平均河底纵比降与咸阳、华县水量变化

1995 年)外,变化不是很大。渭河三处典型断面的河宽 B、过水面积 A、河相系数的逐年变化,各河段的$\sqrt{B}/H$ 见表 2-32、表 2-33。

表 2-32　渭河下游各河段河相系数($\sqrt{B}/H$)统计

河段	1973～2000 年河相系数						
	平均值	1973～1976 年均值	1977～1980 年均值	1981～1985 年均值	1986～1990 年均值	1991～1995 年均值	1996～2000 年均值
渭拦	5.44	4.57	8.57	4.03	5.26	5.55	5.05
华阴	5.42	4.3	6.03	5.6	7.65	5.13	3.2
华县	6.96	5.72	5.95	8.08	9.92	6.72	4.37
渭南	6.53	6.39	6.6	6.99	7.69	6.2	4.93
临潼高陵	10.36	10.22	11.29	11.88	11.05	9.01	7.3
西安咸阳	19.11	19.10	21.42	21.98	23.44	15	11.92

从表 2-32 中可以对比 1973 ~ 1976 年时段与 1996 ~ 2000 年时段，只有临潼以上两河段有较多的改变，临潼以下各河段的河相系数变化较小。

表 2-33　渭河下游典型断面河宽 B、面积 A 和河相系数历年变化

年份	渭淤 2 断面			渭淤 8 断面			渭淤 15 断面		
	河宽 B (m)	面积 A (m^2)	河相系数	河宽 B (m)	面积 A (m^2)	河相系数	河宽 B (m)	面积 A (m^2)	河相系数
1973	214	1 463	2.14	240	1 312	2.83	301	1 226	4.26
1974	248	1 309	2.98	282	1 348	3.51	313	1 266	4.37
1975	300	1 769	2.94	310	1 672	3.26	386	1 671	4.54
1976	331	1 850	3.26	320	1 970	2.91	634	2 330	6.85
1977	342	1 416	4.47	321	1 851	3.11	644	2 869	5.70
1978	349	1 480	4.41	321	1 873	3.07	643	2 790	5.84
1979	353	1 236	5.37	321	1 668	3.45	643	2 686	6.07
1980	344	1 662	3.84	322	1 671	3.46	643	2 456	6.64
1981	362	2 269	3.04	328	2 079	2.86	454	1 895	5.10
1982	383	1 593	4.71	330	1 787	3.35	462	1 732	5.73
1983	400	2 126	3.76	379	2 130	3.46	501	2 190	5.12
1984	439	2 422	3.80	388	2 093	3.65	608	2 592	5.78
1985	439	1 770	5.20	395	1 686	4.66	660	2 383	7.12
1986	450	1 852	5.15	395	1 825	4.30	660	2 448	6.93
1987	454	1 508	6.41	395	1 793	4.38	660	2 268	7.48
1988	470	1 584	6.43	395	1 831	4.29	660	2 360	7.18
1989	325	1 319	4.44	395	1 665	4.71	660	2518	6.73
1990	288	1 060	4.61	395	1 622	4.84	666	2 219	7.70
1992	224	1 100	3.05	393	1 559	5.00	667	1 868	9.22
1993	245	911	4.21	393	1 592	4.89	400	1 636	4.90
1994	251	699	5.69	393	858	9.08	387	1 412	5.39
1995	83	358	2.11	393	623	12.51	134	617	2.50
1996	140	658	2.52	392	778	9.98	111	659	1.77
1997	172	615	3.67	115	599	2.06	126	542	2.61
1999	147	631	2.82	186	1 031	2.46	238	920	3.99
2000	139	539	3.04	194	870	3.11	197	756	3.66

1974～1985 年遇到有利水沙年份(见表 2-7、表 2-9),华县及临潼两站主河槽行洪能力增加;1986 年以后,流域径流量锐减,尤其是 1994 年出现多次高含沙小洪水,断面淤积严重;至 1995 年又遇到极为不利的来水来沙(见表 2-13、表 2-14 及图 1-2),过洪能力下降至 800 m^3/s。在此期间,三门峡坝前水位不论是汛期或非汛期,均无大的改变,潼关高程基本稳定,由此可以推测是流域不利水沙带来的后果,见表 2-34。

表 2-34　临潼、华县水文站主槽过洪能力变化　(单位:m^3/s)

站名	过洪能力														
	1973年	1974年	1975年	1977年	1981年	1984年	1985年	1986年	1990年	1992年	1995年	1996年	1998年	2000年	2002年
临潼水文站	4 300	3 500	4 250	4 370	4 670	4 300	5 000	3 920	3 600	3 700	3 520	3 300	3 200	3 300	3 100
华县水文站	2 370	4 500	4 250	4 500	4 500	4 200	4 500	2 920	2 860	2 640	800	1 550	1 700	1 200	1 450

1973～2002 年的 30 年中,有 6 年淤积量较大,共淤积 5.373 8 亿 m^3,见表 2-35。

1983 年、1984 年流域来水来沙有利,共冲刷 1.06 亿 m^3,抵消了部分淤积量,从而改善了渭河下游河势与河相关系。

表 2-35　不利年份渭河下游淤积量

年份	1973	1975	1977	1992	1994	1995	总计
淤积量(亿 m^3)	1.074 2	1.017 1	0.619 4	1.155 6	0.768 5	0.739 0	5.373 8

如果采用渭河同流量水位来计算渭河下游各河段比降,更是变化不大,表 2-36 是渭河下游的各河段用同流量水位求得的水面比降。

表 2-36　渭河下游各河段同流量水位比降变化

年份	比降(‰)		
	潼关—华县	华县—临潼	临潼—咸阳
1973	1.24	2.16	5.65
1975	1.28	2.23	5.67
1978	1.07	2.23	5.77
1981	1.13	2.23	5.75
1985	1.26	2.21	5.70
1988	1.16	2.19	5.79
1991	1.13	2.15	5.73
1995	1.17	1.99	5.87
2001	1.17	2.00	5.74

第四节　渭河河口段拦门沙坎

有泥沙的河流流进海洋以后，受潮汐作用形成河口段，挟沙水流在河口段受海水顶托、海水倒灌、海水盐分对泥沙的化学作用、水流流速减缓等影响，水流输沙呈超饱和状态，在河口段沉积，久而久之形成拦门沙坎。

陆地上的干支流汇合以后，因河床形态改变，干支流相互顶托，引起水流输沙呈超饱和状态而发生沉积，也会产生拦门沙坎。渭河河口段的拦门沙坎就是属于这一类情况产生的。因此，在三门峡水库建成之前，渭河河口段的拦门沙坎早已存在，只是因为它的出现对生产、生活及防洪等有关国计民生的问题没有造成影响，或者影响很小，没有引起人们关注而已。

一、产生拦门沙坎的机理与条件

渭河尾闾处在黄河干流潼关断面（黄淤 41 断面）上游不足 3.0 km（渭河口经常上提下挫）附近汇入黄河，因此潼关高程就成为渭河下游河道的侵蚀基准面，控制了渭河下游河道的冲淤变化。渭河与黄河交汇地区称为三门峡水库汇流区，汇流区地形平坦宽阔，由黄渭河交汇过程泥沙沉积而成，河谷宽度达 5 km 以上，干支流汇合后向东流进入潼关峡谷段，潼关断面宽度约 850 m。每当流量超过 3 000 m^3/s 时，便出现卡水、壅水现象。

黄河在潼关以上河道纵比降为 3.0‱～3.5‱，北洛河下游段纵比降为 2.5‱，而渭河河口段纵比降只有 1.1‱，在如此非对称的河势情况下，每当黄河流量大于渭河、北洛河流量时，轻则顶托渭洛河的水量下泄，重则黄河洪水沿渭河河道倒灌而上。若遇到高含沙洪水，挟沙水流停滞在渭河河口段泥沙发生沉积，进而产生拦门沙坎。

三门峡水库建库后，笔者曾经与中国科学院地理研究所于 1960 年春共同自潼关沿渭河下游向西安步行共同查勘渭河河道。经过三河口至安家桥附近了解到，1954 年 7 月洪水潼关最大流量为 11 600 m^3/s，华县流量为 176 m^3/s，黄河洪水倒灌渭河，停靠在安家桥河岸的木帆船被倒灌的洪水上溯到仁义湾。

三门峡水库建成后，在渭淤 2 断面设立华阴水文站（距潼关 21 km）观测到的黄河洪水倒灌渭河的全过程，其特征值见表 2-37。黄河洪水倒灌渭河过程就是渭河河口段拦门沙坎形成过程，见图 2-7。

表 2-37　黄河洪水倒灌渭河特征值

倒灌日期（年-月-日）	最大流量（m^3/s）				最大含沙量（kg/m^3）				拦门沙河段	$Q_{潼}/Q_{华}$
	华阴	潼关	华县	朝邑	华阴	潼关	华县	朝邑		
1964-07-07		9 240	355							26.0
1966-07-18	−220	5 130	98	3.9	64.8	456	13.9	2.4	渭拦 12—渭拦 9	52.3
1967-08-11	−390	9 300	354	180	108	631	111	940	渭拦 4—渭拦 9 + 1	28.3
1976-08-03	−178	7 030	70	114	41	120	109	253	渭拦 2—渭拦 3	100
1977-07-07	−450	9 800	340	63	164	318	300	99		28.8

续表 2-37

倒灌日期（年-月-日）	最大流量（m^3/s）				最大含沙量（kg/m^3）				拦门沙河段	$Q_{潼}/Q_{华}$
	华阴	潼关	华县	朝邑	华阴	潼关	华县	朝邑		
1977-08-03	-955	11 900	250	116	143	238	137	110		47.6
1977-08-06	-485	6 760	62	42	81	510	26	105		109
1977-08-07	-810	15 400	60	484	196	911	656	926	渭拦 2—渭拦 3	256.7
1979-08-12	-414	11 100	26.7	10.9	44.6	177	15.0	0.8	渭拦 2—渭拦 10	444
1979-08-14	-308	6 980	27.3	19.0	83.0	217	1.1	14.0		255.7
1980-07-26	-20	1 730	4.0	0	16.5	41.6	179	0		43.3
1981-07-04	-7.5	3 580	42.3	4.7	5.1	72.6	12.7	4.5	渭拦 2—渭拦 10	84.6
1982-07-31	-20	4 100	86	204	0	48.4	339	4.4	渭栏 2—渭拦 10	47
1987-08-27	-107	5 450	90	41.1	4.6	151	1.0	72.1	渭栏 2—渭拦 10	60.6
1991-07-23	-5.0	3 040	79	18.7	343	99.6	183	9.9	渭拦 5—渭拦 10	38.4
1991-07-28	-162	3 310	202	78	40.5	143	89	153	渭拦 7—渭拦 10	16.4

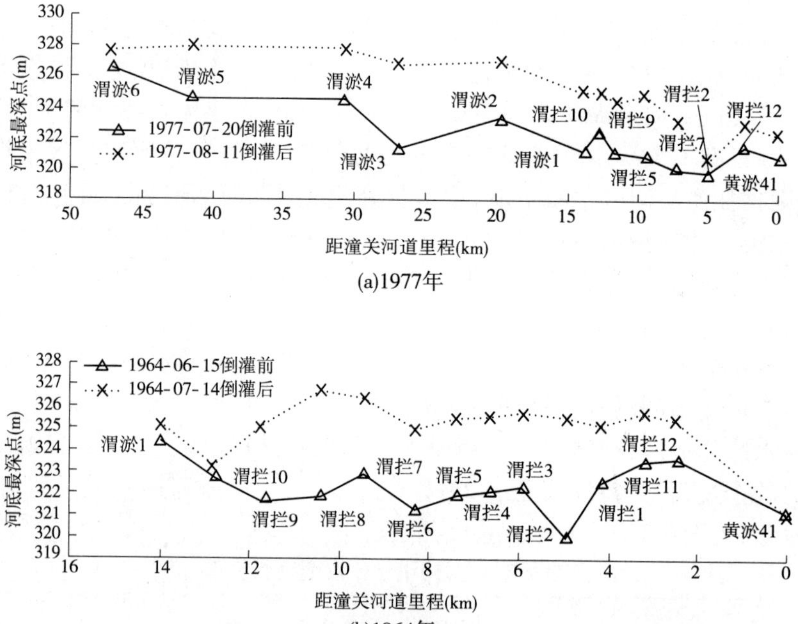

图 2-7　1977 年和 1964 年黄河洪水倒灌渭河形成拦门沙的实例

已有的研究表明，当潼关流量 $Q_{潼}$ 与华县流量 $Q_{华}$ 的比值 $Q_{潼}/Q_{华}<3$ 时，黄河洪水对渭河不产生顶托；当 $Q_{潼}/Q_{华}>3$ 时，华阴以下河段受顶托倒灌影响；当 $Q_{潼}/Q_{华}>20$ 时，黄河洪水倒灌渭河可以影响到华县。

表 2-37 中列出了拦门沙坎大致范围及各次四站的最大流量、含沙量。由于资料来源是多渠道的，表中会出现不协调或不一致的情况。

二、拦门沙坎消失条件

渭河拦门沙坎的消失受两个方面的作用：一是渭河水沙条件，二是潼关高程冲刷下降。

渭河洪水，特别是高含沙洪水，对冲刷拦门沙坎的作用非常突出，有关拦门沙坎对渭河下游河道的冲淤作用，没有引起人们的关注。实际上当沙坎形成之后，对渭河河口段起到准侵蚀基面的作用。由于关注不够，没有布置观测工作，依据《水文年鉴》记载而拼凑的材料如表2-38所示。

表2-38 渭河拦门沙坎消失特征值

倒灌日期（年-月-日）	冲开时段（月-日）	潼关平均水位(m)	华县流量（m^3/s）	330 m高程以下主槽库容（亿m^3）		
				倒灌前	消失后	库容增减
1966-07-18	07-20～08-07	328.45	1 159	0.062	0.076	0.014
1977-07-07	07-08～07-20	325.37	613	0.066	0.139	0.073
1978-09-01	09-02～09-24	328.06	580	0.051	0.052	0.001
1979-08-12	08-15～10-11	328.11	223	0.042	0.038	-0.004
1980-07-26	07-27～09-21	327.62	428	0.068	0.056	-0.012
1981-07-04	07-05～07-27	327.93	530	0.049	0.060	0.011
1981-08-16	08-17～08-30	328.17	2 030	0.060	0.132	0.072
1982-07-31	08-01～08-13	327.59	591	0.090	0.070	-0.025
1997-08-27	08-28～09-22	326.84	142	0.094	0.054	-0.02

在表2-38中，倒灌日期是指倒灌的开始时间，冲开时段是指倒灌停止至拦门沙坎基本冲刷完毕的时段，潼关平均水位是与冲开时段相对应时段潼关断面（六）水位的平均值；华县流量是冲开时段的平均流量；330 m高程以下主槽库容是指渭拦2断面—渭拦10断面河段330 m高程以下库容在倒灌前后的河槽库容。

从表2-38中可以看出，在潼关断面平均水位相接近的时段，华县流量大，则冲刷效果明显；反之，则拦门沙坎的淤积量尚未冲完，如1979年8月15日至10月11日，潼关断面平均水位为328.11 m，华县流量为223 m^3/s，拦门沙坎尚有40万m^3淤积量没有冲走。1981年8月17～30日，潼关断面平均水位328.17 m，华县流量为2 030 m^3/s，不仅将倒灌时段沉积下来的泥沙全部冲走，还多冲了720万m^3。当华县流量相接近时，潼关断面平均水位越低，其冲刷量越多，如1977年7月8～20日，华县流量613 m^3/s，潼关断面平均水位325.37 m，拦门沙坎处多冲730万m^3；而1978年9月2～24日，华县流量580 m^3/s，潼关断面平均水位328.06 m，拦门沙坎只多冲了10万m^3。

渭河高含沙洪水对冲刷潼关河床高程极为有利，一般讲渭河悬移质泥沙颗粒很细，华县站泥沙颗粒小于0.01 mm沙重百分数为36%。若洪水平均含沙量大于250 kg/m^3时，挟沙水流就已经转变成非牛顿流体的高含沙水流，对河床冲刷异常强烈，华县高含沙洪水对潼关河床的冲刷作用如表2-39所示。

表 2-39　华县高含沙水流对潼关河床的冲刷作用

时段（年-月-日）	渭河华县水文站		潼关高程(m)		潼关高程升降值(m)
	平均流量（m^3/s）	平均含沙量（kg/m^3）	开始	终了	
1964-08-20 ~ 08-27	1 480	427	327.51	327.10	-0.41
1966-07-26 ~ 08-06	1 400	341	328.20	327.21	-0.99
1970-08-03 ~ 08-07	1 383	373	328.60	326.88	-1.72
1971-08-19 ~ 08-24	311	404	327.60	326.88	-0.72
1973-08-20 ~ 08-24	387	300	327.70	327.05	-0.65
1973-08-26 ~ 09-03	1 822	365	327. 05	325.37	-1.68
1927-07-05 ~ 07-10	1 280	510	327.31	324.70	-2.61
1978-07-21 ~ 07-26	876	275	326.95	326.58	-0.37
1979-07-29 ~ 08-02	508	405	327.61	327.00	-0.61
1988-08-09 ~ 08-13	1 621	394	328.30	327.48	-0.82
1992-08-09 ~ 08-16	1 202	342	327.80	326.40	-1.40
1996-07-21 ~ 08-01	910	395	328.32	326.60	-1.72

第五节　三门峡北洛河库区冲淤变化

北洛河流域面积为 26 905 km^2，白水河口至北洛河口为北洛河下游段，河段长 154 km，纵向坡度为 8‱。河道两岸地势平坦，河流弯曲。北洛河是三门峡库区主要泥沙来源地之一，是一条多沙、粗泥沙河流。北洛河自洑头水文站（洛淤 23 断面）至汇入渭河处，河段长 121.9 km，河床宽度为 1 ~ 2 km，河床槽窄深，一般宽度在 50 m 左右，河道两侧为黄土高原，高出河面 50 ~ 100 m，流经蒲城、大荔，于华阴入渭。

一、北洛河水沙特征

北洛河出口站为洑头水文站，多年（1951 ~ 1990 年）平均径流量为 7.042 亿 m^3，输沙量为 0.792 亿 t，平均含沙量为 112 kg/m^3，水沙量各月分配见表 2-40。北洛河在 1951 ~ 1990 年 39 年间的多年平均径流量为 4.2 亿 m^3，其中汛期径流量占全年的 61.5%；多年平均输沙量为 7 924 万 t，汛期输沙量为 7 350 万 t，占全年的 93%。汛期的输沙量更集中在 7 月、8 月，两个月输沙量总和为 6 660 万 t，占全年的 89.7%。这说明北洛河的输沙量近90%集中在洪水期,7月、8月平均含沙量分别为298 kg/m³、255 kg/m³。洑头水文站历年最大含沙量多出现在7月、8月,39年中,7月出现20次,8月出现14次,6月出现5次。

表2-40　1951~1990年北洛河洑头北文站水沙量分配

项目	月份														全年
	7	8	9	10	11	12	1	2	3	4	5	6	7~10	11~6	
径流量（亿 m^3）	1.069	1.363	1.042	0.857	0.508	0.193	0.186	0.207	0.396	0.386	0.426	0.389	4.331	2.691	7.022
输沙量（万 t）	3 180	3 480	631	57.8	2.34	0.172	0.118	0.613	6.08	26.5	89.2	408	7 350	574	7 924
流量（m^3/s）	39.9	50.9	40.2	32.1	19.6	7.21	6.96	8.56	14.8	14.9	15.9	15.0	40.8	12.9	22.3
含沙量（kg/m^3）	298	255	60.7	6.73	0.46	0.089	0.063	0.29	1.53	6.86	20.9	108	170	21.2	112

北洛河悬移质泥沙组成较粗,根据1963~1990年多年平均值统计,中数粒径为0.027 mm,平均粒径为0.033 mm,见表2-41。

表2-41　1963~1990年洑头水文站悬移值泥沙颗粒级配

水文站	平均小于某粒径沙重百分数(%)								中数粒径（mm）	平均粒径（mm）
	0.005 mm	0.01 mm	0.025 mm	0.05 mm	0.10 mm	0.25 mm	0.50 mm	1.0 mm		
洑头	13.8	22.7	46.1	81.1	97.8	99.8	99.9	100	0.027	0.033

洛惠渠建成之后,为了避免淤堵渠道,当含沙量重量比超过15%时停止灌溉,因此高含沙水流几乎全部通过河道下泄至渭河,致使高含沙水流贴边淤积及下切冲刷能力强,塑造北洛河下游河床呈窄深形态。

北洛河洪水流量大于500 m³/s、含沙量大于200 kg/m³ 的高含沙洪水有250次,年均出现5次左右,这对渭河河口段非常不利。

二、北洛河库区冲淤演变特征

自三门峡水库蓄水以来,北洛河库区洛淤1断面—洛淤21断面库段,自1961~2003年汛后43年共淤积2.884 7亿 m³,年均淤积量为0.067 1亿 m³,见表2-42。

表 2-42　三门峡建库以来北洛河下游洛淤 1 断面—洛淤 21 断面断面冲淤量统计

（单位：亿 m^3）

年份	冲淤量			累积淤积量	年份	冲淤量			累积淤积量
	非汛期	汛期	全年			非汛期	汛期	全年	
1961			0.121 3	0.121 3	1983	-0.018 4	-0.095 7	-0.114 1	1.342 1
1962			0.093 9	0.215 2	1984	-0.013 1	0.001 2	-0.011 9	1.330 2
1963	0.025 8	0.167 9	0.193 7	0.408 9	1985	0.040 2	0.009 4	0.049 6	1.379 8
1964	-0.052 1	0.124 2	0.072 1	0.481 0	1986	-0.019 1	0.068 2	0.049 1	1.428 9
1965	-0.016 8	0.063 4	0.046 6	0.527 6	1987	-0.002 4	0.081 6	0.079 2	1.508 1
1966	0.000 6	0.653 1	0.653 7	1.181 3	1988	0.004 3	-0.184 3	-0.180 0	1.328 1
1967	-0.012 2	0.084 0	0.071 8	1.253 1	1989	0.005 4	0.030 1	0.035 5	1.363 6
1968	-0.016 6	0.159 0	0.142 4	1.395 5	1990	0.004 0	0.028 7	0.032 7	1.396 3
1969	-0.089 1	0.003 9	-0.085 2	1.310 3	1991	0.026 8	-0.038 5	-0.011 7	1.384 6
1970	-0.044 9	0.056 7	0.011 8	1.322 1	1992	-0.004 8	0.377 4	0.372 6	1.757 2
1971	-0.009 0	-0.039 7	-0.048 7	1.273 4	1993	-0.007 3	-0.037 1	-0.044 4	1.712 8
1972	-0.002 4	0.027 5	0.025 1	1.298 5	1994	-0.009 2	0.897 6	0.888 4	2.601 2
1973	0.003 5	-0.021 1	-0.017 6	1.280 9	1995			0.067 3	2.668 5
1974	0.006 3	0.049 0	0.055 3	1.336 2	1996	-0.003 5	-0.037 2	-0.040 7	2.627 8
1975	0.001 8	0.158 2	0.160 0	1.496 2	1997	0.001 6	0.082 1	0.083 7	2.711 5
1976	-0.004 6	-0.067 2	-0.071 8	1.424 4	1998	0.007 4	0.032 1	0.039 5	2.751 0
1977	0.008 4	-0.027 8	-0.019 4	1.405 0	1999	-0.000 8	0.055 1	0.054 3	2.805 3
1978	0.002 7	-0.005 5	-0.002 8	1.402 2	2000	-0.005 4	0.106 0	0.100 6	2.905 9
1979	-0.004 9	-0.011 4	-0.016 3	1.385 9	2001	-0.022 9	0.110 5	0.087 6	2.993 5
1980	-0.003 3	0.106 7	0.103 4	1.489 3	2002	-0.008 3	0.018 1	0.009 8	3.003 3
1981	-0.004 8	-0.009 2	-0.014 0	1.475 3	2003	-0.001 5	-0.117 1	-0.118 6	2.884 7
1982	-0.002 2	-0.016 9	-0.019 1	1.456 2	合计			2.884 7	

从表 2-42 中可以发现，有 16 年是冲刷的，有 9 年年淤积量大于 0.1 亿 m^3，年淤积量最大值为 0.888 4 亿 m^3（1994 年），占总淤积量的 30.8%。年冲刷量最大值为 0.180 亿 m^3（1988 年）。

表 2-42 显示出的冲淤量在很大程度上是由北洛河汛期水沙条件所决定的。表 2-43 是 1960～2001 年北洛河湫头水文站水沙特征值。汛期平均流量只有 1964 年大于 100 m^3/s，其余 40 余年均小于 100 m^3/s，最小平均流量为 14.7 m^3/s（1974 年）。最大平均含沙量为 426 kg/m^3（1994 年），最小平均含沙量为 29.7 kg/m^3（1983 年），1980～1984 年均小于 100 kg/m^3，北洛河库区均发生冲刷，最大平均含沙量 1994 年（也是库区淤积最严重的

年份)达到0.888 4亿 m^3。

表2-43 1960~2001年北洛河洑头水文站水沙量特征值

年份	汛期				水文年		汛期
	径流量（亿 m^3）	输沙量（万 t）	流量（m^3/s）	含沙量（kg/m^3）	径流量（亿 m^3）	输沙量（万 t）	S/Q（$kg \cdot s/m^6$）
1960	2.640	5 770	24.8	219	4.069	6 290	8.83
1961	4.723	4 970	44.4	105	7.867	4 990	2.36
1962	3.429	3 140	32.3	91.6	8.632	4 400	2.84
1963	3.847	3 980	78.9	103	10.260	7 070	1.30
1964	11.570	17 400	111	148	17.47	17 400	1.33
1965	2.442	1 750	23.0	71.7	4.56	4 970	3.12
1966	7.519	18 300	70.8	243	11.55	18 400	3.43
1967	4.170	12 400	39.2	297	7.077	12 500	7.58
1968	5.579	13 100	52.5	235	10.16	13 200	4.48
1969	4.465	10 200	42.0	228	7.344	10 200	5.43
1970	2.893	7 170	27.2	248	5.017	7 310	9.12
1971	3.178	9 560	29.9	301	5.267	9 910	10.1
1972	1.581	3 350	14.9	212	2.819	4 440	14.2
1973	3.742	9 960	35.2	266	5.147	9 970	7.56
1974	1.565	2 940	14.7	188	3.257	2 980	12.8
1975	7.801	10 100	73.4	129	11.200	10 100	1.76
1976	7.112	3 920	66.9	55.1	8.910	4 150	0.82
1977	3.791	15 900	35.7	419	5.033	16 000	11.7
1978	5.201	7 490	48.9	144	6.679	7 490	2.94
1979	3.225	7 120	30.3	221	4.166	7 530	7.29
1980	2.308	1 990	21.7	86.2	3.793	4 150	3.97
1981	5.084	2 960	47.8	58.2	6.813	2 970	1.22
1982	3.191	1 540	30.0	48.2	7.281	2 070	1.61
1983	6.031	1 790	56.8	29.7	10.630	1 920	0.523
1984	5.146	3 860	48.4	75.0	9.303	4 960	1.55
1985	6.090	8 920	57.3	146	9.374	10 600	2.55
1986	1.607	860	15.1	53.5	3.390	931	3.54

续表 2-43

年份	汛期				水文年		汛期
	径流量(亿 m^3)	输沙量(万 t)	流量(m^3/s)	含沙量(kg/m^3)	径流量(亿 m^3)	输沙量(万 t)	S/Q ($kg \cdot s/m^6$)
1987	1.975	3 920	18.6	198	4.059	6 030	10.6
1988	8.965	11 100	84.4	124	11.89	11 100	1.47
1989	2.236	2 610	21.0	117	4.518	2 800	5.57
1990	4.329	8 390	40.7	194	8.057	10 700	4.77
1991	2.850	1 216	26.4	42.7	5.418	1 287	1.617
1992	5.586	14 580	52.6	261.0	6.990	4 588	4.962
1993	4.366	4 607	41.1	105.5	7.597	4 936	2.567
1994	6.090	25 926	57.3	426	6.608	5 940	7.435
1995	2.779	3 649	26.1	131.3	3.866	3 720	5.031
1996	4.132	8 353	38.9	205.2	6.596	9 233	5.275
1997	2.221	5 810	20.9	262	5.124	6 681	12.54
1998	3.196	4 032	30.1	126.2	5.381	4 046	4.193
1999	3.100	8 177	29.3	264	3.903	4 000	9.012
2000	2.406	2 512	22.6	104.4	3.057	2 512	4.62
2001	3.563	7 013	33.5	192			5.73

北洛河库区淤积纵剖面与横断面见图 2-8、图 2-9。北洛河库区淤积末端已上延到洛淤 19 断面。自洛淤 1 断面至洛淤 18 断面几乎是平行上升，其淤积厚度在 5 m 上下，近乎是相同淤积厚度，这是一般水库所少见的。

横断面淤积形态上、下游几乎是一致的，主河槽位置没有改变，主河槽河宽变化很少，滩地淤积近似水平状，这就是高含沙水库淤积特征。

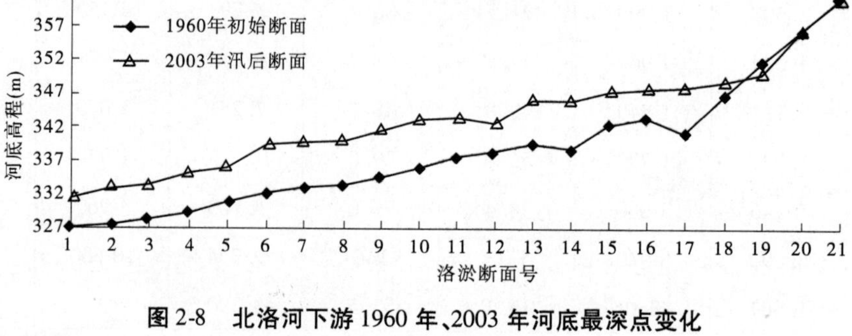

图 2-8　北洛河下游 1960 年、2003 年河底最深点变化

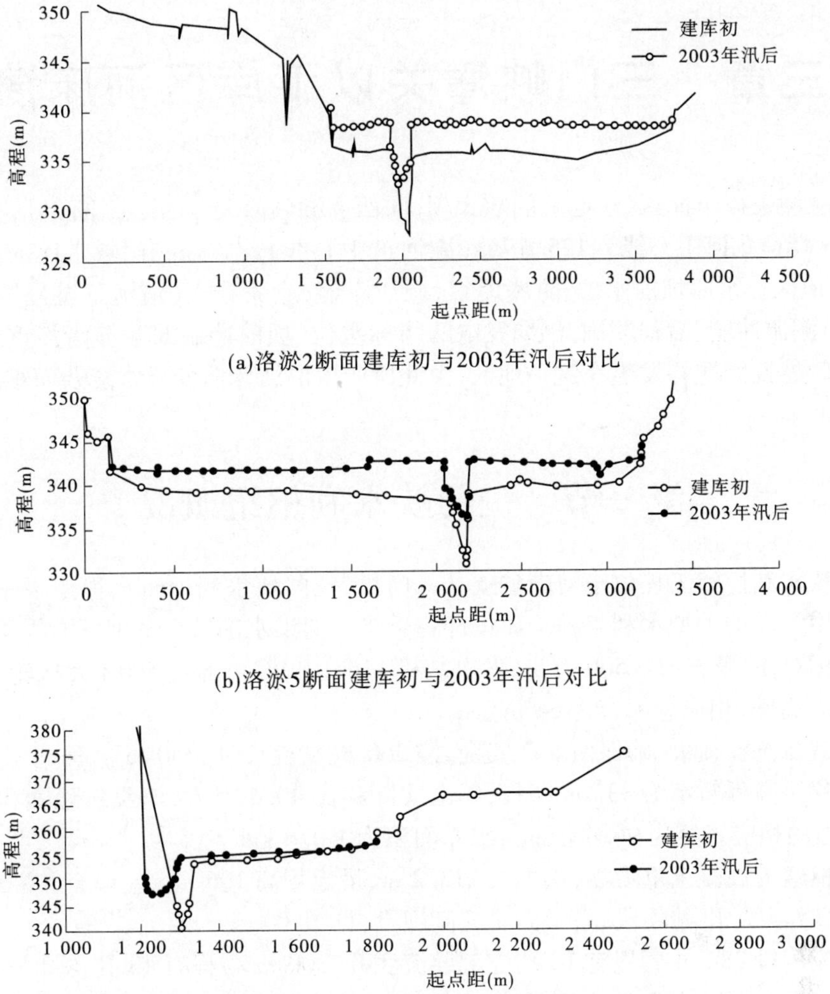

(a)洛淤2断面建库初与2003年汛后对比

(b)洛淤5断面建库初与2003年汛后对比

(c)洛淤17断面建库初与2003年汛后对比

图 2-9　北洛河下游典型横断面套绘图

参 考 文 献

[1] 壮殿勋. 三门峡水库修建前后渭河下游河道泥沙问题研究[J]. 泥沙研究,1980(3).

[2] 夏开儒. 黄土高原地理研究[M]. 西安:陕西省人民出版社,1987.

[3] 冉大川. 渭河流域水沙变化水文分析[J]. 人民黄河,2001(2).

[4] 焦恩泽. 三门峡水库建库前渭河下游河道是冲淤平衡吗[C]//三门峡水利枢纽运用十周年论文集. 郑州:黄河水利出版社,2001.

[5] 焦恩泽. 黄河水库泥沙[M]. 郑州:黄河水利出版社,2004.

[6] 蒋建军,等. 渭河减灾与治理研究[M]. 郑州:黄河水利出版社,2007.

第三章　三门峡潼关以下库区河床演变

三门峡潼关以下库区，东起三门峡大坝，向西上溯到潼关（黄淤41断面），全长113.5 km（340 m高程几何中心线）、125.6 km（主河道中心线）。它是三门峡水库的重要部分，是“核心”地区。水库坝前水位、防凌库容、调沙库容、潼关高程（渭河下游侵蚀基准面）、输沙能力、溯源冲刷、沿程冲刷、汛期发电的指标水位、坝前冲刷漏斗等诸多重要问题，特别是一些敏感性问题均发生在这一地区，由此所产生的河床演变异常复杂而难解，是国内外所罕见的。

第一节　三门峡水利枢纽概况

三门峡水利枢纽工程位于河南省陕县三门村，三门峡水利枢纽工程是一座以防洪为主综合利用为辅的大型水利工程。原设计将千年一遇洪水削减为黄河下游堤防安全泄量的6 000 m^3/s，灌溉农田6 500万亩，发电装机116万kW，可通行500 t大拖轮，设计蓄水位为360 m高程，相应总库容为647亿m^3。

为了减少淹没损失，确保西安市安全，按360 m高程设计，350 m高程施工，340 m高程运用。移民高程暂定为335 m高程，库区实际移民40.4万人，淹没耕地面积90万亩，335 m高程的相应库容为96.4亿m^3，水库面积为1 076 km^2。

水利枢纽为混凝土重力坝，主坝长713.2 m，最大坝高106 m。左岸有非溢流坝段、溢流坝段、隔墩坝段、电站坝段，右岸为非溢流坝段，见图3-1。

在溢流坝段280 m高程有12孔施工导流底孔，300 m高程有12孔深孔，338 m高程有2孔表面溢流堰。水电站为坝后式厂房，设有8条压力发电钢管。1965年又在左岸290 m高程增建2条泄洪隧洞。

右侧副坝为混凝土心墙，又称斜丁坝，全长114 m，顶部高程350 m，副坝高24 m，插入黄土层与右岸闪长玢岩岩层相连接。

三门峡水利枢纽工程自建成后（1960年）至今已经走过了半个多世纪的历程，枢纽工程投入运用之后，遇到了许多意想不到的难题，如“水库泥沙”。在20世纪50年代，国内外系统、全面研究、了解水库泥沙的专家、学者凤毛麟角，有关水库泥沙的论文、专著也很难找到。为解决水库泥沙问题，走了许多弯路，碰到很多难题，然而“三门峡人”（包括组织、领导、参与者）克服种种困难取得了很大的成就。为讨论方便，本书把水库运用方式的变更、改进、完善等全过程分成7个时段进行讨论，以期找出三门峡水库的经验、教训。

“三门峡人”在50个春秋做了难得的现场（原型）试验，其中有成功的（调水调沙），有无效果的，也有失败的。这些试验是国内外仅有的，也是只有在中华人民共和国才能创造出来的。因此，这些试验是很有参考价值的“财富”，这些经验教训将在第二篇中作详细介绍。

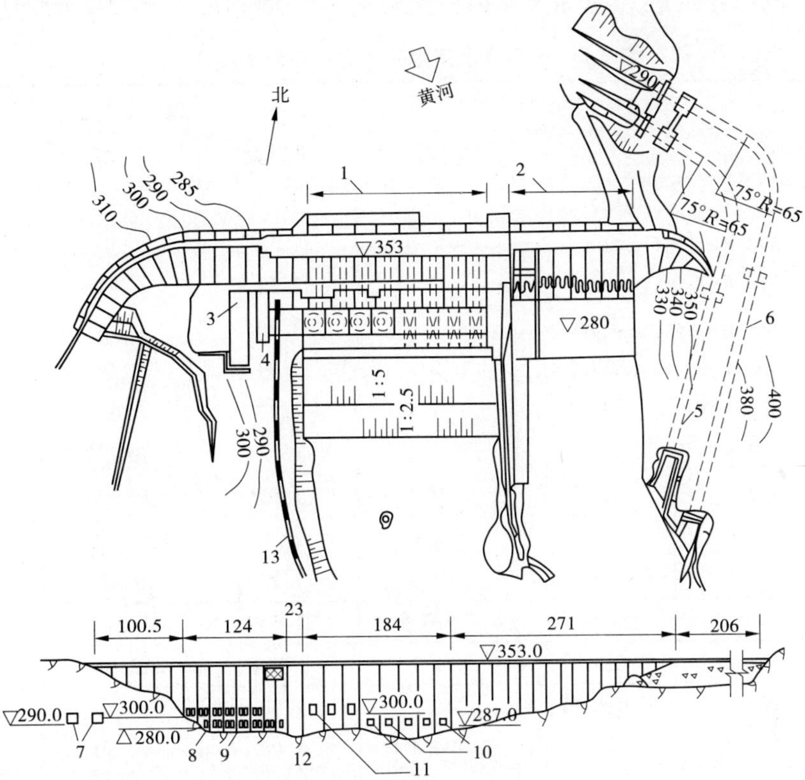

1—电站坝段;2—溢流坝段;3—110 kV 变电站;4—副厂房;5—1 号隧洞;6—2 号隧洞;7—泄流排沙隧洞;
8—12 个 3 m×8 m 的深孔;9—12 个 3 m×8 m 的底孔;10—电站进水口;
11—排沙钢管;12—闪长玢岩;13—进厂铁路

图 3-1　三门峡水利枢纽工程泄流孔示意图(上游高程图)（单位:m)

三门峡水库在 50 年的历程中,水沙条件有很大变化,表 3-1 给出各时期的径流量、输沙量等多年平均值。从表 3-1 中可看出,自 1987 年以后,径流量大幅度减小,其中有降水量减少的原因,也有人类活动影响的因素,如黄河上游龙羊峡水库建成后大量蓄水以及与刘家峡水库联合调度运用的因素。

表 3-1　三门峡潼关水文站各时段水沙量

时段	径流量(亿 m^3)			输沙量(亿 t)			汛期占全年(%)	
	非汛期	汛期	运用年	非汛期	汛期	运用年	径流量	输沙量
1960~1969 年	187.0	264.1	451.1	2.164	12.030	14.194	58.5	84.8
1970~1973 年	156.6	152.3	311.9	2.425	11.248	13.673	48.8	82.3
1974~1980 年	159.0	212.1	371.1	1.656	10.199	11.855	57.2	86.0
1981~1986 年	172.3	247.0	420.0	1.633	6.123	7.756	58.8	78.9
1987~1995 年	153.3	131.6	284.9	1.996	6.427	8.423	46.2	76.3
1996~2002 年	112.6	79.9	192.5	1.435	4.314	5.749	41.5	75.0
2003~2008 年	121.0	107.4	228.4	0.770	2.410	3.180	47.0	75.8

7 个时段的年径流量、输沙量及年内分配见表 3-2。悬移质泥沙颗粒级配见表 3-3。

表 3-2　三门峡水库潼关水文站历年水沙量

时段	径流量(亿 m^3)			输沙量(亿 t)		
	非汛期	汛期	运用年	非汛期	汛期	运用年
1960	113.7	193.0	306.7	1.23	8.45	9.69
1961	153.9	316.7	470.6	0.299	10.84	11.14
1962	210.5	202.6	413.1	2.52	6.93	9.45
1963	194.2	253.0	447.2	3.36	9.10	12.46
1964	238.1	437.2	675.3	2.99	21.26	24.25
1965	223.5	139.6	363.1	2.21	3.04	5.25
1966	112.6	291.5	404.1	1.08	19.67	20.75
1967	217.7	402.2	619.9	3.03	18.65	21.68
1968	233.6	289.0	522.6	2.70	12.53	15.23
1969	172.1	115.8	287.9	2.22	9.83	12.05
小计	1 869.9	2 640.6	4 510.5	21.639	120.3	141.94
平均	187.0	264.1	451.1	2.164	12.03	14.194
1970	171.7	168.26	341.7	2.90	16.19	19.09
1971	159.9	134.5	294.4	1.98	10.80	12.79
1972	179.9	123.4	303.3	2.79	3.95	6.74
1973	126.8	181.2	308.0	2.03	14.05	16.08
小计	638.3	609.1	1 247.4	9.70	44.99	54.69
平均	159.6	152.3	311.9	2.425	11.248	13.673
1974	153.5	121.8	275.3	2.02	5.52	7.54
1975	158.2	302.2	460.4	2.08	10.30	12.39
1976	219.5	319.2	538.7	2.15	8.45	10.60
1977	167.2	167.0	334.2	1.40	20.50	22.05
1978	122.3	223.1	345.4	1.20	12.37	13.57
1979	149.8	217.1	366.9	1.38	9.59	10.97
1980	142.5	134.0	276.5	1.36	4.66	6.02
小计	1 113	1 484.4	2 597.4	11.59	71.39	82.98
平均	159	212.1	371.1	1.656	10.199	11.855
1981	114.3	338.8	453.1	1.19	10.57	11.76
1982	181.7	183.7	365.4	1.48	4.33	5.81
1983	181.5	313.6	495.1	1.75	5.86	7.61
1984	210.3	281.9	492.2	2.00	7.00	9.00
1985	174.9	233.1	408.0	1.31	6.87	8.18

续表 3-2

时段	径流量(亿 m^3)			输沙量(亿 t)		
	非汛期	汛期	运用年	非汛期	汛期	运用年
1986	171.3	134.3	305.6	2.07	2.11	4.18
小计	1 034	1 485.4	2 519.4	9.8	36.74	46.54
平均	172.3	247.57	420	1.633	6.123	7.756
1987	117.7	75.0	193.1	1.14	2.08	3.22
1988	122.1	187.1	309.2	1.13	12.47	13.60
1989	171.7	205.0	376.7	1.94	6.59	8.53
1990	211.4	138.6	350.0	2.11	5.50	7.61
1991	187.3	61.1	248.4	4.16	1.99	6.15
1992	120.4	130.9	251.3	1.87	8.05	9.92
1993	120.4	139.6	294.7	1.93	4.08	6.01
1994	155.1	133.3	286.6	1.81	10.3	12.11
1995	140.8	113.8	254.6	1.87	6.78	8.65
小计	1 346.9	1 184.4	2 564.6	17.96	57.84	75.8
平均	149.7	131.6	284.9	1.996	6.427	8.423
1996	122.4	127.8	255.2	2.013	9.624	11.640
1997	104.8	55.7	160.5	1.221	4.112	5.333
1998	105.8	86.4	192.2	1.950	4.264	6.214
1999	120.6	97.0	217.6	1.628	3.726	5.354
2000	114.2	73.1	187.3	1.539	1.969	3.508
2001	96.9	61.1	157.0	0.657	2.714	3.371
2002	123.3	57.9	181.2	1.040	3.790	4.940
小计	788.0	559.0	1 347.0	10.045	30.196	40.241
平均	112.6	79.9	192.5	1.435	4.314	5.749
2003	80.6	156.1	236.7	0.76	5.38	6.14
2004	134.0	75.0	209	0.84	2.33	3.17
2005	115.5	113.3	228.8	0.83	2.50	3.33
2006	146.9	95.9	242.7	0.87	1.70	2.57
2007	111.6	126.1	237.7	0.63	1.83	2.47
2008	137.4	77.8	215.2	0.69	0.71	1.40
小计	726.0	644.2	1 370.2	4.62	14.45	19.07
平均	121.0	107.4	228.4	0.77	2.41	3.18

注:由于采用 Excel 计算,导致数据不闭合,余同。

表3-3 三门峡水库潼关水文站悬移质泥沙颗粒级配

年份	平均小于某粒径沙重百分数(%)								中数粒径(mm)	平均粒径(mm)
	0.005 mm	0.01 mm	0.025 mm	0.05 mm	0.10 mm	0.25 mm	0.5 mm	1.0 mm		
1954	15.6	24.8	55.36	90.0	98.6	100			0.023	0.027
1956	24.3	35.0	59.1	82.6	94.9	99.8	100		0.019	0.031
1957	17.8	27.2	49.5	76.1	94.5	99.7	100		0.025	0.036
1958	16.2	25.0	48.1	74.5	95.2	99.7	100		0.026	0.036
1961	18.3	24.6	47.3	78.7	94.8	99.6	100		0.026	0.036
1962	18.0	26.2	51.6	76.7	93.8	99.4	99.9	100	0.024	0.037
1963	19.9	32.0	53.8	80.4	96.7	99.8	100		0.021	0.031
1964	21.4	34.7	58.0	82.2	96.6	99.6	100		0.018	0.030
1965	22.2	32.8	54.3	77.7	96.2	99.8	100		0.021	0.032
1966	16.0	25.9	46.0	80.3	96.6	99.7	100		0.027	0.033
1967	20.8	31.1	52.5	81.1	97.0	99.7	100		0.023	0.031
1968	23.5	33.0	54.0	79.5	96.5	100			0.021	0.033
1969	24.5	35.0	58.3	83.1	97.4	99.8	100		0.018	0.028
1970	19.9	28.8	50.1	78.6	95.5	99.4	100		0.025	0.034
1971	18.36	25.8	46.4	75.5	95.3	99.6	100		0.027	0.036
1972	17.1	23.3	40.6	68.7	94.6	99.8	100		0.031	0.040
1973	24.7	34.7	57.1	82.7	96.5	99.3	100		0.019	0.030
1974	23.9	32.6	54.3	80.1	95.5	99.9	100		0.021	0.031
1975	23.2	30.8	50.9	78.6	95.7	99.5	99.9	100	0.024	0.033
1976	25.4	35.0	57.6	82.2	96.8	99.7	100		0.018	0.029
1977	20.1	27.1	47.2	72.3	89.1	97.7	99.8	100	0.027	0.048
1978	27.3	36.0	62.1	86.4	98.2	99.9	100		0.016	0.025
1979	27.0	35.8	57.9	82.9	96.9	99.8	100		0.018	0.028
1980	25.4	35.5	57.9	83.9	98.2	99.9	100		0.020	0.027
1981	23.8	31.6	53.2	80.9	98.7	100			0.023	0.029
1982	28.0	36.4	55.9	79.8	97.7	100			0.020	0.029
1983	18.6	26.8	49.6	78.9	98.1	100			0.025	0.031
1984	23.2	32.9	55.5	83.3	98.3	100			0.021	0.028
1985	22.0	32.0	54.5	81.6	98.4	100			0.021	0.028
1986	23.0	32.1	52.2	78.9	96.8	99.8	100		0.023	0.031
1987	24.2	34.1	58.3	83.0	98.0	100			0.019	0.027
1988	25.8	35.6	60.6	86.5	98.3	99.9	100		0.017	0.026
1989	18.6	26.8	47.7	77.3	96.9	99.9	100		0.026	0.34
1990	28.0	38.1	61.5	85.9	98.1	99.0	100		0.016	0.026
平均	21.2	31.1	53.3	80.6	96.3	99.6	100		0.022	0.032

第二节　水库蓄水运用与滞洪排沙运用(1960~1969年)

1960年9月至1962年3月为三门峡水库蓄水运用阶段。1962年4月至1970年6月为滞洪排沙运用,前者以淤积为主,后者以冲刷排沙为主。

一、三门峡水库蓄水运用

三门峡水库于1960年9月15日关闸蓄水,至1962年3月为蓄水运用,1962年4月起改为滞洪排沙运用。蓄水运用期间最高蓄水位达到332.58 m,月平均坝前最高水位为332.29 m,见表3-4。

表3-4　1960-09~1962-03 坝前水位、潼关水沙特征值

时间(年-月)	坝前水位(m)	径流量(亿 m^3)	输沙量(亿 t)	流量(m^3/s)	含沙量(kg/m^3)	S/Q($kg \cdot s/m^6$)
1960-09	303.32	47.81	1.18	1 840	24.8	0.013 5
1960-10	323.31	53.81	0.81	2 010	15.0	0.007 5
1960-11	328.09	29.76	0.069	1 150	2.31	0.002 0
1960-12	330.78	6.509	0	243	0	0
1961-01	331.41	6.375	0	238	0	0
1961-02	332.29	12.43	0	514	0	0
1961-03	331.37	23.90	0	892	0	0
1961-04	330.82	27.00	0	1 040	0	0
1961-05	329.65	28.67	0.005 9	1 070	0.205	0.000 2
1961-06	323.13	19.27	0.224	744	11.6	0.015 6
1961-07	318.73	73.79	4.590	2 760	62.0	0.022 5
1961-08	318.76	68.71	4.29	2 570	62.3	0.024 2
1961-09	327.12	80.59	1.76	3 110	21.8	0.007 0
1961-10	331.62	93.61	0.199	3 500	2.13	0.006 1
1961-11	329.68	64.59	0.515	2 490	7.99	0.003 2
1961-12	325.89	28.38	0.410	1 060	14.4	0.013 6
1962-01	321.96	15.37	0.167	573	10.9	0.019 0
1962-02	326.37	17.26	0.143	713	8.32	0.011 7
1962-03	316.05	25.67	0.352	958	13.7	0.013 6

表3-4为蓄水运用期间各月的水沙特征值,其中有5个月输沙量为零,这是蓄水位很高造成的。水库蓄水前潼关河床处在自然状态时,1 000 m^3/s 的水位为323.4 m,当坝前水位达到330 m高程以上时,回水已超过潼关断面以上,潼关断面的流速已接近于零,因此含有泥沙的水流已经流不到潼关断面,故输沙量、含沙量均为零。

蓄水运用时期,潼关以下库区淤积15.075 7亿 m^3,见表3-5。黄淤12断面—黄淤36

断面库段共淤积 11.762 4 亿 m³，占总淤积量的 78.0%；黄淤 30 断面—黄淤 36 断面库段淤积量最多，为 4.927 9 亿 m³，占总淤积量的 33%。

表 3-5　蓄水运用期潼关以下库区淤积量分布　（单位：亿 m³）

时段（年-月-日）	坝址—黄淤 12 断面	黄淤 12 断面—黄淤 22 断面	黄淤 22 断面—黄淤 30 断面	黄淤 30 断面—黄淤 36 断面	黄淤 36 断面—黄淤 41 断面	坝址—黄淤 41 断面
1960-04-30 ~ 1960-09-20	0.406	0.162 8	0.126 4	0.173 8	-0.101 9	0.766 7
1960-09-20 ~ 1960-11-30	0.231	0.638 2	0.442 5	0.617 4	0.651 9	2.581 0
1960-11-30 ~ 1961-06-10	-0.003 7	-0.058 7	0.261 4	0.312 7	0.065 5	0.577 2
1961-06-10 ~ 1961-10-31	0.361 6	1.745	2.667 9	3.920 6	0.985 4	9.680 5
1961-10-31 ~ 1962-05-20	0.343	0.554 7	0.294 3	-0.096 6	0.374 5	1.469 9
合计	1.337 9	3.042	3.792 5	4.927 9	1.975 4	15.075 7

在水库蓄水时期，库水位较为平稳升降，水库库容处在原始状态，有足够的空间拦截泥沙，淤积上延的副作用尚未明显反映出来。由于库水位较为平稳，水流输送泥沙在回水范围及至深水区逐渐沉积，进而淤积成三角洲外形，见图 3-2 及表 3-6。

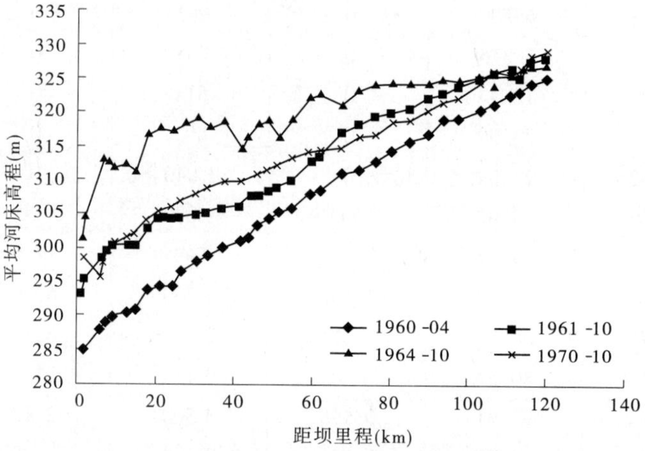

图 3-2　三门峡水库蓄水、滞洪排沙时期淤积纵剖面

从图 3-2 可以看出，1961 年汛后淤积三角顶点在距坝址上游 68 km（黄淤 30 断面），1964 年发展到距坝址只有 6.0 km（黄淤 4 断面），淤积形态由三角洲转变成锥体形态。1961 年汛后，淤积三角洲前坡比降为 4.3‱，顶坡比降为 2.1‱。近坝段由于处在蓄水过程有一个不完整的冲刷漏斗，纵向坡度约 5.3‱（见图 3-2 及表 3-6）。

二、滞洪排沙期（1962 ~ 1969 年）

三门峡建成至 1962 年汛前，潼关以下库区共淤积 15.076 亿 m³ 泥沙，促使潼关高程上升 1.9 m（见表 3-6），渭河河口形成拦门沙坎，威胁渭河下游工农业生产。1962 年 3 月 19 日，国务院决定：三门峡水库的运用方式由“蓄水拦沙”改为“防洪排沙”（后改为“滞洪

表 3-6　三门峡潼关以下库区纵剖面

断面号（黄淤）	距坝里程（km）	平均河床高程（m）													
		1960-04	1961-06	1961-10	1962-05	1964-06	1964-10	1966-05	1967-05	1967-10	1968-05	1969-05	1969-10	1970-06	1970-10
1	1.0	284.9	292.8	293.4	295.0	305.8	301.6	304.4	305.0	—	305.3	—	—	301.0	—
2	1.9	285.3	295.1	295.7	297.4	307.5	304.9	304.1	305.9	—	306.1	—	—	302.3	298.5
4	6.0	288.0	296.0	298.3	300.4	306.8	314.0	305.1	305.8	307.6	305.9	305.1	301.1	299.3	295.6
6	7.5	289.3	294.1	299.3	302.8	309.2	312.9	306.3	307.4	310.2	309.3	305.1	303.4	303.5	299.1
8	9.1	290.0	295.4	300.2	302.8	309.4	312.1	306.5	307.3	309.4	307.4	305.2	302.6	301.4	300.8
11	13.0	290.7	297.6	300.6	302.8	309.4	312.6	306.8	308.3	310.5	309.0	307.1	305.3	304.6	301.9
12	15.1	291.1	300.8	300.6	302.3	308.7	311.3	306.8	307.3	309.6	308.4	307.4	304.6	304.2	302.0
14	18.2	293.8	297.4	303.0	304.0	309.2	316.5	304.1	309.7	311.9	306.1	307.9	306.0	305.9	304.3
15	21.3	294.3	296.1	304.4	304.5	311.1	317.9	308.1	309.5	312.7	309.7	309.9	308.0	308.1	305.3
17	24.6	294.3	297.3	304.4	302.5	311.2	317.8	309.2	210.8	313.9	311.3	310.1	308.3	307.4	306.0
18	26.6	296.4	297.8	304.5	305.6	311.1	318.9	309.6	310.5	313.9	311.6	310.8	309.2	308.9	307.1
19	30.9	297.9	300.0	305.0	306.7	311.2	319.2	311.6	311.2	314.8	312.4	311.9	309.9	310.3	308.2
20	33.6	298.8	301.2	305.4	307.1	312.0	318.5	310.8	312.1	315.4	312.7	312.5	310.6	310.3	309.0
21	37.9	300.1	303.5	305.9	307.7	313.4	319.0	311.7	312.4	315.6	313.2	313.3	311.4	311.3	309.9
22	42.3	300.9	304.4	306.2	308.1	313.7	314.9	312.1	313.2	314.4	313.3	313.7	311.7	311.7	309.9
23	43.7	301.3	305.4	307.8	309.1	313.8	316.8	311.7	313.8	—	—	—	—	—	—
24	46.4	303.3	305.7	307.8	309.3	314.1	318.6	312.3	313.8	316.4	314.5	314.7	312.9	313.4	311.0
25	48.9	304.3	305.4	308.6	309.9	314.5	319.1	313.4	314.4	315.7	314.1	315.2	313.3	313.8	311.7

续表 3-6

断面号（黄淤）	距坝里程（km）	平均河床高程(m)													
		1960-04	1961-06	1961-10	1962-05	1964-06	1964-10	1966-05	1967-05	1967-10	1968-05	1969-05	1969-10	1970-06	1970-10
26	51.4	305.3	306.6	309.0	310.3	314.9	316.2	313.8	314.7	314.6	315.5	316.0	313.6	315.4	312.5
27	55.2	305.8	307.6	310.1	310.2	314.9	319.2	315.2	315.4	318.6	316.3	316.1	313.6	315.8	313.5
28	59.8	308.1	308.8	312.8	311.1	315.7	322.6	315.6	316.5	320.2	317.1	317.2	315.6	318.3	314.3
29	62.3	308.5	310.3	313.8	311.9	315.1	323.0	316.2	317.6	320.5	317.8	318.0	316.3	319.3	314.5
30	67.9	311.1	311.6	317.3	314.0	317.6	321.2	316.3	318.0	318.6	318.2	318.5	317.1	318.7	315.0
31	72.3	311.5	313.3	318.4	315.4	317.6	323.6	317.9	319.0	320.4	318.9	319.2	317.1	318.9	316.7
32	76.6	313.0	313.9	319.6	316.4	317.2	324.3	320.0	321.3	322.7	320.7	320.9	319.1	320.7	316.9
33	80.6	314.5	315.9	320.2	317.1	318.2	324.7	321.4	322.2	323.3	321.2	320.8	320.5	321.4	318.9
34	85.4	315.9	317.5	320.9	318.2	319.7	324.5	322.5	322.8	323.2	322.4	322.1	321.9	322.1	319.1
35	90.2	316.9	318.7	322.2	319.2	321.0	324.6	322.7	321.8	322.9	322.1	322.9	322.6	322.9	320.5
36	94.0	319.1	319.8	323.1	319.6	321.1	325.3	324.0	322.3	322.2	323.1	324.0	323.2	323.5	321.7
37	98.0	319.2	320.7	324.1	320.0	321.2	325.3	324.0	322.5	321.3	323.2	324.0	323.5	324.2	322.3
38	103.3	320.5	322.6	325.2	322.8	322.1	325.7	325.4	325.4	325.7	324.8	325.3	325.3	326.3	324.3
39	107.1	321.5	324.7	326.1	323.7	323.6	324.4	325.7	325.7	326.5	325.0	326.0	326.3	327.0	326.5
40	111.6	322.8	325.0	326.7	324.7	324.2	326.0	326.3	326.2	326.7	325.4	326.7	326.7	326.8	326.5
41	113.5	323.3	326.2	325.5	325.2	325.6	327.0	327.3	327.5	327.3	327.4	327.8	328.2	328.1	326.4
42	116.3	324.5	327.2	327.5	326.7	326.5	327.3	327.8	328.2	—	327.8	328.9	—	327.8	328.7
43	120.6	325.2	328.0	328.6	327.3	326.4	327.6	328.0	328.4	—	327.9	328.8	—	329.3	329.2

排沙”）运用。

在本时段内，进入潼关径流量为 3 733.2 亿 m^3，年均径流量为466.7 亿 m^3，其中汛期径流量为 266.4 亿 m^3，占全年径流量的 57.1%。输沙量为 121.12 亿 t，年均输沙量为 15.14 亿 t，其中汛期输沙量为 12.63 亿 t，占全年输沙量的 83.4%（见表 3-2）。

1962～1969 年，潼关以下库区共淤积 16.168 8 亿 m^3，淤积重心在黄淤 22 断面—黄淤 30 断面之间河段，占总淤积量的 43.3%，其次是黄淤 12 断面—黄淤 22 断面之间河段。在本时段的 1964 年 10 月至 1966 年 5 月时期，潼关以下库区全年、全河段发生冲刷，共冲刷 5.386 亿 m^3。之后每逢非汛期全河段均为冲刷，见表 3-7。

表 3-7　1962～1969 年三门峡潼关以下库区冲淤量分布　（单位：亿 m^3）

时段（年-月-日）	坝址—黄淤 12 断面	黄淤 12 断面—黄淤 22 断面	黄淤 22 断面—黄淤 30 断面	黄淤 30 断面—黄淤 36 断面	黄淤 36 断面—黄淤 41 断面	坝址—黄淤 41 断面
1962-05-20～1962-10-20	0.604 9	1.973 0	1.708 0	-0.018 0	-0.160 0	4.108
1962-10-20～1963-07-11	0.297 5	0.079 6	0.351 8	0.042 3	0.051 1	0.804
1963-07-11～1963-10-16	0.530 0	1.175 0	1.849 0	0.362 0	-0.028 0	3.888
1963-10-16～1964-06-11	0.066 5	0.079 3	0.427 6	0.451 6	0.059 0	1.084
1964-06-11～1964-10-11	0.700 4	2.560 0	4.681 0	2.969 0	0.650 0	11.56
1964-10-11～1965-04-16	-0.333 0	-1.225 0	-1.182 0	-0.720 0	0.062 0	-3.348
1965-04-16～1965-10-12	-0.064 1	-0.226 6	-0.428 8	-0.332 5	-0.060 0	-1.112
1965-10-12～1966-05-15	-0.071 4	-0.184 8	-0.398 3	-0.218 1	-0.003 1	-0.876
1966-05-15～1966-10-07	0.323 1	0.587 7	0.740 3	0.094 2	-0.098 8	1.647
1966-10-07～1967-05-11	-0.177 4	-0.444 5	-0.506 1	-0.115 0	-0.010 0	-1.253
1967-05-11～1967-10-09	0.132 5	0.600 0	0.860 5	0.413 0	0.066 0	2.072
1967-10-09～1968-06-02	-0.025 0	-0.391 0	-0.616 0	-0.160 0	0.098 0	-1.094
1968-06-02～1968-10-12	0.029 3	0.356 6	0.083 3	-0.084 3	-0.095 4	0.290
1968-10-12～1969-05-21	-0.186 1	-0.436 2	-0.266 5	0.021 8	0.097 7	-0.769
1969-05-21～1969-10-06	-0.141 7	-0.332 4	-0.399 8	-0.158 1	0.018 0	-1.014
1969-10-06～1970-06-04	-0.035 4	-0.084 9	0.196 4	0.130 1	0.026 0	0.232
合计	1.632 1	4.085 8	7.100 4	2.678 0	0.672 5	16.168 8

在表 3-7 中，之所以出现水库在很多时段是冲刷的，这与水库运用、坝前水位有很大关系，表 3-8、表 3-9 分别为三门峡水库非汛期、汛期水库运用情况。

1964 年 12 月 5～18 日，国务院在北京召开治理黄河会议，会议主要议题是三门峡水利枢纽改建问题，会议决定：为有利于泄洪排沙，批准三门峡工程“两洞四管”改建方案。在左岸增建两条泄洪排沙隧洞，改建四条发电引水钢管为泄流排沙钢管，坝前水位 315 m 高程下泄流量为 6 000 m^3/s。1965 年 2 月，增建、改建工程全面展开。1966 年 5 月改建四管工程竣工，同年7月29日投入运用。1967年8月12日，1号泄洪排沙隧洞建成投入运用。1968年8月16日，2号泄洪排沙隧洞建成投入运用。

表3-8　1962～1969年三门峡水库非汛期运用情况

年份	凌前平均蓄水位(m)	防凌最高水位(m)	防凌蓄水天数(d)		桃汛平均水位(m)	春灌最高水位(m)	春灌蓄水天数(d)	
			>315 m	>320 m			>315 m	>320 m
1962	327.26	327.93	108	101	308.13	309.31	0	0
1963	305.78	317.15	18	0	308.88	316.54	5	0
1964	305.41	321.93	62	19	318.04	319.48	37	0
1965	306.67	310.88	0	0	308.80	311.35	0	0
1966	303.96	308.36	0	0	307.08	307.95	0	0
1967	304.51	325.17	44	35	308.58	312.05	0	0
1968	314.53	327.90	69	50	310.83	321.69	22	10
1969	305.81	327.72	61	49	310.57	317.98	2	0

表3-9　1962～1969年三门峡水库汛期运用情况

年份	汛期水库水位(m)			汛期不同水位级蓄水天数(d)			
	平均	最高	最低	>300 m	>305 m	>310 m	>315 m
1962	310.16	315.06	305.40	123	123	54	1
1963	312.29	319.22	305.70	123	123	88	32
1964	320.24	325.86	308.37	123	123	120	108
1965	308.55	318.05	304.92	123	120	31	5
1966	311.35	319.45	303.07	123	108	79	21
1967	314.48	319.97	308.40	123	123	120	47
1968	311.36	318.74	306.39	123	123	81	11
1969	302.83	308.82	298.25	112	26	0	0

由于两洞四管分期建成并及时投入运用，增加了泄量，1966年汛后，坝前水位逐步下降，是引起潼关下库区发生冲刷的主要条件。

从表3-8、表3-9中可看出，1966年以后，汛期坝前最低水位已经下降到310 m以下，库水位高于315 m天数减少。非汛期凌前平均蓄水位有所改善。因此，水库运用改进也是促使库区强化冲刷的条件之一。

1964年10月所施测的河床平均高程（见表3-6）是水库建成后的淤积纵剖面最高的一次。1966年5月纵剖面略有下降，是由三方面原因造成的：一是1964年汛后至1966年汛后，淤积物发生沉积、固结，床面下沉；二是有利的来水来沙条件，三门峡库区发生历时较长的冲刷过程；三是坝前水位处在低水位过程，有利于冲刷，见表3-10。

三门峡水利枢纽工程一期增建、改建完成之后，在坝前水位315 m高程时也只能下泄6 000 m^3/s流量，遇到常见洪水（10 000 m^3/s）坝前水位仍然可以超过315 m高程，它将直接影响到潼关以下库区并造成潼关高程上升，明显展示出枢纽泄流能力不足，必须进一步改建扩大泄流能力。

表 3-10　1964-11 ~ 1966-05 各月水沙量及参数

时间		坝前水位(m)	流量(m^3/s)	含沙量(kg/m^3)	水沙搭配参数($kg \cdot s/m^6$)
1964 年	11 月	311.74	2 090	14.1	0.006 7
	12 月	306.97	928	8.36	0.009 0
1965 年	1 月	305.86	721	8.74	0.012 1
	2 月	305.91	759	8.38	0.011 0
	3 月	307.34	1 060	10.4	0.009 8
	4 月	307.81	1 140	8.25	0.007 2
	5 月	307.73	1 100	8.24	0.007 5
	6 月	305.78	737	6.85	0.009 3
	汛期	308.55	1 314	21.7	0.016 5
	11 月	306.70	906	9.38	0.010 4
	12 月	303.92	363	5.81	0.016 0
1966 年	1 月	304.06	417	5.04	0.012 0
	2 月	304.52	501	6.45	0.012 9
	3 月	306.04	808	7.98	0.009 9
	4 月	305.55	656	5.84	0.008 9
	5 月	304.11	413	4.99	0.012 1

1967 年汛期，黄河干流龙门水文站出现 21 000 m^3/s 洪水，倒灌渭河，造成渭河下游淤堵河道 8.8 km，渭河两岸受到的灾害异常严重。同时，潼关以下库区不但没有冲刷，反而淤积 2.072 亿 m^3（见表 3-7），足以证明枢纽泄流能力必须再增加。

1968 年汛后，水电部军管会组成二期改建规划设计、科研工作组，在三门峡工地现场办公，为 1969 年“四省会议”（晋、陕、鲁、豫）提供报告。

1969 年 6 月，根据周恩来总理的指示，在三门峡市召开“四省会议”，主要研究三门峡工程进一步改建和黄河近期治理问题：

（1）会议决定枢纽工程改建原则：在“确保西安，确保下游”的前提下“合理防洪，排沙放淤，径流发电”。

（2）改建规模。在一般洪水位以下，淤积不影响潼关，打开 1 ~ 8 号施工导流底孔，在坝前水位 315 m 高程时下泄流量 10 000 m^3/s，厂房左侧 1 ~ 5 号钢管下卧 13 m，装机 5 台，每台装机容量 5 万 kW。

（3）运用原则。当上游发生特大洪水时，敞开闸门泄洪；当下游花园口可能超过 22 000 m^3/s 洪水时，根据上游来水情况，关闭部分闸门或全部闸门……冬季继续承担下游河道防凌任务，水库发电应在不影响潼关淤积的前提下，汛期控制水位 305 m，必要时降到 300 m,非汛期为 310 m。

1969 年 12 月 17 日,水电部军管会通过三门峡工程第二次改建方案,经国务院批准,先打开位于表面溢流坝段下面的三个导流底孔,改建电站坝体 1 ~4 号机组段为径流电站,并立即施工。

水电部第十一工程局随即进行施工,1969 年至 1973 年汛后,第二期改建工程基本完成,于 1973 年 11 月开始进行"蓄清排浑"运用。

三门峡水利枢纽的一期、二期增建及改建的泄水建筑物尺寸及投产日期见表 3-11。

表 3-11　各泄水建筑物尺寸和投产日期

名称	进水口高程(m)	闸底高程(m)	尺寸(m×m)		投产年月	
			设计	现状	设计	现状
12 个深水孔	300	300	3×8		1960 年 9 月	
5、6 号钢管	300	278.85	2.6×3.4		1966 年 7 月	
7、8 号钢管	300	278.85	扇形门 8×8		1966 年 7 月	
1 号洞	290	288.50	扇形门 8×8		1967 年 8 月	
2 号洞	290	288.50	3×8	3×7	1969 年 4 月	
1 号底孔	280	280	3×8	3×7	1970 年 6 月	1991 年 5 月
2 号底孔	280	280	3×8	3×7	1970 年 6 月	1985 年 7 月
3 号底孔	280	280	3×8	3×7	1970 年 6 月	1991 年 5 月
4 号底孔	280	280	3×8	3×7	1971 年 10 月	1991 年 5 月
5 号底孔	280	280	3×8	3×7	1971 年 10 月	1984 年 10 月
6 号底孔	280	280	3×8	3×7	1971 年 10 月	1991 年 5 月
7 号底孔	280	280	3×8	3×7	1971 年 10 月	1991 年 5 月
8 号底孔	280	280	3×8	3×7	1971 年 10 月	1991 年 5 月
9 号底孔	280	280	3×8	3×7	1990 年 7 月	1990 年 7 月
10 号底孔					1990 年 7 月	1990 年 7 月
4 号机组(5 万 kW)					1973 年 12 月	
3 号机组(5 万 kW)					1975 年 12 月	
2 号机组(5 万 kW)					1976 年 11 月	
1 号机组(5 万 kW)					1977 年 10 月	
5 号机组(5 万 kW)					1978 年 12 月	
6 号机组(7.5 万 kW)					1994 年 4 月	
7 号机组(7.5 万 kW)					1997 年 4 月	

第三节　三门峡水利枢纽工程二期改建(1970 ~1973 年)

1969 年 12 月中旬开始,水电部第十一工程局全力以赴进行施工,于 1973 年汛后基本完成。水库经过 4 年敞汛排沙,潼关以下库区出现强烈冲刷,展现出一片生机,枢纽泄流建筑物泄流能力见表 3-12。

表 3-12 三门峡水库泄流建筑物单孔泄流量

泄流建筑物	改建前后	率定单位	不同库水位泄流量(m^3/s)										
			285 m	290 m	295 m	300 m	305 m	310 m	315 m	320 m	325 m	330 m	335 m
底孔 1～3	改建前	设计值	65	110	205	270	320	365	405	440	474	505	535
		三门峡库区水文实验总站	65	116	238	312	371	422	468	509	547	583	617
		模型(张隆荣)	65	116	238	612	371	422	468	509	547	583	617
底孔 1～3	改建后	设计值	56	110	176	237	291	335	373	411	436	467	497
		模型(张隆荣)	63	113	217	277	325	368	406	441	473	503	531
		模型(张隆荣 95)		109	202	269	322	368	409	445	479	511	
深水孔	改建前	设计值				0	51	144	257	337	400	455	503
		三门峡库区水文实验总站				0	48	141	265	346	412	469	520
		模型(张隆荣)				0	56	158	275	359	428	487	540
		模型(张隆荣 95)					52	148	260	342	408	465	
双层孔	改建前	设计值	65	110	205	270	380	535	658	760	850	935	983
		三门峡库区水文实验总站	65	116	238	312	387	547	670	774	865	948	1 023
双层孔	改建后	设计值	60	95	172	246	346	481	612	709	798	867	917
		模型(张隆荣)	63	113	217	277	345	470	596	689	770	843	911
隧洞 1、2		设计值		0	127	356	656	926	1 040	1 142	1 239	1 329	1 410
隧洞 1		三门峡库区水文实验总站		0	123	348	639	948	1 068	1 161	1 254	1 341	1 422
隧洞 2		三门峡库区水文实验总站		0	123	348	639	921	1 030	1 128	1 219	1 303	1 382
隧洞 1、2		模型(张隆荣)		0	145	410	700	882	1 032	1 133	1 229	1 319	1 399
钢管		设计值				0		199	225	246	262	277	290
双层孔	底孔压低 1 m	设计值	60	96	172	245	349	487	612	707	795	860	910
		模型(张隆荣 95)		109	202	269	337	456	610	707	792	869	937
双层孔	底孔压低 2 m	设计值	58	90	169	250	325	445	610	723	818	910	960
		模型(张隆荣 95)		108	184	239	310	435	596	698	782	858	926

表 3-13　三门峡水库泄流建筑物泄流能力

时间	泄流建筑物	率定单位	不同库水位泄流量(m^3/s)										
			285 m	290 m	295 m	300 m	305 m	310 m	315 m	320 m	325 m	330 m	335 m
1960 年至1996 年 6 月	12 深水孔	设计值					612	1 728	3 084	4 044	4 860	5 460	6 036
		三门峡库区水文实验总站					576	1 692	3 180	4 152	4 944	5 628	6 240
		模型(张隆荣)					672	1 896	3 300	4309	5 131	5 840	6 475
1968 年 8 月	12 深水孔 +2 洞 +4 钢管	设计值			254	712	1 924	4 376	6 064	7 312	8 326	9 226	10 016
		三门峡库区水文实验总站			246	696	1 854	4 361	6 178	7 425	8 469	9 330	10 204
		模型(张隆荣)			290	820	2 072	4 465	6 264	7 559	8 638	9 586	10 434
1973 年 12 月	7 深水孔 +2 洞 +3 底孔 +5 双层孔 +3 钢管	设计值	520	880	1 894	2 872	4 529	7 227	9 059	10 501	11 736	12 864	13 741
		三门峡库区水文实验总站	520	925	2 096	3 150	4 611	7 400	9 319	10 777	12 040	13 169	14 199
		模型(张隆荣)	520	928	2 194	3 316	4 840	7 468	9 418	10 915	12 204	13 364	14 412
1990 年 12 月	5 深水孔 +2 洞 +3 底孔 +7 双层孔 +3 钢管	设计值	586	996	1 983	3 143	4 859	7 541	9 441	10 905	12 160	13 235	14 116
		三门峡库区水文实验总站	630	1 130	2 416	3 466	4 908	7 568	9 488	10 903	12 131	13 230	14 244
		模型(张隆荣)	630	1 130	2 460	3 590	5 070	7 545	9 504	10 946	12 192	13 312	14 336
1992 ~ 1993 年	5 深水孔 +2 洞 +3 底孔 +7 双层孔 +1 钢管	设计值	586	996	1 983	3 143	4 859	7 143	8 991	10 413	11 636	12 681	13 536
		三门峡库区水文实验总站	630	1 130	2 416	3 466	4 908	7 168	9 038	10 411	11 605	12 676	13 664
		模型(张隆荣)	630	1 130	2 460	3 590	5 070	7 147	9 054	10 454	11 668	12 758	13 756

注:均未包括通过机组的泄量。

一、1970～1973 年进库(潼关水文站)水沙条件

1970～1973 年,潼关水文站年均径流量为 311.9 亿 m^3,其中汛期为 152.3 亿 m^3,占全年的 49%;年均输沙量为 13.67 亿 t,其中汛期为 11.25 亿 t,占全年的 82.3%,属于枯水平沙年份的不利水沙条件。汛期平均值容易掩盖真实情况,如果将汛期各月的水沙特征值一一列出就可以知道,每年的 7 月、8 月两月的水沙条件极为不利。四年汛期共 16 个月,有利的水沙搭配(S/Q)只有 5 个月。最不利的水沙搭配($S/Q>0.04$ kg·s/m^6)有 8 个月之多,这对水库减淤十分不利。这 8 个月的月平均含沙量是"多沙水流"(含沙量很大,但不具备高含沙水流条件)。其中,1970 年 8 月出现一次高含沙洪水,这场洪水输沙能力较强,其他多沙水流是增加淤积而不利于减淤,1970～1973 年汛期各月水沙特征见表 3-14。

表 3-14　1970～1973 年潼关水文站汛期各月水沙特征值

时间		坝前水位	径流量	输沙量	流量	含沙量	S/Q
年	月	(m)	(亿 m^3)	(亿 t)	(m^3/s)	(kg/m^3)	(kg·s/m^6)
1970	7	294.88	18.24	1.295	681	71	0.104 3
	8	300.97	54.45	11.184	2 033	205	0.100 8
	9	304.15	60.19	3.262	2 322	54.2	0.023 3
	10	298.29	35.38	0.451	1 321	12.8	0.009 7
1971	7	297.45	32.98	4.659	1 231	141	0.114 5
	8	298.10	20.50	2.679	765	131	0.171 2
	9	297.73	23.88	1.447	921	60.6	0.065 8
	10	298.49	57.16	2.020	2 134	35.3	0.016 5
1972	7	300.96	38.43	2.238	1 435	58.2	0.040 6
	8	295.84	40.21	0.900	1 501	22.4	0.014 9
	9	295.16	29.36	0.632	1 133	21.5	0.019 0
	10	297.04	15.37	0.177	573	11.6	0.020 2
1973	7	296.94	35.65	2.438	1 331	68.4	0.051 4
	8	291.15	35.09	6.380	1 310	182	0.139 8
	9	296.37	58.54	3.887	2 258	66.4	0.029 4
	10	303.37	51.85	1.340	1 936	25.8	0.013 3

二、水库运用情况

1970 年(运用年)开始,改建工程施工,除特殊情况外,坝前水位一直处于低水位运用,见表 3-15、表 3-16。

表 3-15 1970～1973 年非汛期水库运用情况

年份	凌前平均蓄水位(m)	防凌最高水位(m)	防凌蓄水天数(d)		桃汛平均水位(m)	春灌最高水位(m)	春灌蓄水天数(d)	
			>315 m	>320 m			>315 m	>320 m
1970	304.06	323.31	63	58	320.03	320.80	23	8
1971	292.64	323.41	40	33	319.63	319.96	19	0
1972	289.42	310.11	0	0	306.20	319.97	32	0
1973	292.65	325.70	57	49	325.00	326.03	86	72

表 3-16 1970～1973 年汛期水库运用情况

年份	汛期水库水位(m)			汛期不同水位级蓄水天数(d)			
	平均	最高	最低	>300 m	>305 m	>310 m	>315 m
1970	299.54	312.72	291.60	43	19	5	0
1971	297.94	310.90	291.88	23	4	1	0
1972	297.27	309.93	288.42	39	22	0	0
1973	296.96	312.00	285.62	40	13	4	0

坝前低水位运用期，尽管进入潼关以下库区的水沙条件很不利，但是由于水库水位很低，潼关以下库区发生强烈冲刷，1970 年 6 月至 1973 年 11 月共冲刷 4.037 4 亿 m^3，见表 3-17，潼关高程下降到 326.64 m。

表 3-17 三门峡工程二期改建时期潼关以下库区冲淤量分配 （单位：亿 m^3）

时段(年-月-日)	坝址—黄淤 12 断面	黄淤 12 断面—黄淤 22 断面	黄淤 22 断面—黄淤 30 断面	黄淤 30 断面—黄淤 36 断面	黄淤 36 断面—黄淤 41 断面	坝址—黄淤 41 断面
1970-06-04～1970-10-06	-0.198 2	-0.279 7	-0.351 1	-0.411 6	-0.245 4	-1.486
1970-10-06～1971-06-15	-0.090 6	-0.170 4	0.001 4	0.110 1	0.052 4	-0.097 1
1971-06-15～1971-11-25	-0.057 8	-0.161 1	-0.512 1	-0.429 4	-0.104 8	-1.265 2
1971-11-25～1972-06-26	0.260 6	0.092 6	0.103 3	0.086 6	-0.071 9	0.471 2
1972-06-26～1972-10-06	-0.391 1	-0.258 8	-0.163 6	-0.093 1	0.008 7	-0.897 9
1972-10-06～1973-06-03	0.040 1	0.070 6	0.192 6	0.518 9	0.236 3	1.058 5
1973-06-03～1973-11-23	-0.108 3	-0.215 2	-0.452 8	-0.704 9	-0.397 0	-1.878 8
合计	-0.545 3	-0.922	-1.182 3	-0.923 4	-0.521 7	-4.037 4

这在恢复三门峡水库库容和降低潼关高程方面取得了很大成就。然而，四年间水库冲起的淤积物加上流域加给的泥沙，输送到黄河下游变成“多沙水流”，加重黄河下游河道淤积，已有资料表明，1965 年 11 月至 1973 年 10 月，黄河下游（小浪底—渔洼）共淤积 29.089 亿 m^3。

应当指出,这种后果也是出于无奈,三门峡工程不改建不行,滞洪排沙、改建施工造成的下游淤积加重又不可避免。但是,它告诫我们当选择水库运用方式不当时,就会出现人们意想不到的恶果,水库管理与运用且不可“得意忘形”。

第四节 “蓄清排浑”运用初期(1974~1980年)

1973年11月起,三门峡枢纽下闸蓄水进入“蓄清排浑”运用,所谓的“蓄清”是指非汛期进入水库水流中的含沙量很少,比喻为清水,非汛期蓄起来。“排浑”有两层意思,一是汛期进入水库的水流含沙量很高,称之为“浑水”,要排出库外减少淤积;二是借助汛期富余输沙能力较强的时机,冲起非汛期淤下来的泥沙一并排出库外,也有在发生溯源冲刷过程中,冲起来的泥沙排出库外的含义。1977年张啟舜、龙毓骞发表论文,将“蓄清排浑”定义为“调水调沙”,这是比较贴切的。

1974年(运用年)开始进入“蓄清排浑”运用至1980年10月共7年。潼关以下库区逐渐出现累积性淤积,潼关高程缓慢上升,值得认真总结。

一、潼关水文站(进库站)水沙特性

1974~1980年水文年,进入水库径流量的多年平均值为317.1亿m^3,其中汛期为212.1亿m^3;输沙量多年平均值为11.855亿t,其中汛期为10.199亿t,是平水平沙年,见表3-2。历年汛期各月的水沙特征值见表3-18。从表3-18中可以看出,进库水沙条件比起施工期间要好一些,但也并非是有利水沙系列,尤其是1977年的7月、8月两月。

表3-18 1974~1980年潼关水文站汛期各月水沙特征值

时间		坝前水位	径流量	输沙量	流量	含沙量	S/Q
年	月	(m)	(亿m^3)	(亿t)	(m^3/s)	(kg/m^3)	($kg\cdot s/m^6$)
1974	7	303.14	20.66	0.919	771	44.5	0.057 0
	8	303.78	29.88	2.888	1 116	96.6	0.086 6
	9	305.13	28.20	0.767	1 088	27.2	0.025 7
	10	302.26	43.08	0.940	1 608	21.8	0.013 6
1975	7	302.05	52.32	3.129	1 953	59.8	0.030 6
	8	302.19	66.45	1.822	2 481	27.4	0.011 0
	9	304.82	78.86	2.973	3 042	37.7	0.012 4
	10	310.03	104.65	2.377	3 907	22.7	0.005 8
1976	7	304.07	47.82	0.876	1 785	18.3	0.010 3
	8	307.94	104.51	4.361	3 902	41.7	0.010 7
	9	307.69	113.32	2.494	4 372	22.0	0.005 0
	10	307.25	53.59	0.720	2 001	13.4	0.006 7

续表 3-18

时间		坝前水位	径流量	输沙量	流量	含沙量	S/Q
年	月	(m)	(亿 m^3)	(亿 t)	(m^3/s)	(kg/m^3)	($kg \cdot s/m^6$)
1977	7	305.99	52.13	8.544	1 946	164	0.084 3
	8	305.27	61.24	11.024	2 286	180	0.078 7
	9	305.29	33.46	0.889	1 291	26.6	0.020 6
	10	305.58	19.44	0.193	726	9.9	0.013 6
1978	7	306.12	38.99	5.630	1 456	144.4	0.099 2
	8	305.24	37.13	2.408	1 386	64.9	0.046 8
	9	305.45	92.93	3.548	3 585	38.2	0.010 7
	10	306.67	53.83	0.788	2 010	14.6	0.007 3
1979	7	304.10	25.88	2.173	966	84.0	0.087 0
	8	305.05	80.21	5.476	2 996	68.3	0.022 8
	9	304.60	63.51	1.255	2 450	19.8	0.008 1
	10	304.60	47.48	0.687	1 773	14.5	0.008 2
1980	7	303.45	27.68	1.961	1 033	70.8	0.068 5
	8	295.76	31.04	1.370	1 159	44.1	0.038 1
	9	301.79	34.15	0.680	1 318	19.9	0.015 1
	10	306.49	41.08	0.650	1 534	15.8	0.010 3

二、水库运用情况

1974 年非汛期，坝前水位超过 320 m 高程的天数较多，1979 年高达 131 d，1977 年也达到 118 d。春灌蓄水期，坝前最高水位均超过 323.00 m，回水末端超过潼关断面，见表 3-19。图 3-3 是坝前水位（史家滩水位）与库区各水位站的影响。

表 3-19　1974～1980 年三门峡水库非汛期水库运用情况

年份	凌前平均蓄水位(m)	防凌最高水位(m)	防凌蓄水天数(d)		桃汛平均水位(m)	春灌最高水位(m)	春灌蓄水天数(d)	
			>315 m	>320 m			>315 m	>320 m
1974	309.55	324.80	69	59	321.95	323.42	71	62
1975	317.16	323.39	47	12	321.59	323.99	68	60
1976	315.44	320.95	65	14	320.78	324.50	84	59
1977	315.50	325.95	91	57	324.02	325.32	76	61
1978	318.14	324.17	89	47	323.50	324.25	66	55
1979	317.82	323.50	105	69	323.05	324.55	68	62
1980	315.23	321.35	68	27	321.46	323.94	80	73

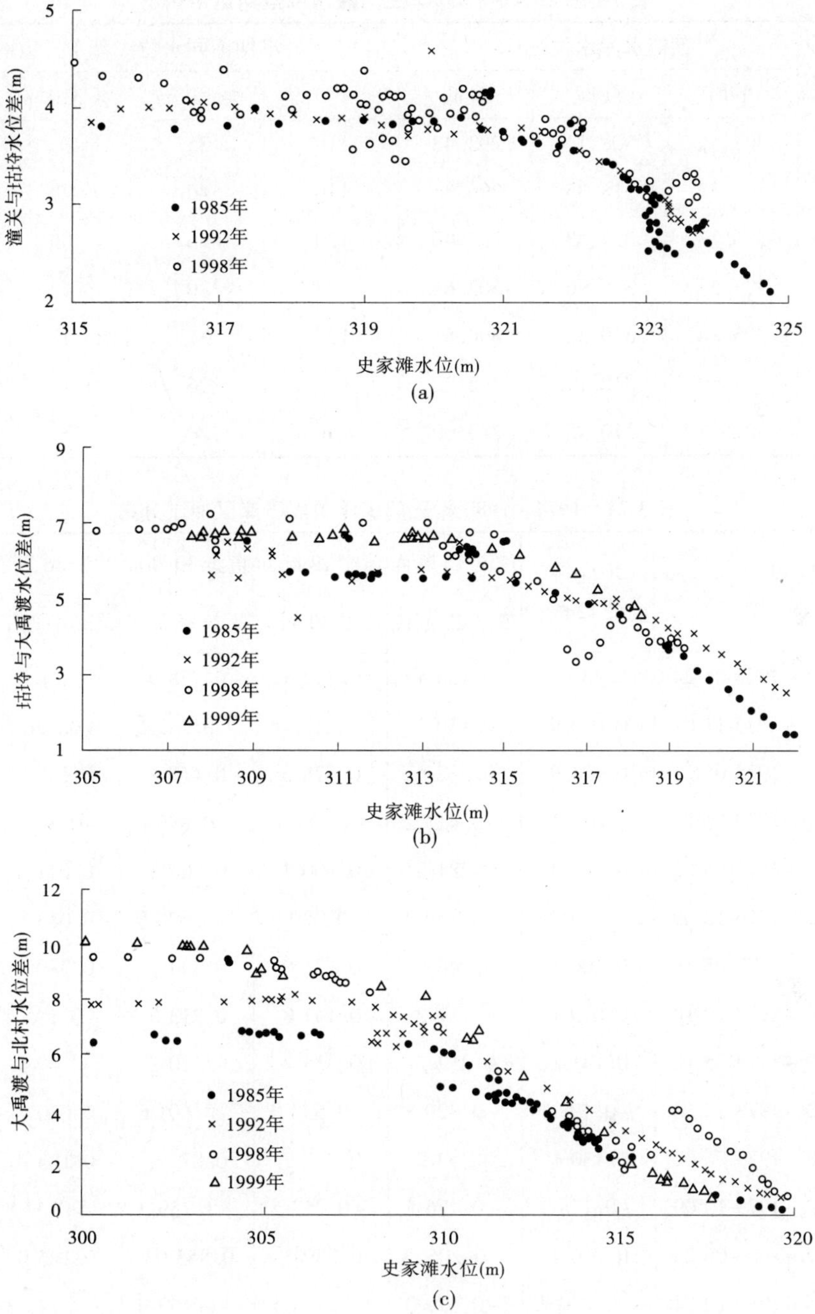

图 3-3　水位差与史家滩水位关系

汛期坝前水位同样超高，超过 305 m 高程的天数多年平均为 54.9 d，接近 2 个月，见表 3-20。

由于蓄水位偏高，潼关河段（黄淤 36 断面—黄淤 41 断面）多年累积淤积量达到 0.380 0 亿 m^3，见表 3-21。潼关至坩埚的冲淤量与潼关高程升降值有较好的相关关系，见图 3-4。

表 3-20　1974～1980 年三门峡水库汛期运用情况

年份	汛期水库水位(m)			汛期不同水位级蓄水天数(d)			
	平均	最高	最低	>300 m	>305 m	>310 m	>315 m
1974	303. 56	308. 14	293. 48	118	35	0	0
1975	304. 77	318. 33	296. 36	116	46	12	6
1976	306. 73	317. 43	297. 40	120	96	18	7
1977	305. 54	316. 76	303. 61	123	80	4	1
1978	305. 88	310. 32	300. 53	123	81	1	0
1979	304. 59	310. 19	302. 22	123	26	1	0
1980	301. 87	310. 95	289. 60	96	20	5	0

表 3-21　1974～1980 年三门峡潼关以下库区冲淤分布　　(单位:亿 m^3)

时段 (年-月-日)	坝址— 黄淤 12 断面	黄淤 12 断面 — 黄淤 22 断面	黄淤 22 断面 — 黄淤 30 断面	黄淤 30 断面 — 黄淤 36 断面	黄淤 36 断面 — 黄淤 41 断面	坝址—黄 淤 41 断面
1973-11-23～1974-06-24	0. 030 3	0. 125 4	0. 314 4	0. 738 9	0. 170 9	1. 379 9
1974-06-24～1974-11-01	0. 073 9	0. 139 3	-0. 175 8	-0. 541 6	-0. 126 5	-0. 630 7
1974-11-01～1975-06-21	0. 124 9	0. 532 6	0. 578 6	0. 455 1	0. 140 5	1. 831 7
1975-06-21～1975-10-21	0. 081 1	-0. 413 2	-0. 500 0	-0. 823 8	-0. 317 2	-1. 973 1
1975-10-21～1976-06-02	0. 162 3	0. 281 8	0. 400 7	0. 524 1	0. 041 9	1. 410 8
1976-06-02～1976-10-05	-0. 052	-0. 139 2	-0. 330 9	-0. 675 5	0. 083 8	-1. 113 8
1976-10-05～1977-05-18	0. 100 3	0. 146 6	0. 131 0	0. 374 1	0. 389 1	1. 141 1
1977-05-18～1977-10-10	0. 019 1	0. 167 2	0. 141 8	0. 213 5	-0. 195 4	0. 346 2
1977-10-10～1978-05-12	0. 141 1	0. 257 7	0. 335 2	0. 420 2	0. 149 4	1. 303 6
1978-05-12～1978-10-18	-0. 198 9	-0. 329 8	-0. 553 0	-0. 601 6	0. 070 4	-1. 753 7
1978-10-18～1979-06-02	0. 130 1	0. 293 9	0. 228 7	0. 827 6	0. 133 8	1. 614 1
1979-06-02～1979-10-09	-0. 178 1	-0. 276 8	-0. 257 5	-1. 259 3	-0. 139 8	-2. 115
1979-10-09～1980-06-25	0. 066 4	0. 205	0. 339 5	0. 855 03	0. 125 0	1. 582 7
1980-06-25～1980-10-04	-0. 220 7	-0. 379 0	-0. 254 1	-0. 403 0	-0. 145 3	-1. 402 5
合计	0. 279 8	0. 608 0	0. 398 6	0. 099	0. 380 0	1. 766

潼关高程始终是衡量三门峡水库运用的晴雨表，1973 年汛后已经降到 326. 64 m。由于水库运用操作不当，到了 1980 年汛后已经上升到 327. 38 m，净上升 0. 74 m(见表 3-22)，与图 3-4 比较吻合。

潼关高程是一项非常敏感而又争议较多的问题，本书将在第十一章作专题讨论。

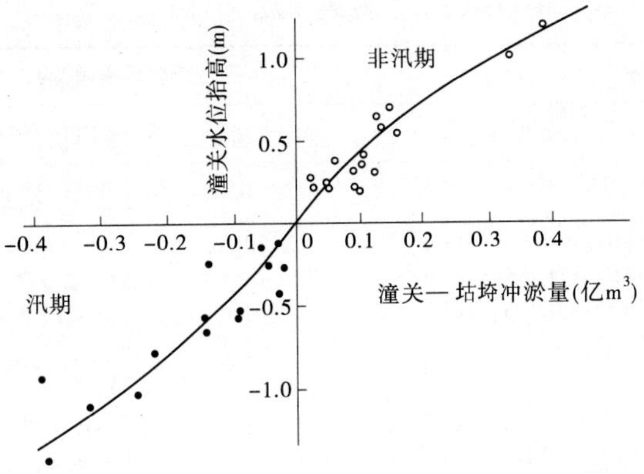

图 3-4　潼关水位抬升与潼关—坫垮段冲淤量关系

表 3-22　三门峡水库历年潼关高程

年份	潼关高程(m)		潼关水文站			
	汛前	汛后	年水量(亿 m^3)	年沙量(亿 t)	汛期水量(亿 m^3)	汛期沙量(亿 t)
1960	323.40		307	9.68	193.0	8.45
1961	326.72	329.06	471	11.1	316.7	10.8
1962	325.96	325.11	413	9.5	202.6	6.93
1963	325.14	325.76	447	12.5	253.0	9.06
1964	326.03	328.09	675	24.2	437.2	21.3
1965	327.95	327.64	363	5.2	139.6	3.03
1966	327.99	327.13	405	20.7	291.5	19.7
1967	327.73	328.35	619	21.7	402.2	19.7
1968	328.71	328.11	522	15.2	289.0	12.5
1969	328.70	328.65	287	12.1	115.8	9.83
1970	328.55	327.71	340	19.1	170.0	16.2
1971	327.74	327.50	294	12.8	134.5	10.8
1972	327.41	327.55	303	6.7	123.4	3.95
1973	328.13	326.64	308	16.1	181.2	14.0
1974	327.19	326.70	275	7.5	121.8	5.52
1975	327.23	326.04	460	12.4	302.2	10.3
1976	326.71	326.12	539	10.6	319.2	8.45
1977	327.37	326.79	333	22.0	167.0	20.9
1978	327.30	327.09	345	13.6	223.1	12.4
1979	327.76	327.62	367	11.0	217.1	9.59

续表 3-22

年份	潼关高程(m)		潼关水文站			
	汛前	汛后	年水量(亿 m^3)	年沙量(亿 t)	汛期水量(亿 m^3)	汛期沙量(亿 t)
1980	327. 82	327. 38	276	6. 0	134. 0	4. 66
1981	327. 95	326. 94	453	11. 7	338. 8	10. 6
1982	327. 44	327. 06	365	5. 8	183. 7	4. 34
1983	327. 39	326. 57	495	7. 6	313. 6	5. 86
1984	327. 18	326. 75	492	9. 0	281. 9	7. 01
1985	326. 96	326. 64	408	8. 2	233. 1	6. 88
1986	327. 08	327. 18	306	4. 2	134. 3	2. 11
1987	327. 30	327. 16	193	3. 2	75. 4	2. 08
1988	327. 37	327. 08	309	13. 6	186. 6	12. 5
1989	327. 62	327. 36	377	8. 5	205. 0	6. 59
1990	327. 75	327. 60	350	7. 6	139. 6	5. 50
1991	328. 02	327. 90	248	6. 2	61. 1	199
1992	328. 40	327. 30	251	9. 9	131. 0	8. 06
1993	327. 78	327. 78	295	6. 0	139. 6	4. 08
1994	327. 95	327. 78	287	12. 1	133. 4	10. 3
1995	328. 12	328. 28	255	8. 7	113. 8	6. 79
1996	328. 42	328. 07	255	11. 6	127. 8	9. 62
1997	328. 40	328. 05	160	5. 3	55. 7	4. 12
1998	328. 40	328. 28	192	6. 6	86. 4	4. 26
1999	328. 43	328. 12	217	5. 35	97. 1	3. 63
2000	328. 48	328. 33	187	3. 51	73. 1	1. 97
2001	328. 48	328. 23	158	3. 37	61. 1	2. 71
2002	328. 72	328. 78	181	4. 83	57. 9	3. 12
2003	328. 65	327. 94	236	6. 14	156. 1	5. 38
2004	328. 24	327. 98	209	3. 17	75. 0	2. 33
2005	328. 15	327. 75	229	3. 33	113. 3	2. 50
2006	328. 10	327. 79	243	2. 57	95. 9	1. 70
2007	327. 93	327. 73	238	2. 46	126. 1	1. 82
2008	327. 98	327. 72	215	1. 4	77. 8	0. 711

三、潼关河段拖淤

1979 年汛后，潼关高程上升到 327.62 m，与 1973 年汛后相比，净上升 0.99 m，因此引起有关领导、相关单位的关注，尤其是水利部、陕西省。

黄河水利委员会于 1979 年汛后在三门峡市召开了一个小型会议，其议题就是研究潼关高程问题。1977 年以前，潼关高程只是小幅度升降，客观上呈现出“一片大好形势”，缺乏及时分析，总结二期改建后所得到成就，特别是有关三门峡水库泥沙资料的深入分析研究。会议开的及时，但对问题的认识缺乏深度，最后决定：引进天津市水利局在海河河口及其他沿海各河口的拖淤措施，用在三门峡水库潼关河段，由三门峡库区水文实验总站具体实施。

1980 年开始在潼关（黄淤 41 断面）至黄淤 36 断面河段进行拖淤试验。1981 年是非常有利的水沙年份，当年潼关高程下降 0.99 m，随后拖淤工作停止。

第五节　调水调沙运用（1981～1986 年）

1981～1986 年，不论是非汛期还是汛期，水库运用均有所改善，不同级别水位的蓄水天数有所减少，这一时期流域来水来沙条件比较有利，潼关以下库区出现累积性冲刷。

一、进库（潼关水文站）水沙特性

1981～1986 运用年，平均径流量为 420 亿 m^3，其中汛期径流量为 247.6 亿 m^3，占全年的 59.0%；年均输沙量为 7.756 亿，其中汛期输沙量为 6.123 亿 t，占全年的 79%。本时段是属于平水、沙偏枯的系列。

为了突出水沙有利条件的特征，对各年汛期各月的平均流量 Q、平均含沙量 S，以及水沙搭配参数 S/Q 作了计算，见表 3-23。

表 3-23　1981～1986 年潼关水文站汛期各月水沙特征值

时间		坝前水位	径流量	输沙量	流量	含沙量	S/Q
年	月	(m)	(亿 m^3)	(亿 t)	(m^3/s)	(kg/m^3)	(kg·s/m^6)
1981	7	304.76	63.99	2.990	2 389	46.7	0.019 5
	8	304.46	63.14	3.353	2 357	53.1	0.022 5
	9	305.96	116.97	2.860	4 513	24.4	0.005 4
	10	304.21	94.18	1.354	3 516	14.4	0.004 1
1982	7	304.42	30.80	0.375	1 150	12.2	0.010 6
	8	303.11	54.71	2.287	2 043	41.8	0.020 5
	9	301.02	45.14	0.862	1 742	19.1	0.011 0
	10	305.03	53.06	0.808	1 981	15.2	0.007 7

续表 3-23

时间		坝前水位	径流量	输沙量	流量	含沙量	S/Q
年	月	(m)	(亿 m^3)	(亿 t)	(m^3/s)	(kg/m^3)	(kg·s/m^6)
1983	7	304.98	63.69	0.983	2 378	15.4	0.006 5
	8	304.18	93.63	1.830	3 496	19.5	0.005 6
	9	303.06	64.96	1.619	2 506	24.9	0.009 9
	10	306.36	91.62	1.431	3 421	15.6	0.004 6
1984	7	303.68	78.57	1.596	2 934	20.3	0.006 9
	8	304.09	95.79	3.385	3 576	35.3	0.009 9
	9	305.37	63.56	1.606	2 452	25.3	0.010 3
	10	303.50	43.96	0.413	1 641	9.4	0.005 7
1985	7	305.30	30.50	0.455	1 139	14.9	0.013 1
	8	301.64	41.94	2.395	1 566	57.1	0.023 8
	9	304.93	85.91	2.842	3 314	33.1	0.010 0
	10	304.43	74.76	1.183	2 791	15.8	0.005 7
1986	7	302.62	59.58	1.458	2 225	24.5	0.011 0
	8	300.64	31.20	0.368	1 165	11.8	0.010 1
	9	300.56	27.17	0.205	1 048	7.5	0.007 2
	10	305.92	16.33	0.081	610	4.9	0.008 0

从表3-23中可以看出,7年的汛期,月平均流量大于2 000 m^3/s的有15个月,占总数(24)的62.5%,月平均水沙搭配参数中只有3个月大于0.02 kg·s/m^6,小于0.015 kg·s/m^6的多达20个月,占总数的83%,其中小于0.01 kg·s/m^6有14个月,1982年、1983年、1984年三年更为有利。

二、水库运用情况

本时段水库运用与1974~1980年相比较,非汛期蓄水位超过315 m的天数减少了17 d,超过320 m的天数减少了23 d,见表3-24、表3-25及表3-19。

表3-24　1981~1986年三门峡水库非汛期水库运用情况

年份	凌前平均水位(m)	防凌最高水位(m)	防凌蓄水天数(d)		桃汛平均水位(m)	春灌最高水位(m)	春灌蓄水天数(d)	
			>315 m	>320 m			>315 m	>320 m
1981	314.27	323.11	70	47	321.16	323.57	53	47
1982	314.77	323.10	69	44	321.61	323.94	86	57
1983	310.33	321.03	58	12	320.75	323.73	72	68
1984	312.79	324.57	71	47	320.62	323.34	61	47
1985	314.95	324.90	77	49	317.88	319.90	73	25
1986	313.48	322.62	87	25	318.88	319.96	66	51

表 3-25　1981～1986 年三门峡汛期水库汛期运用情况

年份	汛期水位(m)			汛期不同水位级蓄水天数(d)			
	平均	最高	最低	>300 m	>305 m	>310 m	>315 m
1981	304.84	310.09	296.56	118	49	1	0
1982	303.41	309.50	296.89	117	31	0	0
1983	304.66	310.50	300.07	123	50	2	0
1984	304.15	314.28	296.19	115	50	7	0
1985	304.07	314.25	296.23	113	54	4	0
1986	302.45	313.08	290.62	109	32	9	0

表 3-25 是汛期坝前水位特征值,平均水位都在 305 m 以下,最低值为 302.45 m。最高水位控制在 315 m 以下,其回水末端在大禹渡(黄淤 30 断面)附近(见图 3-3),远离潼关断面约 50 km。各年汛期最低水位均在 300 m 以下,6 年中的汛期坝前水位超过 310 m 高程的天数总共有 23 d。由此可知,在有利的水沙条件下,潼关以下库区经常处在有利的冲刷局面。

三、潼关以下库区冲淤分布

如上所述,1981～1986 年,在有利的水沙条件下,又增加了"水库运用状况的改善"。因此,水库在各运用年内均发生冲刷,总共冲刷 0.923 1 亿 m^3。潼关高程由 1980 年汛后的 327.38 m 降到 1985 年汛后的 326.64 m。

这里不计算到 1986 年的原因是:1986 年黄河上游龙羊峡水电站下闸蓄水,使得龙羊峡坝下游的贵德水文站 3 个月断流,致使三门峡潼关水文站 10 月份平均流量下降到 610 m^3/s,比 9 月份减少 438 m^3/s,约占 9 月份流量的 42%。小流量、低含沙条件造成了冲刷黄河小北干流,淤积潼关高程的局面。如果按 1986 年汛后计算,同期的潼关高程为 327.18 m(见表 3-22)。

1981～1986 年潼关以下库区冲淤情况见表 3-26,在本时段内虽然处在有利的"库区冲淤平衡",有利于维持潼关高程,然而从水库冲淤分布来看,并非最佳状态。就三门峡潼关以下库区来讲,淤积重心应当处在黄淤 22 断面(北村水位站)以下库段。黄淤 22 断面处在三门峡库区冲刷大漏斗上限边界,河槽形态窄深,处在溯源冲刷极其活跃河段,又是沿程冲刷与溯源冲刷重叠、交叉河段。由于"调沙"所沉积下来的泥沙容易被"起动、冲走",因而处在"受冲刷时机长、冲刷形式多",减少累积淤积量,黄淤 22 断面距坝址 42 km(1960 年几何中心距离),距潼关断面 70 km,对维持潼关高程非常有利。在这种情况下,看潼关高程上升,我们应从其他方面查找原因,就摆脱了三门峡水库的干系。

宇宙事物并非一成不变,是在不断的运动。在有利的水沙条件下,1981～1985 年的水库运用无可非议,只是提醒人们要注意,1986 年龙羊峡水库蓄水后所产生的后果应当事先有所考虑,所谓"人无远虑必有近忧"。

表 3-26　1981 ~ 1986 年三门峡潼关以下库区冲淤分布　（单位：亿 m^3）

时段（年-月-日）	坝址—黄淤 12 断面	黄淤 12 断面—黄淤 22 断面	黄淤 22 断面—黄淤 30 断面	黄淤 30 断面—黄淤 36 断面	黄淤 36 断面—黄淤 41 断面	坝址—黄淤 41 断面
1980-10-04 ~ 1981-06-18	0.095 3	0.295 3	0.269 9	0.329 2	0.020 0	1.009 7
1981-06-18 ~ 1981-10-29	-0.127 9	-0.310 3	-0.552 2	-0.526 7	-0.388 9	-1.906
1981-10-29 ~ 1982-06-19	0.112 0	0.177 6	0.354 6	0.434 2	0.126 1	1.204 5
1982-06-19 ~ 1982-10-12	-0.038 2	-0.170 2	-0.253 9	-0.326 9	-0.049 8	-0.839 0
1982-10-12 ~ 1983-06-19	0.112 7	0.367 5	0.398 5	0.531 7	0.089 6	1.500 3
1983-06-19 ~ 1983-10-21	-0.057 8	-0.329 9	-0.569 3	-0.459 5	-0.143 3	-1.559 8
1983-10-21 ~ 1984-05-30	0.225 9	0.266 3	0.149 6	0.353 1	0.095 3	1.090 2
1984-05-30 ~ 1984-10-01	-0.263 3	-0.277 6	-0.204 5	-0.471 8	-0.030 0	-1.247 2
1984-10-01 ~ 1985-06-12	-0.033 8	0.036	0.581 5	0.284 0	-0.070 0	0.798 6
1985-06-12 ~ 1985-10-03	-0.142 3	-0.048 0	-0.479 0	-0.402 3	-0.010 8	-1.083 3
1985-10-03 ~ 1986-06-11	0.017 9	0.137 4	0.377 5	0.289 5	-0.017 5	0.084 8
1986-06-11 ~ 1986-10-04	-0.043 0	-0.200 8	-0.300 5	-0.224 7	0.073 6	-0.695 4
合计	-0.142 5	-0.056 9	-0.227 8	-0.190 2	-0.305 7	-0.923 1

企业的管理者多重视当前的效益或者在任职期间的政绩，这是可以理解的。然而，这可能也是发生灾难的祸根，重大事故皆发源于此。

第六节　水沙条件变动期（1987 ~ 1995 年）

黄河上游龙羊峡水电站于 1986 年建成，同年 10 月下闸蓄水，据有关报道，关闸以后黄河断流，龙羊峡坝址下游河道原形毕露十分壮观，河床景观在昆明世博园展出。下闸以后 134 d 坝下游河道同期断流。刘家峡水电站在此期间按正常发电下泄清水，1987 年宁蒙灌区春灌，5 月、6 月两月引水量较大，影响到黄河干流府谷水文站，月平均流量不足 100 m^3/s。这对黄河中下游有较大的负面作用。

1987 ~ 1995 年，是枯水枯沙系列，黄河上中游地区少暴雨和洪水，流域产流、汇流以及水力侵蚀减少，加剧了水沙变化。

20 世纪 80 年代以来，黄河上中游水土保持投入增加，小流域治理、退耕还林还草加快，水保效益增强，据初步分析可减少入黄泥沙年平均 4.0 亿 ~ 4.5 亿 t。这是在少暴雨、少洪水的条件下的初步成果，如果遇到大暴雨（如 1977 年型），因为黄土高原防暴雨的标准不高，可能还会出现大沙年。

黄河上中游的水沙条件发生变化，也对三门峡水库产生某种程度的影响。

一、龙、刘两库联合调度对黄河中游的影响

龙羊峡水库于1986年10月下闸，将上游来水全部截留在水库中，坝下游河道断流134 d，使得贵德、循化两水文站三个多月近乎断流，见表3-27。表中的唐乃亥水文站下距龙羊峡大坝约135 km，远离水库回水末端，贵德水文站上距龙羊峡大坝55 km，循化水文站上距贵德水文站165 km，在刘家峡水库回水末端上游，小川水文站是刘家峡水库出库站。

从表3-27中可以看出，龙羊峡1986年10月15日起关闸蓄水134 d，共蓄水约15亿 m^3。使得贵德、循化两水文站几乎断流。从小川站资料判断，在龙羊峡关闸蓄水期间，刘家峡水库只有发电下泄流量。这一级流量传递到石嘴山水文站，一直到1987年汛前，龙羊峡水库出库流量维持在进库与出库相等水平，变化不大。传递到中游，波及三门峡水库。沿程增加的一些流量是区间各支流加入的径流量，由于处在干旱期，加入的流量不多，见表3-27。

表3-27　黄河上中游主要水文站1986～1987年非汛期各月流量

站名	流量(m^3/s)										11～6月径流量(亿 m^3)
	1986年				1987年						
	9月	10月	11月	12月	1月	2月	3月	4月	5月	6月	
唐乃亥	1 080	574	330	203	140	154	187	258	534	1 130	76.8
贵德	1 060	370	1.29	1.04	0.97	345	628	374	433	591	61.9
循化	997	377	18.8	15.1	12.9	307	600	355	427	643	62.0
小川	848	685	523	344	371	377	475	436	892	642	106.4
石嘴山	962	792	395	456	433	440	526	447	456	675	100.1
巴彦高勒	516	273	364	375	497	442	575	495	79.1	255	80.4
河口镇	696	347	213	293	401	388	648	530	65.5	208	71.7
府谷	749	379	220	288	400	431	721	620	86.7	182	76.9
吴堡	767	406	233	293	435	469	737	657	132	215	82.8
龙门	815	436	286	351	435	541	712	687	171	234	89.5
华县	148	83	77	19	35	28	52	117	244	528	28.8
潼关	1 050	610	349	337	490	571	768	812	404	781	117.7

从表3-27中还可以看出，宁蒙灌区已开始春灌，引水量很大。用石嘴山与巴彦高勒两水文站相比，两者之差即为引水量。1986年10月相差519 m^3/s；1987年春灌，两站之差为376.9 m^3/s(5月)、420 m^3/s(6月)。在春夏之交，正是干旱季节，引水量如此之大，势必影响黄河河口镇至龙门河段的流量分配。

二、1987～1995年系列潼关水文站水沙特性

表3-1列出的1987～1995年年平均径流量、输沙量，分别为284.9亿m^3、8.423亿t，展示出的是枯水枯沙系列的特性。

由于龙羊峡与刘家峡实施联合调度运用，改变了坝址以下各河段流量在年内分配的百分比。刘家峡水库建成之前，汛期径流量一般占全年径流量的60%左右，龙羊峡、刘家峡两库联合调度之后，三门峡水库潼关水文站1987～1995年系列汛期年平均径流量为131.6亿m^3，占全年的46.2%，两者相差约14%。不仅影响年内分配，又影响到洪水水量，削减了洪水基流，特别是洪峰流量。

1987～1995年系列中只有两年输沙量较大：一是1988年（13.6亿t），二是1994年（12.11亿t）。年平均含沙量分别为44.0 kg/m^3、42.3 kg/m^3，均大于多年平均值（33 kg/m^3）。从每年汛期各月的水沙特征值来看，70%月份的水沙搭配参数（S/Q）大于0.02 $kg \cdot s/m^6$。其中，最严重的是1991年汛期，见表3-28。

从输沙量来分析是枯沙系列年。然而，分解到每个月来研究，更是枯沙枯水年。可是，相对来说，还是沙多于水。

表3-28　1987～1995年潼关水文站汛期各月水沙特征值

年份	月份	径流量（亿m^3）	输沙量（亿t）	流量（m^3/s）	含沙量（kg/m^3）	S/Q（$kg \cdot s/m^6$）
1987	7	17.71	0.408	661	23.0	0.034 9
	8	26.75	1.331	999	49.8	0.049 8
	9	20.32	0.279	784	13.7	0.017 5
	10	10.65	0.059	398	5.5	0.013 9
1988	7	46.59	4.176	1 739	89.6	0.051 5
	8	78.25	7.375	2 922	94.2	0.032 3
	9	35.77	0.607	1 380	17.0	0.012 3
	10	26.46	0.311	988	11.8	0.011 9
1989	7	32.75	3.112	1 223	95.0	0.077 7
	8	57.06	1.523	2 130	26.7	0.012 5
	9	80.78	1.580	3 117	19.6	0.006 3
	10	34.43	0.379	1 286	11.0	0.008 6
1990	7	38.64	1.628	1 443	42.1	0.029 2
	8	38.44	1.741	1 435	45.3	0.031 6
	9	37.42	1.629	1 444	43.5	0.030 1
	10	24.08	0.503	899	20.9	0.023 2

续表 3-28

年份	月份	径流量（亿 m^3）	输沙量（亿 t）	流量（m^3/s）	含沙量（kg/m^3）	S/Q（$kg \cdot s/m^6$）
1991	7	13.73	0.937	513	68.2	0.132 9
	8	17.69	0.486	660	27.5	0.041 7
	9	17.59	0.438	679	24.9	0.036 7
	10	12.11	0.130	452	10.8	0.023 9
1992	7	16.31	0.947	609	58.1	0.095 4
	8	55.97	5.360	2 090	95.8	0.045 8
	9	35.99	1.476	1 388	41.0	0.029 5
	10	22.62	0.270	845	11.9	0.014 1
1993	7	27.46	1.022	1 025	37.2	0.036 3
	8	55.53	2.303	2 073	41.5	0.020 0
	9	34.23	0.505	1 321	14.7	0.011 1
	10	22.38	0.254	836	11.3	0.013 5
1994	7	35.07	2.994	1 309	85.3	0.065 2
	8	50.28	5.204	1 877	104	0.055 4
	9	31.15	1.910	1 240	59.4	0.047 9
	10	15.81	0.198	590	12.5	0.021 2
1995	7	19.56	1.411	730	72.1	0.098 8
	8	38.64	2.785	1 443	72.1	0.049 9
	9	40.70	2.306	1 570	58.9	0.037 5
	10	14.91	0.191	557	12.8	0.023 0

三、1987～1995 年水库运用情况

从非汛期来看，蓄水位超过 320 m 高程的天数逐年减少，但决心不大，1992 年仍然达到 89 d（见表 3-29）。1992 年以前，春灌水位均超过 323 m 高程，这里应当指出：1986 年汛后的潼关高程已经上升到 327.18 m，1991 年汛后突破 328 m，1982 年汛前达到 328.10 m。我们没有理由把坝前水位上升到如此之高。

汛期坝前水位超过 305 m 高程的天数也较多，1994 年汛期达到 86 d，1995 年达到 57 d（见表 3-30），这种不计后果的调度运用值得思考。

表 3-29 1987 ~ 1995 年非汛期水库运用情况

年份	凌前平均蓄水位(m)	防凌最高水位(m)	防凌蓄水天数(d)		桃汛平均水位(m)	春灌最高水位(m)	春灌蓄水天数(d)	
			>315 m	>320 m			>315 m	>320 m
1987	314.52	322.00	66	11	322.68	323.73	76	55
1988	313.59	321.46	60	28	322.56	324.03	78	49
1989	314.56	323.08	76	8	321.27	324.06	66	58
1990	314.55	323.45	71	29	323.44	323.93	67	52
1991	313.74	321.89	75	3	318.98	323.83	52	44
1992	315.79	323.87	98	59	322.53	323.89	48	30
1993	314.92	321.60	78	6	319.17	321.27	54	28
1994	314.68	320.68	83	2	318.52	322.64	48	41
1995	316.73	321.62	48	6	318.90	321.70	39	17

表 3-30 1987 ~ 1995 年汛期水库运用情况

年份	汛期水位(m)			汛期不同水位级蓄水天数(d)			
	平均	最高	最低	>300 m	>305 m	>310 m	>315 m
1987	303.13	307.71	289.90	113	40	0	0
1988	302.30	308.79	292.92	114	23	0	0
1989	304.21	310.54	290.02	111	39	7	0
1990	301.61	308.22	290.81	99	14	0	0
1991	302.04	305.78	288.89	92	4	0	0
1992	302.68	311.70	295.74	97	30	4	0
1993	303.14	310.73	291.19	96	29	4	0
1994	306.57	317.66	295.99	113	86	31	5
1995	303.74	311.47	296.87	90	57	7	0

四、1987 ~ 1995 年潼关以下库区冲淤分布

1987 ~ 1995 运用年，潼关以下库区累积淤积量为 1.448 2 亿 m^3，最危险的是潼关河段(黄淤 36 断面—黄淤 41 断面)淤积了 0.349 6 亿 m^3，从图 3-4 中可以预估到，潼关高程将上升 1.0 m 左右。

表 3-31 给出了 1987 ~ 1995 年潼关以下库区冲淤量。

表 3-31　1987～1995 年潼关以下库区冲淤分布　（单位：亿 m^3）

时段（年-月-日）	坝址—黄淤 12 断面	黄淤 12 断面—黄淤 22 断面	黄淤 22 断面—黄淤 30 断面	黄淤 30 断面—黄淤 36 断面	黄淤 36 断面—黄淤 41 断面	坝址—黄淤 41 断面
1986-10-04～1987-06-22	-0.042 1	0.133 7	0.290 5	0.310	0.063 4	0.746 5
1987-06-22～1987-10-01	0.089 5	-0.059 7	-0.223 6	-0.050 5	-0.000 5	-0.244 8
1987-10-01～1988-06-19	0.066 3	0.195 7	0.375 9	0.287 2	0.059 6	0.984 7
1988-06-19～1988-09-21	-0.026 3	-0.420 2	-0.597 3	-0.340 2	-0.051 9	-1.332 1
1988-09-21～1989-06-26	-0.038 0	0.278 2	0.419 8	0.357 1	0.063 0	1.080 1
1989-06-26～1989-10-12	-0.036 3	-0.327 6	-0.376 8	-0.191 0	-0.061 5	-0.993 2
1989-10-12～1990-06-07	0.016 9	0.384 2	0.732 1	0.489 6	0.092 9	1.715 7
1990-06-07～1990-10-02	0.122 9	-0.234 2	-0.592 4	-0.224 8	-0.045 3	-0.973 8
1990-10-02～1991-06-10	0.144 6	0.649 5	0.537 8	0.120 7	0.074 3	1.526 9
1991-06-10～1991-09-30	0.068 3	-0.362 8	-0.266 7	-0.056 4	0.001 3	-0.616 3
1991-09-30～1992-06-03	-0.125 9	0.154 3	0.384 7	0.417 3	0.130 5	0.960 9
1992-06-03～1992-09-14	-0.130 5	-0.484 8	-0.503 8	-0.606 1	-0.162 1	-1.887 3
1992-09-14～1993-05-26	0.262 0	0.742 1	0.747 8	0.278 2	0.014 5	2.044 6
1993-05-26～1993-10-03	-0.029 9	-0.578 8	-0.719 1	-0.365 9	-0.071 7	-1.765 4
1993-10-03～1994-06-02	-0.029 7	0.282 4	0.618 5	0.321 0	0.044 9	1.296 5
1994-06-02～1994-10-02	-0.095 3	-0.290 6	-0.661 5	-0.428 9	0.007 0	-1.467 3
1994-10-02～1995-06-07	0.132 6	0.558 7	0.726 3	0.271 8	-0.009 3	1.680 1
1995-06-07～1995-10-22	-0.044 2	-0.443 2	-0.717 0	-0.197 9	0.096 7	-1.305 6
合计	0.364 3	0.176 9	0.175 2	0.382 2	0.349 6	1.448 2

从表 3-31 中可知，泥沙淤积重心在黄淤 30 断面—黄淤 41 断面，这是造成潼关高程上升的主要因素之一。

在多沙河流上，每当坝前水位处在比较平稳的时候，该时段的进库输沙量就会在壅水区沉积形成三角洲的淤积形态，三角洲顶点高程与坝前平均水位有较好的关系，图 3-5 是青铜峡水库淤积三角洲顶点高程与汛期坝前平均水位关系。

淤积三角洲顶点的位置正处在三角洲前坡上界、三角洲顶部下界，即淤积重心所在库段。因此，若大略确定淤积重心的位置，应当选择进库输沙量集中时段，坝前水位比较平稳时段的平均水位与河床水平线的交点断面。就三门峡潼关以下库区来看，非汛期平均水位应当控制在 315 m 以下，其淤积重心在黄淤 30 断面以下，这样就有利于汛期借助洪

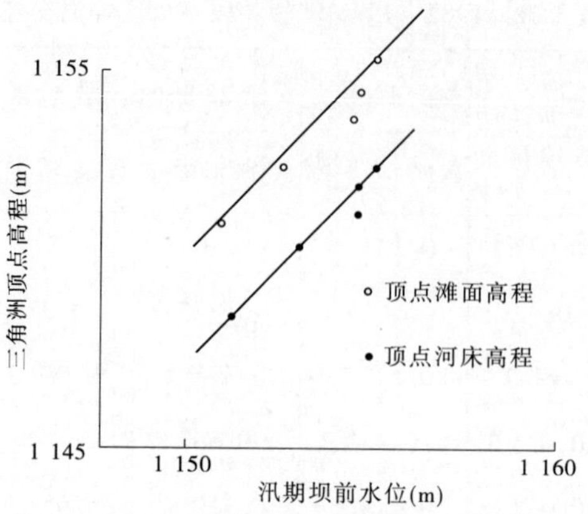

图 3-5　青铜峡水库淤积三角洲顶点高程与汛期坝前水位关系

水、溯源冲刷等动力条件，将淤积泥沙冲起来排沙出库，输送到下游。

随着淤积的发展，黄河上中游水沙条件发生变化，潼关以下库区冲淤形态也随之改变。各典型断面过流面积减少，主河道位置变化不大，见图 3-6 ~ 图 3-10。主流在平面上也有变化，见图 3-11。

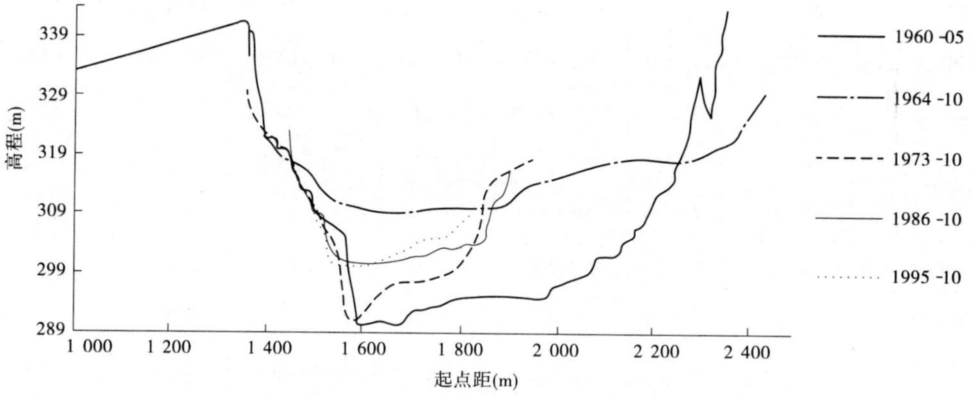

图 3-6　黄淤 12 断面历年套绘图

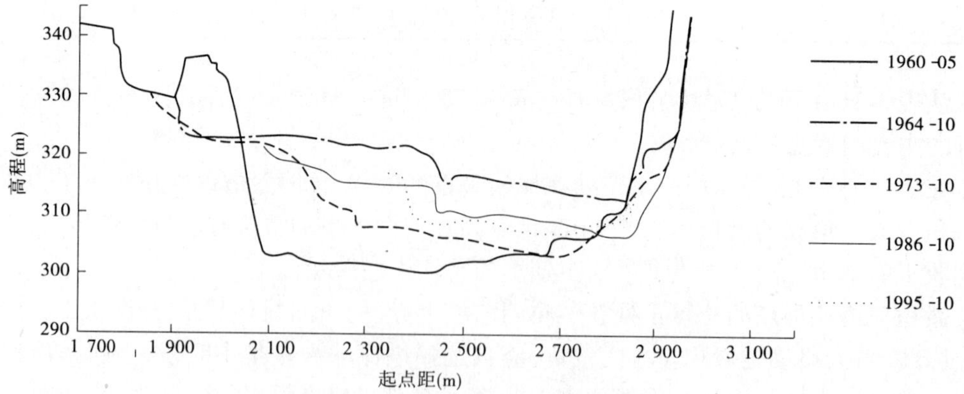

图 3-7　黄淤 22 断面历年套绘图

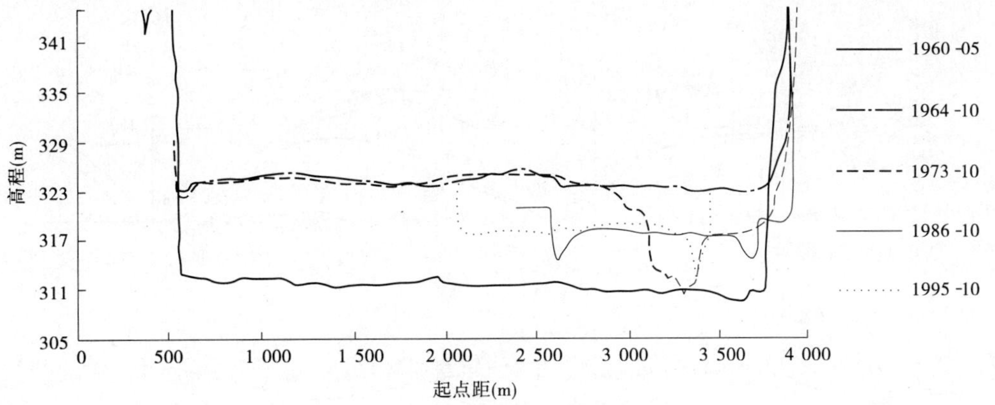

图 3-8　黄淤 31 断面历年套绘图

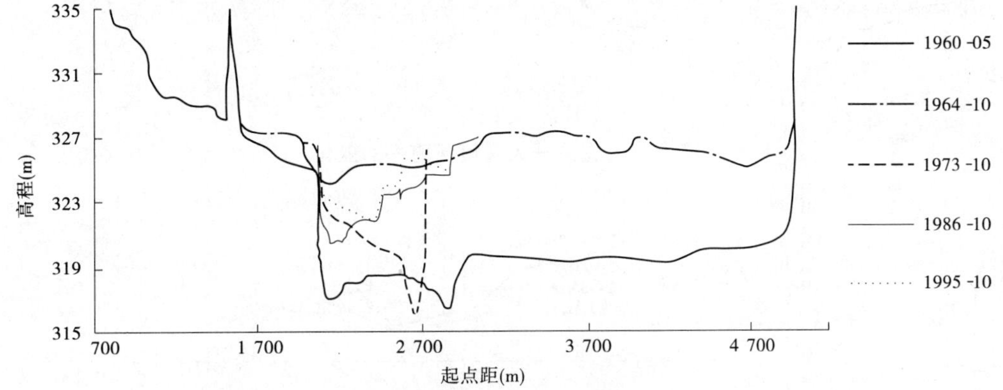

图 3-9　黄淤 36 断面历年套绘图

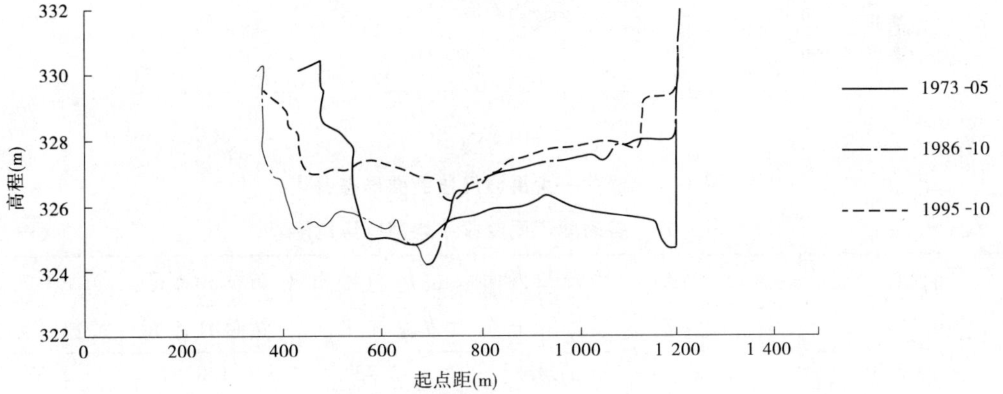

图 3-10　黄淤 41 断面历年套绘图

潼关—大禹渡河段断面形态变化如图 3-12 所示。

潼关以下库区纵比降在各个时期，不同河段有所差异，然而就全河段（坝址—黄淤 41 断面）来看变化不是很大，见表 3-32。

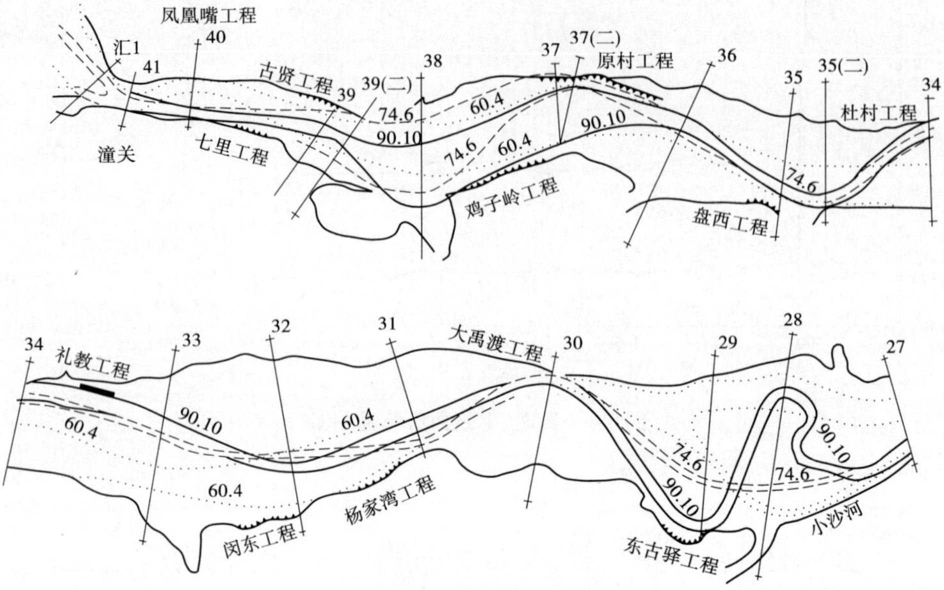

图 3-11　潼关—大禹渡河道平面变化

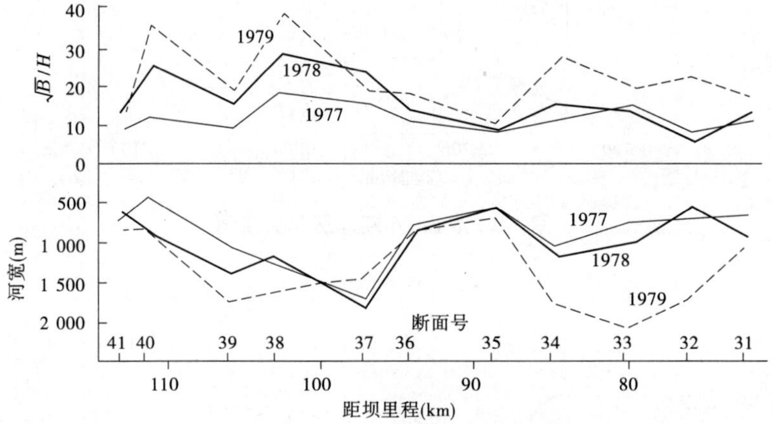

图 3-12　潼关—大禹渡河段断面形态变化

表 3-32　各时期不同库段平均河床纵比降　(‰)

时间 (年-月-日)	黄淤 1 断面 — 黄淤 22 断面	黄淤 22 断面 — 黄淤 31 断面	黄淤 31 断面 — 黄淤 36 断面	黄淤 36 断面 — 黄淤 41 断面	黄淤 1 断面 — 黄淤 41 断面
1960-09-20	2.20	3.46	3.23	1.82	2.67
1964-10-11	3.22	2.90	0.78	0.88	2.26
1969-10-06		1.80	2.81	2.60	
1973-09-26	3.44	3.10	2.03	2.57	2.64
1974-11-01	3.00	2.16	2.91	2.50	2.67
1980-10-02	3.30	2.40	2.68	1.93	2.70

续表 3-32

时间 (年-月-日)	黄淤1断面 — 黄淤22断面	黄淤22断面 — 黄淤31断面	黄淤31断面 — 黄淤36断面	黄淤36断面 — 黄淤41断面	黄淤1断面 — 黄淤41断面
1984-10-01	2. 40	2. 46	2. 58	1. 40	2. 28
1988-09-22	2. 20	3. 10	2. 77	1. 87	2. 50
1991-09-30	1. 48	3. 06	2. 63	1. 82	2. 18
1992-09-14	2. 17	3. 11	2. 71	1. 75	2. 45
1993-10-04	1. 53	3. 19	2. 62	1. 76	2. 22
1994-10-02	2. 38	3. 39	2. 86	1. 61	2. 61
1995-10-22	1. 50	3. 39	2. 61	1. 79	2. 27
1996-09-16	2. 12	3. 21	2. 85	1. 99	2. 53
1997-10-19	1. 80	3. 38	2. 80	1. 96	2. 44
1998-08-30	2. 60	3. 50	2. 48	2. 04	2. 72
1998-10-15	1. 73	3. 16	2. 07	2. 18	

注:1995 年以前的数据采用参考文献[2]资料计算。

第七节　潼关清淤时期(1996～2002 年)

1995 年汛后潼关高程上升到 328. 28 m,黄河水利委员会决定于 1996 年汛前开始采用射流技术在潼关河段(黄淤 36 断面—黄淤 41 断面)进行清淤试验。1996～2002 年是枯水枯沙系列年,水沙条件极为不利,7 年中汛期各月只有一个月的水沙搭配参数在 0. 015 kg·s/m^6 以下。

一、1996～2002 年系列水沙情况

本时期潼关水文站多年平均径流量为 192. 5 亿 m^3,其中汛期只有 79. 9 亿 m^3,占全年的 41. 5%;多年平均输沙量为 5. 749 亿 t,汛期输沙量为 4. 314 亿 t,占全年的 75%,见表 3-2。

1996～2002 年汛期各月水沙特性见表 3-33。从表 3-33 中可以看到,水沙搭配参数 S/Q 值只有 3 个月等于或小于 0. 015 kg·s/m^6,其余 23 个月均大于 0. 015 kg·s/m^6,其中最大可以达到 0. 582 4 kg·s/m^6,有 7 个月大于 0. 1 kg·s/m^6。

1996～2002 年,水枯且洪水少,洪峰流量大于 2 000 m^3/s 的总共有 42 次,其中 1996 年为 19 次,占 45%以上。流量大于 3 000 m^3/s 的洪水只有 5 场,流量大于 5 000 m^3/s 的洪水只有 1 场。在采用调水调沙运用方式的水库,因为调沙的动力是洪水,而这一时期的水沙条件就难以用调沙来达到库区冲淤平衡。由此联想到,在确定年度调度方案时应当分析上一年度的水库冲淤分布;在本年度应当根据水库冲淤分布情况作适当的调整,否则下一年度甚至以后几年都会出现意想不到麻烦,甚至危及到发电。

表 3-33 1996 ~ 2002 年潼关水文站汛期各月水沙特征值

年份	月份	径流量（亿 m^3）	输沙量（亿 t）	流量（m^3/s）	含沙量（kg/m^3）	S/Q（$kg \cdot s/m^6$）
1996	7	24. 38	3. 900	910	160	0. 175 8
	8	54. 43	4. 910	2 032	90. 2	0. 044 4
	9	33. 77	0. 661	1 303	19. 6	0. 015 6
	10	15. 40	0. 153	575	9. 9	0. 017 2
1997	7	6. 83	0. 615 2	255	90. 2	0. 353 7
	8	27. 59	3. 258	1 026	119	0. 116 0
	9	13. 40	0. 179	517	13. 7	0. 025 9
	10	7. 85	0. 059 5	293	7. 6	0. 025 9
1998	7	32. 41	2. 473	1 206	79. 8	0. 066 2
	8	29. 19	1. 513	1 086	51. 9	0. 047 8
	9	14. 44	0. 185	557	13. 5	0. 024 2
	10	10. 31	0. 092 4	385	8. 79	0. 022 8
1999	7	32. 58	2. 946	1 216	90. 4	0. 074 3
	8	21. 91	0. 256	818	11. 7	0. 014 3
	9	21. 60	0. 252	833	11. 7	0. 014 0
	10	20. 89	0. 271	780	12. 99	0. 016 7
2000	7	14. 26	0. 578 5	533	40. 6	0. 076 2
	8	16. 09	0. 602 6	601	37. 5	0. 062 4
	9	16. 12	0. 308 4	622	19. 1	0. 030 7
	10	26. 62	0. 479 4	994	18. 0	0. 018 1
2001	7	3. 30	0. 202 0	119	69. 3	0. 582 4
	8	15. 72	1. 743 4	579	118	0. 203 8
	9	23. 29	0. 506 7	895	23. 9	0. 026 7
	10	18. 82	0. 262 3	717	15. 9	0. 022 2
2002	7	9. 61	1. 210 9	606	84. 9	0. 140 1
	8	15. 51	1. 010 1	494	95. 5	0. 193 3
	9	17. 54	0. 284 7	589	20. 8	0. 035 3
	10	16. 17	0. 154 3	493	11. 9	0. 024 1

二、水库运用情况

1996～2002 年，非汛期防凌蓄水位、春灌蓄水位有所降低，但幅度不大。超过 320 m 高程的春灌蓄水天数，1998 年为 42 d，是最多的一年，最少的一年是 1999 年，只有 20 d，见表 3-34。

表 3-34　1996～2002 年三门峡非汛期水库运用情况

年份	凌前平均水位(m)	防凌最高水位(m)	防凌蓄水天数(d)		桃汛平均水位(m)	春灌最高水位(m)	春灌蓄水天数(d)	
			>315 m	>320 m			>315 m	>320 m
1996	314.34	321.43	85	23	319.43	321.70	66	39
1997	311.86	321.79	71	32	320.28	321.50	47	29
1998	313.92	322.13	80	30	321.38	323.73	82	42
1999	316.88	319.82	83	0	317.94	320.74	70	20
2000	318.18	321.32	66	6	321.02	321.91	45	31
2001	316.29	320.22	103	7	319.91	320.55	58	18
2002	315.67	320.19	114	11	321.12	320.23	78	18

在本时段内，桃汛平均水位较低，均在 322 m 高程以下。防凌前平均水位下降幅度较多，最高为 318.18 m，多年平均水位为 315.31 m。

汛期运用水位也有改进，1999 年超过 315 m 高程的天数有 19 d，其他年份没有出现，见表 3-35。

表 3-35　1996～2002 年三门峡汛期水库运用情况

年份	汛期坝前水位(m)			汛期不同水位级蓄水天数(d)			
	平均	最高	最低	>300 m	>305 m	>310 m	>315 m
1996	303.37	306.05	296.80	94	62	0	0
1997	303.56	306.77	300.01	123	9	0	0
1998	303.56	308.59	299.63	116	25	0	0
1999	306.09	318.17	299.49	117	49	25	19
2000	305.40	314.74	298.10	119	46	15	0
2001	304.46	313.45	288.63	115	18	9	0

三、潼关以下库区冲淤分布

1996～2002 年，三门峡水库潼关以下库区共淤积 1.031 8 亿 m^3，潼关河段（黄淤 36 断面—黄淤 41 断面）淤积 0.119 5 亿 m^3，这是促使潼关高程上升的主要因素。

1996 年汛前，潼关高程为 328.12 m，汛后上升到 328.28 m。2002 年汛前，潼关高程达到了328.72 m，与1996年汛前相比，净上升0.6 m。2002年汛后，潼关高程为328.82 m，比1996年后净增加0.5 m，对照图3-4，两者基本相同。

1996～2002年期间，淤积重心在黄淤22断面—黄淤36断面，淤积量为0.64亿 m^3，占全河段淤积量的62%，见表3-36。

表3-36　1996～2002年潼关以下库区冲淤分布

时段（年-月-日）	坝址—黄淤12断面	黄淤12断面—黄淤22断面	黄淤22断面—黄淤30断面	黄淤30断面—黄淤36断面	黄淤36断面—黄淤41断面	坝址—黄淤41断面
1995-10-22～1996-05-21	0.062 7	0.327 7	0.595 9	0.377 0	0.026 5	1.389 8
1996-05-21～1996-09-18	-0.161 1	-0.575 1	-0.779 0	-0.603 1	-0.134 9	-2.253 2
1996-09-18～1997-06-05	0.158 1	0.270 8	0.481 2	0.414 6	0.058 2	1.382 9
1997-06-05～1997-10-08	-0.112 3	-0.237 6	-0.357 9	-0.045 5	-0.070 0	-0.683 3
1997-10-08～1998-05-22	0.079 0	0.256 7	0.584 4	0.272 7	0.020 3	1.213 1
1998-05-22～1998-10-05	-0.044 8	-0.237 8	-0.498 5	-0.325 9	-0.011 8	-1.118 8
1998-10-05～1999-05-25	0.046 5	0.333 5	0.907 6	0.408 3	0.036 2	1.732 1
1999-05-25～1999-10-11	0.004 3	-0.163 7	-0.661 7	-0.378 1	-0.031 1	-1.230 3
1999-10-11～2000-06-09	-0.021 1	0.265 2	0.466 1	0.370 5	0.023	1.103 7
2000-06-09～2000-10-06	0.059 3	-0.127 5	-0.246 1	-0.215 0	0.040 4	-0.488 9
2000-10-06～2001-06-8	-0.314 6	-0.053 0	0.371 3	0.182 1	-0.048 6	0.137 3
2001-06-08～2001-10-15	0.262 2	0.025 7	-0.397 9	-0.184 5	0.061 3	-0.233 2
2001-10-15～2002-05-31	0.049 0	0.292 1	0.417 6	0.133 6	-0.058 1	0.834 2
2002-05-31～2002-10-07	-0.024 2	-0.196 1	-0.490 8	-0.159 4	0.068 1	-0.802 4
合计	0.091 4	0.180 9	0.392 7	0.247 3	0.119 5	1.031 8

1973～2002年，近30年的调度运用在大原则上基本改变不多，主要反映在水库淤积部位和潼关高程升降方面。因此，如何控制淤积重心分布在黄淤30断面以下库区、潼关河段不发生淤积，稳定或降低潼关高程是三门峡水利枢纽调度运用的主攻方向。

鉴于潼关高程上升，潼关以下库区累积淤积量不断增加，根据多方面的研究与协商，为了降低潼关高程和减少潼关以下库区淤积。遵照水利部、黄河防总的指示，自2002年11月起至次年6月（运用年），非汛期三门峡水库最高运用水位按318 m控制，即“318”试验方案。有关潼关清淤试验另列专题进行研讨。

第八节　非汛期坝前水位控制在318 m高程（2003～2008年）

遵照水利部、黄河防总指示：自2002年11月起至2003年6月，三门峡水库坝前水位控制在318 m高程以下，至今仍按上述指示运用。

一、潼关断面水沙特征

2003～2008 年仍然是枯水枯沙系列，多年平均径流量为 228.4 亿 m^3，其中汛期径流量只有 107.4 亿 m^3，占全年径流量的 47.0%；年平均输沙量为 3.18 亿 t，其中汛期输沙量为 2.41 亿 t，占全年输沙量的 75.8%，详见表 3-2。

2003 年 8 月 26 日至 10 月 17 日，渭河下游出现持续 50 多天的“华西秋雨”，连续发生 6 场次洪水，与它相对应的潼关水文站洪水期水沙特征值如表 3-37 所示。

表 3-37　2003 年“华西秋雨”潼关水文站水沙特征值

日期（月-日）	天数（d）	Q_{max}（m^3/s）	S_{max}（kg/m^3）	径流量（亿 m^3）	输沙量（亿 t）	$\overline{Q}$（m^3/s）	$\overline{S}$（kg/m^3）	S/Q（$kg \cdot s/m^6$）
08-25～09-15	22	3 280	274	45.08	2.357	2 371	52.0	0.021 9
09-19～09-26	8	3 530	41.7	16.64	0.458	2 408	28.0	0.011 6
10-01～10-09	9	4 220	43.5	25.19	0.793	3 240	31.0	0.009 6
10-10～10-18	9	3 710	32.0	19.78	0.461	2 544	23.0	0.009 0
合计	45			106.69	4.069	2 744	38.1	0.010 2

表 3-37 中的各种特征值给人以启示，“华西秋雨”给三门峡潼关以下库区带来新的变化，水沙搭配参数很小，有利于冲刷。汛期径流量增大，改变了年内分配的格局，汛期径流量占全年径流量的 66.0%，汛期输沙量占全年输沙量的 87.7%，见表 3-38。

表 3-38　2003 年水沙量年内分配

水文站	径流量				输沙量			
	汛期（亿 m^3）	非汛期（亿 m^3）	运用年（亿 m^3）	汛/年（%）	汛期（亿 t）	非汛期（亿 t）	运用年（亿 t）	汛/年（%）
华县	74.8	9.1	83.9	89.2	2.94	0.03	2.97	98.9
潼关	156.1	80.6	236.7	66.0	5.38	0.76	6.14	87.7

二、水库运用情况

2003～2008 年，水库运用最大的改变就是在非汛期坝前水位控制在 318 m 高程以下，其次是配合小浪底水库调水调沙运用，在洪水来临时，将坝前水位下降到最低。因此，各年水库水位不尽相同。

（一）非汛期坝前水位特点

2003～2008 年，按水利部、黄河防总指示，非汛期坝前水位控制在 318 m 高程以下。因此，凌汛前、凌汛期的坝前水位都不超过 318 m 高程，春灌蓄水也按此规定，见表 3-39。

表 3-39　2003 ~ 2008 年水库非汛期坝前水位特征

年份	蓄水天数(d)				坝前水位(m)	
	<310 m	310 ~ 315 m	315 ~ 318 m	>318 m	平均	最高
2003	8	55	179	0	315.59	317.92
2004	0	7	236	0	317.01	317.97
2005	3	26	213	0	316.41	317.94
2006	—	(40)	194	0	316.21	317.96
2007	—	(37)	206	0	316.70	317.93
2008	0	(48)	196	0	316.63	317.97

表 3-39 中给出的各年非汛期坝前平均水位比此前所有的年代均高。这就意味着，非汛期淤积重心偏上，见图 3-13。

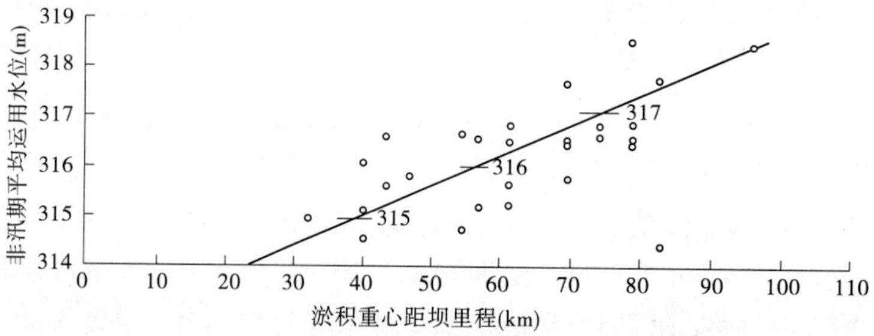

图 3-13　调水调沙运用期潼关以下淤积重心与非汛期坝前平均水位关系

坝前水位处在 315 ~ 318 m 的天数接近或超过 200 d，占非汛期天数的 75% 以上。从图 3-13上可大体上估算出：非汛期坝前平均水位为 315 m 时，淤积重心距坝 40 km(30 ~ 50 km)；坝前平均水位在 316 m 时，淤积重心距坝 55 km(45 ~ 65 km)；平均水位在 317 m 时，淤积重心在 75 km(65 ~ 85 km)。如果要达到确保潼关以下库区冲淤平衡的要求，非汛期平均水位最好维持在 315 m 高程以下。这一指标已经超出“四省会议”确定的 310 m 高程。

非汛期控制在 318 m 高程以下试验，还有其他一些问题，将另立专题分析。

(二)汛期水库运用情况

2003 ~ 2008 年，除上述非汛期按“318”方案运用外，汛期水库运用还要密切配合下游小浪底水库及黄河下游河道的“调水调沙”的要求，及时向小浪底水库补水补沙，创造“异重流”等特殊需求。因此，汛期最低水位下降到 290 m 以下，平均水位均在 305 m 以下，见表 3-40。

表 3-40 给出的特征水位，在小浪底还有堆沙库容的条件下，有利于三门峡水库形成强烈的溯源冲刷、排沙、恢复冲刷漏斗的调沙库容，当小浪底堆沙库容用完之后，就另当别论了。因为小浪底为了防御黄河下游出现特大洪水，为保持防洪库容，由三门峡下泄来的泥沙也尽可能排沙出库。受三门峡、小浪底滞洪排沙作用，今后黄河下游难得再出现 4 000 m^3/s 洪水(“人造洪峰”除外)，水库经常下泄的是“小水带大沙”，或小于 1 000 m^3/s的流量过程，下游河道主河槽发生堆积再所难免，届时又面临着治河、防洪新问题。

表 3-40　2003 ~ 2008 年汛期坝前平均水位、最低水位

年份	平均水位(m)	最低水位(m)
2003	304.06	292.31
2004	304.78	286.60
2005	303.36	286.03
2006	304.76	286.62
2007	305.09	289.36
2008	304.97	290.13

三、潼关以下库区冲淤分布

2003 ~ 2008 年处于枯水枯沙系列。非汛期进库输沙量不足 1.0 亿 t,多年平均为 0.77 亿 t。1919 ~ 1999 年,三门峡水文站(陕县)的 80 年非汛期平均输沙量为 1.94 亿 t,是前者的 2.5 倍。由于水枯(小北干流冲刷量少)来沙少,因此潼关以下库区淤积量少,非汛期多年平均的淤积量为 0.759 2 亿 m^3。水库运用方案作了很大的调整,汛期水位较低,汛期冲刷 1.849 1 亿 m^3,全年净冲刷 1.089 9 亿 m^3,见表 3-41。

表 3-41　2003 ~ 2008 年潼关以下库区冲淤分布　　(单位:亿 m^3)

年份	时期	坝址—黄淤 12 断面	黄淤 12 断面—黄淤 22 断面	黄淤 22 断面—黄淤 30 断面	黄淤 30 断面—黄淤 36 断面	黄淤 36 断面—黄淤 41 断面	坝址—黄淤 41 断面
2003	非汛期	0.034	0.287	0.431	0.074	-0.002	0.824
	汛期	-0.407	-0.690	-0.650	-0.321	-0.136	-2.204
	全年	-0.373	-0.403	-0.219	-0.247	-0.138	-1.38
2004	非汛期	0.022	0.294	0.452	0.114	-0.030	0.852
	汛期	0.044	-0.053	-0.397	-0.068	0.065	-0.409
	全年	0.066	0.241	0.055	0.046	0.035	0.443
2005	非汛期	0.191	0.268	0.359	0.082	-0.035	0.852
	汛期	-0.370	-0.485	-0.499	-0.178	-0.045	-1.577
	全年	-0.179	-0.217	-0.140	-0.096	-0.080	-0.712
2006	非汛期	0.103	0.343	0.269	0.027	-0.016	0.726
	汛期	-0.064	-0.234	-0.265	0.007	-0.015	-0.571
	全年	0.040	0.109	0.004	0.034	-0.031	0.155

续表 3-41

年份	时期	坝址—黄淤 12 断面	黄淤 12 断面—黄淤 22 断面	黄淤 22 断面—黄淤 30 断面	黄淤 30 断面—黄淤 36 断面	黄淤 36 断面—黄淤 41 断面	坝址—黄淤 41 断面
2007	非汛期	0. 195 5	0. 299 6	0. 248 0	0. 025 8	-0. 001 7	0. 767 2
	汛期	-0. 038 8	-0. 281 6	-0. 214 4	-0. 080 5	0. 015 2	-0. 600 1
	全年	0. 156 7	0. 018	0. 033 6	-0. 054 7	0. 013 5	0. 167 1
2008	非汛期	0. 006	0. 165	0. 266	0. 091	-0. 006	0. 521
	汛期	0. 183	-0. 153	-0. 193	-0. 136	0. 013	-0. 286
	全年	0. 189	0. 011	0. 073	-0. 045	0. 008	0. 236
合计		-0. 100 3	-0. 241	-0. 193 4	-0. 362 7	-0. 192 5	-1. 089 9

在上述有利的条件下,2008 年汛前潼关高程为 327. 98 m,汛后下降到 327. 72 m。2003 ~2008 年汛后的潼关高程均在 328. 0 m 以下。

参 考 文 献

[1] 黄河三门峡水利枢纽志编纂委员会. 黄河三门峡水利枢纽志[M]. 北京:中国大百科全书出版社,1993.
[2] 程龙渊,等. 三门峡库区水文泥沙实验研究[M]. 郑州:黄河水利出版社,1999.
[3] 张原锋,张留柱,等. 黄河下游断面法冲淤量分析与评价[M]. 郑州:黄河水利出版社,2005.

第二篇 试验与研究

三门峡水库建成后，接连不断地遇到很多难题，在困难面前不退缩，在批评、指责氛围中勇敢地作了许多试验与研究，其中有创新、有成就，也有失败，从总体上看，为三门峡建设作出了很大贡献。尤其是原型试验是非常难得，在国内外罕见。

第四章 "人造洪峰"试验研究

三门峡水库于1963年冬季首次进行"人造洪峰"，又于1964年3月进行第二次"人造洪峰"。这实际上是在水库与下游河道上作了原型试验，并取得了非常宝贵的第一手资料，为以后的人造洪峰试验提供了可靠的理论依据和经验。

河流的形态、输送泥沙的能力是由水流塑造和承载而成，任何级别的形态都是与塑造它的水沙条件相对应，某一流量级在一个时期内就能够塑造出与之相应的河流形态，反之亦然。

1963年12月和1964年3月，利用三门峡水库冬季防凌蓄水、桃汛洪峰，人为操作枢纽闸门，制造下泄洪水过程，称之为"人造洪峰"。因为出库含沙量很小，洪峰进入黄河下游河道发生冲刷。两次"人造洪峰"及观测的成果见表4-1。从表4-1中可以看出，"人造洪峰"进入黄河下游河道，河南河段(三门峡至艾山)发生微冲，山东河段出现微淤，冲淤数量基本上是在测验误差范围内。详细分析之后会发现：这两次"人造洪峰"量级很小，径流量在15亿 m^3 以下，洪峰流量刚刚超过3 000 m^3/s，平均流量远在多年汛期平均流量2 500 m^3/s 以下。因此，对河床冲刷与输送泥沙能力不足，只是因为水流处在不饱和挟沙状态，对河床造成微冲、微淤。如果洪峰历时再长一些，径流量、平均流量在足够大的条件下，对下游河道的冲刷与造床作用可能更明显或者作用更大。

表4-1 1963年、1964年三门峡水库两次"人造洪峰"、下游河道冲淤量

次数	历时(d)	洪峰流量(m^3/s)	平均流量(m^3/s)	径流量(亿 m^3)	平均含沙量(kg/m^3)	下游河道冲淤量(亿 m^3)					
						三门峡—花园口	花园口—夹河滩	夹河滩—高村	高村—艾山	艾山—利津	三门峡—利津
第一次	12	3 260	1 477	15.3	0.22	−0.125	0	−0.072	−0.054	0.063	−0.188
第二次	5	2 900	1 870	8.1	0.87	−0.079	−0.025	−0.010	−0.089	0.064	−0.139

第一节　小浪底水库调水调沙下泄洪水的成果

小浪底水库调水调沙，是利用水库的调节库容、下游河道输沙能力，水库对上游来水来沙进行调节，适时地存蓄或泄放水沙，使下泄的不协调的水沙过程变为水沙协调过程，达到下游河道不淤甚至发生冲刷的目的。

在这种新的治河思路指导下，于2002年汛前，利用水库汛限水位以上的蓄水量，开闸放水进入下游河道构成"人造洪峰"，以期塑造、扩大黄河下游河道的输沙能力和行洪能力。

"人造洪峰"是利用水库调蓄能力来调节天然径流，集中下放，形成洪峰过程。众所周知，水流输沙能力与流量的高次方成正比，在相同的径流量情况下，集中下放要比平均下放时的输沙能力强很多倍，表4-2是依据黄河下游20世纪80年代以前的水沙关系测算的结果。从表4-2中可以看出，集中下泄的冲刷量是平均下泄冲刷量的5倍。

表4-2　集中下泄与平均下泄冲刷效果对比

下泄流量（m^3/s）	天数（d）	径流量（亿 m^3）	冲淤量（亿 m^3）			
			花园口—高村	高村—艾山	艾山—利津	花园口—利津
5 000	6	25.9	-0.86	-0.07	-0.12	-1.05
1 000	30	25.9	-0.27	0	+0.06	-0.21

小浪底水库自2002年起，每年在汛前或者在汛期都集中下泄径流量，形成一个较大的"人造洪峰"，径流量最多可以达到50亿 m^3（2006年），全下游河道冲刷量最多达到0.680亿 m^3，2003年、2006年少数河段出现微淤现象，见表4-3。

表4-3　小浪底水库历年调水调沙下泄洪水与下游河道冲刷情况

项目	河段	2002年	2003年	2004年	2005年	2006年	2007年	2008年
水量（亿 m^3）	小黑武	28.93	26.57	47.89	51.61	55.44	39.52	43.85
	花园口	29.54	27.53	47.57	51.15	55.01	41.19	45.45
	夹河滩	29.32	26.94	46.94	51.25	53.71	40.73	43.38
	高村	26.73	28.04	46.83	48.73	52.57	38.57	42.87
	孙口	24.95	26.98	47.97	47.28	51.12	38.05	42.17
	艾山	24.30	29.60	48.14	46.82	50.30	36.83	42.51
	泺口	23.22	27.76	46.96	43.87	49.37	36.22	42.10
	利津	22.98	27.14	48.01	42.01	48.13	36.32	41.04
历时（h）	小黑武	325	320	576	546	480	336	480
	花园口	325	320	588	556	472	360	480

续表 4-3

项目	河段	2002 年	2003 年	2004 年	2005 年	2006 年	2007 年	2008 年
沙量（亿 t）	小黑武	0.321	0.751	0.044	0.020	0.084	0.261	0.462
	花园口	0.378	0.856	0.211	0.240	0.182	0.324	0.438
	夹河滩	0.410	0.887	0.308	0.360	0.368	0.349	0.441
	高村	0.339	1.004	0.354	0.470	0.350	0.366	0.477
	孙口	0.358	0.971	0.474	0.600	0.492	0.447	0.588
	艾山	0.439	1.149	0.548	0.660	0.529	0.458	0.586
	泺口	0.444	1.160	0.549	0.560	0.522	0.482	0.601
	利津	0.501	1.202	0.697	0.610	0.648	0.524	0.615
河槽冲淤量（亿 t）	白鹤—花园口	-0.136	-0.105	-0.169	-0.210	-0.101	-0.052	0.019
	花园口—夹河滩	-0.071	-0.036	-0.101	-0.120	-0.191	-0.041	-0.011
	夹河滩—高村	-0.028	-0.117	-0.046	-0.130	0.006	-0.018	-0.040
	高村—孙口	-0.083	0.024	-0.123	-0.140	-0.153	-0.085	-0.117
	孙口—艾山	-0.019	-0.187	-0.074	-0.070	-0.039	-0.016	-0.002
	艾山—泺口	-0.090	-0.002	-0.001	0.060	0.005	-0.031	-0.028
	泺口—利津	-0.107	-0.033	-0.150	-0.070	-0.128	-0.044	-0.022
	合计	-0.534	-0.456	-0.664	-0.680	-0.601	-0.288	-0.201
河槽冲刷效率（kg/m^3）	全下游	-18.5	-17.2	-13.9	-13.2	-10.8	-7.3	-4.6
	高村以上	-8.1	-9.7	-6.6	-8.9	-5.1	-2.8	-0.7
	高村—孙口	-4.1	-6.0	-4.1	-4.4	-3.8	-2.7	-2.8
	艾山—利津	-8.1	-1.2	-3.1	-0.2	-2.5	-2.0	-1.2

第二节 “人造洪峰”效益分析与必要性

20 世纪 60 年代以来，黄河上中游干支流已建成十多座大型水库，拦截泥沙的同时也调节了进入河道中的径流过程，特别是小流量的历时增加。以 2004 年花园口水文站为例，全年小于 500 m^3/s 流量的天数达到 77 d，小于 1 000 m^3/s 流量的天数达到 283 d；同年，汛期小于 500 m^3/s 流量的天数为 78 d，小于 1 000 m^3/s 流量的天数为 105 d。小流量历时较长引起河流主河槽萎缩，过流面积减小，行洪能力下降。因此采取人造洪峰来冲刷河床、扩大行洪能力、增加平滩流量是维护河流生命的重要举措。

黄河下游多年平均径流量为 580 亿 m^3，然而对水资源无止境的“开发利用”，无节制的使用和浪费，20 世纪 90 年代以后，偌大的黄河竟然出现断流，污染加重，生态环境急剧恶化。随之而来的河流形态发生转化，过洪能力下降，主河槽的河床高程上升，平滩流量从 6 000 m^3/s 下降到不足 2 000 m^3/s。通过 9 年的调水调沙“人造洪峰”的运作，下游河道面貌有很大改观。

根据黄河下游河道 2007 年 10 月、2008 年 4 月和 2008 年 10 月三次统测大断面资料，分析计算了 2008 运用年非汛期和汛期各河段的冲淤量，其结果见表 4-4。从表 4-4 中可以看出，2008 运用年，白鹤—汉 3 河段主槽共冲刷 0.784 亿 m^3，其中汛期冲刷 0.531 亿 m^3，占年冲刷量的68%。全年冲刷集中在夹河滩以上，冲刷量占全下游的51%，孙口以下河段冲刷较少。

表 4-4 2008 运用年主槽断面法冲淤量计算成果

河段	冲淤量			
	非汛期（亿 m^3）	汛期（亿 m^3）	运用年（亿 m^3）	河段占全下游（%）
白鹤—花园口	-0.109	-0.114	-0.222	28
花园口—夹河滩	-0.137	-0.043	-0.180	23
夹河滩—高村	-0.033	-0.052	-0.083	11
高村—孙口	0.001	-0.153	-0.151	19
孙口—艾山	0.004	-0.041	-0.037	5
艾山—泺口	0.028	-0.016	0.011	-1
泺口—利津	-0.013	-0.048	-0.061	8
利津—汉 3	0.007	-0.064	-0.058	7
白鹤—汉 3	-0.253	-0.531	-0.784	100

1999 年 10 月小浪底水库投入运用到 2008 年汛后，黄河下游利津以上河段全断面累积冲刷量为 11.278 亿 m^3，其中夹河滩以上河段累积冲刷量为 7.324 亿 m^3（见图 4-1），占全部冲刷量的 75%，孙口—艾山河段冲刷最小，仅 0.398 亿 m^3，占总冲刷量的 4%❶。

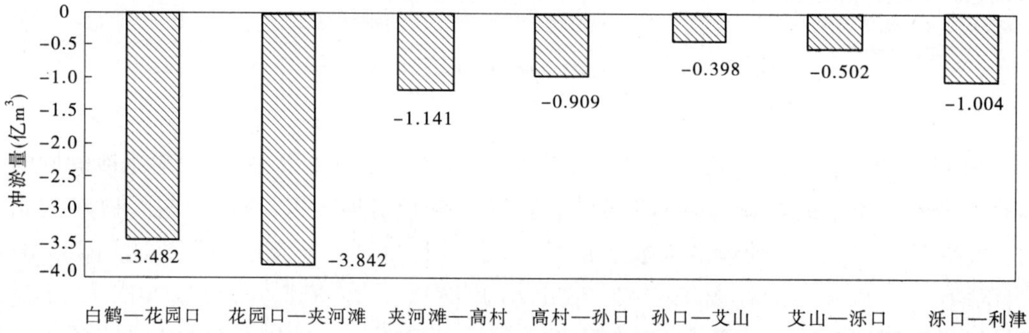

图 4-1 小浪底运用以来不同河段累积冲淤情况

表 4-4 提示我们，小浪底水库以洪峰形式下泄清水，冲刷黄河下游河道是有效的，随着时间的推移，冲刷效率将逐年下降。对任何一条河流或者某一河段，冲刷的结局都是向不冲刷方向发展，不会永远冲刷下去。冲刷结局的历时是很长的，但效益下降会很快而且非常显著，以至于人们觉察不到。

❶ 黄河水利科学研究院，水利部黄河泥沙重点实验室，黄科院年度跟踪研究，2008 ~ 2009 年年度报告。

从维护河流健康生命的角度来看，“人造洪峰”是功德无量的。宁可牺牲其他方面的利益，也应当预留更多的径流量（100 亿 m^3），每年进行两次“人造洪峰”，维持黄河下游河道“健康体态”。

黄河多年平均径流量约 580 亿 m^3，用 100 亿 m^3 径流量（只占年径流量的 17.2%），来维持河流生命，是值得的，也是必要的、必须的。

第三节 “人造洪峰”展望

目前，黄河上中游已经建成十几座大型水利水电工程，径流量经过多级调节，进入黄河下游的流量过程变得平缓、均匀，近似人工渠道的时空分布，即使有洪水，其峰值也不会太大（大洪水出现的概率更少）。要维持黄河下游河道有一定的行洪能力（如保持平滩流量 4 000 m^3/s），每年都要有一次“人造洪峰”来维持河流不要萎缩，保持河床形态稳定。

“人造洪峰”需要 50 亿 m^3 以上径流量，在水资源十分匮乏的黄河，用这么多的水量来维持河流生命，可能是异想天开，难以实现。如果我们从长远来考虑，是必要的。困难在于实施起来影响范围广，涉及单位多。但是，我们都生活在黄河两岸，也不能眼看着上中游受益，下游受难。这样的难题只有更高层次机构进行统一管理、统一调动，才能达到理想境界。

第五章　汛期发电原型试验研究

1969 年“四省会议”对三门峡水利枢纽工程进行改建所确定的原则是在“确保西安，确保下游”的前提下“合理防洪，排沙放淤，径流发电”。三门峡水利枢纽管理局依据上述原则精神，编制了年度运行和汛期发电方案。1974 ~ 1979 年为全年发电，然而，由于汛期进入库区水流挟带大量泥沙，对电站过流部件的磨损异常严重。溢流坝、泄水底孔、工作闸的门槽、导轨等的磨损、气蚀到了无法正常运行的地步。因此，于 1980 年开始放弃了汛期发电，仅在非汛期发电。

经过 10 多年的悉心研究，提高了抗磨防蚀的能力，对机组进行技术改造，研究汛期水沙的时空分布特征，抗磨技术可以使过机含沙量达到 30 kg/m^3 等多项重大项目取得了可喜成果。后经水利部有关司局批准，于 1994 年汛期开始发电原型试验。

汛期发电是三门峡水利枢纽在编制年内运行方案的重要组成部分，像三门峡这样大型水利枢纽，汛期停止发电，无论如何都是一件非常遗憾的事情。从“调水调沙”的内涵来看，它是调水调沙整体方案中的重要组成部分，调水与调沙避开汛期，像一个人缺了手足一样。

三门峡水电站自 1994 年汛期起至 1999 年止共进行 6 年汛期发电试验，取得了较好的成果。2000 年以后，水电站按照试验中取得的经验与基本规律，“洪水排沙，平水发电”（汛期扣除洪水以外的时间）控制北村水位不超过 309 m 高程，继续发电。至今已有 10 多年，基本上不影响潼关高程，维持冲淤平衡。“318”试验是“汛期发电试验”的重要补充，这两项原型试验是三门峡水利枢纽的重大创举。

第一节　汛期发电基本原则

三门峡水电站实施汛期发电必须在“确保西安、确保下游”的原则下进行，这是周恩来总理在 1964 年治黄会议上所作的重要指示。为了切实落实周总理重要指示，三门峡水电站汛期发电要做到不影响潼关高程上升，潼关以下库区基本达到冲刷平衡。

潼关断面位于黄河与渭河汇流处下游，是渭河下游河道的侵蚀基准面，见图 5-1。潼关高程的升降将直接影响渭河下游河道冲淤变化及河床演变、防洪、引水等诸多问题。因此，潼关高程的演变是一项非常复杂的技术难题，又是涉及社会学科的问题，自三门峡修建伊始就存在不断的研讨与争辩。

1969 年“四省会议”着重讨论了三门峡水利工程改建和黄河近期治理问题。向国务院和周总理呈送的报告中关于三门峡水库工程改建问题的枢纽运用原则是：当上游发生特大洪水时，敞开闸门泄洪；当下游花园口可能发生超过 22 000 m^3/s 洪水时，根据上下游来水的情况，关闭部分或全部闸门，增建的泄水孔原则上提前关闭，以减轻下游负担；冬季应继续承担下游的防凌任务。发电的运用原则是：汛期发电控制水位 305 m 高程，必要时

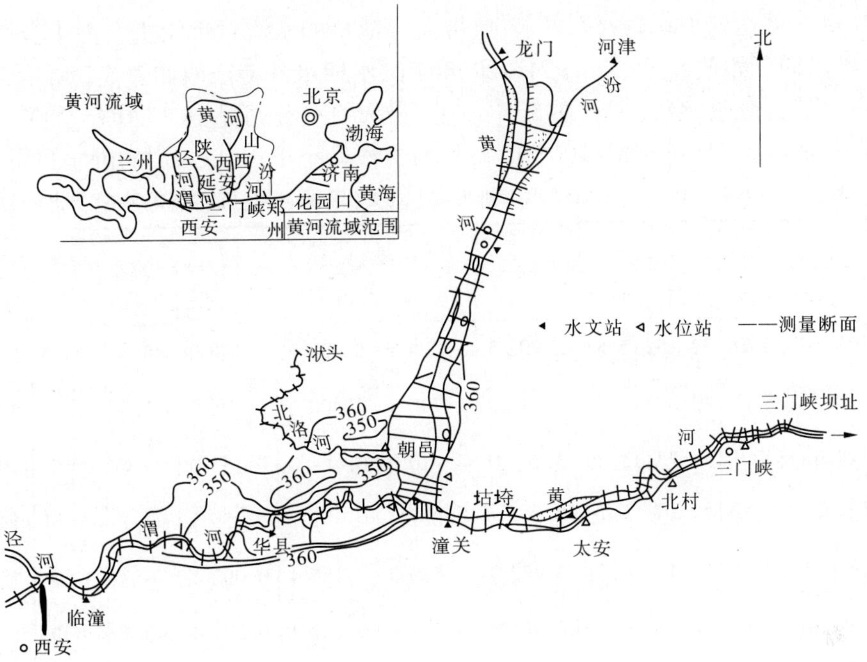

图 5-1　三门峡水库库区平面图

降到 300 m,非汛期发电水位为 310 m 高程。

与会人员一致认为三门峡水利枢纽需要进一步改建,改建的原则是:在“确保西安,确保下游”的前提下“合理防洪,排沙放淤,径流发电”。

第二节　汛期发电的水沙条件

这里所指的水文泥沙条件是在试验期间已经出现了的水文泥沙情况、数据及其各种特征值,对发电、水库冲淤、水库运用已经带来的利弊。汛期发电的试验是 1994 ~ 1999 年共 6 年。然而,2000 年以后仍然按照汛期发电所总结出来的经验或规律继续发电。为寻找更全面的经验与规律,本书所收集的资料延长到 2008 年。

一、径流量与输沙量特征

1994 ~ 2008 年汛期各月的径流量、输沙量及各月平均含沙量,与多年(1919 ~ 1998 年)平均值相比是属于枯水枯沙系列。径流量的减少还受到黄河上游龙羊峡、刘家峡两座大型水库联合调节作用的影响;输沙量除黄河上游近 10 座大型水利水电工程拦截泥沙外,黄河中游各主要支流如无定河等,修建很多大中小型水利工程及拦泥库的影响,使之有所减少,但是从数量上看仍属枯水枯沙系列,见表 3-2 及表 5-1。

根据三门峡水电站发电要求,通过水轮机的含沙量不得超过 30 kg/m^3。

二、洪水期水沙特征值

三门峡水电站 10 余年运行实践显示,洪水期的输沙量占汛期输沙量的百分比较大,

平均含沙量 $\overline{S}$ 可达到 130 kg/m³ 以上，挟带大含沙量的水流对水轮机磨损十分严重，所以从 1980 年汛期开始放弃发电。1994～2008 年洪水期水沙特征值如表 5-2 所示，洪水期输沙量占汛期的百分数，绝大多数在 50% 以上，最大百分比可达到 87.0%（2007 年）；平均含沙量最大值达到 254 kg/m³（2001 年）；平均含沙量小于 30 kg/m³ 的洪水只有 3 年。

表 5-1　1994～2008 年三门峡水库进库站（潼关）汛期各月径流量、输沙量及含沙量

年份	径流量（亿 m³）				输沙量（亿 t）				含沙量（kg/m³）			
	7 月	8 月	9 月	10 月	7 月	8 月	9 月	10 月	7 月	8 月	9 月	10 月
1994	35.07	50.28	32.15	15.81	2.992 5	5.204 1	1.909 5	0.198 0	85.3	103.5	59.4	12.5
1995	19.57	38.64	40.61	14.91	1.410 0	2.790 0	2.400 0	0.191 0	72.0	72.2	59.1	12.8
1996	24.38	54.43	33.77	15.40	3.900 0	4.910 0	0.661 0	0.153 0	160.0	90.2	19.6	9.94
1997	6.83	27.59	13.40	7.85	0.615 2	3.257 9	0.179 0	0.059 5	90.1	118.1	13.4	7.58
1998	32.41	29.19	14.44	10.31	2.472 9	2.513 0	0.185 4	0.092 4	76.3	51.8	12.8	8.96
1999	32.58	21.91	21.60	20.89	2.945 8	0.256 4	0.252 3	0.271 4	90.4	11.7	11.7	13.0
2000	14.26	16.09	16.12	26.62	0.578 5	0.602 6	0.308 4	0.479 4	40.6	37.5	19.1	18.0
2001	3.30	15.72	23.29	18.82	0.202 0	1.743 4	0.506 7	0.262 3	61.2	110.9	21.8	13.9
2002	16.45	13.15	15.30	13.39	1.210 9	1.010 1	0.284 7	0.154 3	73.6	76.8	18.6	11.5
2003	9.60	27.84	58.73	60.28	0.331 5	2.112 4	1.452 9	1.428 9	34.5	75.9	24.7	23.7
2004	12.66	22.08	23.61	16.67	0.327 6	1.653 3	0.239 1	0.110 8	25.9	74.9	10.1	6.65
2005	13.28	27.14	28.81	44.08	0.881 1	0.624 8	0.327 3	0.665 5	66.3	23.0	11.4	15.1
2006	18.90	24.50	35.00	17.50	0.340 8	0.539 6	0.710 1	0.107 9	18.0	22.0	20.3	6.17
2007	25.80	28.90	36.00	35.40	0.404 0	0.536 6	0.523 9	0.368 4	15.7	18.6	14.6	10.4
2008	11.90	17.00	27.50	21.30	0.159 9	0.209 4	0.220 9	0.121 3	13.1	12.3	8.03	5.69
合计	277.00	414.46	420.33	339.23	18.772 7	26.963 6	10.160 5	4.664 1				
平均	18.47	27.63	28.02	22.62	1.251 5	1.798	0.677 4	0.310 9	67.8	65.1	24.2	13.7
多年平均	43.55	60.23	57.54	46.53	2.960	4.360	2.00	0.796	68.0	72.9	34.8	17.1

注：多年平均是 1919～1998 年系列平均值。

其余 12 年均大于 30 kg/m³，不宜发电。多年平均洪水期的输沙量占汛期输沙量的 78.9%，在洪水期，水库按“敞泄排沙”方式运用，大幅度降低坝前水位，不仅可以将洪水期进入水库的输沙量排沙出库，还可以冲刷前期拦截在库区的淤积物一并排沙出库，因此在洪水期排沙是多沙河流上一种非常特殊的运用方式，决不可放弃，一定要采用，东北柳河闹德海水库也是利用洪水排沙，见第八章。

表 5-2　1994～2008 年潼关站洪水期水沙特征值

年份	输沙量(亿 t)		洪水径流量(亿 m^3)	洪水			$W_{s洪}/W_{s汛}$(%)
	汛期 $W_{s汛}$	洪水期 $W_{s洪}$		出现次数	天数(d)	S(kg/m^3)	
1994	10.50	8.83	64.4	5	37	137.0	84.1
1995	7.04	4.61	47.6	5	31	96.8	65.5
1996	9.87	7.95	47.2	5	28	168.0	80.5
1997	4.40	2.99	10.2	1	9	293.0	68.0
1998	4.37	3.47	38.9	3	25	89.3	79.5
1999	4.09	3.13	25.6	2	19	122.0	76.5
2000	2.08	0.64	18.0	2	20	35.6	30.8
2001	2.91	1.48	5.8	1	7	241.0	48.0
2002	3.12	2.43	21.0	4	35	115.0	77.8
2003	5.38	4.37	112.3	5	55	38.9	81.2
2004	2.33	1.34	7.5	1	6	179.0	57.5
2005	2.50	2.05	65.6	5	50	31.3	82.0
2006	1.70	1.15	45.3	4	44	25.4	67.6
2007	1.83	1.60	89.3	6	74	18.0	87.4
2008	0.71	0.45	52.1	4	68	8.7	63.7

第三节　汛期发电与坝前水位

从潼关以下库区的冲淤规律分析中可知，库区冲淤变化与坝前水位的关系十分密切，与水位升降、落差有非常好的相关关系。

水位是一项很敏感的水文项目，它可以反映出许多其他物理量，如水位与流量、水位与面积、水位与库容等。在天然河道上，上、下相邻两水位站日平均值与流量变化是同步的，也就是说，在不同流量条件下，两站的水位差基本相同，差异极少。

在库区的上、下相邻两水位站，当下游站受到回水影响时，则两站水位差变小；当上、下两站均在回水范围以内时，两站水位差趋近于 0。因此，点绘库区某上、下相邻两水位站的水位差与坝前水位的关系，可以推测出回水影响的范围。

挟沙水流进入库区以后，在不受回水影响的河段，一般讲淤积较少甚至不会淤积，除非是超饱和的挟沙水流。当进入回水影响区域以内，就会逐渐由不饱和演变到饱和或超饱和而发生淤积。因此，汛期发电要做到发电时期尽可能少淤积，淤积范围应当控制在有利于洪水容易冲刷并能排沙出库的区域。

从三门峡水库的实际情况出发，汛期发电抬高库水位所造成的回水范围应当控制在黄淤 22 断面（北村）以下库区，这样有利于汛期冲刷排沙，其坝前水位是参照图 5-2 来确定的。

从图 5-2(c)中可以概括查出，当坝前水位在 307 m 以上时，回水末端已经达到北村

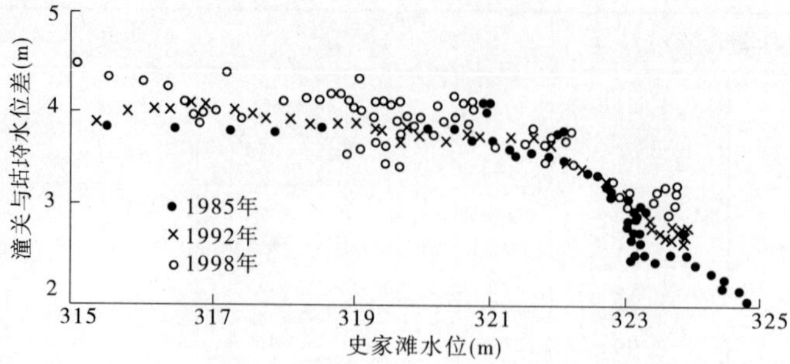

(a)潼关与坫垮水位差和史家滩水位关系

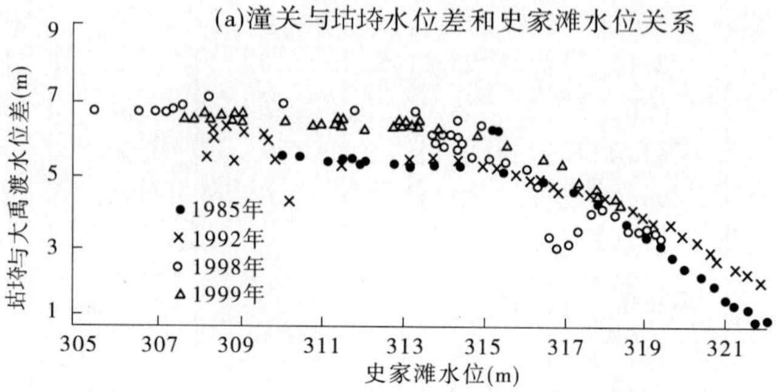

(b)坫垮与大禹渡水位差和史家滩水位关系

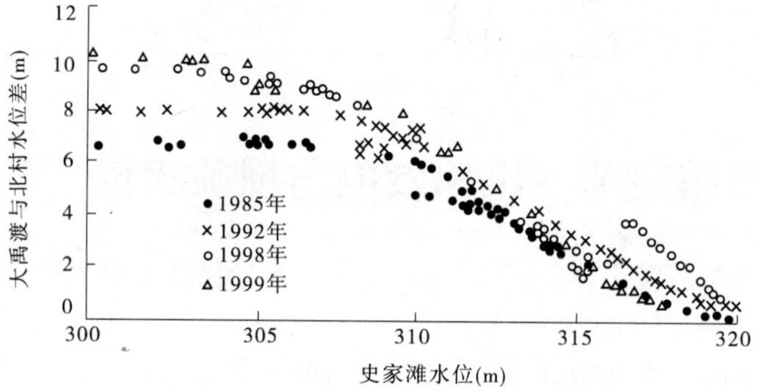

(c)大禹渡与北村水位差和史家滩水位关系

图5-2　水位差和史家滩水位关系

水位站以上。1999年的数据表明,坝前水位达到305 m高程时,回水末端已经达到北村水位站断面,这是因为1986年以后,潼关以下库区出现累积性淤积,尤其是靠近坝前段。从图5-2(c)中可以看出,1985年大禹渡与北村的水位差,在不受回水影响时最小。由于淤积引起纵剖面变陡,两站水位差逐渐增大,1999年最大,这就提醒我们要经常观察库区冲淤变化对设计的库水位有什么影响,应当根据冲淤的影响,及时调整水库的运用水位。

由此可知:调水调沙运用的总原则确定以后,应当随着水库冲淤变化和出现的问题,随时调整水库的运用水位,以免出现意想不到的问题。水电站应当配备机动测船,购置回声测深仪,定时观测各断面的冲淤变化,用来调整坝前水位,确保库区冲淤平衡。

第四节　潼关以下库区冲淤变化

汛期发电试验期间,潼关以下库区冲淤计算有两种方法:一是输沙率方法,用潼关水文站与出库站(三门峡水文站)的输沙量差值计算库区的冲淤量,输沙率受测验精度的限制,不宜直接用来计算河床冲淤演变。从三门峡库区各水文站的输沙率观测精度来看,作定性分析还是可以采用的。二是大断面法,水库测验规范规定,用断面法计算库容时,应当采用汛前大断面资料,不宜用汛后测量的大断面资料,因为汛后的淤积物,需要经过一段时间的沉积、密实。由于泥沙沉积与密实以后会引起不真实的"冲刷"现象,在执行过程缺少严格检查,有时提交的冲淤成果不符合规范中的规定,为此也会引起错觉。

表 5-3 是汛期发电试验期间大断面测量成果。从表 5-3 中可知,6 年时间潼关以下库区共淤积 0.634 0 亿 m^3,淤积重心在黄淤 22 断面(北村水文站)至黄淤 30 断面(大禹渡)河段。黄淤 36 断面至黄淤 41 断面(潼关)淤积 0.172 7 亿 m^3,是潼关河床上升的主要原因。6 年中,1997 运用年淤积最多,达到 0.699 3 亿 m^3,1996 运用年冲刷最多达到0.863 4 亿 m^3,但是仍然没有达到潼关以下库区冲淤平衡。

表 5-3　1994 ~ 1999 年潼关以下库区冲淤分布　　(单位:亿 m^3)

时段(年-月-日)	潼关以下库区冲淤量						运用年内冲淤量
	坝址—黄淤 12 断面	黄淤 12 断面—黄淤 22 断面	黄淤 22 断面—黄淤 30 断面	黄淤 30 断面—黄淤 36 断面	黄淤 36 断面—黄淤 41 断面	坝址—黄淤 41 断面	
1993-10-03 ~ 1994-06-02	0.029 7	0.282 4	0.618 5	0.321 0	0.044 9	1.296 5	-0.172 8
1994-06-02 ~ 1994-10-02	-0.095 3	-0.290 6	-0.661 5	-0.428 9	0.007 0	-1.469 3	
1994-10-02 ~ 1995-06-07	0.132 6	0.558 7	0.726 3	0.271 8	-0.009 3	1.680 1	0.374 5
1995-06-07 ~ 1995-10-22	-0.044 2	-0.443 2	-0.171 7	-0.197 9	0.096 7	-1.305 6	
1995-10-22 ~ 1996-05-21	0.062 7	0.327 7	0.595 9	0.377 0	0.026 5	1.389 8	-0.863 4
1996-05-21 ~ 1996-09-18	-0.161 1	-0.575 1	-0.779 0	-0.603 1	-0.134 9	-2.253 2	
1996-09-18 ~ 1997-06-03	0.158 1	0.270 8	0.481 2	0.414 6	0.070 0	1.382 9	0.699 3
1997-06-03 ~ 1997-10-08	-0.112 3	-0.237 6	-0.357 9	-0.045 5	0.070 0	-0.683 3	
1997-10-08 ~ 1998-05-22	0.079 0	0.256 7	0.584 4	0.272 7	0.020 3	1.213 1	0.094 3
1998-05-22 ~ 1998-10-05	-0.044 8	-0.237 8	-0.498 5	-0.325 9	-0.011 8	-1.118 8	
1998-10-05 ~ 1999-05-25	0.046 5	0.333 5	0.907 6	0.408 3	0.036 2	1.732 1	0.501 8
1999-05-25 ~ 1999-10-11	0.004 3	-0.163 7	-0.661 7	-0.378 1	-0.031 1	-1.230 3	
合计	0.055 2	0.081 8	0.238 3	0.086	0.172 7	0.634 0	

表 5-4 是 2000 ~ 2008 运用年潼关以下库区冲淤量分布,9 年共冲刷 0.535 8 亿 m^3,其中 2003 年由于"华西秋雨"带来有利的水沙条件,库区净冲刷 1.37 亿 m^3,又加上"318"试

验，虽然汛期也在发电，但淤积少冲刷多。

表 5-4　2000～2008 年潼关以下库区淤积分布　（单位：亿 m³）

时期（年-月-日）	坝址—黄淤 12 断面	黄淤 12 断面—黄淤 22 断面	黄淤 22 断面—黄淤 30 断面	黄淤 30 断面—黄淤 36 断面	黄淤 36 断面—黄淤 41 断面	坝址—黄淤 41 断面	运用年内冲淤量
1990-10-11～2000-06-09	-0.021 1	0.265 2	0.466 1	0.370 5	0.023 0	1.103 7	0.614 8
2000-06-09～2000-10-06	0.059 3	-0.127 5	-0.246 1	-0.215 0	0.040 4	-0.488 9	
2000-10-06～2001-06-08	-0.314 6	-0.053 0	0.371 3	0.182 2	-0.143 6	0.137 3	-0.095 9
2001-06-08～2001-10-15	0.262 4	0.025 8	-0.397 9	-0.184 5	0.061 2	-0.233 2	
2001-10-15～2002-05-31	0.049 0	0.292 1	0.417 6	0.133 6	-0.058 1	0.834 2	0.031 8
2002-05-31～2002-10-07	-0.024 2	-0.196 1	-0.490 8	-0.159 4	0.068 1	-0.802 4	
2002-10-07～2003-06-01	0.033 8	0.287 4	0.431 4	0.074 4	-0.001 7	0.825 3	-1.377 9
2003-06-01～2003-10-20	-0.407 3	-0.689 9	-0.649 6	-0.320 8	-0.135 6	-2.203 2	
2003-10-20～2004-06-18	0.022 0	0.294 0	0.452 0	0.113 2	-0.030 0	0.850 0	0.441
2004-06-18～2004-10-03	0.044	-0.053 0	-0.397 0	-0.068 0	0.065 0	-0.409 0	
2004-10-03～2005-04-19	0.191 0	0.268 0	0.359 0	0.082 0	-0.035 0	0.865 0	-0.712
2005-04-19～2005-10-27	-0.370 0	-0.148 5	-0.499 0	-0.178 0	-0.045 0	-1.577	
2005-10-27～2006-06-01	0.103 0	0.343 0	0.269 0	0.027 0	-0.016	0.726 0	0.155
2006-06-01～2006-10-20	-0.064	-0.234 0	-0.265 0	0.007 0	-0.015	-0.571	
2006-10-20～2007-06-10	0.196 0	0.300 0	0.248 0	0.026 0	-0.002	0.767	0.167
2007-06-10～2007-10-02	-0.039	-0.282	-0.214	-0.081	0.015	-0.600	
2007-10-02～2008-06-02	0.006	0.165	0.266	0.091	-0.006	0.521	0.235
2008-06-02～2008-10-10	0.186	-0.153	-0.193	-0.136	0.013 0	-0.286	
合计	-0.087 7	-0.033	-0.072	-0.235 8	-0.107 3	-0.535 8	

第五节　汛期发电过程库区冲淤变化

为了改善潼关以下库区冲淤分布，以期达到冲淤基本平衡，汛期实施洪水期尽可能敞泄排沙，洪水过后适当抬高水位发电，见表 5-5。

表 5-5　2002～2008 年三门峡水库汛期、敞泄期、非敞泄期及库区冲淤量

年份	时段	天数（d）	坝前平均水位（m）	潼关径流量（亿 m³）	输沙量（亿 t）		冲淤量（亿 t）	排沙比
					潼关	三门峡		
2002	汛期	123	304.51	57.9	3.120	3.400	-0.280	1.09
	敞泄期	9	303.18	9.47	0.968	1.774	-0.806	1.83
	非敞泄期	114	304.62	48.43	2.152	1.626	0.526	0.756
2003	汛期	123	304.06	157	5.38	7.76	-2.38	1.44
	敞泄期	32	296.47	70	3.30	6.37	-3.07	1.93
	非敞泄期	91	306.73	87	2.08	1.39	0.69	0.67

续表 5-5

年份	时段	天数(d)	坝前平均水位(m)	潼关径流量(亿 m^3)	输沙量(亿 t)		冲淤量(亿 t)	排沙比
					潼关	三门峡		
2004	汛期	123	304.78	75	2.33	2.64	-0.31	1.13
	敞泄期	12	295.69	11	1.14	2.00	-0.86	1.75
	非敞泄期	111	305.69	64	1.19	0.64	0.55	0.54
2005	汛期	123	303.36	115	2.50	3.99	-1.49	1.596
	敞泄期	27	295.01	42	1.42	3.51	-2.09	2.472
	非敞泄期	96	305.71	73	1.08	0.48	0.60	0.556
2006	汛期	123	304.43	97.6	1.70	2.30	-1.197	1.35
	敞泄期	9	296.19	9.54	0.24	1.36	-1.12	4.67
	非敞泄期	114	305.08	88.4	1.46	0.94	0.52	0.64
2007	汛期	123	305.09	128.7	1.847	3.044	-1.197	1.65
	敞泄期	9	295.07	13.1	0.36	1.908	-1.547	5.30
	非敞泄期	114	305.88	115.6	1.487	1.136	0.351	0.76
2008	汛期	123	305.22	79.82	0.723	1.275	-0.551	1.771
	敞泄期	4	291.23	3.82	0.019	0.74	-0.72	38.9
	非敞泄期	119	305.69	76.0	0.704	0.535	0.169	0.76

从表 5-5 中可以看出,全汛期共 123 d,其中大多数时间可以发电。敞泄时期坝前平均水位均低于 305 m,而大多数年份低于 300 m 高程。非敞泄时期,坝前平均水位基本上控制在 305 m 高程上下,个别年份(2003 年)超过 306 m 高程。从图 5-2 来看,回水不超过北村水位站。文献[3]列出了汛期发电试验期各年汛期发电、敞泄期的坝前水位、输沙率法冲淤量,如表 5-6 所示。表 5-6 中给出,敞泄排沙大冲,发电期间淤积。黄河水利科学研究院每年对黄河流域做“黄河河情咨询报告”,从各年的咨询报告中整理出 2002 ~ 2008 年汛期、敞泄期潼关以下库区冲淤量,见表 5-7。

表 5-6　汛期和洪水期库区冲淤情况

时段		水库运用情况	坝前水位(m)			潼关洪峰流量(m^3/s)	潼关以下库区冲淤量(亿 t)	北村水位(m)	
年份	月-日		平均	最高	最低			开始	末了
1994	07-01 ~ 10-31		306.63	318.29	297.63		-1.57	312.95	308.61
	07-09 ~ 07-13	泄洪排沙	304.40	308.41	302.21	5 000	-0.778	312.95	312.31
	08-05 ~ 08-09	泄洪排沙	302.63	307.55	297.61	7 380	-0.449	311.90	
	08-10 ~ 08-20	泄洪排沙	300.53	304.79	297.73	4 240	-0.509		309.39
	09-01 ~ 09-06	泄洪排沙	302.88	306.47	299.98	3 660	-0.599	309.39	308.49
	泄洪排沙期小计						-2.335	312.95	308.49
	发电运用期小计	除去泄洪排沙					0.765		

续表 5-6

时段		水库运用情况	坝前水位(m)			潼关洪峰流量(m^3/s)	潼关以下库区冲淤量(亿 t)	北村水位(m)	
年份	月-日		平均	最高	最低			开始	末了
1995	07-01～10-31		303.75	311.56	295.53		-0.870	313.52	308.91
1995	07-17～07-20	泄洪排沙	300.13	304.58	295.73	3 200	-0.277	313.52	312.56
1995	07-30～08-04	泄洪排沙	299.19	303.43	297.10	4 180	-0.212		311.50
1995	08-06～08-10	泄洪排沙	298.49	302.73	295.50	4 000	-0.220		308.90
1995	09-03～09-06	泄洪排沙	299.25	305.36	294.40	3 550	-0.140		308.90
1995	泄洪排沙期小计						-1.069	313.53	308.90
1995	发电运用期小计	8 月 21 日发电运用					0.680		
1996	07-01～10-31		303.37	306.88	295.10		-0.938	313.79	307.62
1996	07-16～07-21	泄洪排沙	298.47	305.85	295.10	2 720	-0.900	313.79	313.44
1996	07-22～07-06	泄洪排沙	297.30	299.17		1 800	-0.280		309.13
1996	07-28～08-01	泄洪排沙	297.88	299.45		2 290	-0.170		308.10
1996	08-10～08-16	泄洪排沙	300.17	306.72	298.00	7 500	0.100		307.62
1996	泄洪排沙期小计						-0.125	313.79	307.62
1996	发电运用期小计	8 月 20 日发电运用					0.752		
1997	07-01～10-31		303.56	306.86	299.27		0.282	310.86	307.29
1997	07-29～08-06	泄洪排沙	300.63	304.87	299.27	4 700	-0.300	310.86	307.54
1997	发电运用期小计	8 月 24 日发电运用					0.642		
1998	07-01～10-31		303.60	308.67	299.20		-0.920	310.55	307.83
1998	07-07～07-12	泄洪排沙				2 300	-0.320	310.55	
1998	07-13～07-22	泄洪排沙				6 300	-0.840		309.10
1998	08-22～08-27	泄洪排沙				3 100	0.140	307.83	
1998	泄洪排沙期小计						-1.020	310.55	307.83
1998	发电运用期小计	8 月 28 日发电运用					0.299		
1999	07-01～10-31		306.44	318.22	297.61		-0.600	314.33	308.55
1999	07-19～07-30	泄洪排沙	300.44	305.60	297.61	2 950	-0.410	312.08	308.65
1999	发电运用期小计	8 月 16 日发电运用					-0.150		

表 5-6 与表 5-7 之间少了 2000 年、2001 年两年资料，但大体上可以看出，敞泄期间借助进库洪水的动力，冲沙出库，恢复库容；洪水过后，抬高水位（坝前平均水位不超过 306 m），回水范围控制在北村上下，这就充分发挥了水资源进行综合兴利的作用。

表 5-7　2002～2008 年汛期敞泄期潼关以下库区排沙统计

年份	时段	月-日	天数(d)	坝前平均水位(m)	潼关径流量(亿 m³)	输沙量(亿 t) 潼关	输沙量(亿 t) 三门峡	冲淤量(亿 t)
2002	敞泄期	07-03～07-11	9	303.18		0.968	1.774	-0.806
		08-01～08-22	17	302.74		1.071	0.889	0.182
		小计	26			2.039	2.663	-0.624
	汛期		123	304.60	57.9	3.12	3.40	-0.28
	非敞泄期		97					0.344
2003	敞泄期	07-17～07-19	3	300.17	1.90	0.07	0.49	-0.42
		08-01～08-03	3	295.98	3.20	0.19	0.65	-0.46
		08-27～09-10	15	294.82	35.1	2.18	3.47	-1.29
		10-03～10-13	11	297.86	30.1	0.87	1.76	-0.89
		小计	32	296.48	70.3	3.31	6.37	-3.06
	汛期		123	304.06	157	5.38	7.76	-2.38
	非敞泄期		91					0.68
2004	敞泄期	07-07～07-10	4	287.75	2.8	0.03	0.43	-0.40
		08-22～08-25	4	292.84	5.7	1.01	1.60	-0.59
		小计	8	292.37	8.5	1.04	2.03	-0.99
	汛期		123	304.78	75	2.33	2.72	-0.39
	非敞泄期		115					0.60
2005	敞泄期	05-28～06-03	3	288.58	1.2	0.005	0.41	-0.405
		07-04～07-07	4	292.51	4.2	0.39	0.79	-0.400
		07-23	1	294.05	0.5	0.12	0.27	-0.150
		08-20～08-22	3	297.30	4.6	0.17	0.51	-0.34
		09-22～09-25	4	294.30	6.6	0.14	0.59	-0.45
		09-30～10-09	10	297.60	23.9	0.57	0.93	-0.36
		小计	25	295.0	41	1.39	3.50	-2.11
	汛期		123	303.38	115	2.50	4.03	-1.53
	非敞泄期		98					0.58
2006	敞泄期	06-26～06-28	3	291.52	1.5	0.005	0.23	-0.225
		08-02～08-03	2	297.63	2.1	0.05	0.35	-0.30
		09-01	1	297.96	1.9	0.08	0.32	-0.24
		09-22～09-24	3	299.32	4.1	0.11	0.46	-0.35
		小计	9	296.19	9.54	0.24	1.36	-1.115
	汛期			304.45	97.6	1.70	2.30	-0.60
	非敞泄期							
2007	敞泄期	06-29～07-01	3	292.73	3.90	0.026	0.585	-0.559
		07-29～08-01	4	297.19	5.69	0.262	0.732	-0.470
		10-08～10-09	2	294.34	3.50	0.073	0.591	-0.518
		小计	9	295.07	13.09	0.361	1.908	-1.547
	汛期		123	305.09	126.1	1.83	0.61	1.22
	非敞泄期		114					0.327
2008	敞泄期	06-29～07-02	4	291.23	3.82	0.019	0.740	-0.72
	汛期		123	304.97	19.6	19.6	0.740	-0.30
	非敞泄期		119					0.42

参 考 文 献

[1] 黄河三门峡水利枢纽志编纂委员会. 黄河三门峡水利枢纽志[M]. 北京:中国大百科全书出版社,1993.

[2] 胡一三,等. 三门峡水库运用方式原型试验研究[M]. 郑州:河南科学技术出版社,2009.

[3] 缪凤举,等. 洪水排沙平水发电[C]// 三门峡水利枢纽运用四十周年论文集. 郑州:黄河水利出版社,2001.

第六章 河道异重流观测与研究

黄河干流与其支流渭河在潼关水文站基本断面上游汇合后进入潼关观测河段，见图 6-1。

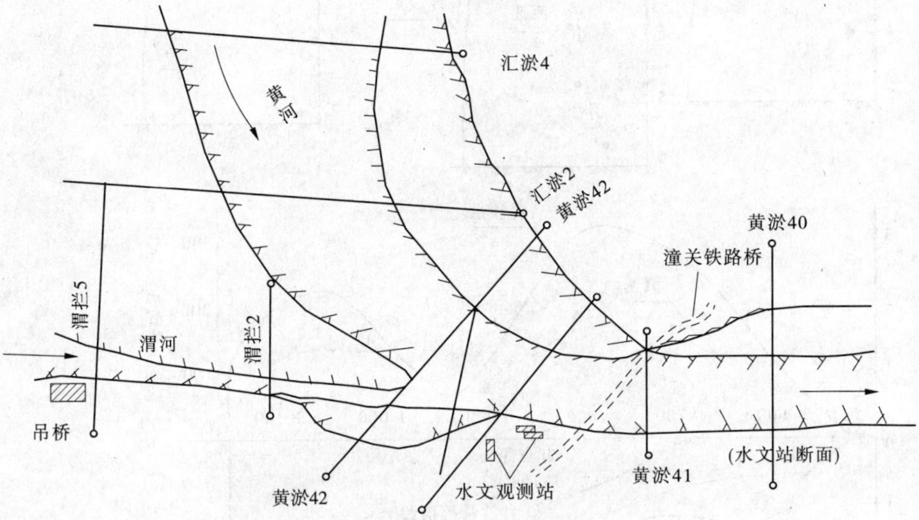

图 6-1 黄渭河汇流区地形示意图

由于黄河和渭河的水沙条件、泥沙组成不同，在汛期两河洪水遭遇时，经常出现"泾渭分明"的现象。水容重较重的水流（含沙量高）潜入下层向下游流动，水容重较轻的水流（含沙量低）浮在上层。虽然运动方向是一致的，由于水的密度、黏性的差异，在潼关断面中两种流动的液体掺混较少，各自维持其特性流动。其流速、含沙量在垂线上的分布各不相同，见图 6-2。

从图 6-2 中可以看出，流速与含沙量在垂线上的分布与天然河道迥然不同。因此，在洪水时期潼关测流断面的输沙量与相邻测站出现很大差异，引起三门峡库区实验总站的高度重视，于 1975 年组成研究观测组到潼关水文站作专题研究。

第一节 问题由来

潼关河道异重流是在 1964 年 7 月 19 日第 52 次悬移质输沙率测验过程中出现的，该次实测的断沙为 163 kg/m^3，相应单沙为 46.7 kg/m^3，单沙占断沙的 28.6%。①若承认这个成果，与上下游测站所测到的输沙量是相对应的。②若舍弃该测点的资料就会导致与上下游测站的输沙量相差 1.0 亿 t 左右。1966 年 7 月，王国士分析了潼关水文站水沙特性时，发现 1964 年 7 月 19 日洪水，渭河含沙量是黄河含沙量的 10 倍，进而判断可能是渭

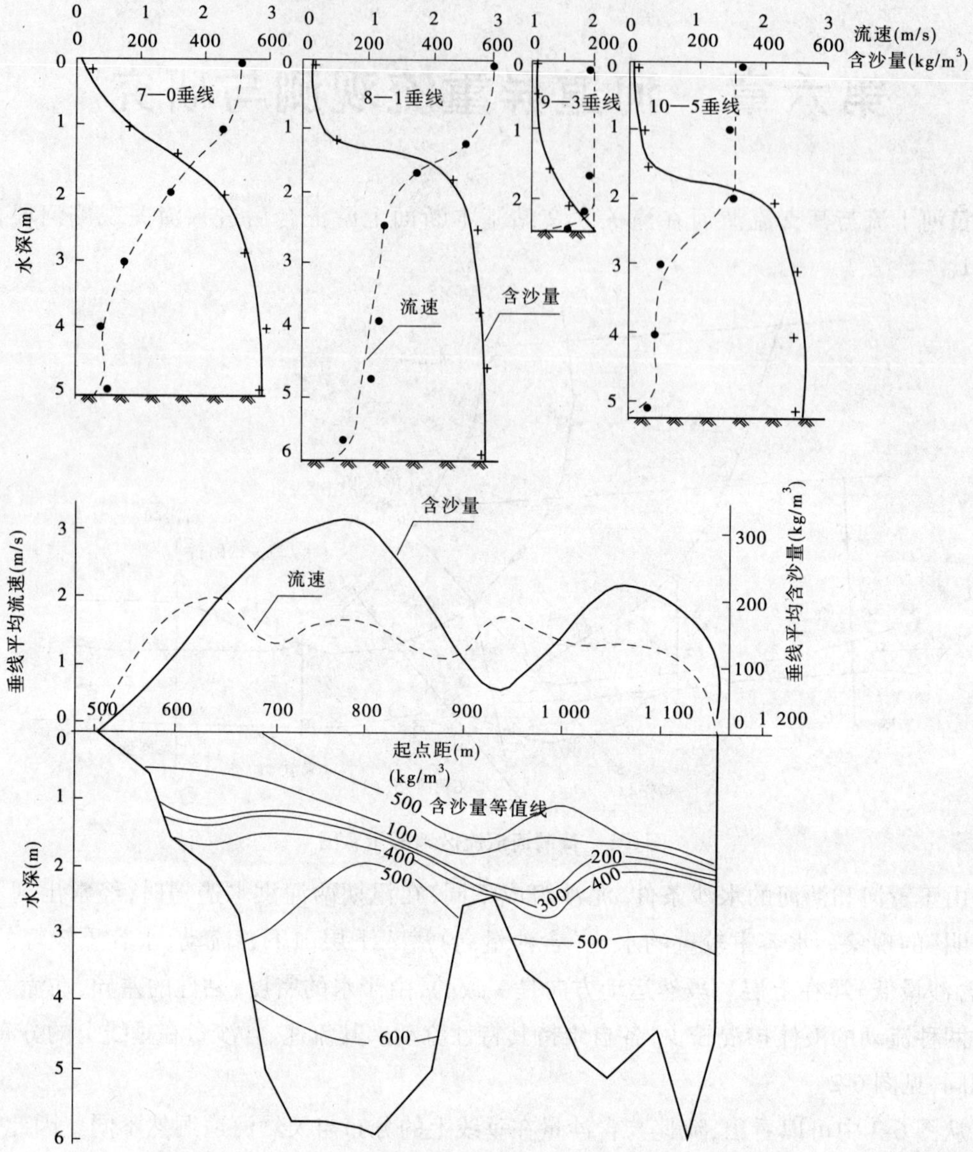

图 6-2　1975 年第 13 次输沙率测验所测流速、含沙量分布

河高含沙水流潜入黄河低含沙水流的下面形成的特殊水流流态，但没有引起人们的重视。程龙渊分析了 1964～1974 年 18 条多点测流速、测输沙率的资料，从中发现含沙量在垂线上的分布有突然增大的拐点，和水库异重流垂线分布相似。拐点以下的平均含沙量、流量与渭河相应时段的含沙量、流量有某些相关程度，而拐点以上的含沙量、流量又与黄河测流相应时段的含沙量、流量有某种相关程度，初步认为可能是河道异重流。但是缺少全面的水文泥沙实测资料，不能最后确定，尚须进一步观测和作资料分析。

第二节　现场观测与研究

为了澄清事实,1975 年汛期三门峡库区水文实验总站(三门峡水文水资源局前身)派遣龙毓骞等赴潼关水文站作实地调查并参加水文泥沙测验工作。1975 年 7 月 26 日至 8 月 1 日黄河龙门水文站出现 3 000 m^3/s 流量以上洪水,与之相应的渭河与北洛河发生 2 000 m^3/s 流量高含沙洪水。在这期间,潼关、龙门及渭河、洛河叠加的水沙过程见图 6-3。潼关断面的流速、含沙量在垂线上的分布参见图 6-2。从图 6-3 中可以看出,渭河华阴水文站与北洛河朝邑水文站按传播时间滞后合成的含沙量过程线与潼关水文站的含沙量过程线相对应,流量过程线是龙门水文站与潼关断面相对应。

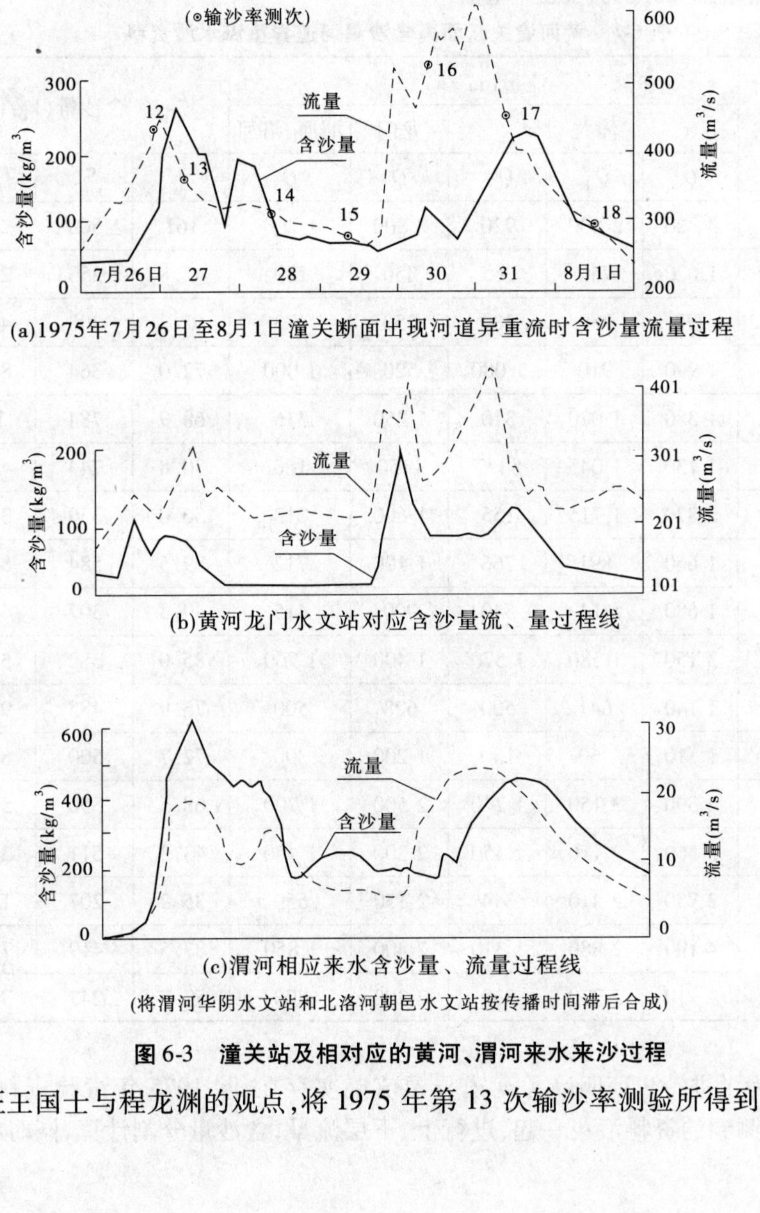

(a)1975年7月26日至8月1日潼关断面出现河道异重流时含沙量流量过程

(b)黄河龙门水文站对应含沙量流、量过程线

(c)渭河相应来水含沙量、流量过程线

(将渭河华阴水文站和北洛河朝邑水文站按传播时间滞后合成)

图 6-3　潼关站及相对应的黄河、渭河来水来沙过程

为验证王国士与程龙渊的观点,将 1975 年第 13 次输沙率测验所得到的垂线流速分

布和含沙量分布绘制成图6-2。从图6-2可看出，含沙量分布明显出现上、下层不同水容重的流动液体。

将图6-2与图6-3一并分析，上层的水容重小，与潼关断面在1975年13次输沙率测验相对应的黄河龙门水文站含沙量为35.0 kg/m³，下层与渭河、洛河含沙量为537 kg/m³相对应，这与图6-2含沙量垂线分布是相吻合的。文献[1]、[3]中对1975年12～18测次中选出5次含沙量、流量实测值按上、下层分割计算，见表6-1。将上层的流量、含沙量与龙门水文站相对应；下层与渭河、洛河相对应，渭河、洛河小洪水含沙浓度高，泥沙组成细。文献[4]研究结果认为，渭河来沙组成中颗粒小于0.01 mm的百分数为36%，当$d<0.01$ mm含沙量在70 kg/m³以上时，挟沙水流就转化为高含沙水流。因此，在表6-1中给出渭河、洛河来水中的含沙量大于200 kg/m³的均为高含沙水流，在潼关断面上游干支流汇合后便潜入黄河水流下面成为河道异重流。

表6-1　黄河潼关断面高含沙量河道异重流水沙资料

编号	年份	测次	流量(m³/s)					含沙量(kg/m³)			
			潼关			龙门	渭河、洛河				
			Q	$Q_{上}$	$Q_{下}$	Q	Q	$S_{上}$	$S_{下}$	$S_{龙}$	$S_{渭+洛}$
1	1969	12	3 720	2 800	920	2 800	1 200	161	508	230	510
2	1969	16	1 020	755	265	850	289	42.8	353	20.0	286
3	1970	10	777	389	389	250	473	62.2	303	45.0	279
4	1971	19	1 990	910	1 080	520	1 000	72.0	364	85.0	373
5	1972	8	1 380	1 070	310	1 250	316	68.9	784	100	859
6	1972	9	1 130	1 045	84.7	1150	160	30.8	744	40.0	625
7	1973	10	1 870	1 715	155	1 600	213	56.0	339	35.0	303
8	1973	14	1 660	891	766	1 100	712	89.5	584	80.0	592
9	1973	15	1 680	1 140	540	900	415	49.3	307	45.0	328
10	1973	20	3 150	1 580	1 570	1 400	1 700	85.0	382	55.0	449
11	1974	10	1 140	641	500	628	500	76.9	485	90.0	620
12	1974	11	1 110	960	150	1 200	390	72.7	500	80.0	520
13	1975	12	4 390	3 150	1 240	2 500	1 700	68.5	550	50.0	536
14	1975	13	3 560	2 110	1 450	2 200	1 450	43.3	511	35.0	537
15	1975	15	2 750	2 410	344	2 150	550	35.2	207	15.0	211
16	1975	17	4 190	2 880	1 310	2 400	1 850	87.5	419	70.0	420
17	1975	18	2 910	2 370	539	2 200	800	58.7	247	30.0	265

文献[1]为了进一步证明潼关河道异重流确实存在，除1975年试验资料外，又收集了其他年份观测到的资料汇集一起，进行上、下层流量，含沙量分割计算，同时将相对应时

间的龙门、华县和洑头三站合拼后的资料也进行分割计算，其结果如表6-1所列。从表6-1中可看出，潼关断面上层流量与含沙量和龙门水文站非常接近。而下层与渭、洛合拼后的流量、含沙量很符合，见图6-4。由此可以说明，当渭河高含沙量水流进入黄河潼关河段以后，就会潜入下层，从异重流发生或产生的机理来分析，属于异重流范畴，与水库中产生的异重流有相同之处，又有不同之处。

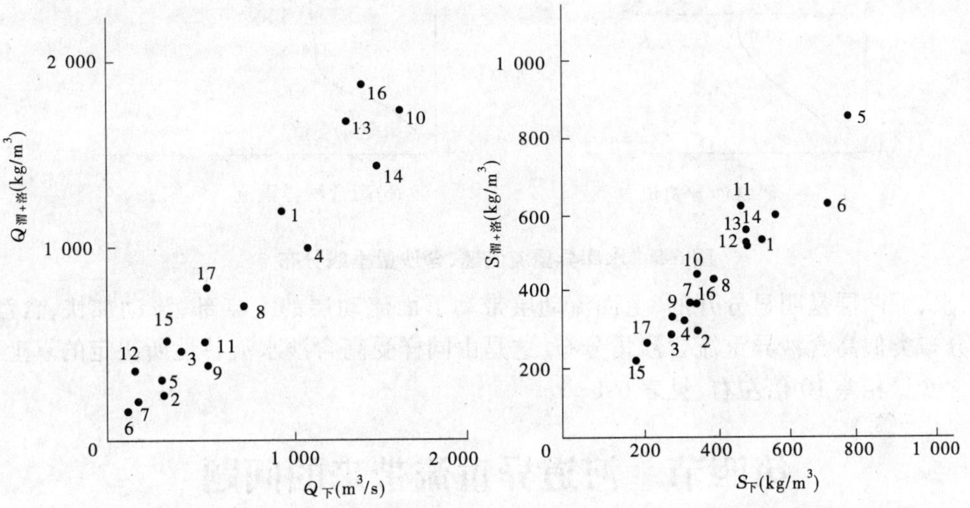

图6-4 下层与渭、洛合并后的流量、含沙量关系

第三节 河道异重流的基本特点

水库异重流是挟沙水流进入基本属于静止状态的水库清水库区，因为密度差等作用，潜入清水层下边，而发生的潜流之后叫做异重流。其运动规律和特征已经有所了解。水库异重流又可分为高含沙异重流和一般含沙异重流，前者是发生在高含沙河流上的水库，如巴家嘴水库。只要上游发生洪水进入水库以后就产生高含沙异重流。一般挟沙的洪水进入水库以后，异重流产生的条件是：修正后的弗劳德数 Fr' 为0.78，流速、含沙量在垂线上的分布见图6-5。

水库异重流的流速分布，在异重流交界面以上的静水被交界面以下的动水（异重流）所拉动。交界面上、下的流速是很相似的。交界面以下的流速分布近乎是对数分布型式，含沙量的垂线分布，在交界面以上是异重流受清水的阻力所产生的扰动，使交界面的泥沙向上扬动。在临近床面附近的含沙量受床面阻力作用，流速几乎为零，泥沙沉降使含沙量突然增大。

水库高含沙异重流具有高含沙水流特性，流速分布似有"流核"存在，含沙量分布因为黏性作用几乎是垂直分布。

河道异重流交界面上、下两层的流动是一个方向，受液体黏滞力的作用，上层含沙量少，黏滞力小而流动快；下层含沙量高，黏滞力大而流动慢，见图6-2。从含沙量垂线分布

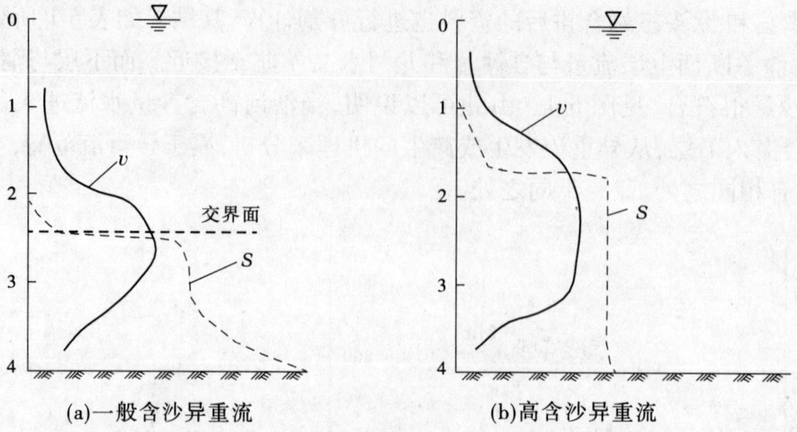

图 6-5　水库异重流流速、含沙量垂线分布

来看，上、下两层是明显分开的，上面流动层带动下面流动层的上半部，流动加快，含沙量垂线分布类似高含沙异重流含沙量分布，这是由同样受高含沙水流特性所决定的。上、下两层含沙量相差 10 倍左右，见表 6-1。

第四节　河道异重流带来的问题

潼关断面的河道异重流是因为潼关水文站成为三门峡水库潼关以下库区的进库站，与上游的龙门水文站（黄河）、华县水文站（渭河）、洑头水文站（北洛河）、河津水文站（汾河）以及与三门峡出库站、库区冲淤量进行沙量平衡计算时，潼关站与上下游水文站的输沙量相差 1.0 亿 t 多，进而找出测验断面的测点舍去与保留带来的问题，并联系到观测断面多年来出现的异常现象时，才意识到可能是异重流。然而，河道异重流是如何发生的？稳定条件又是什么？河道异重流输沙能力、运行长度及有关基本规律等问题至今无人问津。

一、河道异重流产生条件

水容重不同且相差较大的两条河流交汇时，容易产生河道异重流，从原理上分析是可以接受的，然而它的具体判别条件尚不清楚，尤其是在汛期洪水过程中又难以掌握。因为它涉及断面输沙率测量问题，如果错过时机会给年终输沙量整编工作造成很大困难。

二、河道异重流的流量、含沙量垂线分布

图 6-2 给出了一次河道异重流 4 条垂线的流速、含沙量分布。从图 6-3 得知它是由渭河、洛河高含沙洪水造成的。如果干流黄河是高含沙洪水而支流是一般含沙水流，但是含沙量在 100 kg/m^3 以下（即非高含沙水流）时，产生异重流以后的流速、含沙量分布又是如何？

潼关断面异重流是按精测（多点测速）法测到的。在洪水过程中，水文测验为了及时抓住洪水特征值，多采用简测法进行测验。如果水文站测流断面时出现河道异重流，其测

验方法,流速、流量计算能否按照现行规范规定进行?这对年内径流量、输沙量的影响有多大?

三、河道异重流的稳定问题

两条水容重不同的河流交汇以后所产生的河道异重流能否稳定?稳定后的运行距离又是多少?特别是在水文站测流断面附近,对测验带来很多不便。在这类河道上如何开展水文泥沙测验,是否有必要值得探讨。

第五节　值得思考的几个问题

黄河潼关断面出现了河道异重流,由于处理不慎影响了上下游测站的沙量平衡,改正之后基本合乎规定,它提出了今后潼关水文站汛期必须重视河道异重流的出现。

我国幅员辽阔、江河众多,其情况极其复杂,像潼关断面出现河道异重流并非潼关所仅有,如果与生产、生活无关也就听之任之,然而像潼关断面的情况,早已有之而我们不知,且影响了生产、生活。建议对较重要的江河做些普查,然后分轻重缓急分别处理,需要深入调查,进行试验研究,可能有利于生活、生产 。

参考文献

[1] 龙毓骞. 龙毓骞论文选集[M]. 郑州:黄河水利出版社,2006.
[2] 程龙渊,等. 三门峡库区水文泥沙实验研究[M]. 郑州:黄河水利出版社,1999.
[3] 黄河泥沙研究工作协调小组. 黄河泥沙研究报告选编[M]. 第二集. 出版地不详.
[4] 焦恩泽. 黄河水库泥沙[M]. 郑州:黄河水利出版社,2004.
[5] 钱宁. 高含沙水流运动[M]. 北京:清华大学出版社,1989.
[6] 钱宁,等. 异重流[M]. 北京:水利出版社,1958.

第七章　三门峡水库调水调沙

从宏观上看，自黄河规划委员会成立之日起就开始筹划、研讨黄河水沙调控问题，其中最现实、最突出、最实际的就是“调水调沙”，这在三门峡库区得以落实。

三门峡水库调水调沙自 1973 年 11 月开始至今已走过 38 年，许多专家、学者发表了论文与专著，文献[1～5]较为系统地作了论述，文献[6]作了有关介绍，文献[7]刊登了有关三门峡水库多方面的论文，内容异常丰富，上述文献中都涉及水库运用问题。

三门峡水库调水调沙在国内外实属首创，解决了多沙河流上修建水库处理泥沙问题。在 38 年的历程中，也遇到了意想不到的许多难题，通过各种方式，在现场作了很多原型试验和资料分析等研究工作，对水库运用方案不断地修订、改进甚至是修正。使得“调水调沙”逐步完善。在“确保西安，确保下游”的前提下，重视库区冲淤平衡，保持防洪库容，扼制潼关高程上升，也逐渐调整了出库的水沙过程，减少黄河下游河道负担。

随着黄河上中游对水资源不断的开发利用，大规模开展水土保持工作，农业耕作的改变，流域内的水量、沙量也随之发生变化。因此，黄河中游几座大型水库，三门峡、小浪底和拟建的古贤等水库的调水调沙又要进行与之相适应的调整和改进。由此看来，“调水调沙”始终处在改进过程中，随着客观条件的演变而演变，决非一成不变。由此可知，三门峡等水库的调水调沙还有很大的改进和完善的空间。

1968 年，水利电力部组成的三门峡水利枢纽工程二次改建规划设计工作组，由中国水利水电科学研究院、北京规划设计院、黄委水利委员会的有关单位共同组成。遵照周恩来总理的指示，即“确保西安，确保下游”的原则，经过充分论证和计算，提出大改建的方案，改建规模为：打开 1～8 号施工导流底孔，下卧 1～5 号发电引水钢管，在坝前水位 315 m 高程，可下泄 10 000 m^3/s 流量，一般洪水不影响潼关。冬季继续承担下游防凌任务。发电水位汛期 305 m，必要时降到 300 m，非汛期水位控制到 310 m。对运用方式在实践中不断总结经验，加以完善。

在上述改建规模前提下，规划组对潼关以下库区进行冲淤计算，二期改建工程完成以后，潼关以下库区可恢复库容约 10 亿 m^3，潼关高程下降约 2.0 m，实践证明，1973 年汛后基本达到预期目标。

第一节　水库调水调沙必备条件

调水调沙的目的是保持可用库容，其核心是调整泥沙在库区运动过程（包括冲淤），扼制库区累积性淤积，泥沙排出水库以后，尽可能减少下游河道淤积。库容是库区调节泥沙的必备条件，调节泥沙的河槽库容实际上是可用库容的重要组成部分，它位于靠近坝区、冲淤变幅很大而又能长期维持冲淤平衡的河槽库容。

调整泥沙的过程首先是把某时段或非汛期采取关闭闸门抬高坝前水位的措施，将进库的输沙量拦截在坝区和靠近坝区的河槽库容内，等待时机成熟或预案时机，凭借洪水或者开闸泄水形成的溯源冲刷、沿程冲刷，将已经拦截下来的泥沙冲起来排沙出库。占用的这部分库容也可称为调节泥沙库容，简称“调沙库容”。调沙库容的容积应略大于调节泥沙期间的进库总沙量。三门峡水库调沙期处在非汛期，而历年非汛期进库输沙量为1.5亿~2.5亿t。以1995年汛后的库容曲线为例，库水位314 m高程以下的库容为2.3亿m^3，与之相应的淤积末端在北村（距坝45 km）与大禹渡（距坝75 km）之间，远距潼关（距坝125 km）50 km以外，不会影响潼关。若潼关高程出现升降问题，应属于自然规律所造成的正常现象。

一、泄流建筑物布局与泄流能力

在多沙河流上修建水利水电枢纽工程，其泄流建筑物的布局，应当着重考虑将对排沙有利作为选项，其实质是减少水库淤积。从实践中得知，泄流建筑物的底槛高程与原河床高程的高差越小，对排沙和泄流的效益越大，泄流排沙设置若干个孔（洞）在原断面范围内分散布局，看起来是“散而低”。青铜峡水利枢纽工程的泄流建筑物的布局比较合理，15孔泄流管道分布在全断面且在发电机组下部，既可泄洪又可排沙，同时减少进入机组含沙量。

排沙洞进口底板高程低，在坝前容易产生跌水并向上游发展，构成坡度很陡的溯源冲刷。1970年7月1日，三门峡施工导流底孔突然打开之后，瞬时间在坝前出现约5.0 m落差的跌水水面线，如图7-1所示。

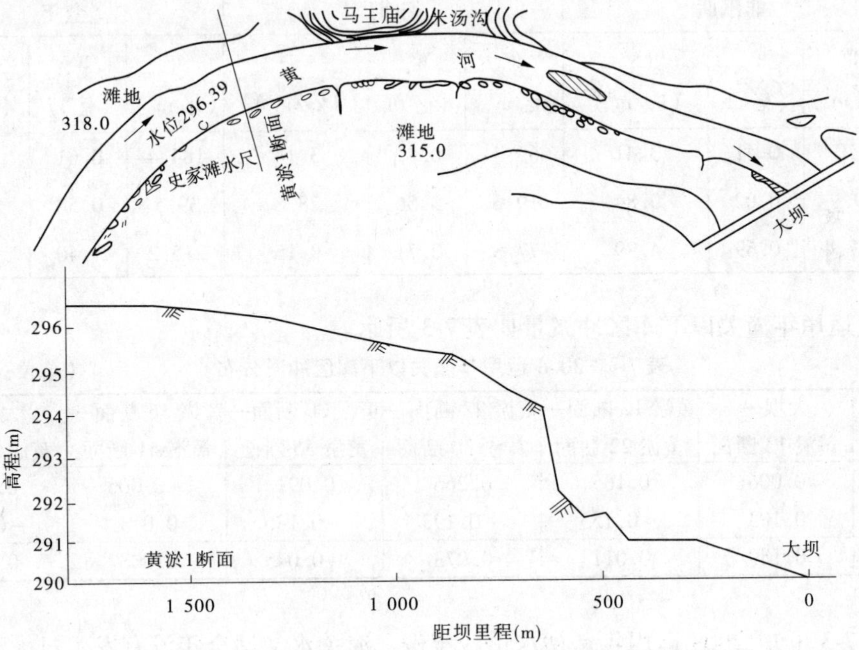

图7-1　1970年7月三门峡坝前段冲刷期跌水水面线

与调水调沙相匹配的排沙洞泄流能力，目前尚无科学的论证。姜乃森根据许多水库的实测资料分析，给出笼统的定量值，令Q_0为某特定高程下的下泄流量，为进库洪水频率的5% ~10%；Q_c 为进库多年的汛期平均流量，Q_0/Q_c 值为3.5 ~5(大型水库)、13 ~16(中小型水库)，作为调水调沙设计泄洪排沙的泄流能力时参考之用，见表7-1。

表7-1 调水调沙运用泄流能力

水库名称		特定水位(m)	Q_0(m^3/s)	Q_c(m^3/s)	Q_0/Q_c
大型水库	三门峡	318	10 500	2 400	4.4
	青铜峡	1 154.8	8 520	1 760	4.8
	龚嘴	528	10 720	2 900	3.7
中小型水库	黑松林	751	10.0	0.64	15.6
	镇子梁	1 016	39.0	3.0	13.0

二、洪水是排沙的主要动力

流量是调沙的原动力，没有水流运动，泥沙只能原地不动(风力也可输沙)。众所周知，流量 Q 与输沙率 Q_s 是高次方关系。由此可知，流量越大，能够输送的泥沙越多；流量越大，输沙量呈级数上升。如果汛期没有洪水，运用年内难以达到冲淤平衡。以2008年运用年为例，三门峡进库全年径流量：黄河龙门水文站为184.4亿 m^3，渭河华县水文站为39.5亿 m^3，潼关水文站为215.2亿 m^3。全年输沙量：龙门水文站为0.61亿 t，华县水文站为0.58亿 t，潼关站为1.40亿 t，见表7-2。

表7-2 2008运用年龙门、华县、潼关站水沙量统计

站名	非汛期			汛期			全年		
	W (亿 m^3)	W_s (亿 t)	S (kg/m^3)	W (亿 m^3)	W_s (亿 t)	S (kg/m^3)	W (亿 m^3)	W_s (亿 t)	S (kg/m^3)
龙门	119	0.41	3.41	65.4	0.21	3.14	184.4	0.61	3.31
华县	19.9	0.02	0.84	19.6	0.56	28.8	39.5	0.58	46.7
潼关	137.4	0.69	4.99	77.8	0.71	9.15	215.2	1.40	6.49

2008运用年潼关以下库区冲淤量如表7-3所示。

表7-3 2008运用年潼关以下库区冲淤分布 (单位：亿 m^3)

时段	大坝—黄淤12断面	黄淤12断面—黄淤22断面	黄淤22断面—黄淤30断面	黄淤30断面—黄淤36断面	黄淤36断面—黄淤41断面	大坝—黄淤41断面
非汛期	0.006	0.165	0.266	0.091	-0.006	0.521
汛期	0.183	-0.153	-0.193	-0.136	0.013	-0.286
全年	0.189	0.011	0.073	-0.045	0.008	0.236

从表7-3可知，2008运用年是枯水枯沙年份。潼关水文站全年没有发生过大于1 500 m^3/s的洪水，洪水期平均流量不大，比多年汛期平均流量1 250 m^3/s还小，见表7-4。从表7-4中所列资料我们可以认为：如此大的黄河，竟然没有发生洪水，因为没有洪水，尽管非汛期入库沙量(潼关水文站)只有0.69亿 t，潼关以下库区非汛期共淤积0.521亿 m^3。由于汛期无洪水，也就是说，没有足够的动力，非汛期淤积在库内为数很少的情况下，泥沙没

有冲出水库,年内仍达不到冲淤平衡,而且主要淤积在坝前段。

表 7-4 2008 年汛期洪水特征值

时段(月-日)	站名	Q_{max} (m^3/s)	S_{max} (kg/m^3)	W (亿 m^3)	W_s (亿 t)	$\overline{Q}$ (m^3/s)	$\overline{S}$ (kg/m^3)	S/Q
06-29 ~ 07-09	龙门	1 530	4.63	9.71	0.032	702	3.32	0.004 7
	华县	200	22.8	1.50	0.015	108	9.92	0.091 9
	潼关	1 410	5.85	10.6	0.051	769	4.76	0.002 5
08-09 ~ 08-25	龙门	1 640	15.1	10.1	0.068	697	6.73	0.009 7
	华县	409	426	2.26	0.201	155	88.7	0.572 0
	潼关	1 390	34.9	10.4	0.160	719	15.3	0.021 3
09-03 ~ 09-24	龙门	1 720	3.89	21.2	0.049	1 115	2.3	0.002 1
	华县	263	36.2	2.93	0.038	154	13.0	0.084 4
	潼关	1 460	18.4	20.7	0.109	1 088	5.26	0.004 8
09-25 ~ 10-07	龙门	1 500	7.05	7.02	0.027	625	3.85	0.006 2
	华县	745	24.6	3.85	0.061	343	15.8	0.046 1
	潼关	1 480	34.3	10.4	0.132	927	12.7	0.013 7

自 1974 年水库按调水调沙运用以来,汛期库区发生冲刷的沙量与当年汛期水量有关。然而,非汛期运用时期,有些年份坝前水位偏高,特别是坝前水位超过 320 m 高程以上的天数,以及非汛期各时段最高水位对淤积部位都有较大影响,尤其是 3 月、4 月进库沙量相对较多,其影响尤甚。图 7-2 是汛期来水与库区冲刷量的简单关系。任何一座水库如果要进行调水调沙,洪峰流量和洪水水量是最重要的条件。

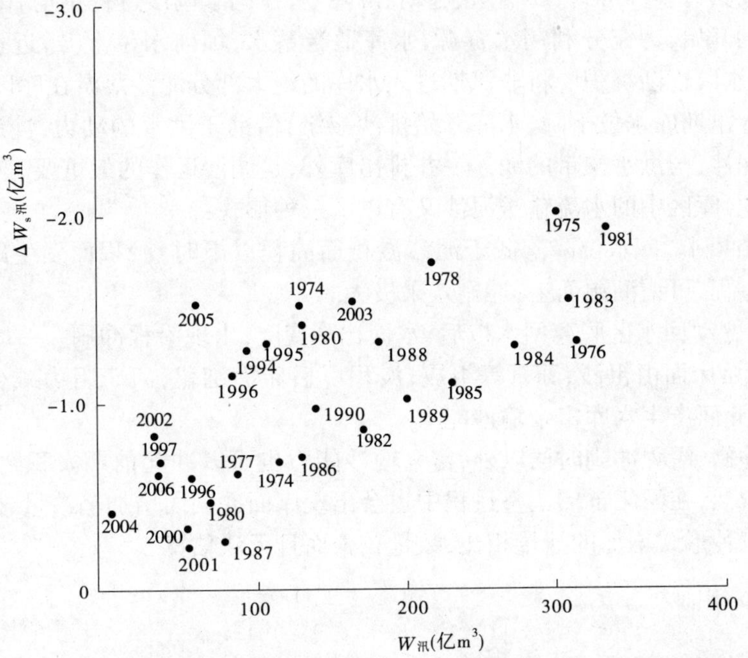

图 7-2 汛期水量与汛期冲刷量关系

三、流域内水量、沙量条件的改变

受人类活动的影响，水资源再分配、水利水电枢纽工程的兴建、水土保持、农业结构的改变，都会促使进入库区的径流量、输沙量在数量上或者在时空分配上发生较大的变化，这对调水调沙影响很大，从表7-2、表7-3可以计算出：2008年三门峡在汛期无洪水进库，潼关断面径流量77.8亿 m^3，日平均流量为732 m^3/s，相应含沙量为9.1 kg/m^3，水沙搭配参数为0.012 5 $kg \cdot s/m^6$，属于不冲不淤挟沙水流范围，水库又是低水位运用，非汛期潼关以下库区只淤积了0.521亿 m^3。但汛期能冲起的泥沙只有0.286亿 m^3，尚有0.236亿 m^3 留在坝区，只带走1/2。1981年汛期水量为338.3亿 m^3，平均流量为3 183 m^3/s，平均含沙量为32.6 kg/m^3，水沙搭配参数为0.009 8 $kg \cdot s/m^6$；洪水期水量为300.2亿 m^3，历时98 d，平均流量3 545 m^3/s，平均含沙量为32.6 kg/m^3，水沙搭配参数为0.009 2 $kg \cdot s/m^6$。该运用年非汛期淤积1.101亿 m^3，汛期冲刷1.906亿 m^3，几乎是淤积的2倍。两者对比，前者非汛期坝前水位低于318 m，桃汛期间坝前水位下降到312.9 m，从运用条件来看淤积物下移至黄淤30断面（距坝75 km）以下库区有利排沙；而后者在非汛期坝前平均水位为317.57 m，水位超过320 m有101 d，非汛期淤积部位偏上，不利排沙。然而，由于流量大洪水次数多，不仅将1.01亿 m^3 淤积泥沙排出库外，而且多冲刷约0.9亿 m^3 泥沙出库。由此可见，洪水期大流量是调水调沙运用必不可少的重要条件。

第二节　水库调水调沙基础理论

泥沙运动具有多种形式，如输送、起动、沉降等，在调水调沙过程中均有所表现。非汛期是运用年的开始，为充分利用水资源，水库适当蓄水，坝前水位上升，近坝库区水流平缓，泥沙在回水区逐渐沉积。将非汛期进入水库的绝大部分泥沙落淤在库区，是调沙运作的开始。进入汛期库水位下降，水库开始排沙减淤，借助于洪水的动力，冲起非汛期淤积尚未固结的泥沙，与洪水挟带的泥沙一并排出库外，是调沙运作的最重要、最关键的过程。在这个过程中，库区中的水流输送泥沙又有以下三种形式：

（1）溯源冲刷。库水位降落低于泥沙淤积面高程以下时，淤积面发生跌水产生自下而上的冲刷过程，可谓溯源而上，冲刷效果极大。

（2）水库变动回水区脱离回水以后，水面比降变陡，出现沿程冲刷。

（3）若原始床面由粗沙、砾石等组成，淤积以后床面细化，河床阻力减少而引起挟沙能力增大，由此而产生水库富余输沙能力。

在溯源冲刷、沿程冲刷时段以外，富余输沙能力也可以冲起前期淤积物，一并与来沙排出库外。诚然，在河床自然调整过程中也会出现床面冲刷而增加输沙量，但这部分增加的沙量与前三种形式增加的沙量相比，数量较少而且无法估算。

一、溯源冲刷

溯源冲刷的现象常常发生在我们的身边，在农村、乡间，暴雨过后时常可以看见坡面上的细沟流水冲出来的陡坎逐渐向上游移动。只不过这样小规模的溯源冲刷与生活、生产没有直接关系，人们不注意观察。

官厅水库在1954年汛期，泄水隧洞正在施工中，预留了泄水孔仍在敞开泄洪，水库处在拦洪、滞洪、滞沙阶段。近坝区4～5 km范围内处在壅水时期仍然发生淤积。洪水过后，自泄洪洞口向上游发生溯源冲刷，进库流量不足10 m^3/s，溯源冲刷速度约5 km/h。

1960年汛期，官厅水库的进库水沙条件属于枯水系列，库水位一直处于下落过程，在水库变动回水区下段（新八号桥下游）出现溯源冲刷。因前期（1956～1958年）是异重流淤积物，经沉积固结，发生溯源冲刷后形成阶梯式的纵剖面，如图7-3所示。

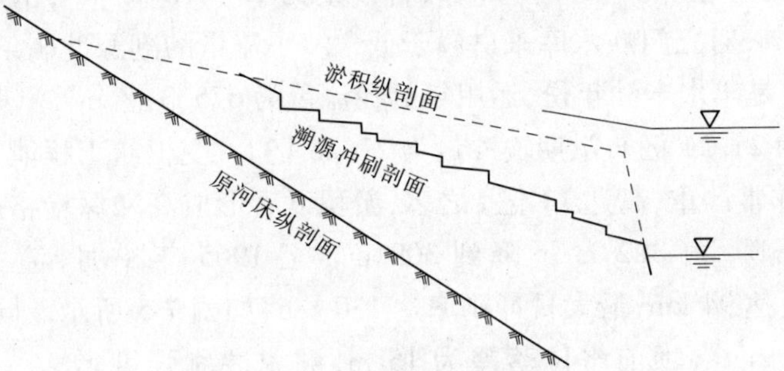

图7-3　官厅水库溯源冲刷示意图

三门峡水库于1962年3月改为滞洪排沙运用以后，库水位下降到淤积三角洲顶点高程以下，自三角洲顶坡起发生跌水冲刷，并向上游传递，即所谓溯源冲刷。图7-4是该年发生溯源冲刷过程中水库各水位站水位过程线。

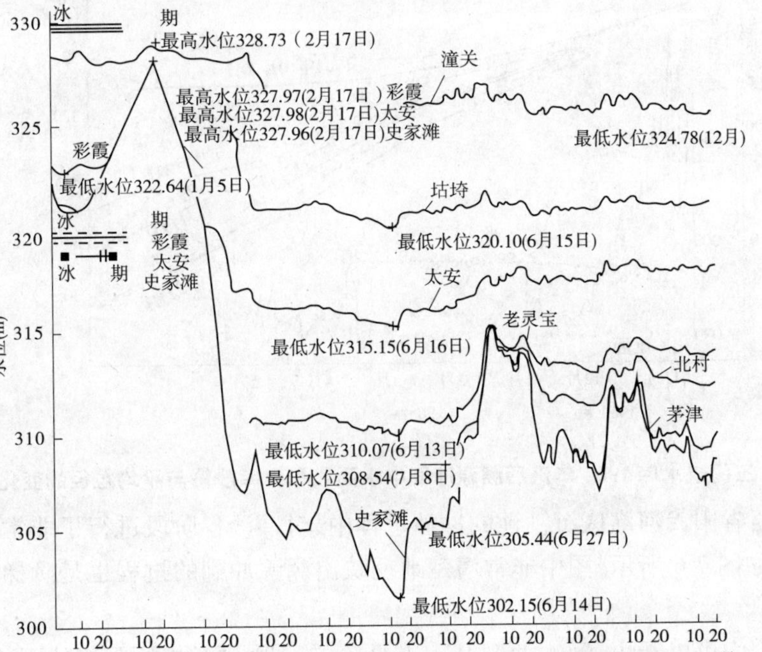

图7-4　1962年三门峡库区各水位站水位过程线

1961 年,汛期水库排沙比仅有 6.8%,进入库区的泥沙绝大部分沉积后淤积成三角洲形态。三角洲顶点在黄淤 30 断面附近(距坝址约 68 km)。1962 年 2 月中旬,最高库水位为 328.73 m,水库水位从此开始下降,太安水位站(距坝址 72 km)水位开始急剧下降,这预示着三角洲顶坡出现强烈冲刷(下切式)由黄淤 30 断面上溯到太安水位站。至 3 月初,太安水文站水位下落到 317.10 m 上下,水位下降近 3.0 m,可见河床下切之激烈。本次溯源冲刷起始条件为:①淤积三角洲顶坡比降为 1.5‰,三角洲前坡比降为 5.4‰;②潼关水文站(进库)流量为 900 ~ 1 200 m^3/s,含沙量为 10 ~ 16 kg/m^3,水沙条件比较平稳。库水位落差为 16 m,对三门峡水库来讲属于低含沙小流量的溯源冲刷条件。

1964 年,黄河是丰水丰沙年份,运用年的径流量为 675.3 亿 m^3,汛期径流量为 437.2 亿 m^3;年输沙量为 24.24 亿 t,汛期输沙量为 21.26 亿 t。受枢纽工程泄流能力的限制,潼关以下库区淤积非常严重,高达 13 亿 t 之多,淤积以后形成高滩深槽格局。同年 10 月下旬,库水位急剧下降,由 322 m 下降到 309 m。至 1965 年 1 月,潼关以下库区冲刷 3.7 亿 t,冲刷长度达 94 km,最大日冲刷率达 130 t/d,如图 7-5 所示。同年 11 月,进库月平均流量为2 090 m^3/s,坝前水位落差为 15 m,溯源冲刷强度增大,平均速度为 1.24 km/d。从形态上看有如剥笋皮、一层一层冲掉,实际上是随着库水位降落,呈现快速不连续的阶梯式向上游发展,掩盖了真实形态,如图 7-5 所示。

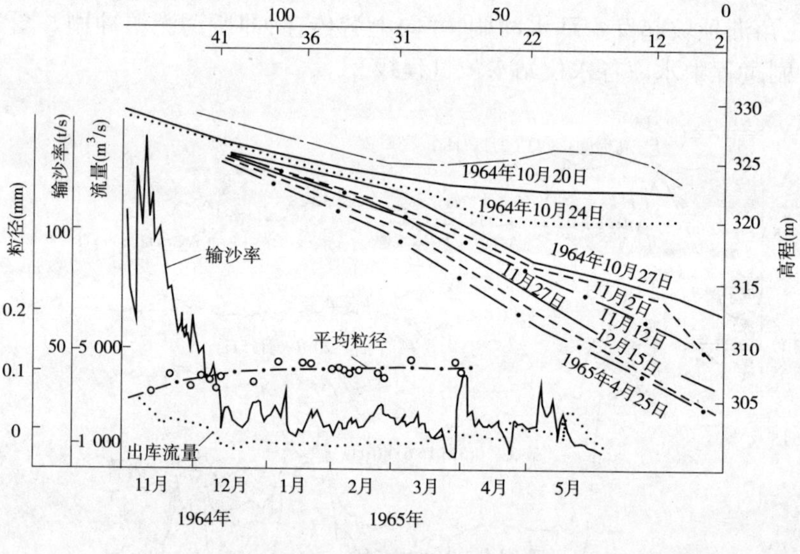

图 7-5　三门峡水库 1964 年汛后溯源冲刷中水面线和出库沙量与平均粒径的变化

钱宁在山西省阳武河灌区沉沙池的冲沙过程中,对冲沙各阶段进行了非常细致的观测,其水面变化如图 7-6 所示,图中非常清楚地反映出溯源冲刷的过程也是阶梯形形态变化过程。

从上述讨论中可以看出,溯源冲刷基本上是阶梯形跌水形式的急流冲刷,除增强水流含沙量外,还含有重力侵蚀特点,在陡坎跌水一刹那间,陡坎泥块坠落到河槽中。在跌水冲刷共同作用下,水流含沙量急剧增加,水流与泥沙迅速掺混均匀,随水流向下游运动,

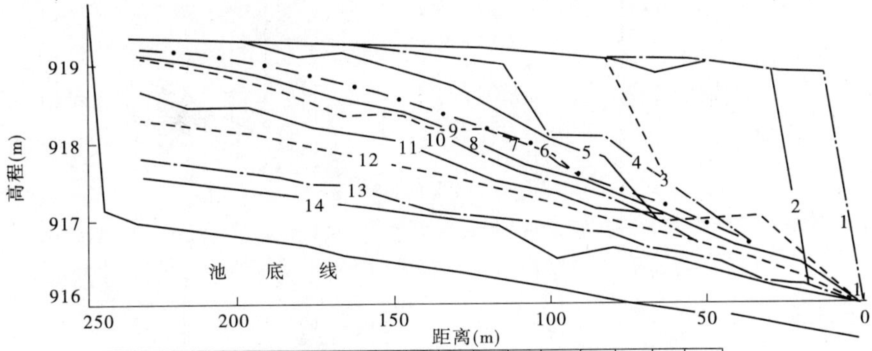

曲线编号	0	1	2	3	4	5	6	7	8	9	10	11	12	13	14
冲刷历时(h)	0	5	10	20	35	50	90	102	137	152	182	237	297	357	387

图 7-6 阳武河灌区沉沙池冲沙过程中水面的变化

其输送能力异常强大,如图 7-7 所示。在跌水发展过程冲刷强度最大时段,也是含沙量达到最高的时段。然而,跌水断面附近河段又最难捕捉观测时机。图 7-7 中 A—A 断面是跌水发生的水流情况,也是输沙率较大的时刻。

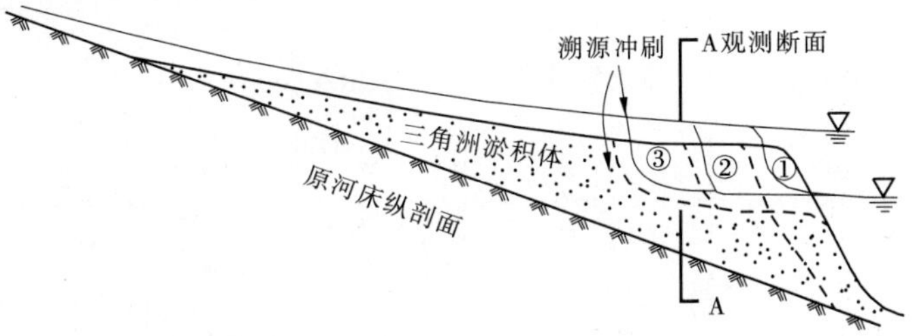

图 7-7 溯源冲刷过程及观测断面示意图

以三门峡水库为例,溯源冲刷比较强烈的库段一般在黄淤 20 断面至黄淤 30 断面。这一库段长 35 km,黄淤 20 断面距坝址 33 km。非汛期蓄水淤积成三角洲,其顶坡段基本上处在这一库段,顶坡段比降约 1.7‱。北村水文站处在黄淤 22 断面,根据 1963 ~ 1965 年汛期共测 130 组项目齐全的资料,采用单宽输沙率(q_s)与单宽水流功率($\gamma' qJ$)建立关系,试图找出在溯源冲刷过程中的水流输沙关系,其相关关系如图 7-8 所示。

图中①线表示积库段尚未发生跌水冲刷,然而它已经受到库水位下降的影响,水面比降大于顶坡平均比降 1.7‱。实际上是处在沿程冲刷过程,或者将这组资料定为沿程冲刷,其系数为 0.001 2,是三组中最小的。②线表示已经接近跌水段逐渐向跌水段河床演变方向发展,然而坡度仍然是平均坡度的 1.7‱输沙率较大。③线表示处在跌水下游断面附近,受跌水冲击最强,水流含沙量最大,方程式系数为 0.01,是①的系数 8 倍多,将它看做是溯源冲刷输沙率。

三门峡库区的溯源冲刷资料是国内水库中最多而且比较完整的。表 7-5 给出了溯源冲刷范围及发展过程的平均流量。表 7-6 是溯源冲刷库段范围内各断面的冲刷厚度及潼关水文站的平均流量。

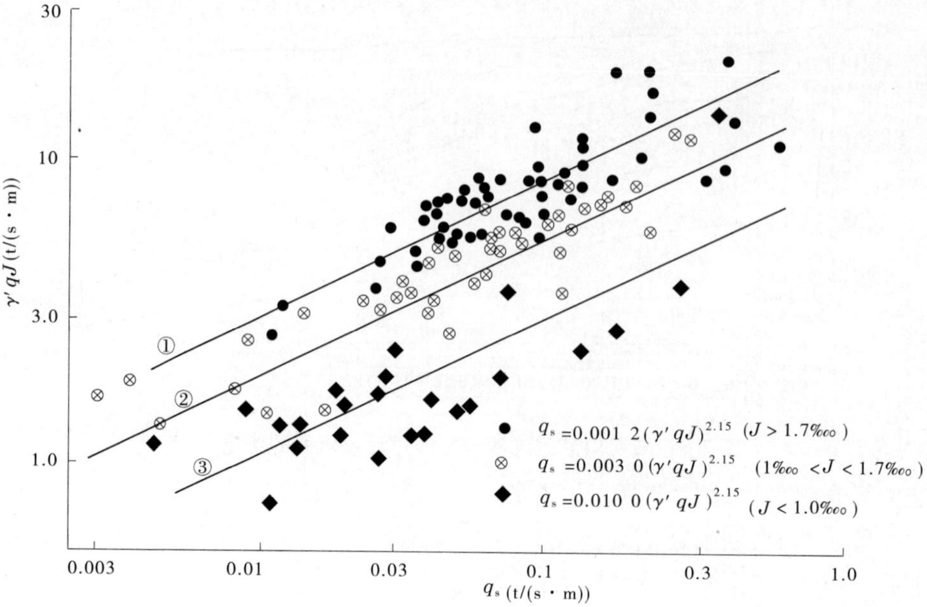

图 7-8 三门峡水库溯源冲刷 $q_s \sim \gamma' qJ$ 相关关系(1963～1965 年)

表 7-5 三门峡水库溯源冲刷范围及发展过程的平均流量

年份	最远断面	平均流量(m^3/s)	$H_{史}<300$ m 的天数(d)	年份	最远断面	平均流量(m^3/s)	$H_{史}<300$ m 的天数(d)
1974	黄淤 38	1 146	5	1988	黄淤 36	1 760	9
1975	黄淤 38	2 844	7	1989	黄淤 37(2)	1 929	12
1976	黄淤 36	3 004	3	1990	黄淤 37(2)	1 314	24
1978	黄淤 36	2 097	0	1991	黄淤 33	575	31
1979	黄淤 37(2)	2 043	0	1992	黄淤 37(2)	1 232	26
1980	黄淤 38	1 261	27	1993	黄淤 36	1 314	27
1981	黄淤 38	3 183	5	1994	黄淤 36	1 254	10
1982	黄淤 37(2)	1 729	6	1995	黄淤 33	1 071	33
1983	黄淤 37(2)	2 954	0	1996	黄淤 35(2)	1 204	29
1984	黄淤 36	2 653	8	1997	黄淤 31	523	0
1985	黄淤 36	2 194	10	1998	黄淤 33	808	7
1986	黄淤 34	1 263	14	1999	黄淤 35(2)	896	6
1987	黄淤 31	710	10	2000	黄淤 34	688	4

表 7-6　溯源冲刷范围内各断面的冲刷厚度及潼关水文站的平均流量

时段(年-月-日)	同流量各断面冲刷厚度(m)				潼关平均流量(m^3/s)
	潼关	坫埼	大禹渡	北村	
1974-07-08～07-12	-0.10	-0.30	-0.90	-0.14	1 219
1975-06-30～07-10	-0.10	-0.43	-0.55	-0.80	767
1975-07-22～08-04	-0.18	-0.65	-1.25	-1.20	2 947
1975-07-01～08-05	-0.54	-1.50	-2.63	-3.83	2 000
1976-07-05～08-07	0.04	-0.42	-1.00	-1.13	1 906
1977-07-18～07-24	-0.07	-0.54	-0.90	-0.55	865
1978-07-07～07-11	-0.03	-0.26	-0.53	-0.37	759
1978-07-11～08-04	-0.49	-0.87	-1.10	-1.05	1 673
1979-07-04～07-22	-0.07	-0.59	-1.16	-1.12	813
1981-06-25～07-01	-0.05	-0.07	-0.40	-0.50	357
1982-07-15～07-29	0.01	-0.07	-0.22	-0.25	1 249
1982-07-12～08-29	-0.23	-0.88	-1.49	-1.16	1 857
1983-06-28～07-14	-0.09	-0.35	-0.50	-0.63	1 481
1984-06-10～06-23	0	-0.14	-0.40	—	699
1985-06-23～07-10	-0.16	-0.24	-0.48	—	541
1990-06-19～06-30	-0.07	-0.13	-0.46	0.94	1 004
1991-07-24～08-07	-0.20	-0.22	-0.75	-2.67	996
1992-07-30～08-22	-0.28	-0.55	-0.8	-0.34	2 398
1993-07-31～08-12	0.49	-0.20	-0.50	-0.20	2 109
1994-08-05～08-20	-0.25	-0.55	-1.30	-3.55	2 423
1995-07-25～08-10	-0.23	-0.35	-0.93	-3.35	1 588
1996-07-16～07-25	0.04	-0.20	-0.76	-2.76	1 280
1996-07-27～08-22	-0.41	-0.63	-1.98	-2.06	2 115

二、沿程冲刷

沿程冲刷发生在水库变动回水区和与变动回水区上游相邻的部分库区，当坝前水位降落之后，上述库区脱离了水库回水影响，逐渐转变为自然河道。由于库区水位降落，水面比降较陡，河床发生冲刷，这种冲刷叫做“沿程冲刷”。三门峡库区沿程冲刷特征值见表 7-7。沿程冲刷有别于天然条件下的河床演变过程中的河床自动调整的冲淤特性。沿程冲刷与溯源冲刷相关联，然而两者又有许多不同之处。溯源冲刷强度大，速度快形态鲜明很容易确定，沿程冲刷强度小，进展缓慢。在演变过程中有时与溯源冲刷又难以分开。在发生地段上，沿程冲刷往往处在溯源冲刷的尾部或最上段，而溯源冲刷的最上段又像沿程冲刷的起始段，目前为止尚无法用具体量化来判断。

图 7-8 中的①线表示的意义定为沿程冲刷也只是从推理角度确定的，有待今后进一

表 7-7 三门峡库区沿程冲刷特征值

时段 (年-月-日)	流量(m^3/s)		含沙量 (kg/m^3)	水位差(m)			
	起始	平均		潼关	坫埼	大禹渡	北村
1973-08-24~09-21	1 520	2 648	124.6	-0.63	-1.15	-0.94	-0.27
1974-07-28~08-04	1 000	1 563	193.2	-0.71	-0.64	-1.28	0.33
1974-10-01~10-10	1 000	1 991	28.9	-0.29	-0.08	-0.11	-0.06
1976-08-08~10-19	1 000	3 855	27.2	-0.50	-0.45	-0.30	—
1977-07-01~07-21	1 000	2 255	200.0	-2.29	-2.46	-0.82	0.52
1978-07-11~07-18	1 000	1 524	173.3	-0.31	-0.72	-0.5	-0.28
1980-08-07~08-31	833	1 105	40.4	-0.50	-0.47	-0.19	-0.58
1981-07-03~07-14	1 000	2 577	46.6	-0.45	-0.48	-0.60	-0.29
1981-08-17~10-19	1 000	4 154	28.6	-0.51	-1.08	-0.56	0
1984-09-22~10-18	1 500	2 320	16.0	-0.40	-0.30	0.10	-0.50
1985-09-09~10-24	1 500	3 448	24.2	-0.25	-0.33	-0.14	-0.15
1988-08-04~08-25	1 110	3 300	109.6	-0.58	-0.48	-0.93	-0.46
1989-08-12~10-10	1 000	2 707	20.8	-0.61	-0.16	-0.07	-0.07
1993-07-22~07-30	1 000	1 810	35.6	-0.23	-0.20	-0.20	-0.85
1994-07-08~07-14	1 000	1 916	162.8	-0.50	-0.20	-0.89	-2.05
1997-07-30~08-05	1 000	1 712	275.5	-1.77	-0.90	-0.64	-2.82

步研究。

三、水库富余输沙能力

进入三门峡库区的泥沙90%以上产自黄土高原地区，其中绝大部分属于悬移质，其中50%以上是冲泻质，见表7-8。

表 7-8 三门峡进库泥沙组成

河流	站名	小于某粒径的沙重百分数(%)							年输沙量 (亿 t)
		0.01 mm	0.025 mm	0.05 mm	0.1 mm	0.25 mm	0.5 mm	1.0 mm	
黄河	龙门	26.6	44.9	72.0	92.8	98.3	99.7	100	9.21
汾河	河律	39.9	63.9	85.8	98.2	99.9	100		0.145
渭河	华县	36.1	63.0	87.9	97.9	99.3	99.9	100	3.89
北洛河	洑头	22.7	46.1	81.1	97.8	99.8	99.9	100	0.790
黄河	潼关	30.9	52.9	80.2	96.6	99.6	100		12.3

三门峡库区在水库修建之前，河床多由粗砂、卵石组成，陕县是建库前的水文站，其河床组成的中值粒径 D_{50} 为 0.172~0.241 mm。水库建成后，河床组成的中值粒径 D_{50} 为 0.073~0.118 mm。河床细化很多，床面阻力减少，增加了水流速度，提高了水流挟沙能力。当然，水库蓄水以后，水面坡度减少，相对应的水流流速下降，随之而来的是水流挟沙能力下降。由此可见，并非所有的水库都存在富余输沙能力，只有在河床阻力减少相应增

加了挟沙能力，同时水面坡度下降减少了挟沙能力，前者增加的挟沙能力大于后者减少的挟沙能力时，才能形成水库的富余输沙能力。根据已有的研究成果得知，原河床比降 J_0 与淤积以后的比降 J_s 两者的比值 J_s/J_0 和建库前河床 D_0 与建库后河床质 D_s/D_0 有较好的关系，见图 7-9。

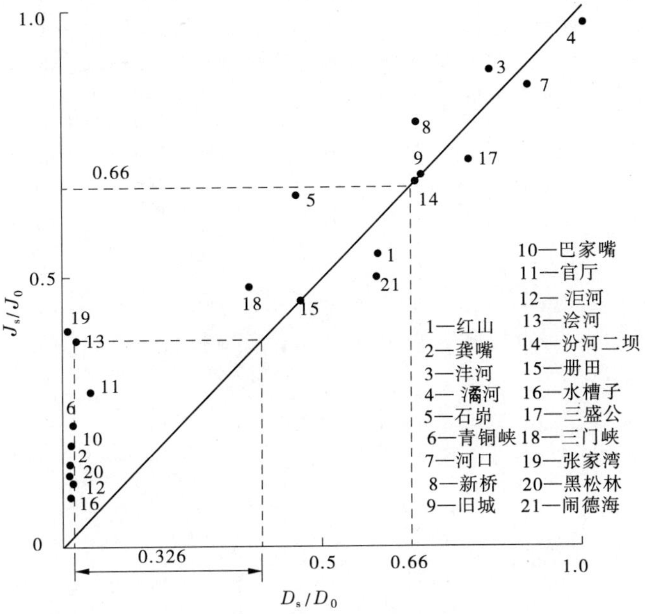

图 7-9 J_s/J_0 与 D_s/D_0 关系

从图 7-9 中可以看出，当 D_s/D_0 小于 0.326 时，J_s/J_0 的变化很大，几乎与 D_s/D_0 没有关系。说明原河床组成 D_0 远远大于淤积后的河床组成 D_s，这类水库存在着富余输沙能力；D_s/D_0 大于 0.66 时，富余输沙能力很少，可以不考虑。

河床组成 D 反映了河床床面综合糙率 n。据已有研究，河床综合糙率 n 与 D 的高方成正比，即：

$$n = 0.016\ D^{1/6} \tag{7-1}$$

库区河道的输沙能力可用下式表示：

$$q_s = \varphi \frac{q^{1.6} J^{1.2}}{D^{\frac{2}{3}} \omega_0} e^{6.715 S_V} \tag{7-2}$$

式中：q_s 为单宽输沙率，t/(s · m)；q 为单宽流量，$m^3/(s \cdot m)$；J 为水面比降(‱)；D 为河床质中值粒径，mm；e 为自然对数底；S_V 为体积含沙量；ω_0 为悬移质泥沙单颗沉速，cm/s；φ 为系数。

将式(7-1)代入式(7-2)即可得：

$$q_s = \varphi \frac{q^{1.6} J^{1.2}}{\left(\frac{n}{0.016}\right)^4 \omega_0} e^{6.715 S_V} \tag{7-3}$$

从式(7-3)中可以看出：综合糙率 n 与 q_s 成 4 次方正比关系，对输沙能力的影响是巨大的。

建库后的北村站位于建库前的陕县站上游 20 km 处，河势、河床组成基本一致。用水流功率来表示水库建成前后的输沙率，差别非常明确地显示出富余输沙能力，见图 7-10。

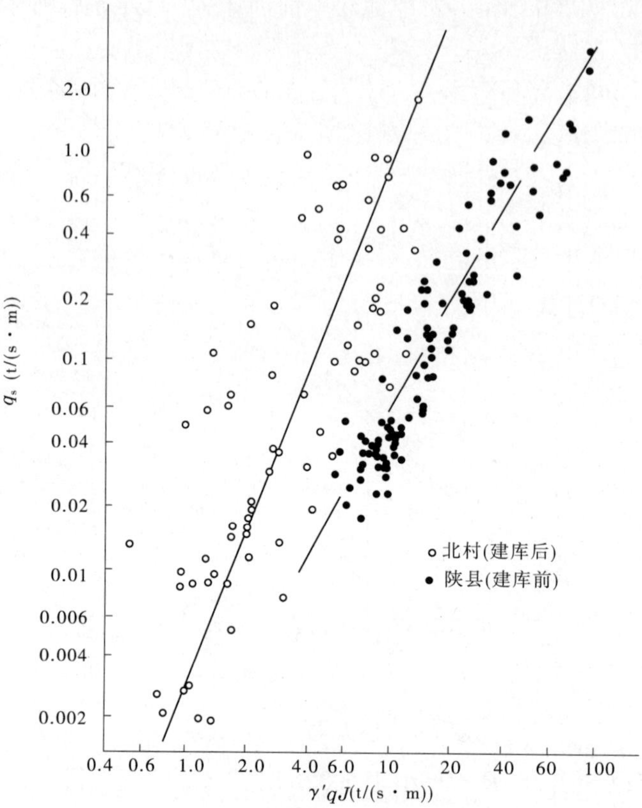

图 7-10　$q_s \sim \gamma' qJ$ 关系

三盛公水利枢纽位于黄河上游内蒙古河段，$D_s/D_0 \sim J_s/J_0$ 相关点据在图 7-9 中为 17，处在富余输沙能力极小范围。其建库前、后的 $\gamma' QJ \sim Q_s$ 的点据掺混在一起，见图 7-11。由于河床综合阻力变化很少，对流速影响不大，因此输沙能力几乎没有什么改变。

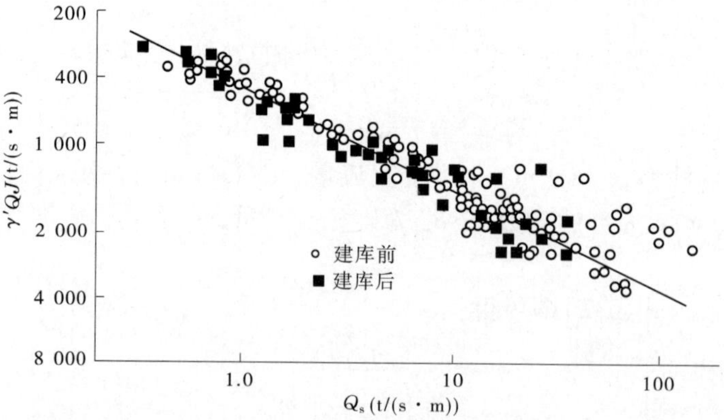

图 7-11　三盛公水利枢纽工程建库前、后 $Q_s \sim \gamma' QJ$ 对比

第三节　三门峡水库调水调沙的实践

三门峡水库自1974运用年开始实施调水调沙运用以来，已走过近40个春秋。在实施过程中，调水调沙既是实践过程又是补充、修正、调整和完善的过程，也经历了错误和改正的岁月，决非完整无缺。再美好的璞玉都需要精雕细刻才能成器，任何事物都是经历过各种各样的磨合过程，三门峡水库在调水调沙过程中出现的缺陷甚至是错误应当看做是正常的，到目前为止还有很长的路要走。

“调水调沙”只是水库运用方式之一，采用这种运用方式有必备条件和上下游地区对水库多种多样的要求与制约，任何一座水利水电枢纽都具有自身的特征不能盲目照搬，否则会受到自然规律的惩罚。

本章以回顾的形式将三门峡水库调水调沙全过程分为若干阶段，较为详尽地介绍、分析、研讨，尽笔者所能加以评价，以资借鉴。

一、1974～1980年调水调沙初期

三门峡枢纽工程二期改建后，于1973年汛后基本完成，取得了预期效果。如潼关以下库区恢复河槽库容达10亿 m^3（1964年10月库容为22.10亿 m^3，1973年库容为32.57亿 m^3）；潼关河床高程（按1 000 m^3/s 流量的水位计算）下降2.0 m（1969年汛后为328.65 m，1973年汛后为326.64 m）；渭河下游行洪能力增大，以华县断面为例行洪能力增加到3 460 m^3/s（1968年汛后为1 040 m^3/s，1974年汛后为4 500 m^3/s），已经达到了建库前的水平。

调水调沙初期的进库水沙条件比较有利，见表7-9及表7-10。然而，非汛期的蓄水水位很高，各年最高水位均超过324 m，即回水末端已经超过潼关黄淤41断面，直接影响到渭河河口段。非汛期平均库水位超过315 m，淤积末端超过黄淤36断面，直逼潼关。表7-11是这一时期潼关以下各库段冲淤数量表，从表7-11中可以看出，潼关以下各库段，非汛期均为淤积，汛期除1977年为枯水多沙年外，其他年份均为冲刷，按运用年计算是淤积的。

表7-9　三门峡水库调水调沙初期水沙及水库运用特征值

年份	径流量（亿 m^3）			输沙量（亿 t）			潼关高程（m）		非汛期水位（m）		非汛期各级水位天数（d）			汛期水位（m）	
	非汛期	汛期	运用年	非汛期	汛期	运用年	汛前	汛后	平均	最高	>320 m	>322 m	>324 m	平均	最高
1974	153.5	121.8	275.3	2.02	5.52	7.54	327.19	326.70	314.33	324.80	121	77	14	303.58	308.30
1975	158.2	302.2	460.4	2.09	10.30	12.39	327.23	326.04	316.12	324.03	72	61	0	304.77	318.47
1976	219.6	319.2	538.8	2.15	8.45	10.60	326.71	326.12	316.84	324.53	74	32	17	306.74	317.97
1977	167.2	167.0	334.2	1.40	20.65	22.05	327.37	326.79	318.32	325.99	118	108	77	305.53	317.17
1978	122.3	223.1	345.4	1.21	12.37	13.58	327.30	327.09	317.72	324.26	101	59	12	305.87	311.21
1979	149.8	217.1	366.9	1.38	9.59	10.97	327.76	327.62	318.50	324.56	132	105	44	304.59	312.20
1980	142.5	134.0	276.5	1.36	4.66	6.02	327.82	327.38	316.51	324.03	100	51	0	301.87	311.22

表 7-10　1974～1980 年三门峡库区汛期洪水水沙特征值

年份	洪水天数(d)	洪峰流量(m^3/s)	平均流量(m^3/s)	含沙量(kg/m^3)	S/Q($kg \cdot s/m^6$)	潼关高程升降值(m)		
						洪水期	平水期	汛期
1974	30	7 040	1 854	79.0	0.042 6	-1.13	0.64	-0.49
1975	112	5 910	3 127	34.4	0.011 0	-0.73	-0.46	-1.19
1976	72	9 220	3 862	31.2	0.008 1	-0.75	0.16	-0.59
1977	30	15 400	2 768	242.7	0.087 7	-1.77	1.19	-0.58
1978	88	7 300	2 501	59.7	0.023 9	-0.11	-0.10	-0.21
1979	55	11 100	2 828	57.5	0.020 3	0.11	-0.25	-0.14
1980	65	3 180	1 574	41.9	0.026 6	-0.52	0.08	-0.44

表 7-11　三门峡潼关以下库区各库段冲淤量统计

时段(年-月-日)	冲淤量(亿 m^3)						潼关高程(m)
	坝址—黄淤 12 断面	黄淤 12 断面—黄淤 22 断面	黄淤 22 断面—黄淤 30 断面	黄淤 30 断面—黄淤 36 断面	黄淤 36 断面—黄淤 41 断面	坝址—黄淤 41 断面	
1973-11-23～1974-06-24	0.030 3	0.125 4	0.314 4	0.738 9	0.170 9	1.379 9	327.19
1974-06-24～1974-11-01	0.073 9	0.139 3	-0.175 8	-0.541 6	0.126 5	-0.630 7	326.70
1974-11-01～1975-06-21	0.124 9	0.532 6	0.578 6	0.455 1	0.140 5	1.831 7	327.23
1975-06-21～1975-10-21	0.081 1	0.413 2	-0.500 0	-0.823 8	-0.317 2	-1.973 1	326.04
1975-10-21～1976-06-02	0.162 3	0.281 8	0.400 7	0.524 1	0.041 9	1.410 8	326.71
1976-06-02～1976-10-05	-0.052 0	-0.139 2	-0.330 9	-0.675 5	0.083 8	-1.113 8	326.12
1976-10-05～1977-05-18	0.100 3	0.146 6	0.131 0	0.374 1	0.389 1	1.141 1	327.37
1977-05-18～1977-10-10	0.019 1	0.167 2	0.141 8	0.213 5	-0.195 4	0.346 2	326.79
1977-10-10～1978-05-12	0.141 1	0.257 7	0.335 2	0.420 2	0.149 4	1.303 6	327.30
1978-05-12～1978-10-18	-0.198 9	-0.329 8	0.553 0	-0.601 6	-0.070 4	-1.753 7	326.09
1978-10-18～1979-06-02	0.130 1	0.293 9	0.228 7	0.827 6	0.133 8	1.614 1	327.76
1979-06-02～1979-10-09	-0.178 1	-0.276 8	-0.257 5	-1.259 3	-0.139 8	-2.111 5	327.62
1979-10-09～1980-06-25	0.066 4	0.201 5	0.339 5	0.850 3	0.125 0	1.582 7	327.82
1980-06-25～1980-10-04	0.220 7	-0.379 0	-0.254 1	-0.403 4	-0.145 3	-1.402 5	327.38
合计	0.279 8	0.608 0	0.398 9	0.098 6	0.239 8	1.625 1	
平均	0.039 97	0.086 9	0.056 9	0.014 1	0.034 26	0.232 1	
占总库段比例(%)	17.2	37.4	24.5	6.1	14.8	100	

潼关以下库区多年平均淤积量为 0.232 1 亿 m^3。黄淤 30 断面至黄淤 41 断面的多年平均淤积量为 0.048 36 亿 m^3，它对潼关高程有直接影响，无论从潼关高程或潼关高程升降差来看都是如此，见图 7-12。

从图 7-12 中可以看出：非汛期发生淤积则潼关高程上升，汛期发生冲刷则潼关高程

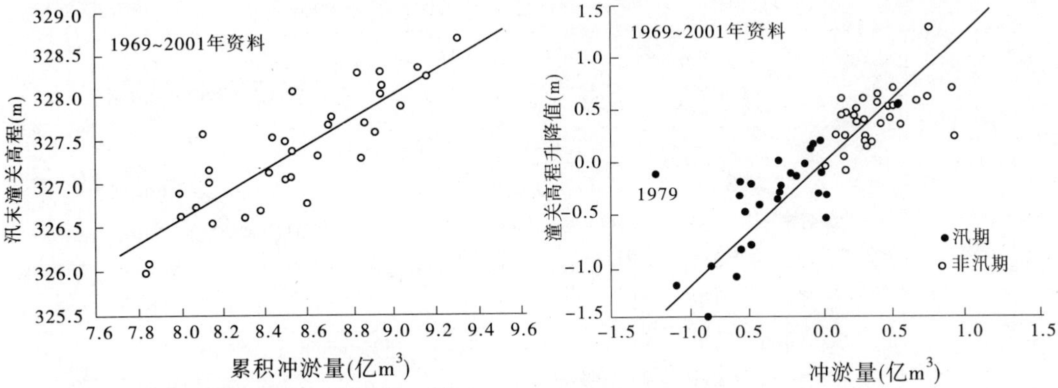

(a)黄淤31断面—黄淤41断面　　(b黄淤31断面—黄淤41断面

图 7-12　黄淤 31 断面—黄淤 41 断面冲淤量与潼关高程、升降差关系

下降,两者相关关系较好。

潼关(黄淤 41 断面)至太安(黄淤 31 断面上游 1.6 km)库段在非汛期的淤积与同期进库沙量有关,同时又与坝前蓄水位有关。

图 7-13 是库段水位差与史家滩水位(坝前水位)关系,图中采用坫埼与大禹渡(黄淤 30 断面)水位差,潼关与坫埼水位差和坝前水位建立关系。从图 7-13 中可看出,史家滩水位达 315 m 时,已经影响大禹渡河段,即大禹渡以上河段处在回水末端附近,水流挟带的泥沙在大禹渡断面上游已开始落淤。因此,非汛期坝前某级水位出现天数与潼关至太安的淤积量成正比,见图 7-14。

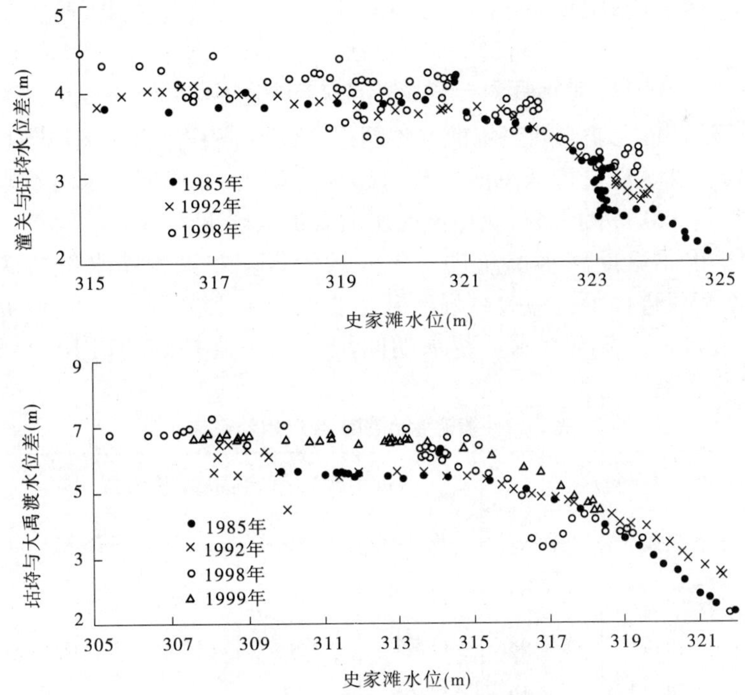

图 7-13　水位差与史家滩水位关系

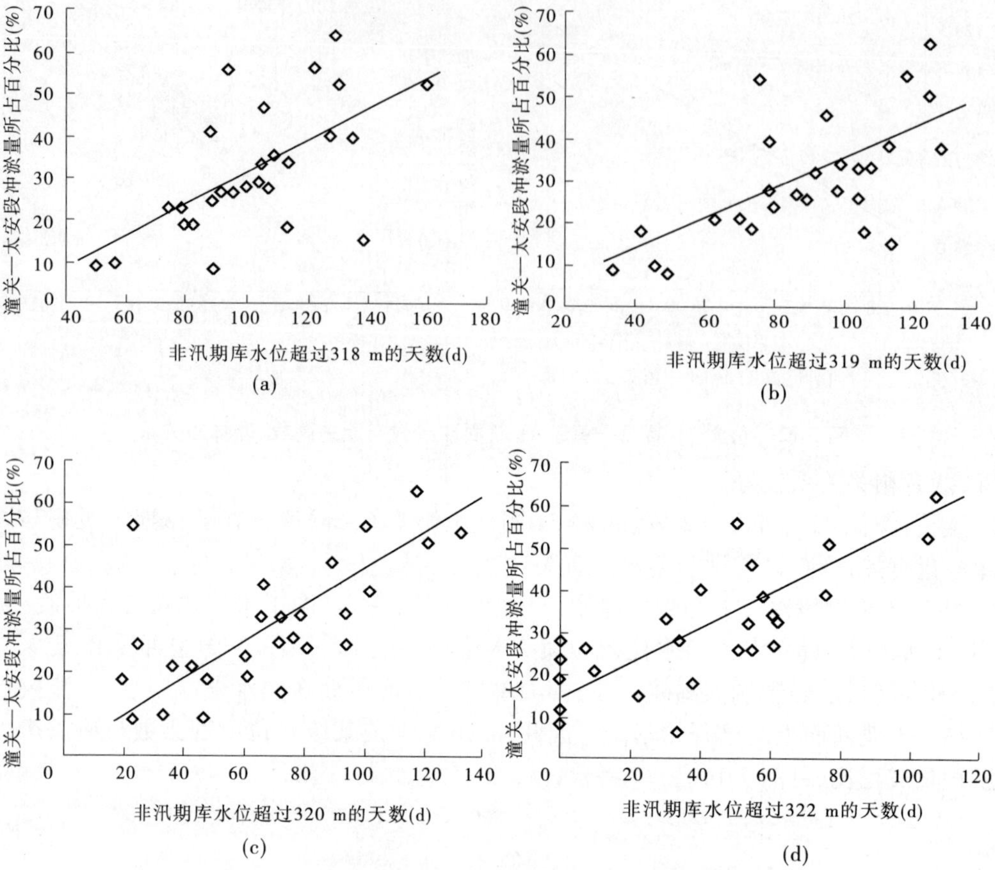

图 7-14　非汛期潼关—太安段占潼关以下总淤积量百分比

图 7-14 中显示出，在非汛期当坝前水位超过 320 m 高程天数为 80 d 以上时，潼关—太安段的淤积量占潼关以下库区总淤积量的 37%。因此，非汛期库水位不能超过 320 m。遇到防凌时期超过 320 m 的天数，应尽可能压缩到最低限度。

表 7-12 中给出非汛期库水位超过 320 m 的天数。非汛期库水位高低又影响到潼关—大禹渡段淤积量进而促进潼关高程上升。非汛期蓄水主要有三方面的要求：①防凌前蓄水；②防凌蓄水；③春灌蓄水。蓄水期间坝前水位高持续历时长，影响也最大，见表 7-12。

表 7-12　春灌蓄水期水库运用特征值

年份	坝前水位(m)			蓄水量(亿 m^3)	超过某级水位天数(d)			潼关高程上升值(m)
	起蓄	最高	平均		>315 m	>320 m	>323 m	
1974	324.33	324.33	321.24	12.74	102	93	22	0.55
1975	310.57	324.03	319.48	11.71	94	69	50	0.53
1976	315.40	324.53	320.16	13.66	132	73	25	0.67

续表 7-12

年份	坝前水位(m)			蓄水量(亿 m^3)	超过某级水位天数(d)			潼关高程上升值(m)
	起蓄	最高	平均		>315 m	>320 m	>323 m	
1977	324.04	325.33	322.40	15.81	91	76	69	1.25
1978	321.67	324.26	321.51	11.91	96	85	28	0.51
1979	322.38	324.56	322.79	12.66	100	94	57	0.67
1980	320.57	324.03	321.44	11.50	105	85	43	0.20

桃汛一般发生在3月下旬至4月上旬,多年平均水量为13.38亿 m^3,沙量为0.189亿t,平均含沙量为14.13 kg/m^3,平均流量为1 290 m^3/s,水沙搭配参数为0.010 9 $kg \cdot s/m^6$,对降低潼关高程有利,见表7-13。

表 7-13 潼关水文站桃汛洪水特征值

年份	天数(d)	径流量(亿 m^3)	沙量(亿 t)	最大10日洪量(亿 m^3)	洪峰流量(m^3/s)	最大含沙量(kg/m^3)	潼关高程升降值(m)
1974	10	13.16	0.209	13.16	3 180	26.3	-0.26
1975	15	15.94	0.291	12.45	2 390	28.9	-0.09
1976	15	15.99	0.055	10.40	1 470	12.1	0.05
1977	15	16.94	0.156	12.82	2 150	14.1	0.19
1978	12	11.34	0.167	10.36	3 160	33.9	0
1979	7	9.03	0.110	11.93	2 990	28.5	0.01
1980	10	11.91	0.150	11.91	2 120	19.9	-0.06
1981	8	10.32	0.183	11.56	3 170	53.0	-0.11
1982	11	9.45	0.127	12.52	2 330	16.4	-0.11
1983	21	21.45	0.204	12.11	2 200	13.6	-0.20
1984	10	14.59	0.134	14.77	2 960	18.2	0
1985	8	9.05	0.081	10.94	2 600	19.0	-0.08
1986	11	13.96	0.137	13.15	3 070	21.0	-0.19
1987	9	8.06	0.075	8.89	1 580	10.4	0.04
1988	12	13.27	0.176	11.57	2 860	36.7	-0.07
1989	7	10.09	0.139	13.82	2 610	21.8	-0.09
1990	8	12.09	0.174	14.86	2 850	8.32	-0.13
1991	8	12.24	0.218	14.21	3 040	35.3	-0.30
1992	15	16.69	0.275	12.61	2 360	30.0	-0.03
1993	12	19.09	0.386	16.31	2 690	29.2	-0.24
1994	11	13.98	0.19	12.68	2 240	18.3	-0.24
1995	14	18.09	0.316	14.12	2 420	21.1	-0.20

续表 7-13

年份	天数(d)	径流量(亿 m³)	沙量(亿 t)	最大 10 日洪量(亿 m³)	洪峰流量(m^3/s)	最大含沙量(kg/m^3)	潼关高程升降值(m)
1996	8	10.9	0.237	12.38	2 910	36.8	-0.44
1997	9	12.32	0.26	13.18	3 020	47.7	-0.24
1998	8	11.01	0.311	12.33	3 130	45.2	-0.33
1999	20	20.68	0.390	11.42	2 140	35.0	0.01
2000	21	22.62	0.365	12.95	2 000	33.4	-0.01
2001	10	7.95	0.090	7.95	1 590	18.7	0.07
2002	10	7.46	0.073	7.47	1 300	15.3	0.03
2003	12	7.91	0.093	6.84	1 120	20.4	-0.17
2004	10	11.58	0.110	11.44	1 900	22.1	-0.13
2005	20	18.94	0.178	10.62	1 760	14.4	-0.06
1974 ~ 1986	12	13.32	0.154	12.16	2 690	24.4	-0.07
1987 ~ 1998	10	13.15	0.230	13.08	2 640	28.4	-0.19
1999 ~ 2005	14.7	13.88	0.186	9.81	1 686	12.4	-0.04
1987 ~ 2005	12	13.42	0.213	11.88	2 290	15.5	-0.13
1974 ~ 2005	12	13.38	0.189	11.99	2 446	14.0	-0.11

鉴于潼关高程上升危及渭河下游,造成河道淤积、防洪水位上升,黄河水利委员会总工程师龚时旸于 1979 年冬,带队赴三门峡现场调研。最后确定非汛期降低坝前水位,缩短高水位历时,在潼关河段(黄淤 41 断面—黄淤 36 断面)进行拖淤试验。

拖淤工程于 1980 年开始,引进天津水利局在海河及天津市沿海各支流入海河口的拖淤设备和经验,在潼关河段实施。天津沿海各河口处在各河的尾闾,受海潮的作用,河口感潮段多为"浮泥"。沙粒组成极细又受盐水影响,涨潮退潮运动连续不断,浮泥难以固结,拖淤促使泥沙容易流动。然而随着潮水起落,来时容易挥之不去。引进到黄河,因黄河河床质较粗,淤积以后容易固结,不易拖起,效益不好。加之 1981 年时逢丰水年份,洪水多流量大,潼关高程因而下降,拖淤工程终止。

二、1981 ~ 1985 年水平沙系列的调水调沙

三门峡水库调水调沙进入第二阶段(1981 ~ 1995 年),进库的水沙条件较好,非汛期坝前水位有所下降,潼关高程逐渐回落到 1973 年汛后的 326.64 m 水平。

(一)非汛期各项指标

非汛期坝前水位除防凌期最高水位达到了 324.94 m(1984 年、1985 年)外,均在 324 m 以下,见表 7-14。

五年平均值：非汛期径流量为172.6亿 m^3，输沙量为1.546亿t，平均含沙量为8.96 kg/m^3，平均流量为825 m^3/s，水沙搭配参数（S/Q）为0.010 8 $kg\cdot s/m^6$。

1981～1985年期间的桃汛进库水沙条件比较有利，五年的平均径流量为13.00亿 m^3，平均流量为1 337 m^3/s，平均洪峰流量为2 390 m^3/s，输沙量为0.145 4亿t，平均含沙量为11.2 kg/m^3，水沙搭配参数（S/Q）为0.008 4 $kg\cdot s/m^6$。坝前水位在318.63～321.93 m，平均水位为320.67 m，坝前水位超320 m高程的天数大幅度减少，多年平均值为83 d，这些特征值均有利于潼关高程，平均下降0.088 m，见表7-15。

表7-14　三门峡水库1981～1985年调水调沙水沙量及水库运用特征值

年份	径流量（亿 m^3）			输沙量（亿t）			潼关高程（m）		非汛期水位（m）		非汛期各级水位天数（d）			汛期水位（m）	
	非汛期	汛期	运用年	非汛期	汛期	运用年	汛前	汛后	平均	最高	>320 m	>322 m	>324 m	平均	最高
1981	114.3	338.3	452.6	1.19	10.56	11.75	327.95	326.94	315.66	323.59	94	55	0	304.85	310.38
1982	181.7	183.7	365.4	1.48	4.33	5.81	327.44	327.06	317.57	323.99	101	76	0	303.39	309.92
1983	181.5	313.9	495.4	1.75	5.86	7.61	327.39	326.57	316.32	323.73	80	61	0	304.64	310.74
1984	210.5	281.9	492.4	2.00	7.00	9.00	327.18	326.75	316.46	324.58	93	62	15	304.16	315.02
1985	175.0	233.1	408.0	1.31	6.88	8.18	326.96	326.64	316.73	324.94	49	38	12	304.08	314.23
均值	172.6	270.2	442.8	1.546	6.926	8.472	327.38	326.79	316.55	324.17	83.4	58.4	5.4	304.22	312.16

表7-15　1981～1985年桃汛潼关水文站水沙特征值

年份	径流量（亿 m^3）	输沙量（亿t）	平均流量（m^3/s）	平均含沙量（kg/m^3）	最大流量（m^3/s）	水库水位（m）	潼关高程升降值（cm）	水沙搭配参数 S/Q（$kg\cdot s/m^6$）
1981	10.32	0.183	1 493	17.7	2 700	321.16	-0.11	0.011 9
1982	9.45	0.127	994	13.4	2 130	321.93	-0.11	0.013 5
1983	2.45	0.204	1 182	9.51	2 120	320.29	-0.20	0.008 0
1984	14.77	0.132	1 709	8.94	2 840	321.36	0.06	0.005 2
1985	9.05	0.081	1 309	8.75	2 160	318.63	-0.08	0.006 8
平均	13.00	0.145 4	1 337	11.2	2 390	320.67	-0.088	0.008 4

（二）汛期运用情况

1981～1985年汛期，潼关水文站径流量为270.2亿 m^3，输沙量为6.926亿t，平均流量为2 543 m^3/s，平均含沙量为25.6 kg/m^3，水沙搭配参数为0.010 0 $kg\cdot s/m^6$。多年径流量均值为442.8亿 m^3，其中只有1982年小于400亿 m^3。汛期坝前平均水位不超过305 m。

在这一时段，洪水场次多而且历时长，水量大而沙量少，坝前水位低，既有利于库区冲刷排沙又有利于降低潼关高程，洪水特征值见表7-16。

表 7-16　1981～1985 年潼关汛期洪峰特征值及潼关高程升降值

年份	历时(d)	Q_{max} (m^3/s)	$\overline{Q}$ (m^3/s)	$\overline{S}$ (kg/m^3)	S/Q ($kg \cdot s/m^6$)	潼关高程升降(m)		
						洪水期	平水期	汛期
1981	98	6 540	3 545	32.6	0.009 2	-1.01	0	-1.01
1982	83	4 760	2 041	26.9	0.013 2	-0.23	-0.15	-0.38
1983	97	6 200	3 295	19.6	0.005 9	-0.76	-0.06	-0.82
1984	94	6 430	3 002	27.3	0.009 1	-0.27	-0.16	-0.43
1985	87	4 990	2 665	32.0	0.012 0	-0.14	-0.18	-0.32
平均	91.8	5 784	2 910	27.6	0.009 5	-0.482	-0.11	-0.592

(三)潼关以下库区冲淤分布

1981～1985 年，来水来沙条件比较好，潼关高程基本稳定，也反映在潼关以下库区和渭河下游冲淤数量的变化上。潼关河床基本稳定，潼关以下库区共冲刷 1.035 亿 m^3，年均冲刷量为 0.207 亿 m^3，见表 7-17。渭河下游总共冲刷 0.278 2 亿 m^3，年均冲刷量为 0.055 6 亿 m^3，另外，由于潼关高程稳定在 327 m 高程上下，渭拦河段渭河河口段直接受益，共冲刷 0.579 1 亿 m^3，平均冲刷为 0.115 8 亿 m^3，这对渭河下游防洪、减淤非常有利，见表 7-18。

表 7-17　1981～1985 年潼关以下库区各库段冲淤量　（单位：亿 m^3）

时段(年-月-日)	坝址—黄淤 12 断面	黄淤 12 断面—黄淤 22 断面	黄淤 22 断面—黄淤 30 断面	黄淤 30 断面—黄淤 36 断面	黄淤 36 断面—黄淤 41 断面	坝址—黄淤 41 断面
1980-10-04～1981-06-18	0.095 3	0.295 3	0.269 9	0.329 2	0.020 0	1.009 7
1981-06-18～1981-10-29	-0.127 9	-0.310 3	-0.552 2	-0.526 7	-0.388 9	-1.909 0
1981-10-29～1982-06-19	0.112	0.177 6	0.356 4	0.434 2	0.126 1	1.204 5
1982-06-19～1982-10-12	-0.038 2	-0.170 2	-0.253 9	-0.326 9	-0.049 8	-0.839 0
1982-10-12～1983-06-19	0.112 7	0.367 8	0.398 5	0.531 7	0.089 6	1.500 3
1983-06-19～1983-10-21	-0.057 8	-0.329 9	-0.569 3	-0.459 5	-0.143 3	-1.559 8
1983-10-21～1984-05-30	0.225 9	0.266 3	0.149 6	0.353 1	0.095 3	1.090 2
1984-05-30～1984-10-01	0.263 3	-0.277 7	-0.204 5	-0.471 8	-0.030 0	-1.247 2
1984-10-01～1985-06-12	-0.033 8	0.036 9	0.581 5	0.284 0	-0.070 0	0.798 6
1985-06-12～1985-10-03	0.142 3	-0.048 9	-0.479 0	-0.402 3	-0.010 8	-1.083 3
合计	-0.117 4	0.007	-0.304 8	-0.255	-0.361 8	-1.035
平均	-0.023 48	0.001 4	-0.061	-0.051	-0.072 36	-0.207
平均各段占比例总量(%)	11.34	-6.76	29.4	24.6	36.0	100

表 7-18　1981～1985 年渭河库区各库段冲淤量　（单位：亿 m^3）

年份	时段	渭拦段	渭淤 1 断面—渭淤 10 断面	渭淤 10 断面—渭淤 26 断面	渭淤 26 断面—渭淤 37 断面	渭淤 1 断面—渭淤 37 断面
1980～1981	非汛期	0.005 3	0.052 6	0.010 2	0.042 2	0.105 0
	汛期	-0.607	-0.003 1	0.107 9	-0.007 5	0.097 3
1981～1982	非汛期	0.018 1	0.033 9	-0.098 1	-0.003 0	-0.067 2
	汛期	0.023 7	0.139 5	0.125 8	0.030 9	0.296 2
1982～1983	非汛期	0.005 8	0.002 1	0.014 2	0.002 7	0.019 0
	汛期	-0.040 3	-0.260 7	-0.356 2	-0.068 2	-0.685 3
1983～1984	非汛期	0.012 5	-0.009 7	0.114 0	0.018 3	0.122 6
	汛期	-0.005 4	-0.090 3	-0.362 4	-0.059 8	-0.512 5
1984～1985	非汛期	0.006 4	0.013 3	-0.081 5	0.012 5	-0.055 7
	汛期	0.001 8	0.167 5	0.281 4	-0.046 5	0.402 4
合计		-0.579 1	0.045	-0.244 7	-0.078 4	-0.278 2
平均		-0.115 8	0.009	-0.048 9	-0.015 7	-0.055 6

从总体上来分析，达到了“确保西安”的要求，但是黄河下游出现了意想不到的局面，1972～1999 年 28 年间出现 22 年断流。偌大的母亲河——黄河竟然断流，实在是不可思议。断流河段的长度为 100～700 km 范围，见表 7-19。

表 7-19　黄河下游来水（三黑小）及断流天数统计

年份	下游径流量（亿 m^3）	断流长度（km）	断流天数（d）				年份	下游径流量（亿 m^3）	断流长度（km）	断流天数（d）			
			夹河滩	高村	泺口	利津				夹河滩	高村	泺口	利津
1972	298.2	310			6	19	1988	349.2	150				5
1974	291.8	316			10	20	1989	422.8	277				24
1975	550.1	278			4	13	1991	237.1	131				16
1976	539.7	166				8	1992	269.9	303			31	83
1978	357.9	104				5	1993	311.4	278			1	60
1979	374.3	278			5	21	1994	305.1	308			29	74
1980	287.7	104				8	1995	243.4	683	4	8	77	122
1981	468.8	662	2	11	16	36	1996	267.7	579		7	71	136
1982	398.6	278			3	10	1997	149.2	700	18	25	132	226
1983	580.1	104				5	1998	209.8	300			28	123
1987	228.4	216				17	1999	170.6	300			10	38

黄河下游沿河各地多以黄河水为生，断流后人畜用水、工农业生产用水、河流输沙用水都出现短缺或断炊状态，造成极大的困难甚至危机。

回头反思，我们每上一项重大工程，对其有利的方面可以尽最大可能地阐述清楚，振奋人心。更多地重视水利水电工程自身和所在的地区以及周边带来的巨大经济效益，对大河上下就考虑的不多。如龙羊峡水电站正常蓄水位 2 600 m，相应库容 247 亿 m^3，装机容量 128 万 kW，运用 100 年以后，泥沙淤积也只有 22 亿 m^3，损失库容约 11.3%。与刘家峡、盐锅峡、八盘峡等多梯级联合调度，发挥出极大的水电效益和供水效益，从水电、供水角度来看是非常合理的。然而，这个大梯级电站调度之后，黄河上游的下段（青铜峡至河口镇）河床演变出现异常现象，如河床淤积抬高，洪水位上升，平滩流量减少，防洪、防凌吃紧。这些问题在规划设计时可能没有研究或者没有认识到问题的严重性。同样，三门峡水利枢纽工程在规划时也是如此，致使水库运用后近半个世纪，黄河下游河道出现洪水位上升，平滩流量下降，河床淤高，防洪、防凌压力增大等问题。

其实，何止是黄河，辽河、海河也是如此，只是这些问题涉及面不大，影响程度不同，人们没有更深入调查研究而已。当然，不能用现在的认知水平来评论过去，这里只是警告我们今后要重视这个问题，否则将会后患无穷。

三、1986～1995 年三门峡库区多灾多难

黄河上游龙羊峡水电站于 1986 年汛后关闸蓄水，坝下游河道断流百天以上。1986～1995 年又值黄河迎来枯水系列，潼关水文站年平均径流量只有 287 亿 m^3，输沙量为 8.0 亿 t。受龙羊峡、刘家峡两座水库联合调度的作用，使得黄河中下游径流量在年内分配比例发生倒置。在年平均径流量 287.1 亿 m^3 中，非汛期为 155.1 亿 m^3，占全年的 54%；汛期为 132.0 亿 m^2，占全年的 46%。在这个系列中，1988 年、1994 年两年洪水期含沙量特别大，平均值在 100 kg/m^3 以上，1991 年的非汛期输沙量为 4.16 亿 t，是多年非汛期输沙量的 2 倍以上，见表 7-20。水沙系列不利条件还反映在洪水历时缩短，洪水水量减少，非汛期和汛期的坝前水位与前期相比略有下降，坝前水位高于 320 m 的天数也有缩短，但洪水期平均径流偏小，输沙能力下降，见表 7-21。因此，潼关以下库区达不到年内冲淤平衡，见表 7-22。黄淤30 断面至黄淤 41 断面库段淤积量占潼关以下库区淤积量的 49.8%，10 年来出现了累积淤积量达到 1.712 亿 m^3，尤其是黄淤 36 断面至黄淤 41 断面库段，累积淤积量高达 0.405 7 亿 m^3，致使潼关高程连续上升（见表 7-22），到了 1995 年汛后潼关河床高程上升到 328.28 m。

表 7-20　1986～1995 年三门峡水库潼关站水沙特征及潼关高程升降

年份	径流量（亿 m^3）			输沙量（亿 t）			洪峰特征值				潼关高程升降值（m）		
	非汛期	汛期	运用年	非汛期	汛期	运用年	历时（d）	Q_{max}（m^3/s）	$\overline{Q}$（m^3/s）	$\overline{S}$（kg/m^3）	洪水期	平水期	汛期
1986	171.3	134.3	305.6	2.07	2.11	4.18	23	3 940	2 469	24.5	-0.65	0.75	0.10
1987	117.7	75.4	193.1	1.185	2.08	3.22	11	5 450	1 585	63.4	-0.04	-0.10	-0.14
1988	122.1	187.1	309.2	1.13	12.07	13.6	42	8 260	2 725	106.9	-0.17	-0.12	-0.29
1989	171.7	205	376.8	1.94	6.59	8.53	69	7 280	2 660	35.6	-0.77	0.51	-0.26
1990	211.4	139.6	351	2.11	5.50	7.61	33	4 430	1 811	49.6	-0.08	-0.07	-0.15

续表 7-20

年份	径流量(亿 m^3)			输沙量(亿 t)			洪峰特征值				潼关高程升降值(m)		
	非汛期	汛期	运用年	非汛期	汛期	运用年	历时(d)	Q_{max} (m^3/s)	$\overline{Q}$ (m^3/s)	$\overline{S}$ (kg/m^3)	洪水期	平水期	汛期
1991	187.3	61.1	248.4	4.16	1.99	6.15	11	3 310	1 283	68.1	0.16	-0.28	-0.12
1992	120.4	130.9	251.3	1.87	8.05	9.92	53	4 040	1 938	82.3	-1.18	0.08	-1.10
1993	155.1	139.6	294.7	1.93	4.08	6.01	48	4 440	1 967	37.4	-0.19	0.19	0.00
1994	153.3	133.3	286.6	1.81	10.3	12.11	29	7 360	2 166	146.7	-0.55	0.29	-0.26
1995	140.8	113.7	254.6	1.87	6.78	8.65	34	4 160	1 546	99.4	-0.22	0.38	0.16
合计	1 551.1	1 320	2 871.3	20.04	59.95	80.0	353	52 670	20 150		-3.69	2.19	-1.50
平均	155.1	132.0	287.1	2.004	6.00	8.01	35.3	5 267	2 015	65.6	-0.37	0.219	-0.150

表 7-21 1986 ~ 1995 年三门峡水库坝前水位特征值及潼关高程

年份	非汛期运用水位(m)		汛期水位(m)		各级水位天数(d)			潼关高程(m)	
	平均	最高	平均	最高	>320 m	>322 m	>324 m	汛前	汛后
1986	315.16	322.62	302.44	313.15	25	8	0	327.08	327.18
1987	316.76	323.73	303.13	309.55	66	40	0	327.30	327.16
1988	316.53	324.09	302.30	308.90	77	34	2	327.37	327.08
1989	315.59	324.11	304.12	310.75	66	53	2	327.62	327.36
1990	316.47	323.99	310.60	308.44	81	50	0	327.75	327.60
1991	314.88	323.84	302.06	305.86	47	34	0	328.02	327.90
1992	316.36	323.91	302.73	311.93	90	54	0	328.40	327.30
1993	314.47	321.61	303.37	310.82	34	0	0	327.78	327.78
1994	315.13	322.66	306.63	318.29	43	9	0	327.95	327.69
1995	315.12	321.80	303.75	311.56	23	0	0	328.12	328.28
平均	315.65	323.34	303.22	310.93	55.2	28.2	0.4		

表 7-22 1986 ~ 1995 年潼关以下库区冲淤分布

时段(年-月-日)	坝址—黄淤 12 断面	黄淤 12 断面—黄淤 22 断面	黄淤 22 断面—黄淤 30 断面	黄淤 30 断面—黄淤 36 断面	黄淤 36 断面—黄淤 41 断面	坝址—黄淤 41 断面
1985-10-03 ~ 1986-06-11	0.017 9	0.137 4	0.377 5	0.289 5	-0.017 5	0.804 8
1986-06-11 ~ 1986-10-04	-0.043	-0.200 8	-0.300 5	-0.224 7	0.073 6	-0.695 4
1986-10-04 ~ 1987-06-22	-0.421	0.133 7	0.290 5	0.301 0	0.063 4	0.746 5
1987-06-22 ~ 1987-10-01	0.089 5	-0.059 7	-0.223 6	-0.050 5	-0.000 5	-0.244 8
1987-10-01 ~ 1988-06-19	0.066 3	0.195 7	0.375 9	0.287 2	0.059 6	0.984 7

续表 7-22

时段（年-月-日）	坝址—黄淤12断面	黄淤12断面—黄淤22断面	黄淤22断面—黄淤30断面	黄淤30断面—黄淤36断面	黄淤36断面—黄淤41断面	坝址—黄淤41断面
1988-06-19～1988-09-21	-0.026 3	-0.420 2	-0.597 3	-0.340 2	0.051 9	-1.332 1
1988-09-21～1989-06-26	-0.038	0.278 2	0.419 8	0.357 1	0.063 0	1.080 1
1989-06-26～1989-10-12	-0.036 3	-0.327 6	-0.376 8	-0.191 0	-0.061 5	-0.993 2
1989-10-12～1990-06-07	0.016 9	0.384 2	0.732 1	0.489 6	0.092 9	1.715 7
1990-06-07～1990-10-02	0.122 9	-0.234 2	-0.592 4	-0.224 8	-0.045 3	-0.973 3
1990-10-02～1991-06-10	0.144 6	0.649 5	0.537 8	0.120 7	0.074 3	1.526 9
1991-06-10～1991-09-30	0.068 3	-0.362 8	-0.266 7	-0.056 4	0.001 3	-0.616 3
1991-09-30～1992-06-03	-0.125 9	0.154 3	0.384 7	0.417 3	0.130 5	0.960 9
1992-06-03～1992-09-14	-0.130 5	-0.484 8	-0.503 8	-0.606 1	-0.162 1	-1.887 3
1992-09-14～1993-05-26	0.262 0	0.742 1	0.747 8	0.278 2	0.014 5	2.046 6
1993-05-26～1993-10-03	-0.029 9	-0.578 8	-0.719 1	-0.365 9	-0.071 7	-1.765 4
1993-10-03～1994-06-02	0.0297 7	0.282 4	0.618 5	0.321 0	0.044 9	1.296 5
1994-06-02～1994-10-02	-0.095 3	-0.290 6	-0.661 5	-0.428 9	0.007 0	-1.469 3
1994-10-02～1995-06-07	0.132 6	0.558 7	0.726 3	0.271 8	-0.009 3	1.680 1
1995-06-07～1995-10-22	-0.044 2	-0.443 2	-0.717 0	0.197 9	0.096 7	-1.305 6
合计	0.339 2	0.286 0	0.252 2	0.447 0	0.405 7	1.712
平均	0.033 9	0.028 6	0.025 2	0.044 7	0.040 6	0.171 2

潼关河床高程上升，势必引起渭河下游发生淤积，见表 7-23。

表 7-23　1986～1995 年渭河下淤冲淤量分布　（单位：亿 m^3）

时段（年-月）	渭拦段	渭淤1断面—渭淤10断面	渭淤10断面—渭淤26断面	渭淤26断面—渭淤37断面	渭淤1断面—渭淤37断面
1985-10～1986-05	0.009 9	0.019 9	-0.002 6	0.011 3	0.028 6
1986-05～1986-10	-0.012	0.004 4	0.119 6	0.004 4	0.128 4
1986-10～1987-05	0.007 0	-0.003 2	0.011 9	-0.011 0	-0.002 3
1987-05～1987-09	0.017 0	0.056 8	0.090 4	0.008 4	0.155 6
1987-09～1988-05	-0.004 0	-0.008 8	0.012 3	0.031 6	0.035 1
1988-05～1988-09	-0.017 5	-0.072 3	0.036 4	-0.007 8	-0.043 7
1988-09～1989-05	0.007 2	-0.060 0	-0.037 0	-0.022 1	-0.133 5
1989-05～1989-10	-0.000 4	0.201	0.096 0	0.064 8	0.361 8
1989-10～1990-05	-0.000 12	-0.041 1	-0.055 1	-0.014 8	-0.111 0
1990-05～1990-09	0.015 7	0.175 6	0.099 3	0.041 8	0.316 7
1990-09～1991-05	0.008 4	0.028 9	-0.010 3	-0.023 5	-0.004 9
1991-05～1991-09	0.004	-0.020 0	0.018 4	-0.009	-0.010 6
1991-09～1992-05	0.006 6	0.011 5	0.000 2	0.032 1	0.043 8
1992-05～1992-09	-0.001 8	0.849 4	0.248 4	0.014	1.111 8
1992-09～1993-05	0.004 0	-0.115 9	-0.071 2	0.004	-0.183 1
1993-05～1993-09	0.023 9	-0.080 5	-0.110 6	0.006 9	-0.184 2

续表 7-23

时段(年-月)	渭拦段	渭淤 1 断面—渭淤 10 断面	渭淤 10 断面—渭淤 26 断面	渭淤 26 断面—渭淤 37 断面	渭淤 1 断面—渭淤 37 断面
1993-09 ~ 1994-05	0.000 1	-0.008 1	-0.049 8	-0.001 8	-0.059 7
1994-05 ~ 1994-11	0.015 4	0.504 8	0.281 4	0.042 0	0.828 2
1994-11 ~ 1995-05	0.008 7	-0.025 4	-0.039 5	-0.013 1	-0.078 0
1995-05 ~ 1995-10	0.007 4	0.339 0	0.433 7	0.044 3	0.817
合计	0.098 4	1.756 0	1.071 9	0.202 5	3.030
平均	0.009 84	0.175 6	0.107 2	0.020 3	0.303 0

由于潼关高程汛前高于汛后，则汛前潼关高程对渭河下游的影响最大，1986 ~ 1995 年的 10 年间，汛期共淤积 3.48 亿 m^3。非汛期是处在汛后潼关高程下降后的时期，又加上非汛期渭河含沙量较小有利冲刷，因此渭河在非汛期多为冲刷过程。冲淤相抵后净淤了 3.03 亿 m^3，比潼关以下库区还多，由此引起渭河下游过洪能力急剧下降。以华县水文站平滩流量为例，建库前约 4 500 m^3/s；三门峡二期改建后的 1977 年为 4 500 m^3/s，1986 年下降到 2 920 m^3/s，1990 年为 2 860 m^3/s，1995 年汛后下降到 800 m^3/s，已经威胁到"确保西安"的目标了。

水利部、黄河水利委员会对此非常重视，1994 年黄河水利委员会召开有关潼关河段清淤方案专题研讨会，会议共收到四种方案：爆破方案、拖淤方案、挖沙方案和射流清淤方案，最后确定采用射流清淤方案，经过现场调查研究与室内试验，于 1996 年汛期正式开始潼关河段射流清淤试验。

四、1996 ~ 2002 年水沙条件恶化，潼关高程上升

1996 ~ 2002 年，三门峡水库潼关水文站年均径流量为 192.8 亿 m^3，其中汛期仅有 80 余亿 m^3，见表 7-24。

表 7-24　1996 ~ 2002 年三门峡潼关水文站水沙量、潼关高程

年份	径流量(亿 m^3)			输沙量(亿 t)			洪水特征值				潼关高程升降值(m)		
	非汛期	汛期	运用年	非汛期	汛期	运用年	历时(d)	Q_{max} (m^3/s)	$\overline{Q}$ (m^3/s)	$\overline{S}$ (kg/m^3)	洪水期	平水期	汛期
1996	127.5	128.0	255.5	2.012	9.638	11.638	28	7 400	2 048	135.3	-0.33	-0.02	-0.35
1997	104.7	55.6	160.3	1.220	4.112	5.332	7	4 700	1 712	275.4	-1.76	1.41	-0.35
1998	105.3	86.1	191.4	2.263	4.371	6.634	24	6 500	1 898	85.2	-0.39	0.27	-0.12
1999	119.8	97.0	216.8	1.629	3.726	5.355	23	2 950	1 504	95.8	-0.47	0.16	-0.31
2000	114.2	73.1	187.3	1.544	1.970	3.514	9	2 270	1 413	27.4	-0.16	0.00	-0.15
2001	96.7	61.1	157.8	0.717	2.914	3.631	21	2 780	1 124	91.7	-0.97	0.64	-0.33
2002	123.0	58.0	181.0	1.950	3.120	5.070	35	2 450	694	116.0	0.53	-0.47	0.06
合计	791.2	558.9	1 350.1	11.335	29.84	41.176	147	29 050	10 393		-3.55	1.99	-1.56
平均	113.03	79.8	192.8	1.619	4.263	5.882	21	4 150	1 485	125.5	-0.507	0.284	-0.223

年均输沙量为5.882亿t,年均含沙量为30.5 kg/m³。其中,汛期平均含沙量为53.3 kg/m³,平均流量只有753 m³/s,相应水沙搭配参数高达0.070 8 kg·s/m⁶。同期洪水次数少、历时短,洪峰流量小、含沙量高。洪水期,平均水沙搭配参数达到0.084 5 kg·s/m⁶。这样恶劣的进库水沙条件对潼关以下库区及潼关高程带来极大的危害,潼关高程曾经上升到329.14 m,见表7-25。

表7-25 1996~2002年三门峡库水库运用与潼关高程

年份	非汛期水位(m)		汛期水位(m)		各级水位天数(d)		潼关高程(m)	
	平均	最高	平均	最高	>320 m	>322 m	汛前	汛后
1996	316.54	321.71	303.37	306.88	63	0	328.42	328.07
1997	314.70	321.81	303.56	306.86	61	0	328.40	328.05
1998	316.70	323.80	303.56	308.67	71	17	328.40	328.28
1999	315.79	320.78	306.09	318.22	20	0	328.43	328.12
2000	315.55	321.92	305.40	314.74	37	0	328.48	328.33
2001	316.38	320.62	304.46	313.45	24	0	328.56	328.23
2002	316.71	320.25	304.51	312.19	27	0	329.14	328.78
平均	316.05	321.56	304.42	311.57	43.3	2.43	328.55	328.27

2002年汛后,潼关高程上升到328.78 m。表7-25显示出,1996~2002年系列非汛期库水位得到进一步控制,超过320 m水位的天数年平均为43.3 d。与前期相比,减少了12 d(1986~1995年)、40 d(1981~1985年)。汛期坝前水位基本上控制在305 m以下,潼关以下库区出现累积性淤积达0.983 1亿m³,见表7-26。自1973年汛后起,冲淤相抵后净淤积量为3.285亿m³。1996~2002年期间净淤积0.983 1亿m³,约占3.285亿m³的1/3。尤其是自1986年以后的累积性淤积,是造成潼关高程上升的最主要原因。从图7-12可知,黄淤31断面至黄淤41断面库段冲淤量与潼关高程升降成正比。

表7-26 1966~2002年潼关以下库区冲淤分布

(单位:亿m³)

时段(年-月-日)	坝址—黄淤12断面	黄淤12断面—黄淤22断面	黄淤22断面—黄淤30断面	黄淤30断面—黄淤36断面	黄淤36断面—黄淤41断面	坝址—黄淤41断面
1995-10-22~1996-05-21	0.062 7	0.327 7	0.595 9	0.377 0	0.026 5	1.389 8
1996-05-21~1996-09-18	-0.161 1	-0.575 1	-0.779 0	-0.603 1	-0.134 9	-2.253 2
1996-09-18~1997-06-03	0.158 1	0.270 8	0.481 2	0.414 6	0.058 2	1.382 9
1997-06-03~1997-10-08	-0.112 3	-0.237 6	-0.357 9	-0.045 5	0.070 0	-0.683 3
1997-10-08~1998-05-22	0.079 0	0.256 7	0.584 4	0.272 7	0.020 3	1.213 1
1998-05-22~1998-10-05	-0.044 8	-0.237 8	-0.498 5	-0.325 9	-0.011 8	-1.118 8
1998-10-05~1999-05-25	0.046 5	0.333 5	0.907 6	0.408 3	0.036 2	1.732 1

续表 7-26

时段（年-月-日）	坝址—黄淤12断面	黄淤12断面—黄淤22断面	黄淤22断面—黄淤30断面	黄淤30断面—黄淤36断面	黄淤36断面—黄淤41断面	坝址—黄淤41断面
1999-05-25～1999-10-11	0.004 3	-0.163 7	-0.661 7	-0.378 1	-0.031 1	-1.230 3
1999-10-11～2000-06-09	-0.021 1	0.265 2	0.466 1	0.370 5	0.023 0	1.103 7
2000-06-09～2000-10-06	0.059 3	-0.127 5	-0.246 1	-0.215 0	0.040 4	-0.488 9
2000-10-06～2001-06-08	-0.314 6	-0.053 03	0.371 3	0.182 1	-0.048 6	0.137 26
2001-06-08～2001-10-15	-0.262 4	0.025 8	-0.397 9	-0.184 5	0.061 2	-0.232 9
2001-10-15～2002-05-31	0.049 0	0.292 1	0.417 6	0.133 6	-0.058 1	0.834 2
2002-05-31～2002-10-07	-0.024 2	-0.196 1	-0.049 08	-0.159 4	0.068 1	-0.8024
合计	0.043 2	0.181	0.392 2	0.247 3	0.119 4	0.983 1
平均	0.006 17	0.025 9	0.056 0	0.035 3	0.017 1	0.140 5

潼关高程上升将引起渭河下游及中下游河段发生淤积（见表 7-27），防洪能力下降，过洪能力降低，如渭河华县水文站，建库前平滩流量约 4 500 m^3/s，1986 年下降到 2 920 m^3/s，至 2000 年汛后又下降到 1 200 m^3/s。

表 7-27　1996～2002 年渭河下游冲淤量统计　（单位：亿 m^3）

时段（年-月-日）	渭拦段	渭淤1断面—渭淤10断面	渭淤10断面—渭淤26断面	渭淤26断面—渭淤37断面	渭淤1断面—渭淤37断面
1995-10-24～1996-5-25	0.003 3	-0.017 4	0.002 2	0.015 4	0.000 2
1996-05-25～1996-09-23	-0.009 5	-0.036 4	0.114 2	0.008 4	0.086 2
1996-09-23～1997-05-19	0.001 4	-0.003 6	-0.052 1	0.028 2	-0.027 5
1997-05-19～1997-10-03	-0.008 7	0.087 9	0.145 8	0.006 0	0.239 7
1997-10-03～1998-05-30	-0.000 7	-0.064 9	-0.023 4	0.017 1	-0.071 2
1998-05-30～1998-11-02	-0.000 3	-0.125 9	-0.033 4	-0.027 2	-0.186 5
1998-11-02～1999-06-11	-0.004 7	-0.007 8	-0.132 0	-0.032 8	-0.172 6
1999-06-11～1999-10-12	-0.002 8	-0.001 7	-0.086 1	-0.011 4	-0.099 2
1999-10-12～2000-06-15	0.004 1	0.009 4	-0.011 9	-0.003 0	-0.005 5
2000-06-15～2000-11-16	0.009 7	0.059 3	0.177 9	0.048 6	0.285 8
2000-11-16～2001-05-25	0.004 9	0.018 7	-0.036 2	-0.017 6	-0.035 1
2001-05-25～2001-10-29	-0.000 1	0.081 6	0.111 4	-0.001 21	0.191 6
合计	-0.000 34	-0.000 08	0.176 4	0.030 3	0.206 7

与此同期，渭河水沙条件也在恶化，1996～2002 年多年平均径流量只有 31.7 亿 m^3，多年平均输沙量为 2.15 亿 t，年平均含沙量达到 68 kg/m^3，而在此期间发生了多场高含沙小洪水。1995 年华县平滩流量下降到 800 m^3/s，这是 1994 年、1995 年 5 次高含沙洪水及黄河干流洪水倒灌渭河所造成的，洪峰水沙情况见表 7-28、表 7-29。

表 7-28　1996～2002 年渭河下游水沙量统计

年份	径流量（亿 m^3）			输沙量（亿 t）			含沙量（kg/m^3）		
	非汛期	汛期	运用年	非汛期	汛期	运用年	非汛期	汛期	运用年
1996	8.27	22.91	31.68	0.091	4.034	4.125	10.4	176.1	130.2
1997	17.61	6.06	23.67	0.098	1.610	1.708	5.57	265.7	72.2
1998	13.33	26.70	40.03	0.734	1.136	1.870	55.1	45.5	46.7
1999	13.96	23.22	37.18	0.087	2.178	2.265	6.23	94.0	60.9
2000	10.20	22.39	32.59	0.537	0.942	1.479	52.6	42.1	45.4
2001	12.55	15.77	28.32	0.027	1.268	1.295	2.15	80.4	45.7
2002	17.6	10.80	28.40	1.119	1.161	2.330	66.4	107.5	82.0
合计	94.02	127.85	221.87	2.693	12.329	15.072	29.2	96.4	67.9
平均	13.43	18.26	31.69	0.384 7	1.761	2.153	29.2	96.4	67.9

表 7-29　1994 年、1995 年黄河、渭河、洛河洪水对渭河下游的影响

时段		洪水组合						潼关流量	同流量水位差（m）			
		龙门		华县		洑头						
年份	月-日	Q_{max}（m^3/s）	S_{max}（kg/m^3）	Q_{max}（m^3/s）	S_{max}（kg/m^3）	Q_{max}（m^3/s）	S_{max}（kg/m^3）	Q（m^3/s）	潼关	华阴	陈村	华县
1994	07-06～07-10	4 780	115	2 000	765	695	1 030	4 890	-0.50	-1.16	0	-0.40
	07-27～07-30	1 460	73	1 010	802			1 930	-0.30	1.08	1.15	0
	08-05～08-10	10 600	401	643	649			7 060	0	0.34	1.60	0.80
	08-12～08-15	5 460	378	1 450	782	2 160	655	4 310	0	-0.62	0	0
	09-01～09-04	4 020	316	59.1		3 280	805	3 700	0	0.45	1.10	1.00
1995	08-06～08-10	3 910	346	94.6	716	189		3 980	0	1.0	1.05	0.8

注：同流量潼关为 1 000 m^3/s，渭河为 200 m^3/s，洛河为 200 m^3/s，均为月平均值；Q_{max}、S_{max} 为最大流量、最大含沙量。

1994 年、1995 年洪水情况如下：

（1）1994 年 7 月 6～10 日，渭河发生洪水，华县水文站洪峰流量为 2 000 m^3/s，洪水最大含沙量达到 765 kg/m^3，同期与黄河干流洪水（4 780 m^3/s）和北洛河洪水（695 m^3/s）相遭遇，汇成潼关水文站洪峰流量为 4 890 m^3/s。渭河高含沙洪水导致华县、华阴、潼关水文站同流量水位分别下降 0.4 m、1.16 m、0.5 m。

(2)1994 年 7 月 28 日，渭河发生高含沙洪水，华县水文站最大流量为 1 010 m^3/s，最大含沙量为 802 kg/m^3，同期来自龙门水文站的小洪水洪峰流量为 1 460 m^3/s，汇至潼关水文站组成成为洪峰流量为 1 930 m^3/s 的高含沙小洪水，致使渭河下游淤积，陈村断面淤厚 1.15 m，华阴断面淤厚 1.08 m，潼关断面淤厚 0.3 m。

(3)1994 年 8 月 5 日，黄河龙门水文站发生洪水，最大流量达到 10 600 m^3/s，最大含沙量为 401 kg/m^3，8 月 6 日洪峰到达潼关，最大流量为 7 360 m^3/s，洪水倒灌渭河。渭河于 8 月 8 日发生高含沙小洪水，洪峰流量只有 643 m^3/s，而含沙量却达到 649 kg/m^3，引起陈村断面淤厚 1.6 m，华县断面淤厚 0.8 m。

(4)1994 年 8 月 12 日，北洛河发生洪水，洪峰流量达到 2 160 m^3/s，最大含沙量为 655 kg/m^3，同期华县发生 1 450 m^3/s 洪水，又与黄河 5 460 m^3/s 洪水相遇，汇至潼关最大流量达到 4 310 m^3/s。因渭、洛两洪水较大，虽然含沙量很大，但输送能力也强，渭河没有发生较明显的冲淤变化。

(5)1994 年 9 月 1 日，北洛河发生 6 280 m^3/s 洪水，是历史上所罕见的，最大含沙量达到 805 kg/m^3，同期龙门水文站发生 4 020 m^3/s 洪水，汇至潼关洪峰流量为 3 700 m^3/s。构成黄、洛、渭不利的洪水遭遇，致使华县断面淤厚 1.0 m，陈村断面淤厚 1.1 m，华阴断面淤厚 0.45 m。

(6)1995 年 8 月 6～10 日，龙门水文站出现 3 910 m^3/s 洪水，与北洛河 189 m^3/s 洪水遭遇，而渭河仅有 94 m^3/s 流量，导致华阴、陈村和华县分别淤厚 1.0 m、1.05 m、0.8 m。

这六次洪水的结局是：华县淤厚 2.2 m，陈村淤厚 4.9 m，华阴淤厚 1.09 m，潼关冲刷 0.2 m。

1996～2002 年，三门峡水库正式开展两项重大的原型试验研究：

(1)潼关河段（黄淤 41 断面—黄淤 36 断面）射流清淤试验（1996～2002 年）；

(2)三门峡水库汛期发电试验（1994～1999 年）。

两项试验投入近亿元，取得一定效益，将另辟章节进行研讨与评述。

参 考 文 献

[1] 焦恩泽. 黄河水库泥沙[M]. 郑州：黄河水利出版社，2004.

[2] 焦恩泽，等. 水库调水调沙[M]. 郑州：黄河水利出版社，2008.

[3] 侯素珍，等. 三门峡库区冲淤演变研究[M]. 郑州：黄河水利出版社，2006.

[4] 杨庆安，等. 黄河三门峡水利枢纽运用与研究[M]. 郑州：河南人民出版社，1995.

[5] 张晓华，等. 黄河干流大型水库修建后上下游再送床过程[M]. 郑州：黄河水利出版社，2008.

[6] 焦恩泽，等. 水库调水调沙[M]. 郑州：黄河水利出版社，2008.

[7] 三门峡水位运用经验总结组. 三门峡水利枢纽运用研究文集[M]. 郑州：河南人民出版社，1994.

第八章　闹德海水库调水调沙简介

第一节　闹德海水库概况

闹德海水利枢纽位于辽宁省彰武县闹德海村，处在辽河支流柳河的中游峡谷段，控制流域面积为4 051 km^2。水库上游有三条支流并设有水文站：扣河子的石门子水文站、乌根稿河的白庙子水文站、养畜牧河的三家子水文站。

闹德海水利枢纽为混凝土重力坝，经过两次增建与改建，现在的坝顶高程达到194 m，相应总库容为2.28亿m^3；设计洪水位为189.5 m，相应库容为1.39亿m^3，其特征值见表8-1。

表8-1　闹德海水利枢纽特征值

变量	特征值	变量	特征值
坝顶高程(m)	194.0	最大坝高(m)	53.9
校核洪水位(m)	193.1	大坝长度(m)	167
相应库容(亿m^3)	2.28	坝顶宽度(m)	5.0
设计洪水位(m)	189.5	溢流堰顶高(m)	181.5
相应库容(亿m^3)	1.39	相应库容(亿m^3)	0.496
泄洪闸(孔)	5	泄流底孔(孔)	5
泄流中孔(孔)	2	底坎高程(m)	151.5
底坎高程(m)	163.5		

闹德海为河道型水库，大坝上游4 km范围内为峡谷段，河谷宽50～100 m，河道原始纵比降为46‱峡谷上游14 km范围的河道为复式河床，原始比降为12.7‱，河面宽度为300～800 m不等。

1963年汛期水库遭遇了百年一遇洪水，洪水漫过堤顶。1965年大坝加高3.5 m，1970年冬季以前，水库运用按滞洪排沙方式运行，1970年11月在各泄流建筑物安装闸门，1970年11月起水库改为“冬春季蓄水拦沙，汛期敞泄排沙”——调水调沙运用。及至1995年，188 m高程以下尚保持1.3亿m^3库容，占188 m高程以下原始库容的77%。

第二节　进库水文泥沙特性

闹德海水库在1964年以后，水文观测项目齐全，1964～1996年多年平均径流量为22 175万m^3，其中汛期为12 624万m^3，非汛期为9 551万m^3；1970年汛后改为调水调沙运用，进库多年平均径流量为19 340万m^3，其中汛期为10 796万m^3，非汛期为8 594万m^3；进库年均输沙量为505万t，汛期为550万t，非汛期只有83万t，见表8-2。

表 8-2　20 世纪各年代闹德海水库进库水沙量

项目	时段	汛期	非汛期	全年	汛期/全年(%)	非汛期/全年(%)	非洪水期
径流量(万 m^3)	60 年代*	20 856	13 939	34 795	59.9	40.1	
	70 年代	12 277	9 927	22 204	55.3	44.7	3 784
	80 年代	7 969	6 962	14 931	53.4	46.6	3 017
	90 年代**	12 646	9 043	21 667	58.3	41.7	3 236
	多年平均	12 624	9 551	22 175	56.9	43.1	3 358
输沙量(万 t)	60 年代	2 328	130	2 458	94.7	5.3	
	70 年代	601	94	695	86.5	13.5	63
	80 年代	464	47	511	90.8	9.2	31
	90 年代*	440	100	546	81.7	18.3	43
	多年平均	840	88	928	91.6	8.4	46

注：*60 年代指 1964 ~ 1969 年；** 90 年代指 1990 ~ 1996 年。

从表 8-2 中得知，在汛期中的非洪水期（或称做平水期），径流量为 3 000 万 ~ 3 800 万 m^3，而输沙量只有 31 万 ~ 63 万 t，相当于 10 ~ 17 kg/m^3 的含沙量，略小于非汛期含沙量。由此可知，洪水期的输沙能力非常强大，洪水期排沙与冲刷是保证长期可用库容不被淤废的最重要的条件。

闹德海各年的进出水沙量见表 8-3 及表 8-4。

表 8-3　1970 ~ 1996 年汛期、洪水期进出库径流量

年份	进库径流量(万 m^3)			出库径流量(万 m^3)		
	汛期	洪水期	非洪水期	汛期	洪水期	非洪水期
1970	20 115	16 352	3 763	16 671	13 760	2 911
1971	12 900	8 753	4 147	12 918	8 857	4 061
1972	8 120	3 269	4 851	8 669	3 514	5 155
1973	9 983	6 457	3 526	10 667	6 859	3 808
1974	10 952	7 237	3 715	11 786	8 017	3 769
1975	12 982	9 716	3 266	15 165	10 318	4 847
1976	7 176	3 127	4 049	10 812	3 445	7 367
1977	15 876	12 441	3 435	18 660	15 521	3 139
1978	8 291	4 608	3 683	8 746	5 080	3 666
1979	16 375	12 884	3 401	22 649	14 620	8 029
1980	7 096	3 742	3 354	8 527	4 650	3 877
1981	4 175	1 135	3 040	4 884	1 180	3 704
1982	2 144	219	1 925	2 634	258	2 376
1983	5 617	3 285	2 332	6 278	3 710	2 568
1984	12 507	9 663	2 844	13 273	10 322	2 951
1985	9 960	6 243	3 717	10 159	6 229	3 930

续表 8-3

年份	进库径流量(万 m^3)			出库径流量(万 m^3)		
	汛期	洪水期	非洪水期	汛期	洪水期	非洪水期
1986	19 226	16 300	2 926	22 419	19 382	3 037
1987	6 214	2 285	3 929	6 737	3 025	3 712
1988	4 620	2 007	2 613	4 940	2 128	2 812
1989	8 129	4 631	3 498	8 137	5 136	3 001
1990	11 971	8 551	3 420	13 419	9 662	3 757
1991	15 295	12 452	2 843	15 067	12 354	2 713
1992	6 784	3 173	3 611	8 281	4 806	3 475
1993	7 599	4 326	3 273	8 165	4 786	3 379
1994	23 519	20 625	2 894	28 745	24 939	3 806
1995	10 705	7 219	3 486	10 847	8 529	2 318
1996	13 149	10 023	3 126	9 510	7 765	1 745

表 8-4　闹德海水库历年汛期进出库输沙量、冲淤量统计

年份	入库沙量(万 t)			出库沙量(万 t)			冲淤量(万 t)		
	汛期	洪水期	非洪水期	汛期	洪水期	非洪水期	汛期	洪水期	非洪水期
1970	1 089	1 031	58	1 148	1 123	25	-59	-92	33
1971	1 500	1 414	86	2 116	2 054	62	-616	-640	24
1972	362	208	154	698	533	165	-336	-325	-11
1973	203	164	39	360	318	42	-157	-154	-3
1974	399	358	41	605	567	38	-206	-209	3
1975	711	640	71	1 058	1 005	53	-347	-365	18
1976	93	55	38	118	85	33	-25	-30	5
1977	922	871	51	1 532	1 505	27	-610	-634	24
1978	212	166	46	304	274	30	-92	-108	16
1979	515	472	43	941	910	31	-426	-438	12
1980	281	240	41	386	337	49	-105	-97	-8
1981	75	49	26	126	91	35	-51	-42	-9
1982	11	2	9	31	5	26	-20	-3	-17
1983	140	114	26	261	231	30	-121	-117	-4
1984	1 234	1 182	52	574	543	31	660	369	21
1985	406	361	45	370	319	51	36	42	-6

续表 8-4

年份	入库沙量(万 t)			出库沙量(万 t)			冲淤量(万 t)		
	汛期	洪水期	非洪水期	汛期	洪水期	非洪水期	汛期	洪水期	非洪水期
1986	2 073	2 028	45	3 413	3 375	38	-1 340	-1 347	7
1987	164	144	20	154	107	47	10	37	-27
1988	55	38	17	89	67	22	-34	-29	-5
1989	203	170	33	353	327	26	-150	-157	7
1990	807	751	56	1 117	1 076	41	-310	-325	15
1991	603	537	66	804	756	48	-201	-219	18
1992	174	116	58	196	167	29	-22	-51	29
1993	267	232	35	432	403	29	-165	-171	6
1994	935	906	29	1 839	1 803	36	-904	-897	-7
1995	153	130	23	219	208	11	-66	-78	12
1996	186	154	32	233	225	8	-47	-71	24

第三节　水库运用基本原则

闹德海水库自1970年汛后关闸蓄水，改为“冬蓄春放，汛期敞泄排沙”运用。冬季蓄水拦沙，存储水量为辽河下游灌区春季灌溉提供水源，同时又是阜新市工业和饮用水源地，年均供水量约5 000万 m^3。

在运用年内，水库运用为：

(1)每年冬季蓄水拦沙，2个中孔和5个底孔全部关闭。次年4~5月按下游灌区用水需要，进行下泄水量，每年3月份有弃水。

(2)随着水库泄水，库水位逐渐下落，当水库水位下降到某一量级时，水库发生冲刷，有部分泥沙排出库外。

(3)汛期敞泄排沙，当进库流量大于300 m^3/s时，受泄流能力不足的影响，库区出现壅水淤积；流量小于300 m^3/s时，库区冲刷效益最大；进库流量小于10 m^3/s时，库区发生冲刷，但效益不大。

第四节　库区冲淤演变

闹德海水库为年调节水库，在一个运用年内，水库运用方式、来水来沙条件及库区地形、地貌等因素决定库区冲淤演变的基本格调。

(1)淤积主要集中在大洪水期间，遇有大洪水，库区发生壅水淤积。如1984年8月洪水，进库站最大日平均流量为551 m^3/s，洪水历时6 d，最大日平均含沙量为199 kg/m^3，坝前最高水位为176 m，库区淤积量为827万t；1994年7月洪水，历时3 d，三站最大日平均流量为675 m^3/s，日平均含沙量为70 kg/m^3，坝前最高水位为182.7m，库区淤积量为132万t。当流量为100～300 m^3/s，且持续历时较长时，库区则发生强烈冲刷，如1986年9月两场洪水，日平均流量分别为154 m^3/s、99 m^3/s，持续历时分别为5 d和7 d，库区冲刷为196万t和510万t；1994年7月洪水，入库日平均流量为235 m^3/s，历时13 d，库区冲刷量达776万t。

（2）非汛期淤积，汛期冲刷。1974年10月至1997年10月23个运用年，用断面法计算的冲淤量，非汛期在192 m高程以下累积淤积量为932万m^3，年均淤积量为41万m^3，汛期冲刷量为2 500万m^3，年均冲刷量为111万m^3。

（3）库区冲刷主要集中在主河槽内。

（4）靠近大坝16 km范围内，河宽较窄，纵向坡度陡，有利冲刷，冲刷量占库区冲刷量的81%。

（5）不同流量级出库水沙量与冲淤量。

输沙率与流量成高次方关系，在相同的径流量条件下，集中下泄时，库区冲刷量大；均匀下泄时，冲刷量小。但是下泄流量受孔口泄流能力的限制，上游来水超过泄流能力时，坝前发生壅水会降低冲刷能力，对闸德海水库来讲，下泄流量为50～300 m^3/s较为合理，100～200 m^3/s最为理想，见表8-5。

表8-5　1980～1996年汛期各流量级出库水沙量、库区冲淤量

流量级（m^3/s）		天数（d）	径流量（万m^3）	输沙量（万t）	冲淤量（万t）
总量	>300	4	1.53	1 113	78
	200～300	8	1.62	2 522	-611
	100～200	13	1.57	2 816	-1 453
	50～100	39	2.93	1 821	-784
	20～50	103	2.84	1 152	-174
	10～20	227	2.70	626	563
	5～10	504	3.05	367	396
	<5	1 176	2.62	181	194
	合计	2 074	18.86	10 598	-1 791
各级流量占汛期总量（%）	>300	0.2	8.1	10.5	-4.3
	200～300	0.4	8.6	23.8	34.1
	100～200	0.6	8.3	26.6	81.0
	50～100	1.9	15.5	17.2	43.7
	20～50	5.0	15.1	10.9	9.7
	10～20	10.9	14.3	5.9	-31.4
	5～10	24.3	16.2	3.5	-22.1
	<5	56.7	13.9	1.7	-10.6

从表8-5中可以看出，流量大于300 m^3/s时，受壅水影响，库区发生淤积；100～200 m^3/s流量级，13 d累积冲刷量1 453万t，占17年汛期总冲刷量81%，日平均冲刷强度达

到 112 万 t/d。由此可知，闹德海水库要保持长期可用库容，除减少淤积外，还要依靠50～300 m^3/s 流量级冲刷，尤其是 100～200 m^3/s 流量级最为重要。

柳河流域在闹德海以上地区，特别是三条支流，地处沙漠边缘，人口稀少，河道坡度陡，回水长度在 30 km 以内，没有威胁城镇等问题，对工农业造成的损失很少，大坝上游 20 km 范围内的河道，坡陡流急，河谷窄而深，容易冲刷恢复库容。

采用调水调沙运用以来 20 余年，闹德海水库仍然保持 1.3 亿 m^3 库容，是一个很成功的创举。

第九章　三门峡非汛期“318”原型试验与研究

三门峡库区的潼关高程(用1 000 m^3/s水位表征)是渭河下游河床的侵蚀基准面,潼关高程的升降直接影响渭河下游河道冲淤变化。渭河的河床与流域来水来沙相互作用、相互制约,最为突出的时段是在汛期,同时也是泥沙来量最多的时段,因此又是河床演变最为活跃的时段。

潼关高程在2002年汛前已经上升到329.14 m,2003年汛前为328.65 m。渭河下游河道防洪已面临非常严峻的局面,为此遵照水利部办公厅办函[2003]12号文件,黄河防汛总指挥部办电[2003]12号下达的《关于非汛期三门峡水库试验运用水位通知》,自2002年11月起至翌年6月非汛期,三门峡水库最高水位按318 m控制,即“318”试验方案。

第一节　试验期间水文泥沙情况

2003~2008运用年为枯水枯沙系列年,年均径流量为228.3亿m^3,其中汛期为107.3亿m^3,占全年径流量的47%。受黄河上游龙羊峡、刘家峡两座大型水库的调节,使径流量在年内分配发生了质的变化,见表9-1。从表9-1中可以看出,最突出的特征是非汛期年平均输沙量仅有0.77亿t,是多年(1952~1998年)平均值2.0亿t的38.5%。表9-2是黄河干流龙门水文站同期水沙特征值,非汛期年平均输沙量仅有0.353 5亿t,平均含沙量为3.34 kg/m^3,相应水沙搭配参数为0.006 6 $kg·s/m^6$,这对黄河小北干流的河床冲刷最为有利。

2003年,渭河上中游地区,出现“华西秋雨”。自8月下旬至10月中旬,连续发生六场次强降水过程,具有雨强大、范围广、降雨中心多的特点。据华县水文站的资料统计:洪水总量为55.4亿m^3,沙量为2.22亿t,与以前的水沙量相比有很大的不同,见表9-3、表9-4。

2003年径流量接近1950~1990时段的多年平均值,输沙量相对减少近1.0亿t,相应年平均含沙量分别为47.3 kg/m^3、35.4 kg/m^3,减少了11.9 kg/m^3。然而,与1991~2002年时段相比,汛期径流量增加了54.3亿m^3,年径流量增加了46.2亿m^3,主要是“华西秋雨”造成的。

“华西秋雨”给渭河下游两岸带来极大灾难,同时也给渭河下游河床演变塑造出新的面貌。“华西秋雨”主要发生在泾河和渭河上中游,6场次洪水各项水沙特征值见表9-5、表9-6。

表 9-1　2003～2008 年潼关水文站水沙特征值

年份	径流量(亿 m^3)			输沙量(亿 t)			洪水特征值				潼关高程升降值(m)		
	非汛期	汛期	运用年	非汛期	汛期	运用年	历时(d)	Q_{max}(m^3/s)	$\overline{Q}$(m^3/s)	$\overline{S}$(kg/m^3)	洪水期	平水期	汛期
2003	80.6	156.1	236.7	0.76	5.380	6.140	55	4 220	2 363	38.9	-0.92	0.21	-0.71
2004	134.0	75.0	209.0	0.84	2.33	3.170	6	1 960	1 447	179	-0.30	0.04	-0.26
2005	115.5	113.3	228.8	0.83	2.50	3.33	50	4 500	1 519	31.3			-0.40
2006	146.7	95.9	242.6	0.87	1.70	2.57	44	2 630	1 192	25.4	-0.18	-0.13	-0.31
2007	111.6	126.1	237.1	0.63	1.825	2.455	74	2 310	1 396	18.7	0.07	-0.27	-0.20
2008	137.4	77.8	215.2	0.69	0.71	1.40	68	1 480	887	8.70			-0.26
合计	725.8	644.2	1 370	4.62	14.44	19.07	297						-2.14
平均	121.0	107.3	228.3	0.77	2.407	3.177	49.5	2 850	1 458	30.7			-0.357

表 9-2　2003～2008 年黄河龙门水文站水沙特征值

年份	径流量(亿 m^3)			输沙量(亿 t)			$\overline{Q}$(m^3/s)			$\overline{S}$(kg/m^3)			S/Q(kg·s/m^6)	
	非汛期	汛期	运用年	非汛期	汛期	运用年	非汛期	汛期	运用年	非汛期	汛期	运用年	非汛期	汛期
2003	80	77.0	157.0	0.329 8	1.516 4	1.846 2	383	725	498	4.12	19.7	11.8	0.010 8	0.027 2
2004	101.0	58.0	159.0	0.346 2	2.003	2.349 2	481	546	503	3.43	34.5	14.8	0.007 1	0.063 2
2005	101.0	71.0	172.0	0.373 7	0.870 4	1.244 1	483	668	545	3.70	12.3	7.23	0.007 7	0.018 4
2006	128.1	79.4	207.0	0.290 0	1.510	1.800	613	747	658	2.30	19.0	8.7	0.003 8	0.025 4
2007	106.0	87.0	193.0	0.371	1.047	1.418	507	819	612	3.50	12.0	7.34	0.006 90	0.014 7
2008	119	65.4	184.4	0.41	0.21	0.62	567	615	583	3.41	3.14	3.33	0.006 01	0.005 11
合计	635.1	437.8	1 072.9	2.120 7	7.157 3	9.278	3 034	4 120	3 399					
平均	105.9	73.0	178.9	0.353 5	1.193	1.546	506	687	567	3.34	16.3	8.65	0.006 6	0.023 7

表 9-3　2003～2008 年渭河华县水文站水沙特征值

年份	径流量(亿 m^3)			输沙量(亿 t)			$\overline{Q}$(m^3/s)			$\overline{S}$(kg/m^3)			S/Q(kg·s/m^6)	
	非汛期	汛期	运用年	非汛期	汛期	运用年	非汛期	汛期	运用年	非汛期	汛期	运用年	非汛期	汛期
2003	9.10	74.8	83.9	0.030	2.940	2.970	43.5	704	266	3.30	39.3	35.4	0.076	0.055 8
2004	24.7	17.9	42.6	0.026	1.078	1.104	117.6	168	135	1.05	60.2	25.9	0.009 3	0.358
2005	13.9	50.3	64.2	0.070	1.440	1.510	66.5	473	204	5.03	28.6	23.5	0.075 6	0.060
2006	20.8	19.1	39.9	0.030	0.870	0.900	99.5	180	127	1.44	45.5	22.6	0.014 5	0.253
2007	12.6	34.5	47.1	0.010	0.910	0.920	60.3	325	149	0.79	26.4	19.5	0.013 1	0.081 2
2008	19.9	19.6	39.5	0.020	0.560	0.580	94.8	184	372	1.00	28.6	14.7	0.010 5	0.155 4
合计	101	216.2	317.2	0.186	7.798	7.984								
平均	16.8	36.0	52.8	0.031	1.30	1.331	80.3	339	167	1.85	36.1	25.2	0.023 0	0.106

表 9-4　渭河华县水文站不同时段水沙量

时段	径流量(亿 m^3)			输沙量(亿 t)		
	汛期	非汛期	全年	汛期	非汛期	全年
1950～1990 年	48.6	31.6	80.2	3.42	0.37	3.79
1991～2002 年	20.5	17.2	37.7	2.10	0.38	2.48
2003 年	74.8	9.1	83.9	2.94	0.03	2.97

表 9-5 2003 年渭河洪水最高水位、洪峰流量、最大含沙量

洪水场次	河名	站名	洪峰出现时间（月-日 T 时-分）	最高水位（m）	洪峰流量（m^3/s）	最大含沙量（kg/m^3）
1	泾河	张家山	08-26T22:06	430.70	3 600	555
	渭河	华县	08-29T16:48	341.32	1 500	598
2	泾河	张家山	08-29T20:00	425.30	987	331
	渭河	咸阳	08-30T20:00	387.86	5 340	108
	渭河	华县	09-01T11:00	342.76	3 540	174
3	泾河	张家山	09-07T02:00	423.10	377	21.7
	渭河	咸阳	09-07T00:00	387.05	3 710	20
	渭河	华县	09-08T18:00	341.73	2 290	34.8
4	泾河	张家山	09-20T08:30	422.70	288	232
	渭河	咸阳	09-20T09:54	386.79	3 620	16.8
	渭河	华县	09-21T21:00	342.03	3 120	39.5
5	泾河	张家山	10-02T05:18	423.60	502	81.2
	渭河	咸阳	10-02T14:00	385.75	1 690	28.8
	渭河	华县	10-04T20:00	341.23	2 740	33.9
6	泾河	张家山	10-12T14:00	432.40	579	27.9
	渭河	咸阳	10-11T20:00	385.14	892	16.6
	渭河	华县	10-13T06:00	339.73	2 010	23.5

表 9-5、表 9-6 反映出，第 1 场洪水来自泾河，华县洪峰以泾河洪水为主，渭河上中游没有出现洪水，张家山洪水量为 2.26 亿 m^3，占华县洪水量的 69.1%，张家山输沙量为 0.965 7 亿 t，华县相应的输沙量为 0.904 6 亿 t，华县水文站洪峰流量为 1 500 m^3/s，平均含沙量为 277 kg/m^3，已经达到高含沙洪水标准。临潼以下各河段发生冲刷，如表 9-6、表 9-7 所示。从沿河在洪峰前、后的 1 000 m^3/s 水位对比可以看出：同流量水位下降，其他 5 场洪水含沙量很小，咸阳、华县的水沙搭配参数都在 0.1 $kg \cdot s/m^6$ 以下，根据已有研究认为，0.1 $kg \cdot s/m^6$ 是渭河下游河道冲淤分界点，见图 9-1。

表 9-6　2003 年渭河洪水水沙特征值

洪水场次	时段（月-日）	天数（d）	W(亿 m^3)			W_s(亿 t)			Q_{max}(m^3/s)			$\bar{S}$(kg/m^3)			S/Q(kg·s/m^6)		
			张家山	咸阳	华县	张家山	咸阳	华县	张家山	咸阳	华县	张家山	咸阳	华县	张家山	咸阳	华县
1	08-26 ~ 08-29	4	2.26	—	3.27	0.965 7	—	0.904 6	654	—	946	427	—	277	0.653	—	0.292
2	08-30 ~ 09-05	7	2.06	8.100	12.68	0.270 9	0.346 7	0.429 2	341	1 339	2 097	132	42.8	33.8	0.386	0.032	0.0161
3	09-06 ~ 09-11	6	0.69	5.100	7.35	0.006 7	0.091 6	0.156	133	984	1 418	9.7	18.0	21.2	0.073	0.018 3	0.015 0
4	09-19 ~ 09-25	7	0.66	4.830	8.97	0.032 9	0.056 9	0.185 6	109	799	1483	49.8	11.8	20.7	0.457	0.014 7	0.014 0
5	09-30 ~ 10-09	11	2.16	6.68	13.74	0.057 5	0.153 2	0.368 6	227	703	1 446	26.6	22.9	26.8	0.117	0.032 6	0.018 6
6	10-10 ~ 10-17	8	1.50	4.27	9.35	0.022 2	0.044 9	0.179 1	217	618	13.53	14.8	10.5	19.2	0.068	0.017	0.014 1

表 9-7 6 场次洪水 1 000 m^3/s 水位变化 （单位：m）

水站	时段	洪峰编号						洪水前后
		1	2	3	4	5	6	
耿镇	峰前	358.20	358.30	358.70	358.40	358.30	358.50	0.60
	峰后	359.00	358.60	358.60	358.80	358.60	358.80	
	水位差	0.80	0.30	-0.10	0.40	0.30	0.30	
临潼	峰前	355.00	355.50	355.00	355.08	354.93	355.08	0.02
	峰后	355.25	355.00	355.00	355.08	355.08	355.02	
	水位差	0.25	-0.50	0	0	0.15	-0.06	
交口	峰前	350.00	349.10	350.00	349.60	345.80	347.90	-1.30
	峰后	349.80	348.40	348.40	348.30	345.80	348.70	
	水位差	-0.20	-0.70	-1.60	-1.30	0	0.80	
渭南	峰前	346.80	347.00	347.40	347.00	345.30	344.80	-1.80
	峰后	345.50	345.80	345.30	345.40	344.80	345.00	
	水位差	-1.30	-1.20	-2.10	-1.60	-0.50	0.20	
华县	峰前	340.85		340.30	339.45	338.90	338.80	-2.30
	峰后	340.50		339.85	339.45	339.00	338.55	
	水位差	-0.35		-0.45	0.00	0.10	-0.25	
陈村	峰前	337.43		336.42	336.75	334.95	334.60	-3.13
	峰后	336.10		335.30	335.30	334.50	334.30	
	水位差	-1.33		-1.12	-1.45	-0.45	-0.30	
华阴	峰前	333.60		332.62	332.75	332.10	331.55	-2.55
	峰后	332.10		331.75	331.75	331.40	331.05	
	水位差	-1.50		-0.87	-1.00	-0.70	-0.50	
吊桥	峰前	331.70		330.85	330.80	330.70	330.00	-2.10
	峰后	330.70		330.44	330.00	329.95	329.60	
	水位差	-1.00		-0.41	-0.80	-0.75	-0.40	

2003～2008 年，潼关水文站非汛期输沙量均小于 1.0 亿 t，2007 年最少，只有 0.63 亿 t，是属于正常现象还是特殊情况，容易引起人们的误解，认为是有利的来沙条件产生的有利结果。1974～1979 年就是因为库容得到恢复，潼关高程下降，形势大好，在非汛期过高地抬高了水库蓄水位，最后引起潼关高程急剧上升，有关方面强烈反对，这个教训不能再重演。

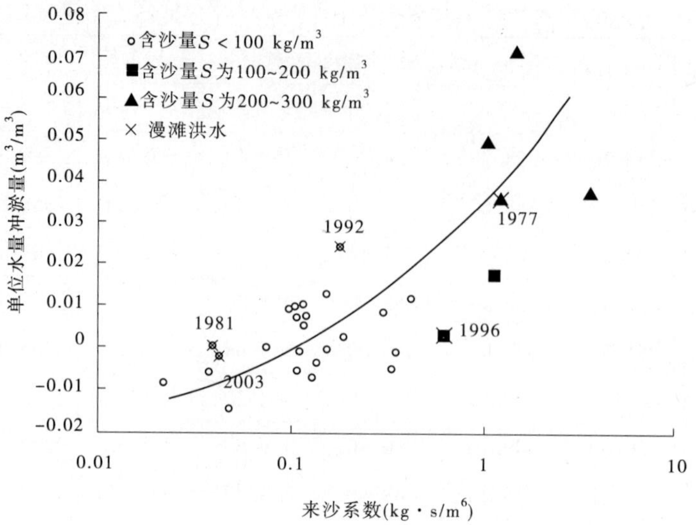

9-1　1974 ~ 2003 年汛期渭河下游单位水量冲淤量与来沙系数关系

第二节　水库运用与遵循原则

实施"318"方案以来,三门峡水库在非汛期坝前水位均低于 318 m 高程,汛期坝前平均水位控制在 305 m 以下,见表 9-8。表 9-8 给出非汛期坝前多年平均水位为 316.43 m,这意味着允许三门峡水电站管理者在 315 ~ 318 m 灵活运用。

表 9-8　2003 ~ 2008 年坝前水位、潼关高程特征值

年份	坝前水位(m)				潼关高程(m)		水位在 315 ~ 318 m 天数(d)
	非汛期		汛期				
	平均	最高	平均	最低	汛前	汛后	
2003	315.59	317.92	304.06	291.96	328.82	327.94	179
2004	317.01	317.97	304.78	286.60	328.24	327.98	236
2005	316.41	317.94	303.36	286.03	328.15	327.75	213
2006	316.21	317.96	304.43	286.62	328.10	327.79	194
2007	316.71	317.93	305.09	290.47	327.93	327.73	206
2008	316.63	317.97	304.07	290.13	327.98	327.72	196
平均	316.43	317.95	304.45	288.64	328.20	327.83	

坝前水位为 315 m 时，回水可影响到大禹渡（黄淤 30 断面）以上，即非汛期蓄水时淤积末端上延到大禹渡，见图 9-2。坝前水位为 320 m 时，回水末端接近坫垮断面，当坝前水位为 318 m 时，回水末端在黄淤 34 断面附近（距坝 95 km），距潼关断面（黄淤 41 断面）只有 30 km。2003 ~ 2008 年的 6 年，非汛期进库沙量为 0.6 亿 ~ 0.9 亿 t（见表 9-1），然而多年平均进库沙量为 2.0 亿 t，真要出现大沙年进库，则潼关高程难以稳定在 328 m 以下，届时又会发生新的矛盾。因此，只确定“318”而不考虑其他方面可能出现的新问题，只机械地锁定某一个特定水位，不考虑其他因素变化是不科学的。汛期最低水位也是敞泄排沙

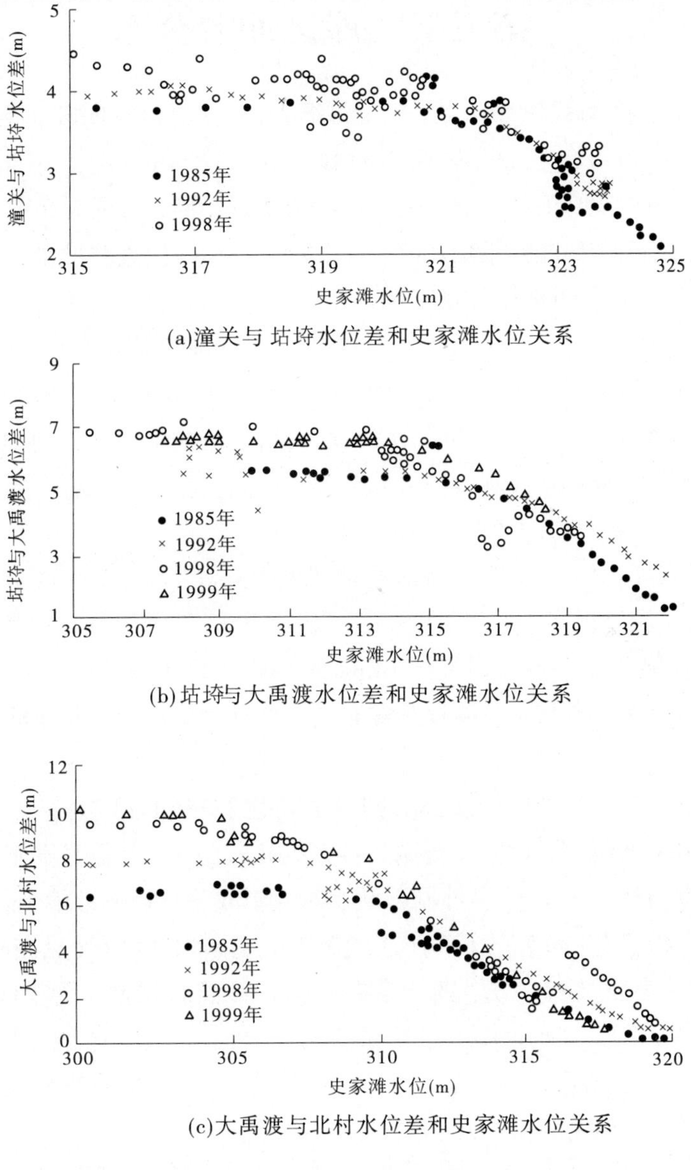

图 9-2　水位差和史家滩水位关系

期坝前水位最低值，这时三门峡水库排沙减淤最为有利，小浪底水库建成之前，黄河下游河道很忌讳三门峡水库“小水排大沙”，坝前水位过低正是小水排大沙的时机。2003 年小浪底水库已正式运用多年，在制造“人工异重流”及黄河下游调水调沙过程中，需要三门峡降低库水位，泄洪排沙进入小浪底水库。三门峡水库既可排沙减淤，又满足了小浪底水库运用及黄河下游调水调沙的要求，若小浪底水库拦沙库容淤满以后，又应如何运用，应及早作出预案。

第三节　库区冲淤分布

自 2003 年实施“318”试验以来，至 2008 年汛后，潼关以下库区非汛期年淤积 0.759 6 亿 m^3，汛期冲刷 0.940 9 亿 m^3，运用年冲刷 0.181 3 亿 m^3；黄河小北干流非汛期冲刷 0.386 亿 m^3，汛期淤积 0.140 亿 m^3，运用年冲刷 0.246 亿 m^3，见表 9-9。

黄河小北干流河床较陡，平均比降约 4.5‰，河床宽浅，流路散乱，是典型的游荡型河床，在汛期滞洪滞沙，非汛期则冲刷河床。

表 9-2 给出了龙门水文站在 2003 ~2008 年是枯水枯沙年份的水沙特征值，特别是汛期平均含沙量只有 16.3 kg/m^3，全年平均含沙量仅为 8.65 kg/m^3，汛期和非汛期的水沙搭配参数（S/Q）均小于 0.01 kg · s/m^6。潼关水文站也是枯水枯沙系列，多年平均含沙量为 13.9 kg/m^3，流量为 724 m^3/s，见表 9-10。

从各表中的数字来看，不免使读者喜悦。

6 年来，进入库区输沙量减少，尤其是非汛期只有 0.77 亿 t，库区呈现出冲刷状态，与 2002 年以前相比较有很多不同，见图 9-3。1993 ~2002 年淤积重心在黄淤 26 断面—黄淤 29 断面；2006 年淤积重心下移到黄淤 14 断面—黄淤 22 断面，黄淤 36 断面—黄淤 41 断面库段出现冲刷，这对降低潼关高程非常有利。然而，如果进一步分析与思考，又会呈现出另外一种情境。

（1）已有研究表明，小北干流冲刷，则潼关高程上升（非汛期）；反之，小北干流淤积，则潼关高程下降（汛期、洪水期）。如果枯沙系列延长下去，小北干流河床组成较粗，多数泥沙颗粒直径大于 0.1 mm，容易冲刷起动这对控制潼关高程非常不利。

（2）2006 ~2008 年，潼关以下库区连续 3 年出现累积性淤积（见表 9-9），水流输沙中的流量 Q 与输沙率 Q_s 是 2 次方关系，流量越小，输沙能力越差。为了恢复潼关以下库容和降低潼关高程，除降低坝前水位外，更重要的是，要有大流量才能产生富余输沙能力和强烈的溯源冲刷。若枯水系列延续下去，或上游大型水利水电工程将径流量进一步调匀，三门峡水利枢纽要“确保西安，确保下游”是难以做到的。

因此，只有“318”一个条件就想达到“维持或降低潼关高程”可能不现实。

表 9-9　2003～2008 年三门峡小北干流、潼关以下库区冲刷量分布

（单位：亿 m^3）

年份	时段	潼关以下库区						小北干流库区				
		坝址—黄淤 12 断面	黄淤 12 断面—黄淤 22 断面	黄淤 22 断面—黄淤 30 断面	黄淤 30 断面—黄淤 36 断面	黄淤 36 断面—黄淤 41 断面	坝址—黄淤 41 断面	黄淤 41 断面—黄淤 45 断面	黄淤 45 断面—黄淤 50 断面	黄淤 50 断面—黄淤 59 断面	黄淤 59 断面—黄淤 68 断面	黄淤 41 断面—黄淤 68 断面
2003	非汛期	0.033 8	0.287 4	0.431 4	0.074 4	-0.001 7	0.825 3	-0.050 8	-0.035 2	-0.128 5	-0.119 9	-0.334 4
	汛期	-0.407 3	-0.689 9	-0.649 6	-0.320 8	-0.135 6	-2.203 2	0.018 8	-0.020 5	0.044 0	0.009 4	0.051 7
	运用年	-0.373 5	-0.402 5	-0.218 2	-0.246 4	-0.137 3	-1.377 9	-0.032	-0.055 7	-0.084 5	-0.110 5	-0.282 7
2004	非汛期	0.022	0.294	0.452	0.113	-0.030	0.850	-0.060 5	-0.050 4	-0.205 5	-0.101 0	-0.507 4
	汛期	0.044	-0.053	-0.391	-0.068	0.065	-0.409	0.021 3	0.057 4	0.159 0	0.142 9	0.380 6
	运用年	0.066	0.241	0.055	0.045	-0.035	0.441	-0.039 2	0.007 0	-0.046 5	-0.048 1	-0.126 8
2005	非汛期	0.191	0.268	0.359	0.082	-0.035	0.865	-0.024 5	-0.129 3	0.150 5	-0.241 9	-0.546 2
	汛期	-0.370	-0.485	-0.499	-0.178	-0.045	-1.577	0.080 0	-0.008 2	0.101 8	0.049 5	0.223 1
	运用年	-0.179	-0.217	-0.140	-0.096	-0.08	-0.712	0.055 5	-0.137 5	-0.048 7	-0.192 4	-0.323 1
2006	非汛期	0.103 1	0.343 0	0.269 0	0.027 0	-0.016	0.726 0	-0.166 0	-0.274 0	-0.089 0	-0.196 0	-0.716 0
	汛期	-0.064 0	-0.234 0	-0.265 0	0.007	-0.015	-0.571 0	-0.013 0	0.073 0	0.036 0	0.007 0	0.103 0
	运用年	0.039 0	0.109 0	0.004 0	0.034 0	0.031 0	0.155 0	-0.179 0	-0.201 0	-0.053	-0.189 0	-0.623 0
2007	非汛期	0.196 0	0.300 0	0.248 0	0.026 0	-0.002 0	0.768	0.005	-0.078	-0.138	0.008	-0.203
	汛期	-0.039 0	-0.282 0	-0.214 0	-0.081	0.015 0	-0.601	-0.029	0.104	0.083	0.048	0.206
	运用年	-0.157 0	0.018 0	0.034 0	-0.055	0.013 0	0.167	-0.024	0.026	-0.055	0.056	0.003
2008	非汛期	0.006	0.165	0.266	0.091	-0.006	0.522	0.019	-0.052	-0.092	-0.177	-0.302
	汛期	0.183	-0.153	-0.193	-0.136	0.013	-0.286	-0.027	-0.046	-0.076	-0.013	-0.162
	运用年	0.189	0.012	0.073	-0.045	0.007	0.236	-0.008	-0.098	-0.168	-0.190	-0.464
平均	非汛期	0.092	0.276 2	0.337 6	0.068 9	-0.015 1	0.759 6	-0.046 3	-0.103 2	-0.083 8	-0.153	-0.386
	汛期	-0.109	-0.316 2	-0.369 1	-0.129 5	-0.017 1	-0.940 9	0.008 5	0.026 6	0.058 0	0.040 6	0.140
	运用年	-0.016 9	-0.040	-0.031 5	-0.060 6	-0.032 2	-0.181 3	-0.038	-0.076 6	-0.026	-0.112 4	-0.246

表 9-10　2003～2008 年潼关站水沙量统计

时段	径流量(亿 m^3)	输沙量(亿 t)	$\overline{Q}_{max}$(m^3/s)	$\overline{S}$(kg/m^3)	S/Q(kg·s/m^6)
非汛期	121.0	0.770	579	6.36	0.011
汛期	107.3	2.407	1 010	22.4	0.022 2
运用年	228.3	3.177	724	13.9	0.019 2

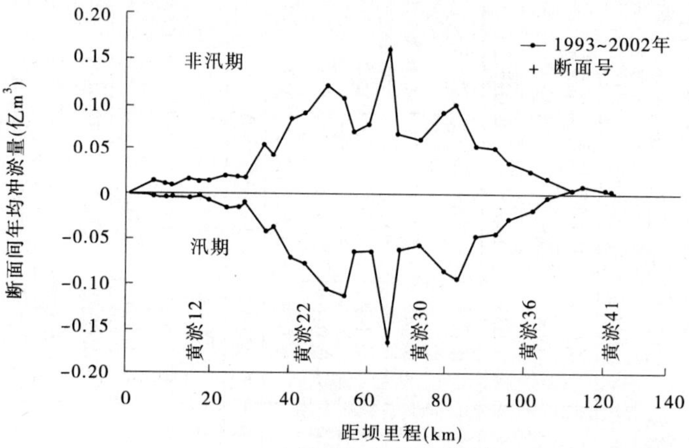

(a)1993~2002运用年

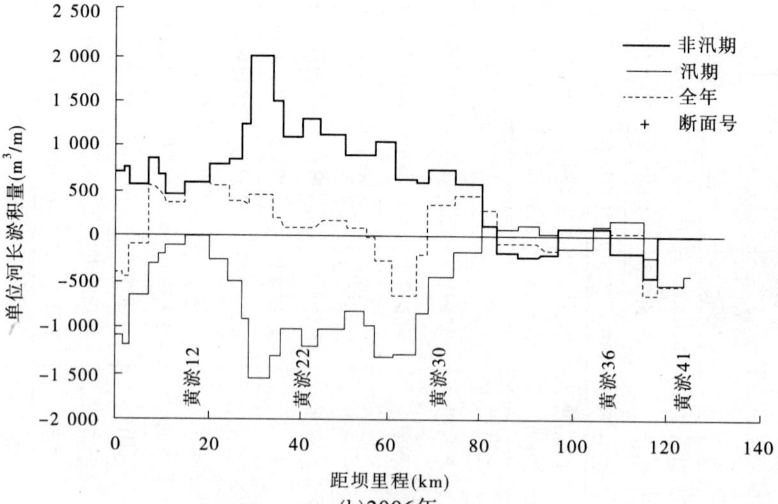

(b)2006年

图 9-3　三门峡水库汛期冲淤分布

第四节　汛期排沙与敞泄排沙

汛期排沙是指全汛期 123 d 的出库总沙量。敞泄排沙有两种情况：①进库流量大于 1 500 m^3/s(2000 年以前确定流量大于 2 500 m^3/s，此流量级对黄河下游河道基本上不产生淤积)时，开闸敞泄，以便冲刷非汛期拦截在库区的泥沙。②为了配合下游小浪底水库人工塑造异重流的需要，大幅度降低水位强制排沙。表 9-11 是 2003 ~ 2008 年三门峡水库各年的敞泄排沙各项特征值。从表 9-11 中可知，敞泄排沙的效益比汛期排沙(包括敞泄)大得多，2008 年多达 0. 688 亿 t，见表 9-12。

表 9-11　2003 ~ 2008 年三门峡水库各年的敞泄排沙各项特征值

年份	排沙形式	日期(月-日)	天数(d)	最大流量(m^3/s)	坝前平均水位(m)	潼关水文站		三门峡水文站 W_s(亿 t)	冲刷量(亿 t)
						W(亿 m^3)	W_s(亿 t)		
2003	敞泄期	07-17 ~ 07-19	3	901	300. 17	1. 9	0. 07	0. 48	0. 41
		08-01 ~ 08-03	3	2 150	295. 98	3. 2	0..19	0. 65	0. 46
		08-27 ~ 09-10	15	3 250	294. 82	35. 1	2. 18	32. 47	1. 29
		10-03 ~ 10-13	11	4 430	297. 86	30. 1	0. 87	1. 76	0. 89
		小计	32			70. 3	3. 30	6. 37	3. 06
	汛期		123		304. 00	157	5. 38	7. 76	2. 38
2004	敞泄期	07-07 ~ 07-10	4	1 140	287. 75	2. 8	0. 03	0. 43	0. 40
		08-22 ~ 08-25	4	2 300	292. 84	5. 7	1. 01	1. 60	0. 59
		小计	8			8. 5	0. 04	2. 03	0. 99
	汛期		123		304. 78	75. 0	2. 33	2. 72	0. 39
2005	敞泄期	06-28 ~ 06-30	3	1 060	288. 58	1. 2	0. 005	0. 41	0. 405
		07-04 ~ 07-07	4	1 840	292. 51	4. 2	0. 39	0. 79	0. 400
		07-23	1	1 420	294. 05	0. 5	0. 12	0. 27	0. 150
		08-20 ~ 08-22	3	2 130	297. 30	4. 6	0. 17	0. 51	0. 34
		09-22 ~ 09-25	4	2 810	294. 30	6. 6	0. 14	0. 59	0. 45
		09-30 ~ 10-09	10	4 500	297. 60	23. 9	0. 57	0. 93	0. 36
		小计	25			41. 1	1. 39	3. 52	2. 13
	汛期		123		303. 36	115	2. 50	4. 03	1. 53

续表 9-11

年份	排沙形式	日期（月-日）	天数（d）	最大流量（m^3/s）	坝前平均水位（m）	潼关水文站		三门峡水文站 W_s（亿 t）	冲刷量（亿 t）
						W（亿 m^3）	W_s（亿 t）		
2006	敞泄期	06-26 ~ 06-28	3	853	291.52	1.5	0.005	0.23	0.225
		08-02 ~ 08-03	2	1 450	297.63	2.1	0.050	0.35	0.300
		09-01	1	2 210	297.96	1.9	0.080	0.32	0.240
		09-22 ~ 09-24	3	1 940	299.32	4.1	0.110	0.46	0.350
		小计	9			9.54	0.24	1.36	1.12
	汛期		123		304.43	97.6	1.70	2.30	0.60
2007	敞泄期	06-29 ~ 07-01	3	1 890	292.73	3.90	0.026	0.585	0.559
		07-29 ~ 08-01	4	2 080	297.19	5.69	0.262	0.732	0.470
		10-08 ~ 10-09	2	3 210	294.34	3.50	0.073	0.591	0.518
		小计	9			13.1	0.361	1.908	1.547
	汛期		123		305.09	128.7	1.847	3.044	1.107
2008	敞泄期	06-29 ~ 07-02	4	1 410	291.23	3.82	0.019	0.74	0.72
	汛期		123		304.13		0.712	0.744	0.032

表 9-12　汛期排沙与敞泄排沙比对

年份	排沙量（亿 t）	汛期排沙量（亿 t）	敞泄/汛期	敞泄 - 汛期
2003	3.06	2.38	1.286	0.68
2004	0.99	0.39	2.538	0.60
2005	2.13	1.53	1.392	0.60
2006	1.12	0.60	1.867	0.52
2007	1.547	1.147	1.349	0.40
2008	0.72	0.032	22.5	0.688

这里收集到 2005 年、2006 年、2007 年三年较为完整的全汛期排沙资料，见表 9-13 ~ 表 9-15。若作进一步分析，从表 9-13 ~ 表 9-15 中可以推断，凡非敞泄期的排沙比均小于 1.0，即在控制运用情况下排沙。所谓控制运用实质上是在壅水期发电，但是坝前平均水位均在 305 m 以下，得到合法保护，而敞泄期的潼关最大流量绝大多数都在 1 500 m^3/s 以上。

表 9-13　2005 年三门峡汛期排沙统计

日期（月-日）		天数（d）	坝前平均水位（m）	输沙量（亿 t）		冲淤量（亿 t）	排沙比	运用方式	潼关最大流量（m^3/s）	最低水位（m）
				潼关	三门峡					
06-28 ~ 07-01		4	291.73	0.0050	0.407	0.402	81.4	敞泄	1 060	286.03
07-02 ~ 07-03		2	303.98	0.003 4	0.002 7	0.000 7	0.79			
07-04 ~ 07-07		4	292.51	0.384 7	0.789 4	-0.404 7	2.05	敞泄	1 840	289.43
07-08 ~ 07-22		15	303.80	0.283 4	0.068 9	0.214 5	0.24			
07-23 ~ 07-24		2	296.60	0.152 0	0.280 0	-0.128 0	1.84	敞泄	1 420	294.05
07-25 ~ 08-19		26	303.82	0.397 5	0.283 0	0.114 5	0.71			
08-20 ~ 08-22		3	297.30	0.172 0	0.510 5	-0.338 5	2.97	敞泄	2 130	292.72
08-23 ~ 09-21		30	304.48	0.222 6	0.072 8	0.149 8	0.33			
09-22 ~ 09-25		4	294.30	0.140 8	0.593 9	-0.453 1	4.22	敞泄	2 810	291.56
09-26 ~ 09-29		4	304.77	0.037 0	0.025 0	0.012 0	0.68			
09-30 ~ 10-09		10	297.60	0.569 0	0.933 0	-0.364 0	1.64	敞泄	4 500	292.88
10-10 ~ 10-31		22	308.47	0.135 5	0.028 0	0.107 5	0.21			
累积	敞泄期	27	295.01	1.423 5	3.513 8	-2.090 3	2.47			
	非敞泄期	99	304.89	1.079 4	0.480 4	0.599 0	0.45			

表 9-14　2006 年三门峡汛期排沙统计

日期（月-日）		天数（d）	坝前平均水位（m）	输沙量（亿 t）		冲淤量（亿 t）	排沙比	运用方式	潼关最大流量（m^3/s）	最低水位（m）
				潼关	三门峡					
06-29 ~ 08-01		34	304.14	0.358 4	0.231 9	0.126 5	0.65			
08-02 ~ 08-03		2	297.63	0.053 1	0.349 5	-0.296 4	6.58	敞泄	1 780	294.51
08-04 ~ 08-31		28	303.79	0.469 9	0.332 8	0.137 0	0.71			
09-01		1	297.96	0.075 1	0.318 8	-0.243 7	4.25	敞泄	2 630	297.96
09-02 ~ 09-21		20	304.76	0.425 5	0.313 3	0.112 2	0.74			
09-22 ~ 09-24		3	299.32	0.106 4	0.462 9	-0.356 6	4.35	敞泄	2 600	294.49
09-25 ~ 10-31		37	307.01	0.211 1	0.066 1	0.145 0	0.31			
累积	敞泄期	9	298.53	0.234 6	1.131 2	-0.896 7	5.69			
	非敞泄期	119	305.05	1.464 9	0.944 1	0.520 7	0.64			
	汛期			1.703 7	2.304 6	-0.600 9	1.35			

表 9-15　2007 年三门峡汛期排沙统计

日期（月-日）	天数（d）	坝前平均水位（m）	输沙量（亿 t）		冲淤量（亿 t）	排沙比	运用方式	潼关最大流量（m^3/s）	最低水位（m）
			潼关	三门峡					
06-29～07-01	3	292.73	0.026	0.585	-0.559	22.5	敞泄	1 890	290.47
07-02～07-28		304.30	0.179	0.138	0.041	0.77		2 000	
07-29～08-01	4	297.19	0.262	0.732	-0.470	2.79	敞泄	2 080	293.52
08-02～10-07		304.83	1.074	0.889	0.185	0.83		2 100	
10-08～10-09	2	294.34	0.073	0.591	-0.518	8.1	敞泄	2 310	293.81
10-10～10-31		309.84	0.233	0.109	0.124	0.47			
非敞泄期	116		1.486	1.136	0.350	0.76			
敞泄期	9		0.361	1.908	-1.547	5.29			
合计			1.847	3.044	-1.197	1.65			

表 9-11～表 9-15 只给出排沙减淤的效果，实际上水库的敞泄运用给溯源冲刷和沿程冲刷创造了充分的发展条件。表 9-16、图 9-4 是 2003 年 8 月 1 日至 10 月 15 日沿库区各水位站的水位差的资料及图。

表 9-16　相近流量下不同时段各水文站水位差

水文站	距坝里程（km）	水位差（m）		
		08-01～08-25	08-28～09-23	09-23～10-15
北村（黄淤 22 断面）	45.1	-1.82	-1.13	-0.51
老灵宝（黄淤 26 断面）	57.8	-1.37	-1.21	-0.92
大禹渡（黄淤 30 断面）	75.6	-0.23	-0.63	-0.72
礼教（黄淤 33 断面）	90.4	-0.27	-0.31	-0.60
盘西（黄淤 35 断面）	99.2	-0.08	-0.12	-0.62
坫埼（黄淤 36 断面）	105.0	-0.14	-0.24	-0.28
鸡子岭（黄淤 37 断面）	109.0	-0.22	-0.27	-0.10
潼关（六）	125.6	-0.20	-0.17	-0.17
流量（m^3/s）		1 120～1 210	2 560～2 640	2 640～2 740

从表 9-16、图 9-4 可以看出，北村至盘西是溯源冲刷性质，盘西至潼关属于沿程冲刷。当然，在溯源冲刷与沿程冲刷交接处的上、下库段，两种冲刷难以分割或区别，有时是共同作用产生的冲刷结果。然而，潼关至坫埼库段属于沿程冲刷是很明显的，北村至礼教溯源冲刷也很鲜明，从各库段在不同时段的冲刷量来分析也是如此，见表 9-17。

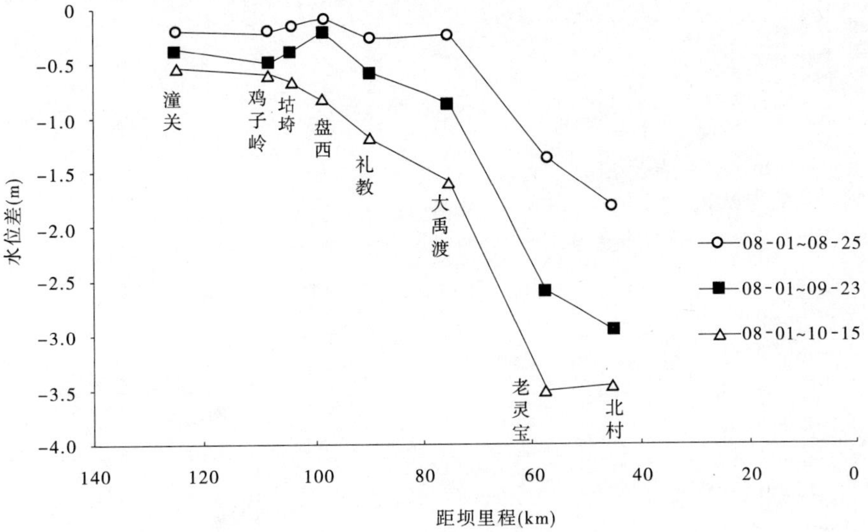

图 9-4　各水文站水位差变化

表 9-17　2003 年不同时期不同库段冲淤量

库段	冲淤量(亿 m^3)				单位河长冲淤量(m^3/m)
	06-01～07-28	07-28～08-09	08-09～10-20	06-01～10-20	
黄淤 1 断面—黄淤 12 断面	-0. 156 5	-0. 135 7	-0. 115 1	-0. 407 3	-2 369
黄淤 12 断面—黄淤 22 断面	-0. 116 0	-0. 124 7	-0. 449 2	-0. 689 9	-2 471
黄淤 22 断面—黄淤 30 断面	-0. 184	-0. 112 4	-0. 353 2	-0. 649 6	-2 161
黄淤 30 断面—黄淤 36 断面	0. 005 2	-0. 038 2	-0. 287 8	-0. 320 8	-1 093
黄淤 36 断面—黄淤 41 断面	-0. 015 8	0. 020 6	-0. 140 4	-0. 135 6	-658
黄淤 1 断面—黄淤 41 断面	-0. 467 1	-0. 390 4	-1. 345 7	-2. 203 2	-1 761

从同流量水位的变化来看也是如此,图 9-5 是 2003 年汛期不同时期各站 1 000 m^3/s 流量的水位变化图。

从图 9-5 中可以清楚地看出,潼关至盘西是沿程冲刷,而北村至礼教是溯源冲刷。随着时间的推移,同流量水位呈逐渐下降的过程,但是由于各水位站所处位置距坝里程各异,受到溯源冲刷的强度不同,所下降的水位也不相同,潼关只下降 0. 75 m,而北村则下降 4. 8 m,见表 9-18。

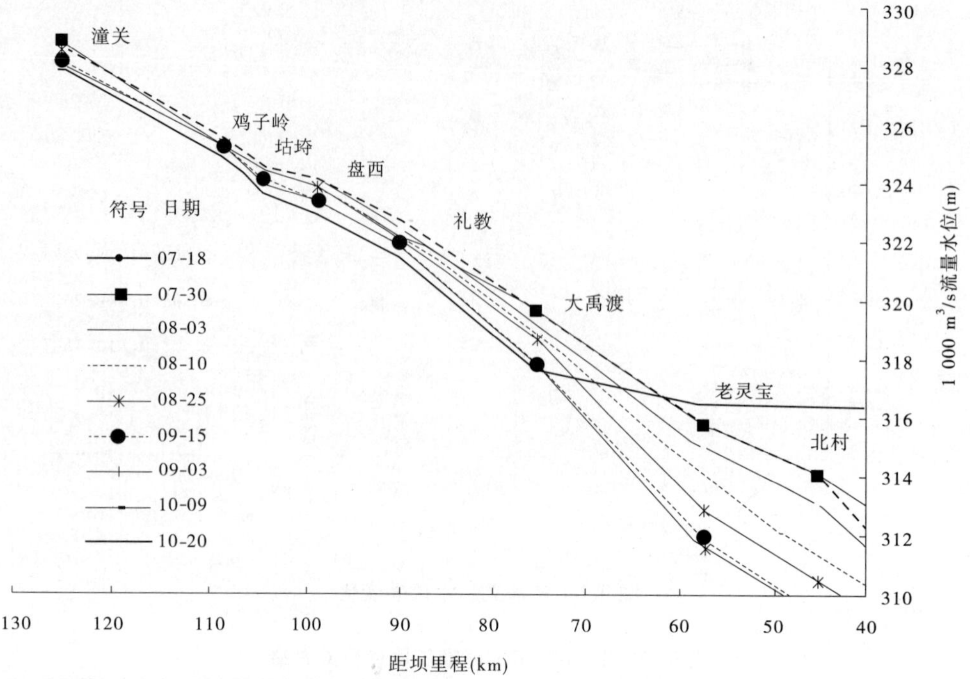

图 9-5 潼关以下各水文站同流量(1 000 m^3/s)水位的变化

表 9-18 2003 年汛期同流量(1000 m^3/s)水位最大下降值

水文站名	水位差(m)	距坝里程(km)	水文站名	水位差(m)	距坝里程(km)
北村(黄淤 22 断面)	-4.80	45.1	盘西(黄淤 35 断面)	-1.20	99.2
老灵宝(黄淤 26 断面)	-4.25	57.8	坫垮(黄淤 36 断面)	-0.87	105.0
大禹渡(黄淤 30 断面)	-2.08	75.6	鸡子岭(黄淤 37 断面)	-0.64	109.0
礼教(黄淤 33 断面)	-1.24	90.4	潼关(黄淤 41 断面)	-0.75	125.6

第五节 “318”试验对潼关高程的影响

实施非汛期“318”试验的主要目的是降低潼关高程，自 2003 运用年开始以来，潼关高程由 2003 年汛前的 328.82 m(见表 9-8)至 2008 年汛前下降到 327.98 m，下降了 0.84 m。其主要原因有三：一是潼关以下库区淤积重心下移，非汛期潼关至坫垮库段由淤积转为冲刷(见表 9-10)；二是非汛期潼关站输沙量年平均仅有 0.77 亿 t，与多年平均值 2.0 亿 t 相比，只占 38.5%，进库沙量大幅度减少也为多排沙减少淤积创造了有利条件；三是汛期敞泄排沙量大，清除了非汛期部分淤积量。这三方面的共同作用，造成了潼关高程下降，因此“318”试验在现有进库水沙条件下是成功的。

第六节 “318”试验效益与建议

采用汛前的潼关高程进行对比：2008 年比 2003 年下降了 0.84 m，“318”试验是成功的，这是在有利的水沙条件下创造出来的。从 6 年连续过程来看，2006 ~ 2008 运用年出现连续 3 年累积性淤积，数量为 0.558 亿 m^3，而且是逐年上升的。值得注意的是，这 3 年非汛期进库沙量均小于 1.0 亿 t。“318”试验只给出一个限制条件：非汛期坝前水位不得超过 318 m（防凌除外）。结果非汛期平均库水位却上升到 316.43 m，而 1985 ~ 1999 年非汛期平均水位为 315.97 m。当坝前水位达到 315 m 左右时，回水已经影响到大禹渡（见图 9-2(b)）。如果累积淤积量继续下去，淤积会向上延伸或溯源淤积，潼关高程也会随之上升。若连续几年遇到非汛期丰沙年份（见表 9-19），潼关高程又会出现危机。因此，“318”试验还应当增加几个条件：

表 9-19 潼关水文站非汛期输沙量大于 2.0 亿 t 的年份

运用年	1974	1975	1976	1977	1987	1991	1992	1997	1998
输沙量（亿 t）	2.032	2.023	2.085	2.146	2.072	2.106	4.158	2.012	2.263

（1）非汛期坝前平均水位应控制在 315 m 高程以下，使非汛期进入潼关以下库区的泥沙尽可能落淤在黄淤 22 断面（北村）以下库区，便于汛期洪水、敞泄排沙期冲刷出库。

（2）在运用年内应当控制潼关以下库区出现累积性淤积，如果出现累积性淤积，下一个运用年度非汛期的坝前水位应尽可能下降到 312 m 以下，待累积性淤积消除之后，再恢复到 315 m 高程。

（3）“318”试验 6 年，其中在汛期实施敞泄冲刷排沙共 87 d，2003 年因“华西秋雨”，洪峰多径流量大，敞泄历时达 32 d。其次是 2005 年汛期，出现 6 次洪水，敞泄历时为 25 d，2 年共 60 d，其余 4 年不超过 10 d（见表 9-11）。6 年汛期共 738 d，敞泄天数为 87 d，只占 11.8%。敞泄排沙效益又特别大，如有可能应尽量增加敞泄时间，为恢复库容创造条件。

参 考 文 献

[1] 黄河水利科学研究院. 2003 黄河河情咨询报告[M]. 郑州：黄河水利出版社，2005.

[2] 焦恩泽，等. 水库调水调沙[M]. 郑州：黄河水利出版社，2008.

第十章　三门峡库区东垆弯裁弯试验

东垆弯位于三门峡水库潼关以下库区，上至大禹渡（黄淤 30 断面），下至稠桑（黄淤 27 断面），河段长 13.6 km。本河段在非汛期处在变动回水区范围内，河床冲淤变化频繁，河势随之不稳定。1983 年以来，在东古驿与东垆弯两处逐渐形成 Ω 形河湾，因此增加了河段长度，又减缓了纵向坡度，该段河势见图 10-1。

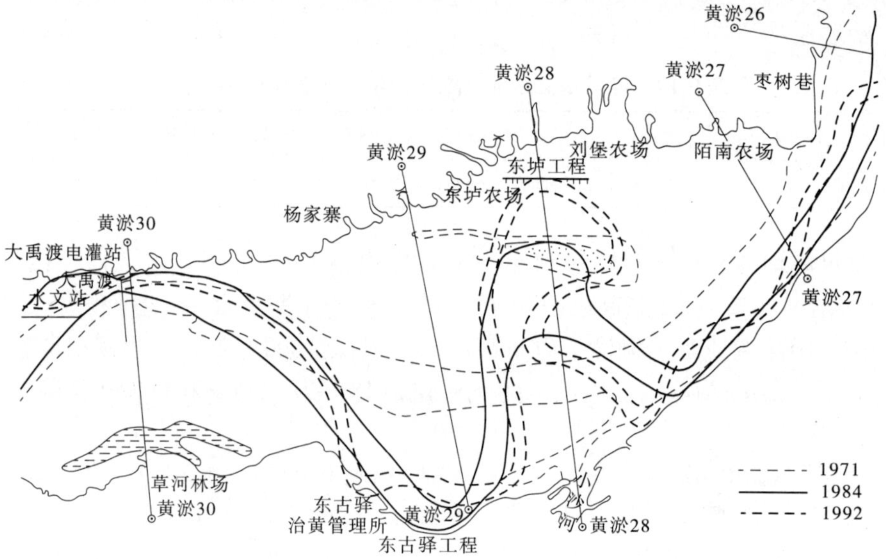

图 10-1　东垆弯河段河势图

第一节　河势发展与裁弯过程

自 1983 年大禹渡至稠桑河段两处形成畸形弯道之后，于 1993 年、2001 年两次发生自然裁弯，裁弯后在裁弯点处发生溯源冲刷，冲刷最远达到黄淤 34 断面（距东垆弯 28 km）。2002 年东垆弯再一次发生自然裁弯，为了巩固裁弯可能产生的溯源冲刷发挥更大的效益，遵照水利部部长汪恕诚的指示：“降低潼关高程必须采取综合治理，重点突破的办法，把裁弯取直作为重要的措施之一，并批转黄河水利委员会。”黄河水利委员会于 2003 年汛前组织力量对自然裁弯后形成的流路实施封堵、固定河势工程，于 2003 年 7 月 31 日竣工。

第二节　河流裁弯基本图形

在冲积性河流上，水流对河床塑造过程总是在消耗水流能量的同时，迫使河型向弯曲方向发展，因而就出现侧蚀、坐弯和畸形河势，时而发生自然裁弯，人类为了便利，也利用河势进行人工裁弯。不论是自然裁弯还是人工裁弯，裁弯之后，裁弯处出现跌水与溯源冲刷，其冲刷强度随着距离裁弯处的里程增加而减弱；与之相反，裁弯处的下游会出现回淤，直到与上游河床冲刷后的高程达到相对平衡，新的河段平衡纵剖面基本形成。溯源冲刷最终塑造出"冲刷平衡比降"，它比原来河床坡度要陡一些；而回淤河段却形成"淤积平衡比降"，略大于原河床比降。这两种性质不同的比降，在裁弯河段上受上游来水来沙的影响，水沙与河床相互作用与制约，最后达到新的平衡。至此，裁弯的"后遗症"宣告结束。

东垆弯在 1993 年、2001 年两次自然裁弯，向上游发展所影响的距离只到黄淤 34 断面，其长度只有 28 km，这与渭河下游仁义弯河段人工裁弯影响不到陈村水位站（相距 12 km）是很相似的。

第三节　2003 年汛期水沙特性

2003 运用年，潼关水文站年径流量为 236. 7 亿 m^3，其中汛期径流量为 156. 1 亿 m^3，占全年的 66%；输沙量为 6. 14 亿 t，其中汛期输沙量为 5. 38 亿 t，占全年的 87. 6%。

2003 年，渭河华县水文站径流量为 83. 9 亿 m^3，其中汛期径流量为 74. 8 亿 m^3，分别占潼关水文站的 35. 4% 和 48%；华县水文站全年输沙量为 2. 97 亿 t，其中汛期输沙量为 2. 94 亿 t，分别占潼关水文站的 48. 4% 和 54. 6%。对降低潼关高程来讲，渭河来水来沙起到了主要作用，表 10-1 是 2003 年汛期进库洪水特征值。

从表 10-1 中可以看出，2003 年汛期有 5 场洪水进入潼关以下库区。第 1 场洪水是以黄河干流龙门水文站的洪水径流量、洪峰流量为主。水沙搭配参数：龙门水文站为 0. 058 5 $kg \cdot s/m^6$，华县水文站为 0. 477 $kg \cdot s/m^6$，潼关水文站为 0. 057 7 $kg \cdot s/m^6$。潼关高程在非汛期淤积上升的前提下，遇到水沙搭配不协调的第 1 场洪水，只下降了 0. 2 m，见表 10-2。8 月份以后，渭河陆续发生 4 场洪水，至 10 月 18 日，潼关高程下降到 327. 90 m，与汛期（328. 82 m）相比，下降了 0. 92 m。这证实了 2008 年渭河洪水是造成潼关高程下降的最主要条件。从表 10-1 中还可以看出，黄河干流龙门水文站第 2 场洪水至第 5 场洪水的水沙搭配参数都是在冲刷数量级以内，这也是造成潼关河床冲刷下降的条件之一。

表 10-1 2003 年汛期进库洪水特征值

序号	时段(月-日)	水文站名	洪峰流量(m^3/s)	最大含沙量(kg/m^3)	径流量(亿 m^3)	输沙量(亿 t)	平均流量(m^3/s)	平均含沙量(kg/m^3)
1	07-31 ~ 08-06	龙门	7 230	133	6.79	0.445	1 122	65.6
		华县	3 850	116	0.87	0.062	147	70.1
		潼关	2 150	84	5.59	0.297	921	53.1
2	08-25 ~ 09-15	龙门	3 150	150	20.80	0.525	1 094	25
		华县	3 540	664	24.72	11.500	1 300	61
		潼关	3 280	274	45.08	2.357	2 371	52.3
3	09-19 ~ 09-26	龙门	1 840	23.2	7.351	0.130	1 086	17
		华县	3 120	29.5	9.40	0.189	1 359	20
		潼关	3 530	41.7	16.64	0.458	2 408	27.5
4	10-01 ~ 10-09	龙门	1 540	8.15	7.79	0.043	1 001	5.5
		华县	2 740	83.9	13.74	0.369	1 767	27
		潼关	4 220	43.5	25.19	0.793	3 240	31.5
5	10-10 ~ 10-08	龙门	1 220	8.2	5.48	0.025	705	4.6
		华县	2 010	23.5	10.04	0.185	1 291	18
		潼关	3 710	32.0	19.78	0.461	2 544	23.3

表 10-2 2003 年汛期潼关高程升降值

序号	时段(月-日)	潼关水文站洪水特征值				华县径流量占潼关(%)	潼关高程(m)	
		最大流量(m^3/s)	平均流量(m^3/s)	径流量(亿 m^3)	含沙量(kg/m^3)		洪水前	洪水后
1	07-31 ~ 08-06	2 150	921	5.59	53.1	15.9	328.82	328.62
2	08-25 ~ 09-15	3 280	2 371	45.08	52.3	54.8	328.70	328.22
3	09-19 ~ 09-26	3 530	2 408	16.64	27.5	56.5	328.40	328.22
4	10-01 ~ 10-09	4 220	3 240	25.19	31.5	54.6	328.22	328.05
5	10-10 ~ 10-18	3 710	2 544	19.78	23.3	50.8	328.05	327.90

第四节 河床演变成因

2003 年汛期三门峡水库实施四次敞泄,见表 10-3。

表 10-3 2003 年汛期实施敞泄运用进出库水沙特征

日期(月-日)	天数(d)	坝前平均水位(m)	潼关		三门峡输沙量(亿 t)	冲淤量(亿 t)	排沙比(%)
			径流量(亿 m^3)	输沙量(亿 t)			
07-17 ~ 07-19	3	300.17	1.89	0.067	0.484	-0.416	718
08-01 ~ 08-03	3	295.98	3.13	0.188	0.663	-0.475	352
08-27 ~ 09-10	15	294.82	34.6	2.151	3.447	-1.296	160
10-03 ~ 10-14	12	298.15	32.56	0.968	1.836	-0.868	190

4 次敞泄期间坝前水位下落很低，在进库流量较大的条件下，库区出现强烈的溯源冲刷。据分析，溯源冲刷已经达到黄淤 34 断面以上，从库区各水位站的同流量（1 000 m^3/s）水位过程来看，第 2 次敞泄运用所造成的溯源冲刷达到了黄淤 33 断面，见图 10-2。东垆弯淤堵工程于 7 月底完成，盘西及其以下各水位站同流量水位在第 2 次敞泄时期（08-01 ~ 08-03）下降最多，随后又上升。尤其是第 3 次敞泄，大禹渡及其以下各水文站水位都有所下降。礼教以上各水文站基本上没有变化，特别是在鸡子岭（黄淤 37 断面）还略有上升，只有潼关水文站有下降趋势。第 4 次敞泄时期因为有较大洪水进库（见表 10-2），9 月 19 日至 10 月 18 日潼关高程下降了 0.5 m。

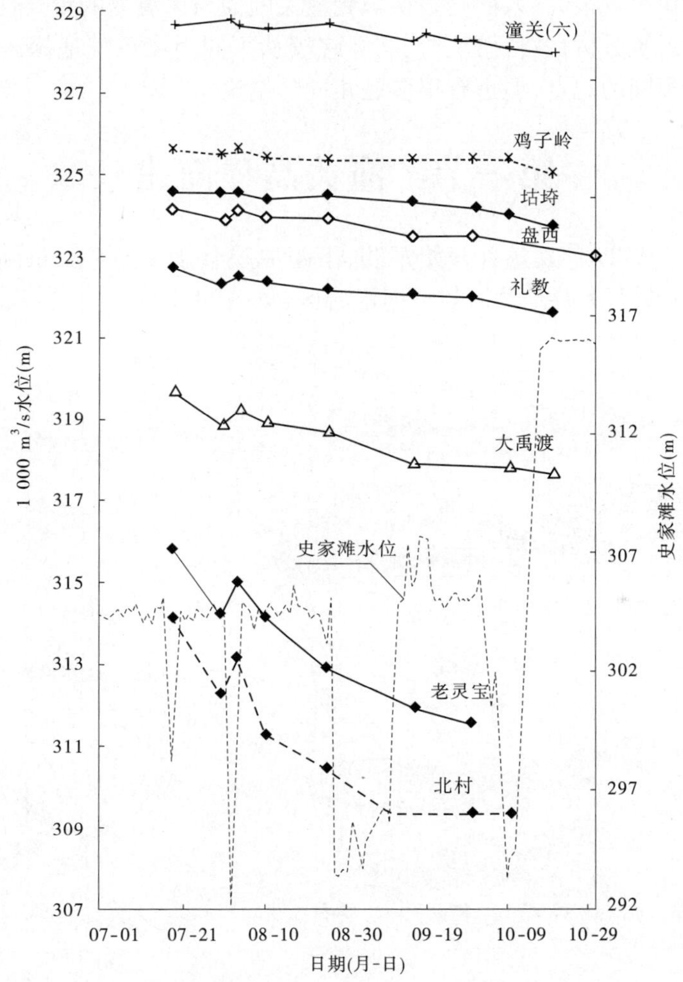

图 10-2　库区同流量（1 000 m^3/s）水位变化过程

综上所述，2003 年汛期潼关高程下降受益于渭河洪水，看不到东垆弯巩固裁弯后的河势对潼关高程的作用，或者说没有什么积极因素。

第十一章　潼关高程的研究

潼关断面(黄淤 41)位于黄河干流与支流渭河交汇处的下游 1.0 km 处。干支流交汇处的河宽在 4 km 以上,至潼关断面河道宽度收缩为 850 m,洪水期起卡水作用。潼关断面是渭河下游侵蚀基准面,三门峡水库于 1960 年关闸蓄水后,因为淤积异常严重,对渭河下游河床冲淤变化影响很大,人们逐渐认识到潼关断面河床演变的重要性。自 1970 年起才着手对它进行系统分析,各科研院所、高等院校从不同角度系统地深入探讨,各自所得到的认知存在着不同的观点,但也有很多是相同的结论。

第一节　潼关高程简述

潼关水文站于 1929 年建站并开始观测,下距原陕县水文站 94 km,距离三门峡大坝坝址 113 km,基本断面上游是黄河与渭河汇流区,见图 11-1。

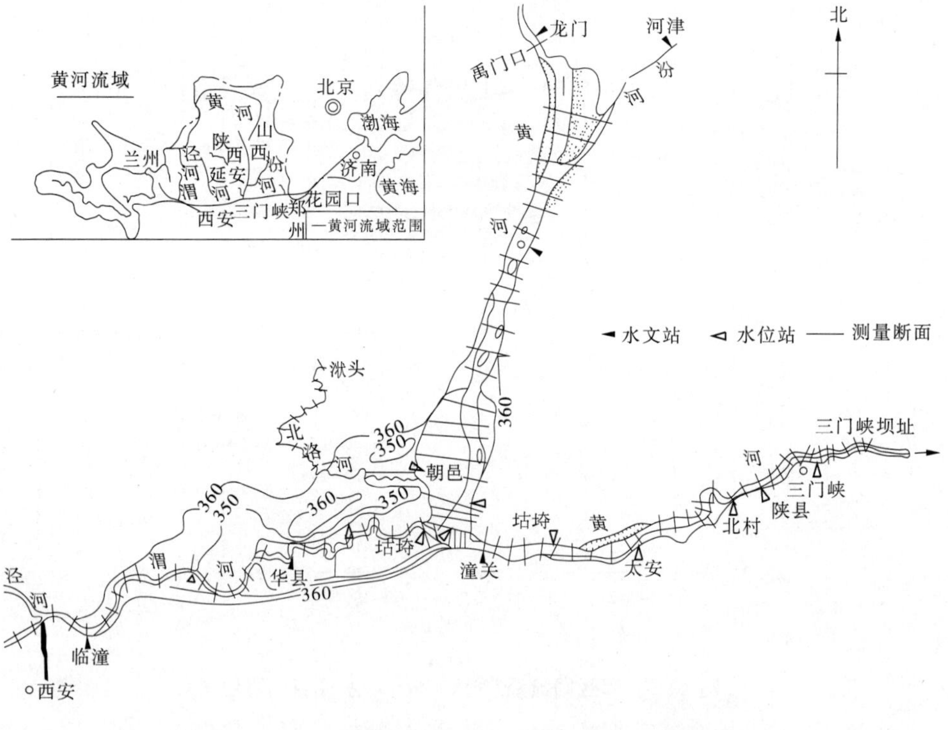

图 11-1　三门峡水库平面、潼关水文站位置图

黄河出禹门口西南行至潼关约 132 km,河道宽阔,最大宽度约 18 km,行至潼关断面,宽度缩窄至 1.0 km。

潼关断面的河床高程计算非常困难,其原因在于如何确定计算断面平均高程时的某流量级水位。若取高水位,计算出来的平均高程要高出小流量的相应水位,若选用较低水位,计算出来的平均河床高程要低于枯水一级的相应水位,不仅费功费时,而且矛盾很多。

潼关水文站多年平均流量约 1 250 m^3/s,其相应水位以下面积,接近中水河槽面积,中水河槽的平均高程也接近于真实的平均河床高程,为方便起见,采用 1 000 m^3/s 流量相对应的水位来表征平均河床高程。然而,1 000 m^3/s 流量出现机会并非很多,为此采取变通方法,选取的流量可以有 ±50 m^3/s 变动值,取其相对应的水位,用 950 ~ 1 050 m^3/s 流量的相应水位作为潼关河床高程,简称潼关高程。

潼关水文站基本断面的位置,1929 年以来已经变动了六次,据《黄河流域特征值资料》记载:"潼关断面(一)至潼关断面(六)的变动范围约 300 m,按比降 3.0‰计,其水位所产生的误差约 0.1 mm。"

一、三门峡水库建库前潼关高程概况

三门峡水库修建前,根据潼关水文站观测的资料,按上述的原则查找出每年汛前(6 月 30 日)、汛后(11 月 1 日)的 1 000 m^3/s 流量的相应水位,见表 11-1。

表 11-1　天然条件下潼关高程

年份	汛期 1 000 m^3/s 水位(m)		升降值(m)	时段	非汛期 1 000 m^3/s 水位(m)		升降值(m)
	06-30	11-01			11-01	06-30	
1929	321.28	321.14	-0.14	1929 ~ 1930 年	321.14	321.28	0.14
1930	321.08	321.61	+0.53	1933 ~ 1934 年	320.86	321.29	0.43
1933	322.37	320.86	-1.51	1934 ~ 1935 年	321.20	322.19	0.99
1934	321.29	321.20	-0.09	1935 ~ 1936 年	321.83	322.45	0.62
1935	322.19	321.83	-0.36	1936 ~ 1937 年	322.30	322.34	0.04
1936	322.45	322.30	-0.15	1937 ~ 1938 年	321.64	322.23	0.59
1937	322.34	321.64	-0.70	1938 ~ 1939 年	321.96	322.26	0.30
1938	322.23	321.96	-0.27	1949 ~ 1950 年	323.02	323.20	0.18
1939	322.26	322.04	-0.22	1950 ~ 1951 年	323.19	323.70	0.51
1950	323.20	323.19	-0.01	1951 ~ 1952 年	323.08	323.27	0.19
1951	323.70	323.08	-0.62	1952 ~ 1953 年	322.80	323.08	0.28
1952	323.27	322.80	-0.47	1953 ~ 1954 年	322.70	323.16	0.46
1953	323.08	322.70	-0.38	1954 ~ 1955 年	322.68	323.04	0.36
1954	323.16	322.68	-0.48	1955 ~ 1956 年	322.82	323.48	0.66
1955	323.04	322.82	-0.22	1956 ~ 1957 年	323.46	323.46	0
1956	323.48	323.46	-0.02	1957 ~ 1958 年	323.64	323.83	0.19
1957	323.46	323.64	+0.18	1958 ~ 1959 年	323.26	323.33	0.07
1958	323.83	323.26	-0.57				
1959	323.33	323.45	-0.12				

从表 11-1 中可以看到:1929 ~ 1939 年,潼关高程用汛前资料对比,上升了 0.98 m,年

平均上升0.089 1 m;用汛后资料对比,则上升了0.90 m,年平均上升0.083 m。1950～1959年,用汛前资料对比,上升了0.13 m,年平均上升0.013 m;用汛后资料对比,则上升了0.26 m,年平均上升0.026 m。前后两个时期所得到的结论相差较大。同时,还可以看出,1939～1950年汛前资料对比,上升了1.04 m;用汛后资料对比,上升了1.41 m。人们不禁要问"为什么?",单纯用同流量水位来表达一个物理量是否正确。如果用这样的最简单的方法来分析研究由多种因素造成的"潼关高程",可能会把我们引向岐途。按表11-1估算(1929-06-30～1959-06-30),年均上升0.068 m。三门峡水库建成至今已有50年,按照这个上升值计算,在天然条件下潼关高程也要上升约3.4 m,即可达到327.0 m上下,那么水库泥沙淤积的作用已经寥寥无几了,这在道理上讲不通,表11-1只能反映出潼关高程演变结果,没有给出"为什么?"。

任何一条河流的河床演变,都与来水来沙条件密切相关,而且是长时期的水沙条件,既有丰水年又有枯水、平水年份。更何况像黄河这样多沙河流,又加上潼关断面是处在黄河、渭河交汇处的下端,其客观条件就更为复杂。因此,在没有深入研究之前,只能将表11-1的结果看做是用定量的方法给出的定性结论,从长期多年平均值来看是淤积上升,上升多少,又是如何上升的,需要进一步研究。

二、建库前潼关高程升降基本规律

三门峡水库修建之前,潼关以北至禹门口河段的长度为132.5 km,习惯上叫做小北干流,是一条游荡型极强的堆积性河流,河道分汊,沙洲众多,主流经常摆动不定,河床宽浅,素有"三十年河东,三十年河西"之称。

由于河道宽浅,纵比降较陡,是一处滞洪滞沙的好地方,表11-2是黄河小北干流洪峰削减情况。因为黄河干流含沙量大,每当洪水被削减发生滞洪时,就会有部分泥沙落淤在小北干流河道中,因此洪水期也是小北干流发生淤积的时期。

表11-2　黄河小北干流洪峰削减情况

洪峰出现时间(年-月-日)	$Q_{龙}$ (m^3/s)	$Q_{潼}$ (m^3/s)	$Q_{华}$ (m^3/s)	$Q_{河}$ (m^3/s)	$Q_{洑}$ (m^3/s)	(2)-((3)+(4)+(5)) (m^3/s)	龙门站1日洪量 $\overline{W}_1$ (亿m^3)	$K=\frac{Q_{龙}}{\overline{W}_1}$	$\frac{(1)-(6)}{(1)}$ (%)
	(1)	(2)	(3)	(4)	(5)	(6)	(7)	(8)	(9)
1951-08-15	13 700	10 000	56	39	50	9 855	3.69	3 710	28.1
1953-08-26	15 500	12 000	40	68	14	11 900	7.29	2 130	23.2
1954-07-13	13 100	11 600	315	73	2	11 400	5.28	2 481	13.1
1954-09-03	16 400	13 400	861	88	44	11 600	4.78	3 430	29.3
1959-07-21	12 400	11 900	96	26	2	11 800	7.20	1 720	4.8
1964-08-13	17 300	12 400	355	109	104	11 800	7.00	2 470	31.8
1966-07-29	10 100	7 830	2 560	533	1	4 717	4.17	2 420	53.3

续表 11-2

洪峰出现时间（年-月-日）	$Q_{龙}$ (m^3/s)	$Q_{潼}$ (m^3/s)	$Q_{华}$ (m^3/s)	$Q_{河}$ (m^3/s)	$Q_{洑}$ (m^3/s)	(2)－((3)＋(4)＋(5)) (m^3/s)	龙门站1日洪量 $\overline{W}_1$ （亿 m^3）	$K=\frac{Q_{龙}}{\overline{W}_1}$	$\frac{(1)-(6)}{(1)}$ (%)
	(1)	(2)	(3)	(4)	(5)	(6)	(7)	(8)	(9)
1967-08-07	15 300	8 020	225	35	10	7 750	5. 96	2 567	49. 3
1967-08-11	21 000	9 550	253	64	27	9 163	9. 15	2 290	56. 3
1967-08-20	14 900	6 950	107	36	3	6 804	4. 78	3 117	54. 3
1967-08-22	14 000	6 500	79	74	3	6 344	5. 17	2 707	54. 7
1967-09-02	14 800	6 290	124	258	43	5 865	5. 87	2 521	60. 4
1969-07-27	8 860	5 660	286	263	163	5 131	2. 72	3 260	42. 1
1970-08-02	13 800	8 420	210	13	24	8 172	30. 08	4 480	40. 8
1971-07-26	14 300	10 200	469	66	14	9 651	5. 64	2 540	32. 5
1972-07-20	10 900	8 600	79	11	13	8 500	3. 84	2 840	22. 0
1974-08-10	9 000	7 040	297	16	73	6 643	3. 54	2 540	26. 2
1976-08-03	10 600	7 030	71	34	21	6 411	3. 80	2 790	39. 5
1977-07-06	14 500	15 400	161	68	412	14 760	6. 57	2 600	－1. 8
1977-08-03	13 600	12 000	499	146	98	11 560	4. 69	2 900	15. 0
1977-08-06	12 700	15 400	64	231	298	14 810	6. 85	1 850	－16. 6
1978-09-18	6 470	6 460	604	123	40	5 693	4. 26	1 520	12. 0
1979-08-12	13 000	11 100	27	29	3	11 042	5. 80	2 240	15. 1
1981-07-08	6 400	6 430	396	121	63	5 880	3. 74	1 710	8. 1
1985-08-06	3 720	4 990	106	8. 8	5. 5	4 870	2. 32	2 892	27. 5
1987-08-26	3 840	5 450	84. 4	0. 83	37. 6	5 327	2. 44	2 808	22. 1
1988-08-06	10 200	8 260	467	181	244	7 368	5. 80	1 760	27. 8
1988-07-23	9 200	7 280	274	17. 3	29. 8	6 691	4. 36	2 113	27. 3
1991-07-28	4 590	3 310	60. 0	0		3 250	2. 12	2 168	29. 2
1992-08-09	7 740	3 620	157	0. 28		3 463	2. 68	2 890	55. 3
1993-08-04	4 600	4 010	214	40. 5	23. 2	3 524	2. 27	2 025	23. 4
1994-08-05	10 600	7 360	4. 11	2. 05	2. 72	7 351	4. 50	2 355	30. 7
1995-07-30	7 860	4 160	55. 3	9. 98	13. 6	4 081	3. 58	2 197	48. 1

1950 ~ 1960 年，小北干流年均淤积量为 0.51 亿 m^3。非汛期黄河上中游黄土高原地区少雨，尤其是不发生或很少发生暴雨，一般情况下降雨量小于 10 mm，下落到地面上很少产生径流，也就没有泥沙进入黄河干流。因此，非汛期龙门水文站含沙量均小于 20 kg/m^3，水沙搭配参数(S/Q)小于 0.015 $kg \cdot s/m^6$，黄河小北干流发生冲刷，见图 11-2。

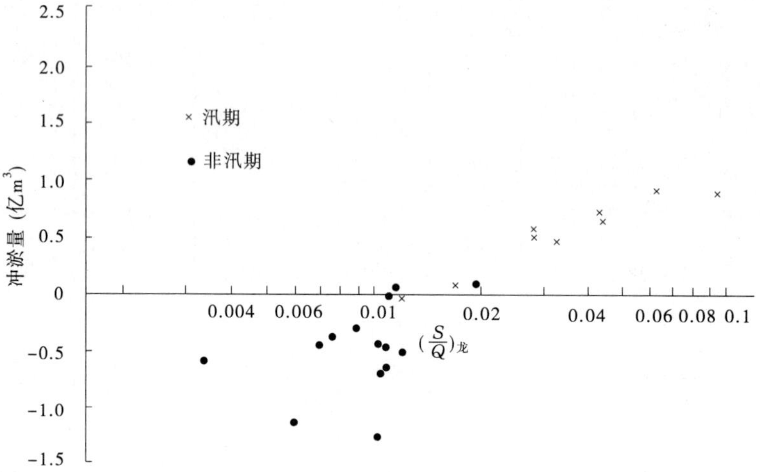

图 11-2　冲淤量—$\left(\frac{S}{Q}\right)_{龙}$ 关系

小北干流汛期发生淤积以后，水流含沙量下降，进入潼关断面之前的水面宽度在 2 000 m以上，抵达潼关断面的河宽在 850 m 以下，从水流功率($\gamma'_m qJ$)来看，单宽流量 $\overline{q}$ 增加了几倍，而河床坡度 J，最多减少 1/4。因此，水流功率增加，也就是说有足够的能量可以冲刷潼关河床，使潼关高程下降，如表 11-1 所示，汛期潼关高程是下降的。

三、建库后潼关高程演变情况

三门峡水库于 1960 年 9 月开始下闸蓄水，至今已经 50 个春秋，在这 50 年的历程中，水库运用方式经历了三种形式：蓄水运用、滞洪排沙和调水调沙运用。水库蓄水运用只有 18 个月，1962 年 4 月至 1973 年 11 月为滞洪排沙，其中包括两次工程增建与改建。1973 年 11 月至今(2008 年)为调水调沙运用，各时段的潼关高程见表 11-3。

从表 11-3 中可以知道：1960 年 9 月至 2008 年 10 月，潼关河床上升了 4.48 m(汛前)或 4.32 m(汛后)，年均上升率为 0.091 4 m/a 或 0.088 m/a，与建库前相比较相差不大。如果联系到流域水沙变化的影响对潼关高程带来的负面作用，那么水库淤积与上延，小北干流、渭洛河下游的淤积向下延伸等条件对潼关高程的影响可以不考虑了。显然，这样的推理是不正确的。问题在于只是单纯用水位升降来描述河床升降，而没有探讨升降的其他方面的物理成因。

表 11-3　1960~2008 年潼关高程

年份	潼关高程(m)		年份	潼关高程(m)	
	汛前	汛后		汛前	汛后
1960	323.50	(323.40)	1985	326.96	326.64
1961	326.72	(329.06)	1986	327.08	327.18
1962	325.93	325.11	1987	327.30	327.16
1963	325.14	325.76	1988	327.37	327.08
1964	326.03	328.09	1989	327.62	327.36
1965	327.95	327.64	1990	327.75	327.60
1966	327.99	327.13	1991	328.02	327.90
1967	327.73	328.35	1992	328.40	327.30
1968	328.71	328.11	1993	327.78	327.78
1969	328.70	328.65	1994	327.95	327.69
1970	328.55	327.71	1995	328.12	328.28
1971	327.74	327.50	1996	328.42	328.07
1972	327.41	327.55	1997	328.40	328.05
1973	328.13	326.64	1998	328.40	328.28
1974	327.19	326.70	1999	328.43	328.12
1975	327.23	326.04	2000	328.48	328.33
1976	326.71	326.12	2001	328.56	328.23
1977	327.37	326.79	2002	328.72	328.78
1978	327.30	327.09	2003	328.65	327.94
1979	327.76	327.62	2004	328.24	327.98
1980	327.82	327.38	2005	328.15	327.75
1981	327.95	326.94	2006	328.10	327.79
1982	327.44	327.06	2007	327.93	327.79
1983	327.39	320.57	2008	327.98	327.72
1984	328.18	320.75			

潼关断面(六)的河床演变不是孤立的,它是长河段河床演变中的一个断面,与河段其他断面有共同性,断面的形成、河床高程的升降皆受制于来水来沙条件及水流与河床互相作用,受到长河段的河势变化,整体河床演变的影响。潼关断面是处在有限长度的局部河段,又是承上(黄渭交汇处)启下(进入黄河干流峡谷区)的位置。因此,它又有特殊性,为此既要研究潼关以上库区的河床高程演变,又要分析下游冲淤变化对潼关河床升降的影响。

潼关至三门峡坝址，河段长 113.5 km(340 m 高程中心线距离)，坝址坐落在神门、鬼门和人门石岛处，该处为闪长玢岩，石质坚硬，是黄河中游局部侵蚀基面之一，它的河床平均高程几乎是长期不变。

陕县水文站在三门峡坝址上游 21 km 处，上距潼关断面 92 km，于 1919 年建站。因三门峡大坝截流，产生的回水、淤积上延，已经影响到陕县水文站，因此于 1959 年春撤销，由潼关水文站代替。

陕县水文站观测历史较长，除抗日战争、解放战争有几年受到影响外，观测工作连续不断。陕县至老灵宝(黄淤 26 断面)为峡谷河段，受秦岭北坡支流宏农河输送的大量砂卵石的作用，这一河段河床组成较粗，冲淤变化很小，建库前原河床比降为 3.5‰，陕县水文站 1919～1958 年 40 年同流量水位仅上升 0.15 m，见表 11-4。

表 11-4　1919～1958 陕县水文站汛后 1 000 m^3/s 水位统计

日期(年-月-日)	流量(m^3/s)	水位(m)	日期(年-月-日)	流量(m^3/s)	水位(m)
1919-11-11	1 006	291.27	1937-11-27	940	291.16
1920-12-16	1 016	291.24	1938-12-14	970	291.32
1921-11-18	1 009	291.46	1939-11-02	970	291.55
1922-11-10	999	291.37	1940-11-28	980	291.37
1923-11-19	999	291.38	1941-11-27	1 020	291.49
1924-11-14	1 044	291.44	1942-11-19	1 010	291.56
1925-11-13	1 015	291.40	1943-11-22	980	291.47
1926-11-16	970	291.34	1946-12-11	1 010	291.49
1927-11-14	1 008	291.39	1949-12-01	1 010	291.54
1928-11-04	1 024	291.39	1951-11-25	980	291.28
1929-11-15	1 008	291.37	1952-11-05	1 000	291.55
1930-11-14	999	291.38	1953-11-24	1 000	291.37
1931-10-31	960	291.28	1954-12-05	1 020	291.78
1932-11-09	1 000	290.96	1955-12-10	1 000	291.34
1933-11-15	996	291.30	1956-10-16	1 020	291.44
1934-12-02	1 040	291.12	1957-10-28	1 000	291.63
1935-12-07	1 060	291.48	1958-12-10	947	291.42
1936-11-14	995	291.30			

由此可以推测，黄淤26断面（距潼关63 km）以下河段的河床高程比较稳定，对潼关高程不会产生什么影响，或者说，在三门峡水库修建之前，潼关高程的升降与老灵宝以下河道的关系可以忽略。潼关高程除水沙条件外，与老灵宝以上河床、潼关以上河道演变有关。

第二节　渭河库区冲淤变化与潼关高程关系

一、渭河下游河床特征

渭河下游是指咸阳铁桥至渭河河口，河长约207 km，依据河流形态可分为三段。

(1)咸阳至泾河口为上段，河长约34 km，河流纵比降为5.0‰～6.0‰。河床组成多为粗沙，其中挟有小卵石。沣河、浐河、灞河分列在泾河口上游入渭，多输送粗砂与卵石进入渭河，渭河的河床宽浅，沙洲众多，河相关系$\sqrt{B}/H$大于10。

(2)泾河口至赤水河口为中段。河段长约75 km，纵比降从5.0‰下降到2.0‰。河流形态向弯曲型过渡，河相关系$\sqrt{B}/H$为5～10，河床组成以中沙、细沙为主，间有小卵石挟杂其中。在本河段的南岸有发源于秦岭北坡的零河、犹河、赤水河汇入渭河，北岸有石川河入渭。

(3)赤水河口至渭河口为下段，河长约98 km。河流纵比降为2.0‰～1.0‰，属于冲积性弯曲型河流，如图11-3所示。河段内有近20个河湾，河湾随来水来沙条件的变化也在不断的发育、变形。河相关系$\sqrt{B}/H$小于5。河床组成以细沙、黏土为主。

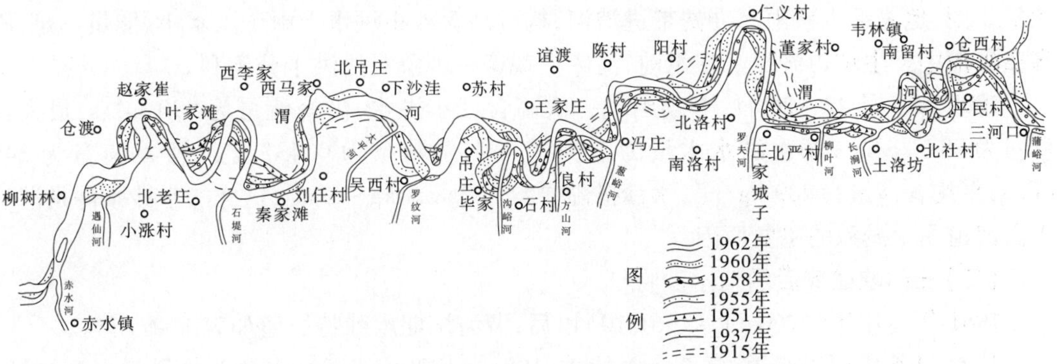

图11-3　渭河下游河道历年变迁图

(4)渭河河口段(拦门沙坎)。渭河尾闾正处在潼关断面上游附近的黄河、渭河汇流区，为渭河河口段下段，渭河河口段纵比降约1.0‰，相邻的黄河纵比降为3.0‰～3.5‰。每当黄河发生较大洪水时，渭河小水，则黄河洪水向渭河倒灌。据统计，黄河、渭河相遇后，黄河流量是渭河流量的20倍以上时，黄河倒灌渭河；黄河流量是渭河流量的3倍以上时，发生黄河洪水顶托渭河。黄河倒灌渭河时，渭河河口段的水流由停滞转向倒流，在这个过程中，有大量泥沙落淤在渭河河口段，进而形成了拦门沙坎。拦门沙坎形成过程及形成之后就是抬高了渭河下游河道的侵蚀基面的过程,有阻拦洪水和输送沙的作用,也有碍渭河下游防洪。若拦门沙坎不能及早消除,阻碍渭河洪水对潼关河段的冲刷作用,甚至加重潼关河床上升。

二、渭河下游水文泥沙与输沙能力

渭河下游有两处水文站——咸阳和华县,早在 1934 年设站并开始观测。1960 年 9 月三门峡水库蓄水后,1961 年汛前回水达到赤水河口(渭淤 13 断面),华县水文站处在变动回水区,但历时不长,对 1961 年汛前及汛后的径流量测验有些影响,1962 年 3 月以后三门峡水库实施滞洪排沙运用,回水末端远离华县水文站下游,对水文测验毫无阻碍。从长历时来看,用华县水文站的水沙资料研究渭河下游水沙特征是可信的。咸阳水文站是渭河下游进口站,在咸阳下游 35 km 左岸有泾河汇入,泾河口上游的南岸又有沣水、浐水、灞河诸支流汇入。因此,咸阳水文站还不能全貌地反映出渭河下游水沙特征。

(一)华县水文站水沙特征值

华县水文站于 1934 年设站并开始观测,在新中国成立初期整理黄河流域水文资料过程,用主要站网资料将华县水文站的水沙系列向前推演插补到 1919 年与陕县等水文站相同。新中国成立以后从 1952 年开始全面执行水文测验规范,观测项目和规程等得到统一,测验精度较高,现将两个观测系列的多年各月平均值列入表 11-5。从表 11-5 中可以看出,两个系列比较接近,相差不大。

从表 11-5 中可知,汛期输沙量占全年输沙量的 89.6%,其中 7 月、8 月两月输沙量占全年的 70%。非汛期的 5 月、6 月两月的输沙量为 0.299 亿 t,占全年输沙量(3.84 亿 t)的 7.7%。渭河流域有“麦黄汛”一说,在 5 月、6 月经常有一场降雨过程,经过冬、春两季干旱少雨,地表浮土被雨水冲洗带进渭河,构成高含沙小洪水。由于洪水小,能量不足,则在主河槽中发生贴边淤积。在汛前,河床出现这种现象对防洪十分不利。

2002 年 6 月 22 ~ 26 日,华县出现一次高含沙小洪水,洪峰流量为 890 m^3/s,最大含沙量为 787 kg/m^3,场次洪水水量为 1.51 亿 m^3,输沙量为 0.437 亿 t,平均流量为 349 m^3/s,平均含沙量为 289 kg/m^3,水沙搭配参数为 0.828 $kg \cdot s/m^6$,这样的水沙条件是渭河下游河道发生淤积的主要原因。

(二)三门峡建库后渭河水沙特征

1961 年运用年(1960-11 ~ 1961-10)以后,渭河汛期水沙特征值如表 11-6 所列。

从表 11-6 中可以知道,在 6 个时段中,1981 ~ 1986 年时段,水沙条件最为有利,时段内各年的水沙搭配参数基本上都处在冲刷范围内,见图 11-4。

图 11-4 中显示,平均含沙量小于 100 kg/m^3 的点据均落在冲淤平衡线上下,单位水量冲淤量为 -0.03 ~ +0.03,含沙量大于 200 kg/m^3 时,均在淤积区范围,水沙搭配参数在 0.1 $kg \cdot s/m^6$ 以上。

另外,由图 11-5 可见,河道排沙比与洪水期流量、含沙量有关。当平均流量大于 500 m^3/s 时,平均含沙量越小,排沙比越大;若流量小于 500 m^3/s,平均含沙量越大,排沙比越小。

表 11-5　渭河下游华县水文站不同时段水沙量多年平均值及年内分配

年份	月份	年数（年）	径流量（亿 m^3）	输沙量（亿 t）	流量（m^3/s）	含沙量（kg/m^3）	年份	月份	年数（年）	径流量（亿 m^3）	输沙量（亿 t）	流量（m^3/s）	含沙量（kg/m^3）
1919～1999	7	80	10.88	1.31	406	120	1952～1990	7	39	11.56	1.27	432	110
	8	80	12.13	1.52	453	125		8	39	11.34	1.41	424	124
	9	80	13.23	0.567	510	42.9		9	39	14.75	0.624	569	42.3
	10	80	10.02	0.105	374	10.5		10	39	11.49	0.139	426	12.1
	7～10	79	46.04	3.53	433	76.5		7～10	39	49.14	3.44	462	70.0
	11	80	5.134	0.015 1	198	2.95		11	39	5.723	0.019 8	221	3.46
	12	80	2.531	0.003 2	94.5	1.28		12	39	2.533	0.003 5	94.6	1.38
	1	80	1.972	0.001 8	73.6	0.89		1	39	1.804	0.001 3	67.3	0.72
	2	80	2.024	0.002 2	83.0	1.11		2	39	1.961	0.002 4	8.03	1.22
	3	80	2.820	0.007 9	105	2.81		3	39	2.758	0.010 2	103	3.70
	4	80	4.135	0.032 8	160	7.92		4	39	4.655	0.048 7	180	10.5
	5	80	5.445	0.092 7	203	17.0		5	39	7.051	0.127	263	18.0
	6	80	4.776	0.207	184	43.4		6	39	4.852	0.169	187	34.8
	11 月～次年 6 月	79	28.49	0.366	136	12.8		11 月～次年 6 月	39	31.28	0.404	150	12.9
	全年(7 月～次年 6 月)	79	74.53	3.896	236	52.2		全年(7 月～次年 6 月)	39	80.43	3.84	255	47.7

表 11-6　1961～2006 年华县水文站水沙特征值

年份	径流量(亿 m^3)		输沙量(亿 t)		汛期		
	汛期	运用年	汛期	运用年	流量(m^3/s)	含沙量(kg/m^3)	S/Q($kg \cdot s/m^6$)
1961	60.76	91.35	2.259	2.521	572	37.2	0.065 0
1962	51.07	84.51	2.651	2.764	481	51.9	0.108 0
1963	38.92	100.10	1.745	2.86	366	44.8	0.122 5
1964	110.92	178.76	9.639	10.586	1 044	86.9	0.083 2
1965	30.98	91.28	1.436	1.828	292	46.4	0.158 7
1966	64.97	85.59	8.907	9.487	611	137.1	0.224 4
1967	51.60	99.65	2.682	3.409	486	52.0	0.106 9
1968	71.68	116.22	4.808	5.134	674	67.1	0.099 6
1969	18.96	62.70	2.315	2.854	178	122.1	0.686 0
合计	499.86	910.16	36.442	41.443			
平均	55.54	101.13	4.040	4.605	523	72.9	0.139 4
1970	58.5	89.67	7.147	7.484	550	122.2	0.222
1971	15.29	45.00	1.445	1.655	144	94.5	0.656
1972	13.33	34.34	0.385	0.527	125	28.9	0.231
1973	45.97	60.88	7.690	8.332	433	167.3	0.386
合计	133.09	230.09	16.667	17.998			
平均	33.27	57.52	4.167	4.499 5	313.1	125.2	0.400 0
1974	28.08	45.36	1.500	1.619	264	53.4	0.202
1975	78.20	98.98	3.667	3.737	736	46.9	0.064
1976	53.34	96.31	2.659	2.829	502	49.9	0.099
1977	19.20	38.33	5.484	5.685	181	286	1.578
1978	43.05	51.79	4.260	4.419	405	99.0	0.244
1979	24.03	37.55	2.101	2.121	226	87.4	0.387
1980	41.09	50.77	2.847	2.973	386	69.3	0.179 5
合计	286.99	419.08	22.518	23.353			
平均	41.00	59.87	3.217	3.340	386	78.5	0.203 4
1981	82.45	94.51	3.324	3.618	776	40.3	0.052
1982	32.65	56.00	1.367	1.507	307	41.9	0.136
1983	87.20	121.26	2.098	2.502	821	24	0.029 3
1984	87.47	131.16	3.594	4.219	823	41.1	0.049 9

续表 11-6

年份	径流量(亿 m^3)		输沙量(亿 t)		汛期		
	汛期	运用年	汛期	运用年	流量(m^3/s)	含沙量(kg/m^3)	S/Q($kg\cdot s/m^6$)
1985	43.07	86.88	2.227	2.556	405	51.7	0.128
1986	20.45	44.35	0.602	1.622	192	29.4	0.153
合计	353.29	534.6	13.212	16.024			
平均	58.88	89.03	2.202	2.671	554	37.4	0.067 5
1987	22.11	50.86	0.727	1.184	208	32.9	0.158
1988	61.99	84.39	5.270	5.554	583	85.0	0.146
1989	33.79	67.63	1.615	1.842	318	47.8	0.150
1990	45.12	77.09	2.721	2.934	425	60.3	0.142
1991	12.13	49.26	0.648	2.166	114	53.4	0.469
1992	45.64	59.59	4.510	4.860	429	98.8	0.230
1993	31.87	62.20	1.358	1.493	300	42.6	0.142
1994	16.81	36.62	3.566	3.806	158	212	1.343
1995	11.42	22.36	2.365	2.405	107	202	1.886
合计	280.88	510.0	22.78	26.244			
平均	31.21	56.67	2.531	2.916	293.7	81.1	0.276
1996	22.91	31.68	4.034	4.125	216	176	0.815
1997	6.06	23.67	1.610	1.708	57	266	4.661
1998	26.70	40.03	1.136	1.870	251	42.5	0.169
1999	23.22	37.18	2.178	2.265	218	94.0	0.430
2000	22.39	32.59	0.942	1.479	211	42.1	0.199
2001	15.77	28.32	1.268	1.295	148	80.4	0.543
2002	10.80	28.40	1.610	2.330	102	149	1.462
合计	127.65	221.87	12.778	15.072			
平均	18.26	31.70	1.825	2.153	172	100	0.581 4

三、渭河下游下段水流输沙能力

渭河流域也是水沙异源,素有泾渭分明之说。泾河是渭河的多沙支流,该河张家山站多年(1952~1990 年)平均流量为 47 m^3/s,含沙量为 162 kg/m^3。年均径流量为 15 亿 m^3,年均输沙量为 2.43 亿 t。渭河咸阳水文站 40 年平均流量为 158 m^3/s,平均含沙量为 29.3 kg/m^3。干、支流水沙关系相差很大,因此渭河下游华县水文站的输沙能力变化比较复杂。在细泥沙多沙区发生洪水时,极易产生高含沙洪水,其输沙能力很强大。若在"清

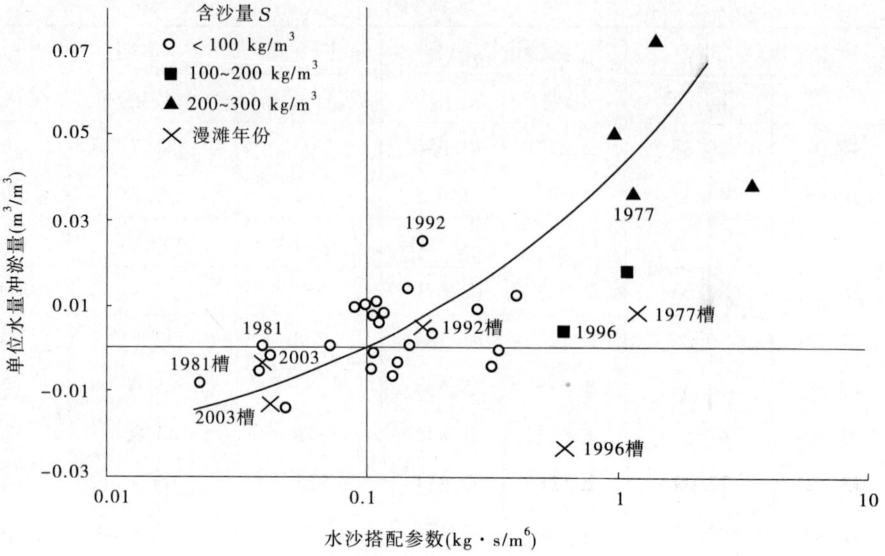

图 11-4　渭河下游汛期单位水量冲淤量与水沙搭配参数的关系

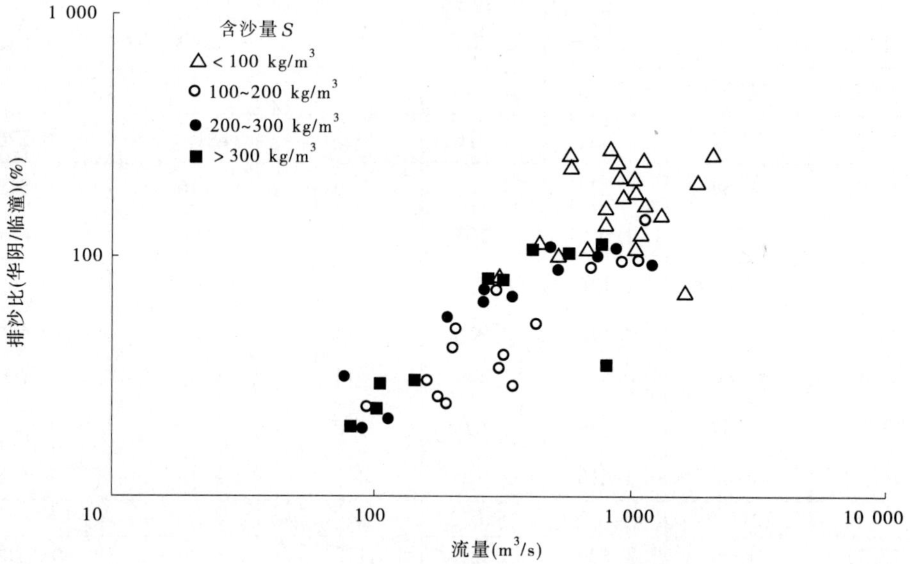

图 11-5　洪水期渭河下游排沙比与流量的关系

水来源区”产生洪水，华县断面呈现出一般的水流输沙能力。因此，要划分出高含沙水流输沙特性与一般水流输沙特性。

(一)高含沙水流输送能力

判别高含沙水流输送问题，一般可采用三个指标来判别：

(1)泥沙粒径小于0.01 mm的含沙量$S_{d<0.01\ \mathrm{mm}}$与总含沙量$S_{总}$的关系图中的拐点附

近的含沙量 S_k（又叫做临界含沙量）。临界含沙量 S_k 不随 $S_{总}$ 增加而增加，已经形成高含沙水流，见图 11-6。

（2）对含沙水做流变试验，求出流变参数 τ_B（极限剪切力），τ_B 与含沙量相关线的拐点即为临界含沙量 S_k。

（3）点绘流量与含沙量相关关系时，含沙量不随流量增大而增加时为临界含沙量。

通过上述方法相互验证，最后可以找到高含沙水流下限含沙量，由此可判别出是一段挟沙水流或者是高含沙水流。

渭河华县水文站没有做过浑水流变试验，无法采用 $\tau_B \sim S_{总}$ 相关关系确定临界含沙量 S_k，流量与含沙量相关关系因为水沙异源的关系也难以确定。如 1975 年 10 月 3 日，洪峰流量为 4 070 m^3/s，而含沙量只有 29.5 kg/m^3。渭河在 9 月、10 月两月，上游受"华西秋雨"影响，多发生流量大而含沙量很小的洪水。因此，只好采用 $S_{总} \sim S_{d<0.01\ mm}$ 相关关系来判断，见图 11-6。从图 11-6 上可查出临界含沙量约 300 kg/m^3，当 $S_{d<0.01\ mm}$ 在 100 kg/m^3 以上时，就已经是高含沙水流了。

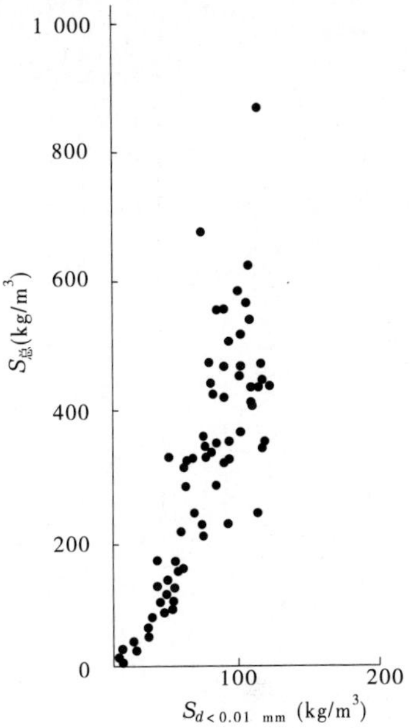

图 11-6　$S_{d<0.01\ mm} \sim S_{总}$ 关系

（二）华县断面输沙能力

在建立华县断面输沙能力时，要考虑两种情况：一是高含沙水流输沙能力，二是一般水流输沙能力，两者用临界含沙量划分。当 $S_{总}>300\ kg/m^3$ 时作为高含沙水流处理，$S_{总}<300\ kg/m^3$ 时按一般输沙水流处理。其输沙能力式为：

$$q_s = N\frac{q^{1.6}J^{1.2}}{n^{2.4}\omega_0}e^{6.27S_V}$$

式中：q_s 为单宽输沙率，t/(s·m)；q 为单宽流量，$m^3/(s \cdot m)$；J 为水面比降（‱）；n 为曼宁系数；ω_0 为单颗粒泥沙在静水中的沉速；e 为自然对数底；S_V 为体积含沙量。

采用华县水文站实测资料进行验证，如图 11-7 所示。

高含沙水流输沙能力系数 $N_1=0.000\ 13$，一般水流输沙能力系数 $N_2=0.000\ 023$。

由挟沙系数 N 可知，高含沙水流的输沙能力是一般水流输沙能力的 5.7 倍。

四、三门峡渭河库区冲淤分布规律

自三门峡水库建库以来（1960 年汛后至 2005 年汛后），渭河库区（渭淤 1 断面—渭淤 37 断面）共淤积泥沙总量为 12.816 5 亿 m^3，见表 11-7。其中，渭淤 1 断面—渭淤 10 断面淤积 8.570 2 亿 m^3，占全库段淤积总量的 66.87%；渭淤 10 断面—渭淤 26 断面淤积 4.157 9 亿 m^3，占全库段淤积总量的 32.44%；渭淤 26 断面—渭淤 37 断面库段淤积 0.088 4 亿 m^3，占全库段淤积量的 0.69%。时段淤积量最大的是 1966～1969 年，共淤积 6.704 亿 m^3，年均淤积 1.676 亿 m^3；1974～1980 年、1981～1986 年两个时段为冲刷时段，分别冲刷为 0.193 1 亿 m^3、0.121 2 亿 m^3，年均冲刷量分别为 275.86 万 m^3、202 万 m^3，见表 11-8。

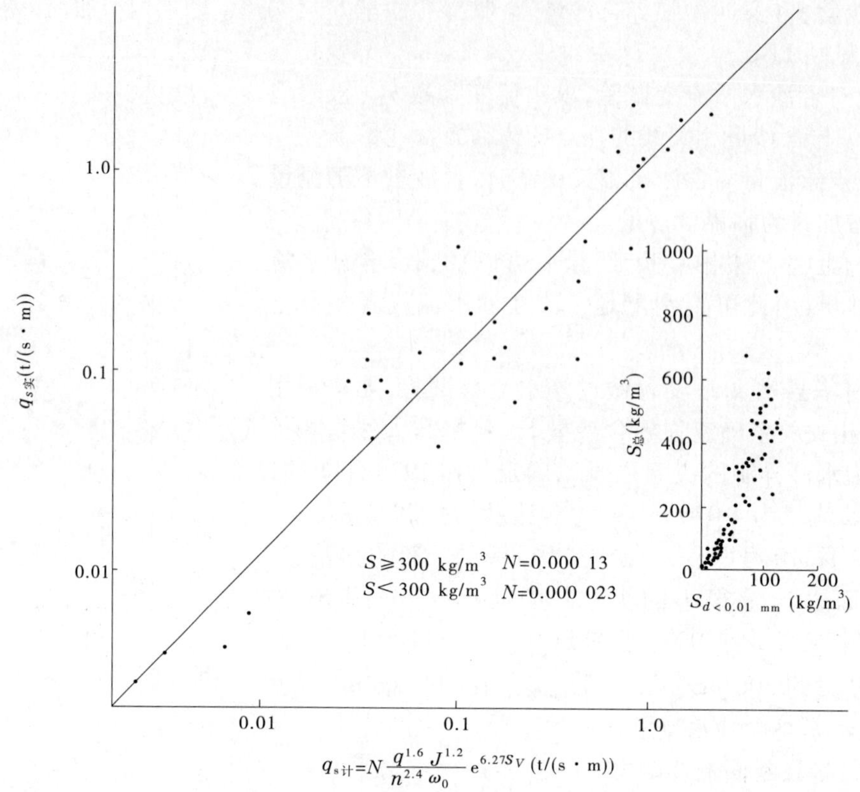

图 11-7　输沙能力公式验证图

表 11-7　渭河库区各库段、各时段冲淤量分布与占百分比

时段	各库段冲淤量(亿 m³)				各库段占全库段(%)			年数(年)
	渭淤 1 断面—渭淤 10 断面	渭淤 10 断面—渭淤 26 断面	渭淤 26 断面—渭淤 37 断面	渭淤 1 断面—渭淤 37 断面	渭淤 1 断面—渭淤 10 断面	渭淤 10 断面—渭淤 26 断面	渭淤 26 断面—渭淤 37 断面	
1961～1965 年	1.485 5	0.249 9	-0.081 7	1.653 7	89.83	15.11	-4.94	5
1966～1969 年	4.970 0	1.680 5	0.053 5	6.704 0	74.13	25.06	0.81	4
1970～1973 年	0.163 7	1.138 1	0.008 1	1.309 9	12.50	86.88	0.62	4
1974～1980 年	-0.004 6	-0.335 4	0.146 9	-0.193 1	-2.38	-173.7	76.08	7
1981～1986 年	0.069 4	-0.127 9	-0.062 7	-0.121 2	57.26	-105.5	-51.76	6
1987～1995 年	1.731 6	0.954 9	0.186 8	2.873 3	60.26	33.23	6.51	9
1996～2002 年	0.171 0	0.205 3	0.021 6	0.397 9	42.72	51.60	5.68	7
2003～2005 年	-0.016 4	0.392 5	-0.184 1	0.192 0	-8.54	204.4	-95.9	3
合计	8.570 2	4.157 9	0.088 4	12.816 5	66.87	32.44	0.69	45

表 11-8　1961～2002 年华县水沙量、渭河库区冲淤量

年份	华县水文站		渭河库区各段运用年冲淤量（亿 m^3）					汛后潼关高程（m）
	径流量（亿 m^3）	输沙量（亿 t）	渭拦段	渭淤 1 断面—渭淤 10 断面	渭淤 10 断面—渭淤 26 断面	渭淤 26 断面—渭淤 37 断面	渭淤 1 断面—渭淤 37 断面	
1961	91.35	2.512	0	0.698 2	0.003 3	0	0.701 5	
1962	84.51	2.764	0	0.360 7	0.035 8	0	0.396 5	325.11
1963	100.10	2.685	0	0.058 2	0.158 1	0	0.216 3	325.76
1964	178.76	10.586	0.179 1	0.303 6	-0.042 1	-0.153 2	0.108 3	328.09
1965	91.28	1.828	0.007 3	0.064 8	0.094 8	0.071 5	0.231 1	327.64
合计	546.00	20.384	0.186 4	1.485 5	0.249 9	-0.081 7	1.653 7	
平均	109.2	4.060	0.037 28	0.297 1	0.050 0	-0.016 3	0.330 7	
1966	85.59	9.487	0.053 1	2.097 5	0.578 3	-0.070 6	2.605 2	327.13
1967	99.65	3.409	0.099 1	1.418 7	0.237 0	0.010 3	1.666	328.35
1968	116.22	5.134	0.001 7	1.296 4	0.605 2	0.046 6	1.948 2	328.11
1969	62.70	2.854	0.064 8	0.157 4	0.260 0	0.067 2	0.484 6	328.65
合计	364.46	20.884	0.218 7	4.970	1.680 5	0.053 5	6.704	
平均	91.04	5.221	0.054 7	1.242 5	0.420 1	0.013 4	1.676	
1970	89.87	7.484	-0.003 6	-0.245 0	0.168 1	-0.051 6	-0.128 2	327.71
1971	45.00	1.655	0.080 1	0.219 3	0.138 4	0.004 5	0.362 2	327.50
1972	34.34	0.527	-0.008 9	-0.039 4	0.027 3	0.014 1	0.002 0	327.55
1973	60.88	8.332	-0.076 6	0.228 8	0.804 6	0.041 1	1.074 2	326.64
合计	230.09	17.998	-0.009	0.163 7	1.138 1	0.008 1	1.309 9	
平均	57.52	4.499 5	-0.002 3	0.040 9	0.284 5	0.002	0.327 6	
1974	45.36	1.619	0.038 7	-0.046 4	0.064 5	0.019 3	0.037 4	326.70
1975	98.98	3.737	-0.033 6	-0.696 6	-0.393 3	-0.038 8	-1.128 7	326.04
1976	96.31	2.829	0.039 7	-0.005 7	-0.107 4	0.111 6	-0.001 5	326.12
1977	38.33	5.685	0.074 5	0.656 1	0.003 5	-0.025 0	0.634 6	326.79
1978	51.78	4.419	0.003 0	0.050 4	0.094 0	0.000 6	0.145 6	327.09
1979	37.55	3.121	0.008 4	0.122 0	0.067 9	0.056 9	0.246 8	327.62
1980	50.77	2.973	-0.016 2	-0.084 4	-0.064 6	0.022 3	-0.126 7	327.38
合计	419.08	23.383	0.114 5	-0.004 6	-0.335 4	0.146 9	-0.193 1	
平均	59.87	3.340	0.016 4	-0.007	-0.047 9	0.021 0	-0.027 6	
1981	94.51	3.618	-0.055 4	0.049 5	0.118 1	0.034 7	0.202 3	326.94
1982	56.00	1.507	0.041 8	0.173 4	0.027 7	0.027 9	0.229 0	327.06
1983	121.26	2.502	-0.034 5	-0.258 6	-0.342 2	-0.065 5	-0.666 3	326.57
1984	131.16	4.219	0.007 1	-0.100 0	-0.248 4	-0.041 5	-0.389 9	326.75
1985	86.88	2.556	0.007 9	0.180 8	0.199 9	-0.034	0.346 7	326.64
1986	44.35	1.622	-0.002 1	0.024 3	0.170	0.015 7	0.157 0	327.18
合计	534.16	16.024	-0.035 2	0.069 4	-0.127 9	-0.062 7	-0.121 2	
平均	99.03	2.671	-0.005 9	0.011 6	-0.021 3	-0.010 5	-0.020 2	

续表 11-8

年份	华县水文站		渭河库区各段运用年冲淤量(亿 m^3)					汛后潼关高程(m)
	径流量(亿 m^3)	输沙量(亿 t)	渭拦段	渭淤 1 断面—渭淤 10 断面	渭淤 10 断面—渭淤 26 断面	渭淤 26 断面—渭淤 37 断面	渭淤 1 断面—渭淤 37 断面	
1987	50.86	1.184	0.024 0	0.053 6	0.102 3	0.002 6	0.153 3	327.16
1988	84.39	5.554	-0.021 5	-0.081 1	0.048 7	0.023 8	-0.008 6	327.08
1989	67.63	1.842	0.006 8	0.141 0	0.059 0	0.042 7	0.242 7	327.36
1990	77.09	2.934	0.014 5	0.134 5	0.044 2	0.027 0	0.205 7	327.60
1991	49.26	2.166	0.012 4	0.008 9	0.008 1	-0.032 5	-0.015 5	327.90
1992	59.59	4.860	0.004 8	0.860 9	0.248 6	0.046 1	1.155 6	327.30
1993	62.20	1.493	0.027 9	-0.196 4	-0.181 8	0.010 9	-0.367 3	327.78
1994	36.62	3.806	0.015 5	0.496 7	0.231 6	0.040 2	0.768 5	327.69
1995	22.36	2.405	0.016 1	0.313 6	0.394 2	0.031 2	0.739 0	328.28
合计	510.0	26.244	0.100 5	1.731 6	0.954 9	0.186 8	2.873 3	
平均	56.67	2.916	0.011 2	0.192 4	0.106 1	0.020 8	0.319 3	
1996	31.68	4.125	-0.006 2	-0.053 5	0.116 4	0.023 8	0.086 7	328.07
1997	23.67	1.708	-0.007 3	0.084 3	0.093 7	0.034 2	0.212 2	328.05
1998	40.03	1.870	-0.001	-0.190 8	-0.056 8	-0.010 1	-0.257 7	328.28
1999	37.18	2.265	-0.007 5	-0.009 5	-0.218 1	-0.044 2	-0.271 8	328.12
2000	32.59	1.479	0.013 8	0.068 7	0.166 0	0.045 6	0.280 3	328.33
2001	28.32	1.295	0.004 8	0.100 3	0.752	-0.019 0	0.156 5	328.23
2002	28.40	2.330	0.024 9	0.171 5	0.028 9	-0.008 8	0.189 2	328.78
合计	221.87	15.072	0.021 5	0.171	0.205 3	0.021 6	0.397 9	
平均	31.70	2.153	0.003 1	0.024 4	0.029 3	0.003 1	0.056 8	
2003	83.89	2.971 9		-0.066 5	0.403 4	-0.062 3	0.274 6	
2004	43.03	1.110 4		0.092 7	0.000 8	-0.052 7	0.040 8	
2005	64.13	1.521 6		-0.042 6	-0.011 7	-0.069 1	-0.123 4	
2006	39.90	0.900						
2007	47.04	0.920						
2008	39.5	0.58						

从表 11-7、表 11-8 不难看出:

(1)渭淤 26 断面以上河段,在 45 年间共淤积 0.088 4 亿 m^3,年均淤积量约 20 万 m^3,渭淤 26 断面—渭淤 37 断面河段长 51 km,按河宽 1 000 m 计算,单位长度淤积厚平均只有 0.004 m。1961 ~ 1965 年三门峡库水位最高,渭淤 26 断面以上河库是冲刷的,1981 ~ 1986 年也是冲刷的。这两个时段渭河华县年均径流量分别为 109 亿 m^3、89 亿 m^3,水沙条件良好。淤积较严重的时期是 1966 ~ 1969 年,其原因:①前期高水位、侵蚀基面抬高(潼关高程迅速上升到 328 m);②淤积向渭河延伸;③1966 年、1968 年两年丰水年(其中高含沙洪水共出现8次，输沙量达到12.944亿t，占两年的总沙量(14.62亿t)的87.2%，见表11-9)。1967年又遭遇黄河大洪水倒灌渭河，造成渭河河口段淤堵8.8 km。因此，在本时段内淤积最为严重。

表11-9　1966年、1968年华县洪水水沙量特征值

年份	时段(月-日)	Q_{max} (m^3/s)	S_{max} (kg/m^3)	$\overline{Q}$ (m^3/s)	$\overline{S}$ (kg/m^3)	W (亿m^3)	W_s (亿t)
1966	07-21～08-09	5 180	636	1 146	308	19.8	6.10
	08-10～08-25	1 340	624	216	189	2.99	0.564
	08-26～09-11	2 880	231	607	129	8.92	0.15
	09-13～09-30	4 470	81.7	1 291	42.6	20.1	0.86
	合计			884.6	167.4	51.81	8.674
1968	07-09～07-26	600	482	189	169	2.94	0.49
	08-04～08-12	1 980	727	548	329	4.26	1.40
	08-23～09-05	770	753	407	175	4.92	0.86 2
	08-06～10-03	5 000	83	1 138	26.2	58.0	1.52
	合计			1 028	60.8	70.2	4.27

淤积严重第二个时段是1970～1973年，共淤积1.309 9亿m^3。其中，1973年淤积1.074 2亿m^3，占时段总淤积量的82%。1970～1973年，潼关高程由327.71 m下降到326.64 m，净下降1.07 m(见表11-7)。渭河下游淤积主要是1970年的不利水沙条件造成的。该年发生3次高含沙洪水，3次洪水总输沙量为5.367亿t，占全年输沙量(8.336亿t)的64.4%，见表11-10。

表11-10　1973年汛期华县3次高含沙洪水特征值

时段(月-日)	Q_{max} (m^3/s)	$\overline{Q}$ (m^3/s)	S_{max} (kg/m^3)	$\overline{S}$ (kg/m^3)	W (亿m^3)	W_s (亿t)
08-02～08-08	2 540	1 259	702	367	7.614	2.794
08-09～08-14	628	309	219	140	1.602	0.224 3
08-25～09-07	4 320	863	527	225	10.44	2.349

(2)在有利水沙条件的情况下，潼关高程处在上升阶段，渭河下游河道仍然会出现冲刷局面。1974～1980年，年平均冲刷量为0.027 6亿m^3，潼关高程却从326.70 m上升到327.38 m，净上升0.68 m，年平均上升0.097 m。其中，冲刷最多的年份是1975年，该年有6场洪水，只有一场洪水(7月21日至8月4日)为高含沙洪水，其余场次洪水含沙量较低，见表11-11。

表 11-11 1975 年华县站洪水特征值

时段(月-日)	Q_{max} (m^3/s)	$\overline{Q}$ (m^3/s)	S_{max} (kg/m^3)	$\overline{S}$ (kg/m^3)	W (亿 m^3)	W_s (亿 t)	天数 (d)
07-11 ~ 07-16	2 440	669	32.6	14.5	3.47	0.050 3	6
07-21 ~ 08-04	1 680	424	634	275	5.495	1.511	15
09-01 ~ 09-10		684		59.5	5.91	0.352	10
09-13 ~ 10-08	4 010	1 663	274	33	37.4	1.233	26
10-11 ~ 10-22		1 001		9.09	10.38	0.094	12
10-23 ~ 11-09	4 010	783	9.3	8.3	12.18	0.101	18
合计		996		44.6	74.835	3.341 3	87

(3)1981 ~ 1986 年,渭河下游发生冲刷主要出现在华县以上河段,冲刷比较强烈的是 1983 年、1984 年两年。1983 年全河段冲刷 0.666 3 亿 m^3;1984 年全河段冲刷 0.389 9 亿 m^3(见表 11-7)。1983 年是丰水少沙年,1984 年是丰水丰沙年,两年洪水特征值见表 11-12。

表 11-12 1983 年、1984 年华县洪水水沙特征值

年份	时段(月-日)	Q_{max} (m^3/s)	$\overline{Q}$ (m^3/s)	S_{max} (kg/m^3)	$\overline{S}$ (kg/m^3)	W (亿 m^3)	W_s (亿 t)	天数 (d)
1983	07-18 ~ 08-08	3 170	721	128	23.3	13.70	0.319	22
	08-09 ~ 08-15		268		8.7	1.621	0.014 1	7
	08-16 ~ 08-22	1 990	981	126	55.6	5.933	0.330	7
	08-23 ~ 09-11	2 200	596	153	5.06	10.3	0.521	20
	09-22 ~ 10-04	4 160	1 412	38.2	25.9	15.86	0.411	13
	10-05 ~ 11-01	3 800	1 378	31.3	11.1	33.34	0.370	28
	合计		964		24.3	80.75	1.965 1	97
1984	07-21 ~ 07-29	1 930	909	158	45.9	7.068	0.689	9
	07-30 ~ 08-03	665	597	40.8	27.7	2.58	0.071 4	5
	08-04 ~ 08-10	2 870	998	514	187	6.036	1.129	7
	08-11 ~ 08-27		322		61.9	4.73	0.289	17
	09-04 ~ 09-15	3 900	1 215	50.6	34.0	12.6	0.428	12
	09-22 ~ 10-08	2 660	1 231	34.5	13.9	18.08	0.251 3	17
	合计		1 159		55.9	51.08	2.857 7	67

表 11-12 中反映出,1983 年华县水文站的水沙搭配参数均在 0.1 kg · s/m^6 以下,属

于冲刷范围,1984 年 6 场洪水中有一场高含沙洪水(08-04 ~ 08-10),有一场的水沙搭配参数达到 0.192 5 kg·s/m^6,其他场次洪水的水沙搭配参数均小于 0.1 kg·s/m^6,多冲刷了 0.389 9 亿 m^3。

综上所述,三门峡水利枢纽建成后,开始高水位进行(汛期平均水位在 320 m 高程以上)蓄洪拦沙。在丰水年,泄水建筑物泄量不足,壅水历时较长(1964 年、1966 年),潼关以下库区淤积严重,造成潼关高程净上升 4.0 m 以上,抬高了渭河下游河流侵蚀基准面,促使渭河下游渭河 26 断面(距潼关 156 ~ 167 km)以下库区淤积约 12 亿 m^3。

从上述分析中还可以看出,在潼关高程下降过程中,若渭河来水来沙不利,渭河下游也会发生淤积;在潼关高程上升过程中,渭河出现有利水沙条件,渭河下游仍然会出现冲刷的局面。由此可知,潼关高程对渭河冲淤变化起主导作用,但是渭河流域水沙条件所带来的影响是不能忽视的。

为此,每当发现渭河下游河道出现淤积时,不要轻易地猜测是潼关高程引起的,要作全面细致的调查与研究。潼关高程稳定或下降时,不可随意调整(哪怕是微调)水库运用方案,应当高度警惕其他方面的因素对渭河下游河道造成的影响。

五、2002 年渭河洪水与潼关高程

在正常情况下,潼关高程非汛期淤积上升,汛期冲刷下降,然而 2002 年却相反,该年汛期河床高程不下降反而上升,由汛初为 328.38 m 至汛后上升到 328.78 m,净抬高 0.4 m,这是上游来水来沙的特殊性造成的,见表 11-13。

表 11-13　2002 年 6 ~ 10 月来水来沙特征

站名	项目	6 月	7 月	8 月	9 月	10 月
龙门	W(亿 m^3)	15.7	14.3	10.7	14.5	12.7
	W_s(亿 t)	0.73	1.58	0.50	0.22	0.06
	Q(m^3/s)	606	534	399	561	474
	S(kg/m^3)	46.6	110.0	47.1	15.3	4.44
	S/Q(kg·s/m^6)	0.076 9	0.206	0.118	0.027 2	0.009 4
华县	W(亿 m^3)	6.5	2.9	4.2	2.3	1.5
	W_s(亿 t)	0.67	0.52	1.06	0.03	0.01
	Q(m^3/s)	251	108	157	89	56.0
	S(kg/m^3)	104.0	182.0	253.0	15.1	3.47
	S/Q(kg·s/m^6)	0.414 3	1.685	1.611	0.169	0.062
潼关	W(亿 m^3)	21.1	16.2	13.2	15.3	13.2
	W_s(亿 t)	1.03	1.38	1.26	0.32	0.16
	Q(m^3/s)	814	605	493	590	493
	S(kg/m^3)	48.9	84.9	95.5	20.8	11.9
	S/Q(kg·s/m^6)	0.060 0	0.140	0.193 7	0.035 3	0.024 1

从表 11-13 中可以看出,各站月平均水沙搭配参数都很大,只有 10 月份处在冲淤平衡点以下。

黄河小北干流于 7 月 4 ~ 6 日在局部河段发生“揭河底”冲刷,龙门水文站最大流量为 4 580 m^3/s,最大含沙量为 1 050 kg/m^3,历经 8.5 h,同流量水位下降 2.15 m。然而洪水历时短,400 kg/m^3 以上含沙量持续 10 h,之后回淤较快,没有改变小北干流在汛期的淤积特性。

2002 年汛期,华县水文站出现 7 次小洪水,平均流量为 112 ~ 391 m^3/s,有 4 次洪水的平均含沙量在 200 kg/m^3 以上,洪水期输沙量占全年的 95%。这种高含沙小洪水是造成渭河下游河道淤积的根本原因。2002 年全年输沙量为 2.33 亿 t,5 场高含沙小洪水的总输沙量为 2.068 亿 t,占全年的 88.8%,当年渭河下游共淤积 0.189 2 亿 m^3,高含沙洪水主要发生在 6 ~ 8 月,见表 11-14。

表 11-14　2002 年华县水文站高含沙小洪水特征值

时段 (月-日)	Q_{max} (m^3/s)	$\overline{Q}$ (m^3/s)	S_{max} (kg/m^3)	$\overline{S}$ (kg/m^3)	W (亿 m^3)	W_s (亿 t)	天数 (d)
06-22 ~ 06-26	890	349	787	289	1.81	0.523	6
07-03 ~ 07-11	525	197	595	151	1.53	0.231	9
07-26 ~ 08-03	325	112	698	326	0.871	0.284	9
08-06 ~ 08-12	600	192	731	300	1.16	0.348	7
08-13 ~ 08-22	675	258	666	306	2.23	0.682	10
合计		214		272	7.60	2.068	41

2002 年 7 月 3 ~ 11 日龙门发生洪水,洪峰流量为 4 580 m^3/s,最大含沙量为 1 050 kg/m^3,平均含沙量达到 173 kg/m^3;洪水水量为 8.02 亿 m^3,输沙量为 1.384 亿 t,占汛期的 58.6%。黄河、渭河组成的洪水进入潼关断面形成洪峰流量为 2 450 m^3/s,最大含沙量为 263 kg/m^3,平均流量为 1 218 m^3/s,平均含沙量为 102 kg/m^3,水沙搭配参数高达 0.083 7 $kg \cdot s/m^6$,致使潼关高程上升到 328.78 m,这实际上是黄河小北干流、渭河淤积体向下游延伸而引起的潼关河床上升。

第三节　水库运用与潼关高程

在第二节中讨论了流域来水来沙引起河床冲淤演变,进而联系到和潼关高程的关系。此外,影响潼关高程的还有水库运用是否得当,其对潼关高程的升降影响较大。

一、回水范围的确定

20 世纪 70 ~ 80 年代,人们已经总结出来用坝前水位(史家滩水位)与库区上下游两水位站的水位差来表达水库回水末端可能达到的河段或范围以及距坝里程，见图 11-8。图中坫埼即黄淤 36 断面(距坝 105 km)，大禹渡即黄淤 30 断面(距坝 76 km)，北村即黄淤 22 断面(距坝 45 km)。当史家滩水位达到 320 m 高程时(见图 11-8)，潼关与坫埼两站水位差减小，表明水库回水末端已经上延到坫埼水文站以上进入潼关河段(潼关至坫埼河段)；史家滩水位上升到 314 m 高程时，回水末端达到大禹渡水文站以上；史家滩水位上升到 307 m 高程时，回水末端在北村水文站以上。

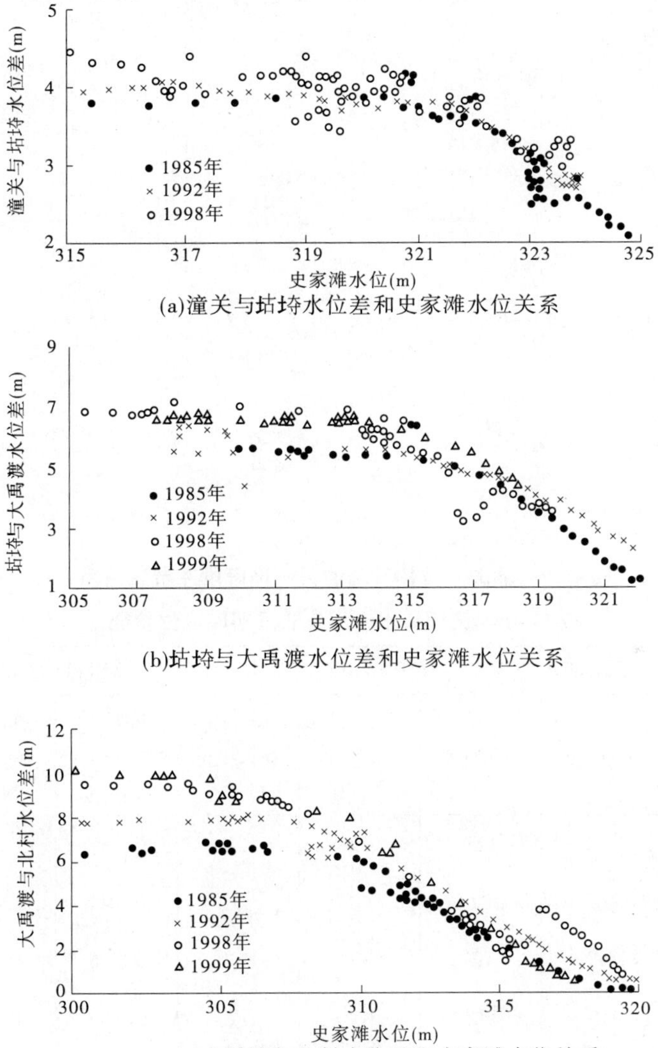

(a)潼关与坫埼水位差和史家滩水位关系

(b)坫埼与大禹渡水位差和史家滩水位关系

(c)大禹渡与北村水位差和史家滩水位关系

图 11-8　水位差与史家滩水位关系

二、潼关—坫埼河段冲淤量与潼关高程升降关系

图 11-8 显示出，当坝前水位超过 320 m 高程时，潼关河段是在壅水条件下发生淤积

的。潼关河段冲淤变化又与潼关高程升降有较密切关系，见图 11-9。上述经验虽然已经为世人所知，但是在"水库运用"方面并没有采纳。自 1973 年汛后，三门峡水库在非汛期蓄水位超过 320 m 高程的天数很多，延续年份很长，见表 11-15。从表 11-15 中可以看出，非汛期高蓄水的意识非常强烈，坝前日平均水位超过 322 m 高程的历时都很长，一直到 1993 年才有所收敛。2003 年，在强制条件下改为非汛期库水位控制在 318 m 高程以下，如果从图 11-8 看，318 m 高程控制并非良策。水库运用只是影响潼关高程升降的因素之一，而且流域水沙条件在不断地变化，只看到水库运用一个方面是不够的，对潼关高程问题应综合分析、统筹考虑。

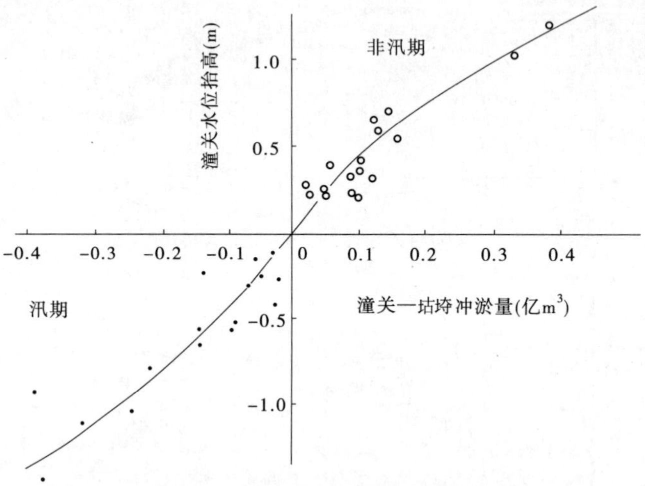

图 11-9　潼关水位抬升与潼关—坫垮段冲淤量关系

表 11-15　三门峡水库历年非汛期库水位特征

年份	非汛期水位大于一级天数(d)					冲淤量(亿 m^3)		黄淤 36 断面—黄淤 41 断面占全库段(%)
	>310 m	>315 m	>320 m	>322 m	>324 m	黄淤 36 断面—黄淤 41 断面	坝址—黄淤 41 断面	
1974	161	140	121	77	14	0. 151	1. 237	12. 2
1975	221	129	72	61	0	0. 141	1. 831	7. 7
1976	227	149	73	32	17	0. 038	1. 407	2. 7
1977	202	167	118	108	77	0. 389	1. 141	34. 1
1978	219	175	101	59	12	0. 150	1. 304	11. 5
1979	210	184	132	105	44	0. 134	1. 614	8. 3
1980	201	148	100	51	0	0. 125	1. 583	7. 9
1981	179	123	94	55	0	0. 020	1. 010	1. 98

续表 11-15

年份	非汛期水位大于一级天数(d)					冲淤量(亿 m^3)		黄淤 36 断面—黄淤 41 断面占全库段(%)
	>310 m	>315 m	>320 m	>322 m	>324 m	黄淤 36 断面—黄淤 41 断面	坝址—黄淤 41 断面	
1982	230	159	101	76	0	0.127	1.205	10.5
1983	218	130	80	61	0	0.089	1.500	5.9
1984	224	132	93	62	15	0.095	1.090	8.7
1985	222	152	49	38	12	-0.070	0.799	-8.8
1986	214	138	25	8	0	-0.018	0.805	-2.2
1987	240	143	66	41	0	0.063	0.747	8.4
1988	224	138	77	34	2	0.060	0.985	6.1
1989	188	142	66	53	2	0.063	1.080	5.8
1990	228	143	81	50	0	0.093	1.716	5.4
1991	203	127	47	34	0	0.074	1.527	4.9
1992	212	148	90	54	0	0.130	0.961	13.5
1993	213	132	38	0	0	0.015	2.044	0.7
1994	205	133	43	9	0	0.045	1.297	3.5
1995	235	111	23	0	0	-0.009	1.680	-0.6
1996	239	151	63	0	0	0.027	1.540	1.7
1997	190	118	61	0	0	0.037	1.252	3.0
1998	208	162	72	17	0	0.012	1.760	0.7
1999	223	153	20	0	0	0.058	1.680	3.5
2000	214	139	37	0	0	0.023	1.103 7	2.0

三、洪水是降低潼关高程的重要条件

水流能量由径流量 W、河流能坡(纵比降)J 和水的容重 γ' 组成,即 $\gamma' WJ$,或用水流功率 $\gamma' QJ$ 来表示,Q 为流量。图 11-10、图 11-11 是汛期水流功率与潼关高程升降的关系。

流量与输沙率呈高次方关系,对河床的冲淤作用也是如此。表 11-16 是 1974 ~ 2000

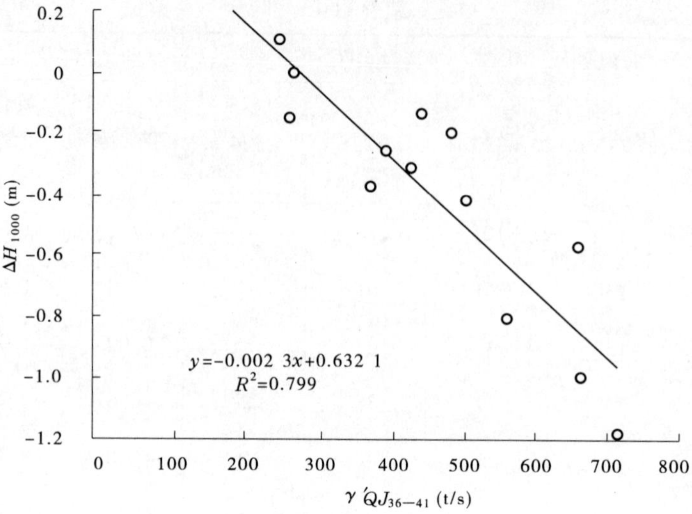

图 11-10　汛期潼关 $\Delta H_{1\,000} \sim \gamma' QJ_{36\text{—}41}$ 关系$\left(\left(\dfrac{S}{Q}\right)_{潼} \leqslant 0.03\ \text{kg}\cdot\text{s/m}^6\right)$

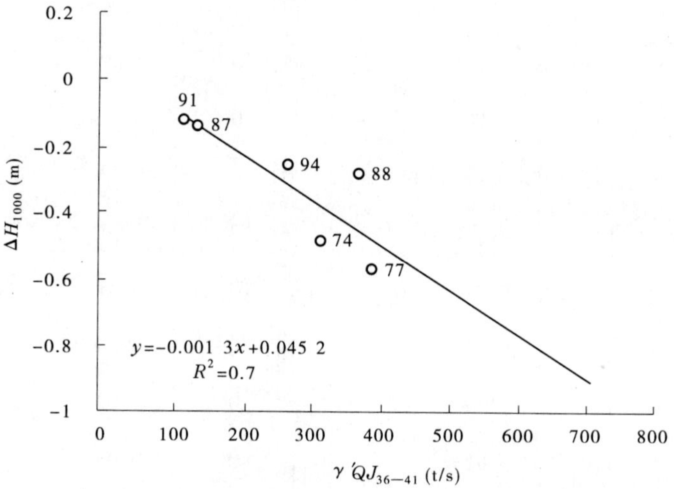

图 11-11　汛期潼关 $\Delta H_{1\,000} \sim \gamma' QJ_{36\text{—}41}$ 关系$\left(\left(\dfrac{S}{Q}\right)_{潼} > 0.03\ \text{kg}\cdot\text{s/m}^6\right)$

年历年潼关汛期洪峰特征与潼关高程变化表。从表 11-16 中可看出，在 27 年中有 16 年洪水对潼关高程的作用大于汛期。凡小于汛期冲刷值的，在平水期潼关高程也冲刷下降，而且洪水期与平水期冲刷下降值之和等于汛期冲刷下降值。由此看来，枢纽下泄流量应当满足下游河道输沙的平滩流量，或者接近造床流量。对上游的水利水电枢纽也应有如此要求，否则，枢纽下游河道将逐渐萎缩，过洪能力下降，输沙能力下降，河床发生淤积。因此，任何一座水利水电枢纽应当牺牲部分利益，用来在各年制造一次人造洪峰，来维持下游河流生命。

表 11-16　1974～2000 年历年潼关汛期洪峰特征与潼关高程变化

年份	历时 (d)	洪峰流量 (m^3/s)	平均流量 (m^3/s)	含沙量 (kg/m^3)	潼关高程升降值(m)		
					洪水期	平水期	汛期
1974	30	7 040	1 854	79.0	-1.13	0.64	-0.49
1975	112	5 910	3 127	34.4	-0.73	-0.46	-1.19
1976	72	9 220	3 862	32.1	-0.75	0.16	-0.59
1977	30	15 400	2 768	242.7	-1.77	0.19	-0.58
1978	88	7 300	2 501	59.7	-0.11	-0.10	-0.21
1979	55	11 100	2 828	57.5	0.11	-0.25	-0.14
1980	65	3 180	1 574	41.9	-0.52	0.08	-0.44
1981	98	6 540	3 545	32.6	-1.01	0.0	-1.01
1982	83	4 760	2 041	26.9	-0.23	-0.15	-0.38
1983	97	6 200	3 295	19.6	-0.76	-0.06	-0.82
1984	94	6 430	3 002	27.3	-0.27	-0.16	-0.43
1985	87	4 990	2 665	32.0	-0.14	-0.18	-0.32
1986	23	3 940	2 469	24.5	-0.65	0.75	0.10
1987	11	5 450	1 585	63.4	-0.04	-0.10	-0.14
1988	42	8 260	2 725	106.9	-0.17	-0.12	-0.29
1989	69	7 280	2 660	35.6	-0.77	0.51	-0.26
1990	33	4 430	1 811	49.0	-0.08	-0.07	-0.15
1991	11	3 310	1 283	68.1	0.16	-0.28	-0.12
1992	53	4 040	1 938	82.3	-1.18	0.08	-1.10
1993	48	4 440	1 967	37.4	-0.19	0.19	0
1994	29	7 360	2 166	146.7	-0.55	0.29	-0.26
1995	34	4 160	1 546	99.4	-0.22	0.38	0.16
1996	28	7 400	2 048	135.3	-0.33	-0.02	-0.35
1997	7	4 700	1 712	275.4	-1.76	1.41	-0.35
1998	24	6 500	1 898	85.2	-0.39	0.27	-0.12
1999	23	2 950	1 504	95.8	-0.47	0.16	-0.31
2000	9	2 270	1 413	27.4	-0.15	0.0	-0.15
1974～1985	75.9	7 339	2 849	42.0	-0.61	0.06	-0.55
1986～1995	35.3	5 267	2 149	68.0	-0.37	0.16	-0.21
1996～2000	18.2	4 764	1 782	114.7	-0.62	0.36	-0.26

第四节　小北干流河床演变与潼关高程关系

一、黄河龙门水文站水沙特征

黄河小北干流距禹门口上游2.0 km左右是龙门水文站基本断面，该站于1934年设立并开始观测，是黄河进入小北干流的把口站。进入小北干流有三个时段的水沙系列，见表11-17。1919～1999年系列中，1933年以前是由陕县等水文站的相关资料插补的；1934～1950年因战事频繁有若干年停测时段也是由插补得到的。

表11-17　龙门水文站各时段水沙量统计

时段	径流量			输沙量		
	全年（亿 m^3）	汛期（亿 m^3）	汛期/全年（%）	全年（亿t）	汛期（亿t）	汛期/全年（%）
1919～1999年	303.4	173.4	57.3	9.14	8.07	88.3
1951～1991年	300.7	169.7	56.4	9.05	8.06	89.1
1961～2002年	267.4	138.3	51.7	7.13	6.18	86.7

1951～1991年系列为实测系列，1961～2002系列与三门峡水库运用过程相吻合，采取“运用年”（如1960-11～1961-10为运用年时段）计算年径流量、输沙量及相对应的各种水文泥沙项目数据。另外，黄河上游几座大型水电站，如龙羊峡、刘家峡、青铜峡等水电站是在1960年以后陆续建成投产的，径流量经过多级电站调节，对黄河上中游河床演变造成许多变化。因此，在本书中多以1961～2002年系列资料为基础，对三门峡水库及与之相关的内容进行分析研究。1961～2002年共42年系列的汛期、运用年的径流量，输沙量，汛期平均流量、平均含沙量等水文泥沙资料均列入表11-18。其中，汛期输沙量大于10亿t的有6年（1961年、1964年、1966年、1967年、1970年、1977年）；汛期输沙量超过20亿t的只有1967年，运用年输沙量高达24.52亿t，该年小北干流淤积量达到3.53亿 m^3，见表11-19。

表11-18是按照三门峡水库不同运用时段划分的，从中可以看出，第一时段（1961～1969年）9年中包括水库汛期蓄水，改变运用方式的敞泄滞洪排沙及第一期工程改建。在此时期，潼关以下库区淤积量已达到30亿 m^3 以上，潼关河床高程上升到328 m，急剧抬高了小北干流河道侵蚀基面。至1969年汛后，小北干流已淤积16亿 m^3。其中也有不利水沙条件的因素，如1969年，汛期平均流量不足800 m^3/s，而平均含沙量高达112.0 kg/m^3，汛期输沙量高达9.46亿t（见表11-18）。

表 11-18　1961 ~ 2002 年黄河龙门水文站汛期、全年水沙量统计

年份	径流量(亿 m^3)		输沙量(亿 t)		汛期		
	汛期	运用年	汛期	运用年	流量 (m^3/s)	含沙量 (kg/m^3)	S/Q ($kg \cdot s/m^6$)
1961	248.0	369.6	10.29	11.20	2 334	41.5	0.017 8
1962	136.5	296.7	4.42	5.84	1 284	32.4	0.025 2
1963	207.0	319.5	6.79	8.55	1 948	32.8	0.016 4
1964	295.1	450.3	15.01	16.30	2 777	50.9	0.018 3
1965	107.6	248.9	2.13	3.02	1 012	19.8	0.019 6
1966	215.5	302.1	15.89	17.03	2 028	73.7	0.036 4
1967	367.9	535.7	23.02	24.52	3 462	12.6	0.018 1
1968	222.8	406.9	8.20	9.42	2 097	36.8	0.017 5
1969	84.61	207.7	9.46	10.8	796	112.0	0.141
合计	1 884.4	3 137.4	95.21	106.68			
平均	209.4	348.6	10.58	11.85	1 970	50.5	0.025 6
1970	108.9	238.9	12.58	13.71	1 025	115.5	0.112 7
1971	108.3	232.4	9.16	10.02	1 019	84.6	0.083
1972	109.9	260.0	3.61	4.62	1 034	32.8	0.031 8
1973	127.7	236.1	6.55	7.38	1 202	51.3	0.042 7
合计	454.8	967.4	31.9	35.73			
平均	113.7	241.9	7.975	8.933	1 070	70.1	0.065 6
1974	92.7	221.1	5.10	5.92	872	55.0	0.063 1
1975	215.0	347.0	5.03	5.92	2 023	23.4	0.011 6
1976	250.6	419.0	5.79	6.64	2 358	23.1	0.009 8
1977	131.9	278.4	15.50	16.60	1 241	117.5	0.094 7
1978	171.0	274.8	7.66	8.25	1 609	44.8	0.027 8
1979	189.4	323.0	7.02	7.69	1 782	37.1	0.020 8
1980	86.9	217.3	1.98	2.97	818	22.8	0.027 9
合计	1 137.5	2 080.6	48.08	53.99			
平均	162.5	297.2	6.869	7.713	1 529	42.3	0.027 6
1981	248.7	354.1	6.14	6.92	2 340	24.7	0.010 6
1982	140.7	289.7	3.53	4.27	1 324	25.1	0.018 9
1983	211.4	353.7	3.10	3.91	1 989	14.7	0.007 4
1984	173.9	336.0	2.82	3.82	1 636	16.2	0.009 9
1985	169.2	296.4	4.02	4.82	1 592	23.8	0.014 9
1986	109.3	251.5	1.54	2.39	1 028	14.1	0.013 7
合计	1 053.2	1 881.4	21.15	26.13			
平均	175.5	313.7	3.525	4.355	1 652	20.1	0.012 2

续表 11-18

年份	径流量(亿 m^3)		输沙量(亿 t)		汛期		
	汛期	运用年	汛期	运用年	流量(m^3/s)	含沙量(kg/m^3)	S/Q($kg\cdot s/m^6$)
1987	50.8	140.3	2.16	2.61	478	42.5	0.088 9
1988	101.9	203.4	8.43	9.00	959	82.7	0.086 3
1989	173.5	309.6	5.10	6.21	1 633	29.4	0.018 0
1990	90.1	255.9	3.61	4.63	848	40.1	0.047 2
1991	44.5	192.8	2.09	3.82	419	47.0	0.112 1
1992	80.9	187.7	5.41	6.23	761	66.9	0.087 9
1993	96.6	223.5	2.70	3.77	909	28.0	0.036 7
1994	116.0	240.0	7.74	8.37	1 092	63.8	0.058 4
1995	101.5	224.8	6.27	7.05	955	61.8	0.064 7
合计	855.8	1 978	43.51	51.69			
平均	95.1	219.8	4.834	5.74	895	50.8	0.056 8
1996	89.8	211.9	6.09	7.44	845	67.8	0.080 3
1997	49.6	212.0	2.10	2.93	467	42.3	0.090 7
1998	55.7	132.1	3.52	4.51	524	63.2	0.120 6
1999	77.5	150.5	1.71	2.33	729	22.1	0.030 3
2000	57.7	182.0	1.68	2.26	543	29.1	0.053 6
2001	48.5	163.2	2.04	2.32	456	42.1	0.092 3
2002	52.2	134.4	2.36	3.43	491	45.2	0.092 1
合计	431	1 186.1	19.5	25.22			
平均	61.6	169.4	2.786	3.603	579	45.2	0.078 1
2003	77.0	157.0	1.56	1.90	725	20.3	0.028
2004	58.7		2.02		552	34.4	0.062
2005	71.1	171.6	0.90	1.28	669	12.7	0.019
2006	79.4	207.5	1.51	1.81	747	19.0	0.025
合计	286.2		5.49				
平均	71.6		1.48				

黄河中游地区多暴雨洪水，洪峰历时短，峰形尖瘦，含沙量大，进入小北干流以后，因河道宽浅，纵向坡度由6.5‱逐渐减小到3.5‱，受河床形态的影响，输沙能力下降，7月、8月两月洪水经过小北干流多发生淤积，进入9月、10月，径流量多来自黄河上游地区，水量多而沙量少，小北干流处在冲淤平衡略有冲刷的过程。

黄河小北干流河道是典型的游荡型堆积性河床，与变化多端的水沙条件相组合，使得小北干流河床演变显得异常复杂。就全年来看，非汛期较为简单一些，除6月黄河中游地区时有暴雨产生的高含沙小洪水外，水流含沙量较低，河出禹门口以后，多发生冲刷。非汛期流量相对较为稳定，基本上在800 m^3/s 以下，冲刷强度不大，全库段(黄淤41断面—黄淤68断面)只有少数几年冲刷量在1.0亿 m^3 上下，多数年份在0.5亿 m^3 以下(见表11-19)。

表 11-19　小北干流历年冲淤量变化

（单位：亿 m^3）

年份	非汛期					汛期					运用年					累积冲淤量
	黄淤41断面—黄淤45断面	黄淤45断面—黄淤50断面	黄淤50断面—黄淤59断面	黄淤59断面—黄淤68断面	黄淤41断面—黄淤68断面	黄淤41断面—黄淤45断面	黄淤45断面—黄淤50断面	黄淤50断面—黄淤59断面	黄淤59断面—黄淤68断面	黄淤41断面—黄淤68断面	黄淤41断面—黄淤45断面	黄淤45断面—黄淤50断面	黄淤50断面—黄淤59断面	黄淤59断面—黄淤68断面	黄淤41断面—黄淤68断面	
1960	0.173 3				0.173 3	0.434 0	-0.005 6	-0.018 2	-0.046 0	0.364 2	0.607 3	-0.005 6	-0.018 2	-0.046 0	0.537 8	0.537 5
1961	0.523 8	0.412 0			0.935 8	0.850 0	0.480 0	0.102 9	0.275 0	1.707 9	1.373 8	0.892 0	0.102 9	0.275 0	2.643 7	3.181 2
1962	0.221 0	-0.128 0			0.093 0	-0.316 0	-0.244 0	-0.018 8	-0.051 0	-0.629 8	-0.095 0	-0.372 0	-0.018 8	-0.051 0	-0.536 8	2.644 4
1963	-0.073 2	-0.032 2			-0.105 4	0.066 0	-0.013 0	0.002 5	0.008 0	0.063 5	-0.007 2	-0.045 2	0.002 5	0.008 0	-0.041 9	2.602 5
1964	0.086 0	-0.119 0			-0.033 0	1.122 0	1.877 0	0.372 2	0.575 0	3.946 2	1.208 0	1.758 0	0.372 2	0.575 0	3.913 2	6.515 7
1965	-0.234 4	-0.054 8	-0.038 4		-0.327 6	0.004 2	0.045 5	0.023 8	0.027 0	0.100 5	-0.230 2	-0.009 3	-0.014 6	0.027 0	-0.227 1	6.288 6
1966	-0.032 4	-0.052 7	-0.098 8		-0.183 9	0.474 0	1.936 0	1.093 0	0.794 0	4.297 0	0.441 6	1.883 3	0.994 2	0.794 0	4.113 1	10.401 7
1967	-0.029 6	-0.225 4	-0.249 1		-0.504 1	0.087 5	2.262 0	0.929 0	0.761 0	4.039 5	0.057 9	2.036 6	0.679 9	0.761 0	3.535 4	13.937 1
1968	0.485 0	-0.218 0	-0.231 0		0.036 0	-0.020 9	0.238 2	0.262 7	0.418 9	0.898 9	0.464 1	0.020 2	0.031 7	0.418 9	0.934 9	14.872
1969	0.073 4	-0.132 0	-0.180 0	-0.140 0	-0.378 6	0.032 6	0.227 6	1.036 7	0.642 0	1.938 9	0.106 0	0.095 6	0.856 7	0.502 0	1.560 3	16.432 3
1970	0.025 8	-0.068 6	-0.144 0	-0.140 0	-0.326 8	0.131 5	0.643 6	1.161 4	0.481 3	2.417 8	0.157 3	0.575 0	1.017 4	0.341 3	2.091 0	18.523 3
1971	-0.064 5	-0.098 5	-0.392 7	-0.117 8	-0.673 5	0.246 0	0.275 9	0.206 4	0.298 7	1.027 0	0.181 5	0.177 4	-0.186 3	0.180 9	0.353 5	18.876 8
1972	-0.135 9	-0.168 6	-0.193 0	-0.140 0	-0.637 5	0.010 6	-0.014 9	0.172 1	0.274 1	0.441 9	-0.125 3	-0.183 5	-0.020 9	0.134 1	-0.195 6	18.681 2
1973	0.005 8	-0.140 4	-0.200 6	-0.284 0	-0.619 2	-0.182 1	0.050 5	0.157 4	0.549 5	0.575 3	-0.176 3	-0.089 9	-0.043 2	0.265 5	-0.043 9	18.637 3
1974	-0.102 7	-0.265 2	-0.303 6	-0.427 4	-1.098 9	0.023 7	0.103 9	0.418 0	0.307 4	0.853 0	-0.079 0	-0.161 3	0.114 4	-0.120 0	-0.245 9	18.391 4
1975	-0.075 9	-0.180 8	-0.273 7	-0.106 5	-0.636 9	-0.098 4	-0.063 5	0.034 3	0.063 4	-0.064 2	-0.174 3	-0.244 3	-0.239 4	-0.043 1	-0.701 1	17.690 3
1976	-0.106 1	-0.367 2	-0.273 8	-0.333 5	-1.080 6	-0.013 5	-0.053 1	0.110 7	0.436 2	0.480 3	-0.119 6	-0.420 3	-001631	0.102 7	-0.600 3	17.090 0
1977	-0.011 3	-0.111 6	-0.199 7	-0.129 0	-0.451 6	0.838 0	0.807 7	0.241 5	-1.044 5	0.842 7	0.826 7	0.696 1	0.041 8	-1.173 5	0.391 1	17.481 1
1978	-0.017 7	0.033 1	0.123 9	-0.062 9	0.076 4	-0.008 1	-0.015 4	0.237 4	0.293 4	0.507 3	-0.025 8	0.017 7	0.361 3	0.230 5	0.583 7	18.064 8
1979	-0.085 4	-0.051 5	-0.268 5	0.017 1	-0.388 3	-0.000 6	0.019 9	0.104 2	0.491 6	0.615 1	-0.086 0	-0.031 6	-0.164 3	0.508 7	0.226 8	18.291 6
1980	-0.141 0	-0.221 9	0.004 4	-0.182 4	-0.540 9	-0.022 0	0.083 8	0.299 8	0.152 4	0.514 0	-0.163 0	-0.138 1	0.304 2	-0.030 0	-0.026 9	18.264 7

续表 11-19

年份	非汛期					汛期					运用年					累积冲淤量
	黄淤41断面—黄淤45断面	黄淤45断面—黄淤50断面	黄淤50断面—黄淤59断面	黄淤59断面—黄淤68断面	黄淤41断面—黄淤68断面	黄淤41断面—黄淤45断面	黄淤45断面—黄淤50断面	黄淤50断面—黄淤59断面	黄淤59断面—黄淤68断面	黄淤41断面—黄淤68断面	黄淤41断面—黄淤45断面	黄淤45断面—黄淤50断面	黄淤50断面—黄淤59断面	黄淤59断面—黄淤68断面	黄淤41断面—黄淤68断面	
1981	-0.003 7	-0.075 0	-0.147 0	-0.140 0	-0.365 7	-0.069 7	0.023 2	0.345 5	0.313 4	0.612 4	-0.073 4	-0.051 8	0.198 5	0.174 3	0.246 7	18.511 4
1982	-0.108 8	-0.059 1	-0.135 6	-0.143 8	-0.447 3	-0.012 3	0.021 8	0.281 3	0.291 1	0.581 9	-0.121 1	-0.037 3	0.145 7	0.147 3	0.134 6	18.646
1983	0.017 1	-0.134 0	-0.182 0	-0.140 0	-0.438 9	-0.093 0	0.025 9	0.091 5	0.099 4	0.123 8	-0.075 9	-0.108 1	-0.090 5	-0.040 6	-0.315 1	18.330 9
1984	-0.011 5	-0.174 0	-0.205 0	-0.140 0	-0.530 5	0.022 2	0.001 1	0.020 6	0.150 0	0.193 9	0.010 7	-0.172 9	-0.184 4	0.010 0	-0.336 6	17.994 3
1985	-0.049 8	-0.059 0	-0.062 4	-0.140 0	-0.311 2	0.029 7	0.146 9	0.310 4	0.255 8	0.742 8	-0.020 1	0.087 9	0.248 0	0.115 8	0.431 6	18.425 9
1986	-0.034 4	-0.032 6	-0.065 0	0.171 7	0.039 7	0.063 9	-0.028 5	0.149 3	0.025 2	0.209 9	0.029 5	-0.061 1	0.084 3	0.196 9	0.249 6	18.675 5
1987	-0.034 7	0.038 6	-0.093 9	-0.022 2	-0.112 2	0.039 9	0.052 0	0.278 4	0.378 8	0.749 1	0.005 2	0.090 6	0.184 5	0.356 6	0.636 9	19.312 4
1988	-0.026 5	-0.069 7	-0.164 9	-0.233 3	-0.494 4	0.301 6	0.438 6	0.528 3	0.900 5	2.169 0	0.275 1	0.368 9	0.363 4	0.667 2	1.674 6	20.987
1989	-0.119 9	-0.050 6	-0.083 8	-0.190 3	-0.444 6	0.025 0	-0.004 4	0.149 0	-0.184 9	-0.015 3	-0.094 9	-0.055 0	0.065 2	-0.375 2	-0.459 9	20.527 1
1990	-0.006 3	-0.019 1	-0.241 0	-0.019 4	-0.285 8	0.009 2	0.110 4	0.281 8	0.468 4	0.869 8	0.002 9	0.091 3	0.040 8	0.449 0	0.584 0	21.111 1
1991	-0.032 7	-0.051 5	-0.212 8	-0.209 0	-0.506 0	0.106 3	0.124 7	0.419 7	0.639 8	1.288 7	0.073 6	0.073 2	0.205 1	0.430 8	0.782 7	21.893 8
1992	-0.005 8	-0.026 1	-0.299 9	-0.254 5	-0.516 3	0.015 1	0.165 1	0.385 3	0.462 9	1.028 4	0.009 3	0.139 0	0.155 4	0.208 4	0.512 1	22.405 9
1993	-0.004 2	-0.051 9	-0.299 9	-0.035 4	-0.391 4	0.018 7	-0.013 0	0.083 2	0.154 7	0.243 6	0.014 5	-0.064 9	-0.216 7	0.119 3	-0.147 8	22.258 1
1994	-0.027 9	-0.007 2	-0.064 0	-0.237 0	-0.336 1	0.088 4	0.203 8	0.359 6	0.739 0	1.390 8	0.060 5	0.196 6	0.295 6	0.502 0	1.054 7	23.312 8
1995	-0.002 3	-0.006 4	-0.166 5	-0.140 8	-0.316 0	0.025 2	0.112 1	0.273 7	0.446 8	0.857 8	0.022 9	0.105 7	0.107 2	0.306 0	0.541 8	23.854 6
1996	0.020 6	-0.023 9	-0.025 2	-0.374 6	-0.403 1	-0.040 8	0.171 1	0.332 5	0.403 3	0.866 1	-0.020 2	0.147 2	0.307 3	0.028 7	0.463 0	24.317 6
1997	-0.001 2	-0.093 8	-0.065 9	-0.023 5	-0.184 4	-0.002 0	0.093 8	0.177 6	0.162 6	0.432 0	-0.003 2	0.000 0	0.111 7	0.139 1	0.247 6	24.565 2
1998	0.018 8	-0.031 6	-0.135 2	-0.126 8	-0.274 8	0.107 5	0.116 9	0.352 4	0.583 5	1.160 3	0.126 3	0.085 3	0.217 2	0.456 7	0.885 5	25.450 7
1999	-0.058 9	-0.036 0	-0.218 7	-0.383 3	-0.696 9	0.010 4	0.024 5	0.069 2	0.065 4	0.169 5	-0.048 5	-0.011 5	-0.149 5	-0.317 9	-0.527 4	24.923 3
2000	-0.018 3	-0.151 0	-0.167 4	-0.151 8	-0.488 5	0.026 2	0.032 2	0.059 2	0.263 5	0.381 1	0.007 9	-0.118 8	-0.108 2	0.111 7	-0.107 4	24.815 9
2001	-0.013 3	0.007 6	-0.126 5	-0.139 5	-0.271 7	0.034 6	0.087 5	0.240 0	0.251 0	0.613 1	0.021 3	0.095 1	0.113 5	0.111 5	0.341 4	25.157 3
2002	-0.036 5	-0.118 8	-0.204 2	-0.240 6	-0.600 1	0.123 5	0.153 8	0.291 2	0.321 8	0.890 3	0.087 0	0.035 0	0.087 0	0.081 2	0.290 2	25.447 5

汛期受上游来水来沙条件、三门峡水库运用、潼关高程等影响及淤积上延等共同作用，小北干流河床演变得更为复杂，尤其是在洪水期（附表将1962～1992年约150场次洪水的水沙量、水沙特征值，潼关高程升降值一一列出）。其中有以黄河干流为主的洪水，有以支流渭河为主的洪水，有干、支流共同组成的洪水，有高含沙洪水也有低含沙洪水，各种情况的洪水对潼关高程的作用不同。由此可知，洪水是主导小北干流河床演变的最基本因素，又是造成潼关高程升降的最关键的原因。

二、小北干流河床演变基本规律分析

在三门峡水库建成之前，总的趋势是淤积的。叶青超认为，公元155～1960年期间小北干流全河段年均淤积厚度为0.019 m，见表11-20。

表11-20 叶青超等估算公元155～1960年小北干流河床沉积率

河段	起止地点	河道面积(km^2)	河床地层剖面地点	平均沉积厚度(m)	年均沉积厚度(m)	年均沉积量(亿 m^3)	地壳下降量(m)	河床实际沉积厚度(m)	年均实际沉积厚度(m)
上段	禹门口—北赵	340	河津	33.7	0.019	0.064 6	1.8	31.9	0.018
中段	北赵—夹马口	140	安昌	34.3	0.019	0.026 6	3.6	30.7	0.017
下段	夹马口—潼关	650	朝邑—潼关	43.0	0.024	0.156 0	5.4	37.6	0.021
全河段	禹门口—潼关	1 130		37.0	0.021	0.247 2	3.6	33.4	0.019

焦恩泽提出的成果如表11-21所示。

表11-21 焦恩泽等估算明万历元年至建库前小北干流淤积量

研究者	时段	河段	区间面积(km^2)	平均堆积厚度(m)	年均淤积厚度(m)	年均淤积量(亿 m^3)
焦恩泽和张翠萍(1994年)	1583～1960年	禹门口—夹马口	480	12.14	0.032 2	0.154 3
		夹马口—潼关	650	15.47	0.041 0	0.266 7
		禹门口—潼关	1 130	14.06	0.037 3	0.421 0
焦恩泽，等(2001年)	1573～1960年	禹门口—夹马口	480	10.60	0.027 4	0.131 5
		夹马口—潼关	650	15.47	0.040 0	0.260 0
		禹门口—潼关	1 130	13.40	0.034 6	0.391 5

潘贤娣采用1950年、1960年地形测量器（因资料精度不足不刊印）估算，认为多年平均淤积量为0.51亿 m^3。

三门峡建库以后，根据淤积大断面测量结果，在受三门峡水库运用的影响情况下，1960～2002年42年共淤积25.447 5亿 m^3，年均淤积量为0.606亿 m^3。与建库前潘贤娣资料对比，年均淤积量多了0.096亿 m^3，也就是说，由于三门峡水库的影响，小北干流每年多淤了不足1 000万 m^3。

小北干流河长132 km，自秦汉时期开始就逐年发生淤积，几千年来，河道自上而下在历年淤积的同时又向下游发展，潼关地处黄河小北干流尾闾，受上游河道淤积下延的作用，久而久之也随之淤积，河床高程逐渐上升。

从水文年来看，每年11月至翌年6月的非汛期，输沙量只占全年的11%，平均含沙量7.8 kg/m^3，平均流量为628 m^3/s，水沙搭配参数为0.012 4 $kg \cdot s/m^6$，水流挟沙处在不饱和状态，因此小北干流河道经常处于冲刷过程。然而，由于流量相对较小，冲刷能力有限，往往是上段冲刷到了下段发生淤积。汛期，尤其是在洪水期，小北干流河床宽浅，自禹门口起，流向下游河床纵向坡度逐段变缓，由6.5‱下降到3.0‱，洪水期水流挟沙超饱和，极易发生淤积。因此，洪水期小北干流河道多发生淤积。洪水经过在小北干流沉积之后抵达潼关之前由于水流中含沙量减少，向不饱和方向发展，在进入窄深河道后，单宽流量、平均流速的增加提高了水流挟沙能力，在潼关断面上下游发生冲刷，使潼关高程下降。

然而，这只是黄河小北干流河床演变对潼关高程升降作用的重要条件之一。除此之外，还有洪水（包括渭河洪水，黄渭组成的洪水）、三门峡水库运用、溯源冲刷等因素也是非常重要的。洪水的动力大是潼关高程升降的主要原因，附录将1962～1992年约150次洪水水沙特征及潼关高程等统计资料列入表中。

参考文献

[1] 焦恩泽．黄河水库泥沙[M]．郑州：黄河水利出版社，2004.
[2] 焦恩泽．河姚新庄以上流域产沙与输送研究[J]．泥沙研究，1988(4).
[3] 黄河小北干流山西河务局．黄河小北干流志[M]．郑州：黄河水利出版社，2002.

第十二章　潼关河段清淤试验

1995 年汛后，潼关高程已经上升到 328.28 m，受到各方面的高度关注。水利部黄河水利委员会决定自 1996 年汛期起，在潼关河段进行清淤试验（1998 年改为清淤工程）。

第一节　清淤试验概况

潼关高程在 1995 年汛前已经上升到 328.12 m，水利部、黄河水利委员会受到各方面的压力很大，多次召开会议研究，最后确定采用射流技术进行清淤，以期达到降低潼关高程的目的。

1996 年春，黄委总工办、黄河河务局、黄河水利科学院研究院、三门峡水文水资源局共同组成查勘组，对三门峡库区作了现场调查，提出改善潼关高程“潼关河段清淤试验研究”立项报告。得到水利部、黄委的批准后，于 1996 年汛期开始，由黄河水利科学研究院、三门峡水文水资源局共同进行现场试验。

射流技术在清淤中利用射流冲击河床，增加了水流中的含沙量之后，被天然水流输送到下游河段。基于上述认识，在进行现场试验之前作了几项准备工作。

一、射流冲刷能力室内试验

射流冲刷能力室内试验在大型玻璃水槽中进行，选用煤灰作为模型沙，几何比尺数为 15。射流冲刷坑的“终极”尺度分别为 R_m、B_m、H_m，代表长度、宽度和深度。

$$R_m = 2.2D^{5/6}V_j^{2/3} \tag{12-1}$$

$$B_m = 0.79D^{5/6}V_j^{2/3} \tag{12-2}$$

$$H_m = 0.22D^{5/6}V_j^{2/3} \tag{12-3}$$

式中：D 为射流喷嘴直径；V_j 为射流速度；$D^{5/6}V_j^{2/3}$ 为射流的初始动力条件。

最大冲刷表面积 A 和最大冲刷体积 V_0：

$$A = 0.7R_mB_m \text{ 或 } A = 0.25R_m^2 \tag{12-4}$$

$$V_0 = 0.3R_mB_mH_m \text{ 或 } V_0 = 0.011R_m^3 \tag{12-5}$$

射流喷嘴距离床面的高度为 h，与喷嘴直径、床面交角及射流速度有关。用 L_0 表示喷嘴在射流方向距床面距离，不同倾角有：

$$L_0 = \frac{h_0}{\sin\theta} \tag{12-6}$$

L_0 与射流强度 I 的关系为：

$$L_0 = 2.10I \tag{12-7}$$

$$H_0 = 2.10\sin\theta \tag{12-8}$$

L_0 与 I 的关系如图 12-1 所示。

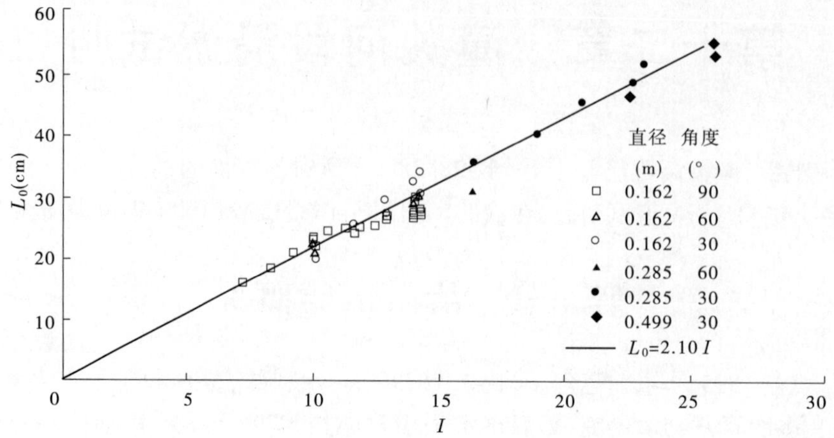

图 12-1 $L_0 \sim I$ 关系

有关射流试验具体情况请参阅文献[1]。

二、清淤时机与河段选择

三门峡水库自 1974 年起，基本上是非汛期蓄水拦沙，汛期降低水位、泄洪排沙，各时段坝前水位过程见图 12-2。

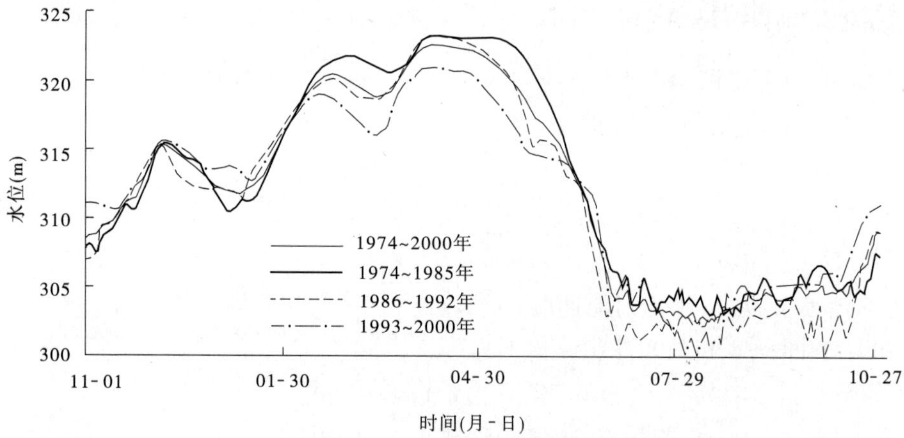

图 12-2 史家滩日均水位过程线

从图 12-2 可以看出，非汛期水库水位较高，潼关河段末端（黄淤 36 断面、坩埼水位站）经常处在水库的变动回水区范围内，汛期库水位低于 305 m，个别情况可达到 315 m，为此清淤时机选择在汛期。

受水库运用的限制，清淤河段应远离变动回水区，又要考虑到对潼关高程作用及早见效，因此清淤河段选在黄淤 41 断面—黄淤 37 断面河段，河势概况如图 12-3 所示。

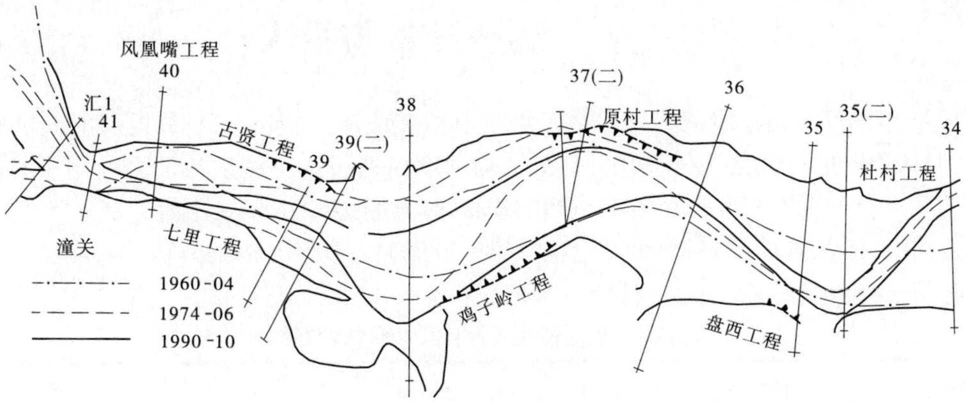

图 12-3 黄淤 41 断面(潼关)—黄淤 35 断面(杜村)河段示意图

潼关高程的升降与潼关河段的冲淤量有较好的相关关系,见图 12-4。

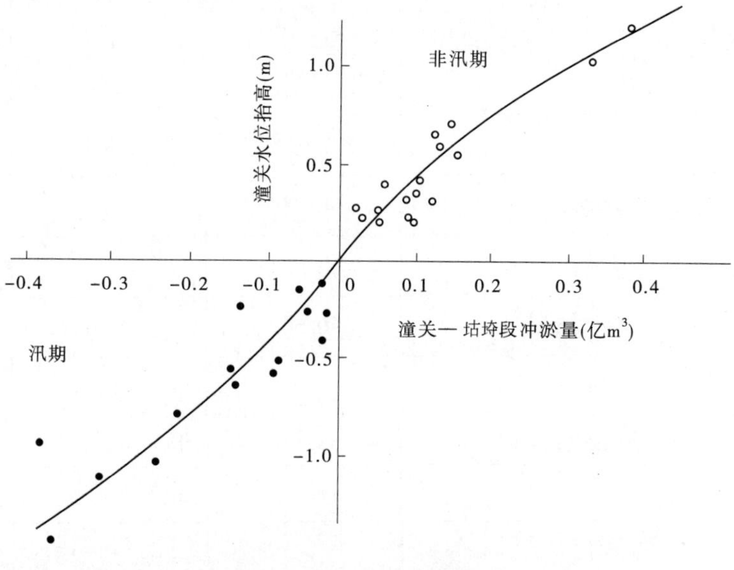

图 12-4 潼关高程升降与潼关—坫垮段冲淤量关系

上述情况可以确定:选择潼关河段进行清淤比较合理。

三、清淤对流量、含沙量的选择

通过对潼关水文站实测资料分析,当潼关断面流量大于 3 500 m^3/s 时,一般情况下潼关高程是降低的,或者说不抬高,不需要进行清淤。同时,在这种水流条件下进行作业也非常不安全。当流量小于 250 m^3/s 时,河道水深较浅,清淤工作船行动困难,也不能清淤。由此确定:清淤流量为 250 ~ 3 500 m^3/s。含沙量超过 150 kg/m^3 时,清淤实际操作困难,所以当含沙量超过 150 kg/m^3 时,停止作业。

第二节　清淤设备与投入

1996 年汛期开始清淤试验，至 1998 年采取租赁民船。1998 年 8 月根据射流试验的要求，对试验船进行优化，更新水泵，为了增加力度建造了第一艘射流清淤专用船。1999 年汛期又建成 3 艘不同型号专用船，即 1#、2#、3#射流船。2001 年又断续建成了 5 艘不同型号专用船，即江河 045#、046#、047#、048#、049#射流船。

各型号射流船的船体尺寸、性能及机械配备见表 12-1 及表 12-2。

表 12-1　射流船主要设计尺寸和性能参数

序号	项目	1#	2#	3#
1	总长(m)	27.130	35.000	38.900
2	船体长(m)	24.000	32.000	30.400
3	水线长(m)	22.340	30.660	29.300
4	两柱间长(m)		29.800	28.500
5	总宽(m)	5.010	6.810	10.40
6	型宽(m)	4.800	6.600	6.200
7	型深(m)	1.200	1.470	1.400
8	吃水(m)	0.50	0.60	0.60
9	自由航速(km/h)	19	18	18
10	作业航速(km/h)	流速不大于 3 m/s 时，逆水作业 1.5		
11	回转半径(m)			
12	宽深比 B/D			
13	长深比 L/D			
14	排水体积(m^3)			
15	方形系数 δ			

注：流速不大于 3 m/s 时，作业航速 1.5 km/h，相当于静水航速 10.8 km/h。

1996～2003 年汛后，射流清淤告一段落，总投资为 5 070 万元，其中造船费用为 783 万元，主体工程为 4 287 万元，投资来源非经营性基金 1 449 万元，水利专项基金 3 621 万元，具体各年投资见表 12-3。

清淤试验因设备、试验船性能的差异，每年开展的项目是不相同的，各年开展的具体项目见表 12-4。

表 12-2　专业射流船基本性能一览

序号	项目		045#	046#	047#	048#	049#
1	总长(m)		29.6	29.6	33.10	33.10	33.10
2	船体长(m)		27.0	27.00	29.24	29.24	29.24
3	总宽(m)		5.6	5.6	10.00	10.00	10.00
4	型宽(m)		5.40	5.40	6.40	6.40	6.40
5	型深(m)		1.40	1.40	1.50	1.50	1.50
6	吃水(m)		0.65	0.65	0.64	0.64	0.64
7	排进方式(m)		隧道螺旋桨	隧道螺旋桨	隧道螺旋桨	隧道螺旋桨	隧道螺旋桨
8	推进装置		螺旋桨	螺旋桨	螺旋桨	螺旋桨	螺旋桨
9	主机型号(台)		NT855－M270	NT855－M270	$TDA234V_8$	$TDA234V_8$	$TDA234V_8$
10	主机功率(kW)		198	198	186	186	186
11	冲沙泵		143QSH－13	143QSH－13	Omege 350－430B	Omege 350－430B	Omege 350－430B
12	流量(m^3/h)		1 184	1 184	2 200	2 200	2 200
13	扬程(m)		43	43	40	40	40
14	泵机		NTA－855	NTA－855	$TBD234V_{12}$	$TBD234V_{12}$	$TBD234V_{12}$
15	泵机额定功率(kW)		240	240	444	444	444
16	射流操纵方式		集中操作	集中操作	集中操作	集中操作	集中操作
17	射流枪架起落		电动	电动	液动	液动	液动
18	射流枪头转动		液动	液动	液动	液动	液动
19	水枪布置形式		艄端、底部	艄端、底部	艄端、两舷底部	艄端、两舷底部	艄端、两舷底部
20	冲沙方式		河床跟踪射流	河床跟踪射流	河床跟踪射流	河床跟踪射流	河床跟踪射流
21	水枪个数	艄部	12	12	12	12	12
		艉部					
		两舷			4×2	4×2	4×2
		底部	10	10	10	10	10
22	管嘴直径(mm)		前35、后19	前35、后19	35	35	35
23	出口流速(m/s)		≥20	≥20	≥20	≥20	≥20
24	作业速度(m/s)		5.4	5.4	10.00	10.00	10.00

表 12-3　历年清淤资金来源

投资年	投资(万元)	其中造船(万元)	资金来源
1996 年	300		非经营性基金
1997 年	400	120	非经营性基金
1998 年	230		非经营性基金
1999 年	1 000	663	非经营性基金
2000 年	736		水利专项基金
2001 年	776		水利专项基金
2002 年	1 067		水利专项基金
2003 年	546		水利专项基金 27 万元 非经营性基金 519 万元
2004 年以后	15		水利专项基金
合计	5 070	783	

表 12-4　潼关清淤现场试验历年开展项目

<table>
<tr><th>分类</th><th colspan="2">试验项目</th><th>1996 年</th><th>1997 年</th><th>1998 年</th><th>1999 年</th><th>2000 年</th><th>2001 年</th><th>2002 年</th><th>2003 年</th></tr>
<tr><td rowspan="5">船舶性能试验</td><td colspan="2">船舶航行速度试验</td><td></td><td></td><td></td><td>V</td><td></td><td>V</td><td></td><td></td></tr>
<tr><td colspan="2">船舶回转性能试验</td><td></td><td></td><td></td><td>V</td><td></td><td>V</td><td></td><td></td></tr>
<tr><td colspan="2">船舶浅水作业性能试验</td><td></td><td></td><td></td><td>V</td><td></td><td></td><td></td><td></td></tr>
<tr><td colspan="2">船舶撞滩搁浅后自救能力试验</td><td></td><td></td><td></td><td>V</td><td></td><td></td><td></td><td></td></tr>
<tr><td colspan="2">射流水枪出流速度、流量的试验</td><td></td><td>V</td><td>V</td><td>V</td><td></td><td>V</td><td></td><td></td></tr>
<tr><td rowspan="2">设备与效率和射流特性</td><td colspan="2">射流水枪穿透水层深度的试验</td><td></td><td>V</td><td>V</td><td></td><td></td><td></td><td></td><td></td></tr>
<tr><td colspan="2">射流冲刷效率试验</td><td></td><td>V</td><td>V</td><td></td><td></td><td></td><td>V</td><td></td></tr>
<tr><td rowspan="3">试验</td><td colspan="2">射流冲刷范围试验</td><td></td><td>V</td><td>V</td><td></td><td></td><td></td><td></td><td></td></tr>
<tr><td colspan="2">射流冲坑含沙量变化过程试验</td><td></td><td>V</td><td>V</td><td></td><td></td><td></td><td></td><td></td></tr>
<tr><td colspan="2">冲刷坑冲起量试验</td><td></td><td></td><td></td><td></td><td>V</td><td></td><td></td><td></td></tr>
<tr><td rowspan="3">作业效果试验</td><td rowspan="2">清淤作业前、后含沙量及断面输沙率变化试验</td><td>含沙量</td><td>V</td><td>V</td><td>V</td><td></td><td></td><td></td><td></td><td></td></tr>
<tr><td>输沙量</td><td></td><td></td><td></td><td></td><td>V</td><td></td><td></td><td></td></tr>
<tr><td colspan="2">不同航速射流冲坑试验</td><td></td><td></td><td></td><td></td><td>V</td><td></td><td></td><td></td></tr>
<tr><td rowspan="3">河道扰动输沙规律试验</td><td rowspan="2">射流船扰动扬起泥沙垂线含沙量变化及沿程衰减试验</td><td>垂直含沙量变化</td><td></td><td></td><td></td><td></td><td></td><td></td><td></td><td></td></tr>
<tr><td>含沙量沿程衰减</td><td>V</td><td>V</td><td></td><td></td><td></td><td></td><td></td><td></td></tr>
<tr><td colspan="2">射流船与扰流船扰动垂线含沙量沿程衰减试验对比</td><td>V</td><td></td><td></td><td></td><td></td><td></td><td></td><td></td></tr>
</table>

第三节　清淤试验效益探讨

一、关于潼关高程的回顾

20 世纪 70 年代初，“三门峡经验总结”专题组首次开辟研究潼关高程问题，随后龙毓骞、王国士对潼关高程升降作出分类分析。焦恩泽研究了历史时期潼关高程演变，之后又在《泥沙研究》发表了“潼关河床高程演变规律”一文。上述的研究表明，潼关高程上升和下降与水流能量密切相关，同时上游（小北干流、渭河下游）河床演变对潼关有一定影响，三门峡水库对潼关高程升降也有作用。

（一）桃汛水流功率与潼关高程升降关系

桃汛洪水是黄河上游（主要是宁夏与内蒙古河段）冰凌在初春（3 ~ 4 月）季节融化形成的洪水，洪水传播到黄河中游正值桃花盛开，定名为桃花汛，又称桃汛。桃汛的径流量多年平均值为 13.5 亿 m^3（1974 ~ 2000 年），输沙量为 0.204 亿 t，平均含沙量为 15.0 kg/m^3，平均流量为 1 380 m^3/s，水沙搭配参数为 0.010 9 $kg \cdot s/m^6$。$\Delta H_{1\,000}$与 $\gamma' QJ_{36-41}$ 相关关系如图 12-5 所示。水流功率（$\gamma' QJ$）与潼关高程升降值（ΔH）见表 12-5。

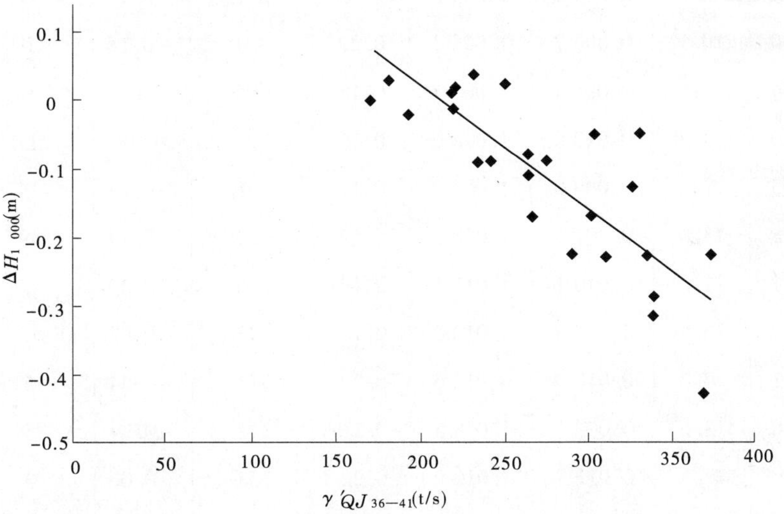

图 12-5　桃汛期潼关水文站 $\Delta H_{1\,000}$ ~ $\gamma' QJ_{36-41}$ 关系

桃汛处在非汛期，坝前水位较高（见表 12-5），桃汛起调水位为 315 ~ 322 m，对潼关高程升降有一定影响。

从表 12-5 及图 12-5 可以看出，水流功率大小是决定潼关高程升降的决定因素，其次是坝前水位的影响（见图 12-6）。当坝前水位超过 320 m 时，也正是回水末端进入潼关河段时期。若坝前水位超过 320 m 高程天数过多，则潼关河段淤积量增加，潼关高程就会随之上升。非汛期其他时间进库输沙量少，但历时较长，因此潼关高程处在上升过程，上升量不及汛期冲刷量。

表 12-5　历年桃汛期潼关水文站流量、含沙量及潼关高程升降值

年份	Q (m^3/s)	S (kg/m^3)	S/Q ($kg \cdot s/m^6$)	γ' (t/m^3)	J (‰)	$\gamma' QJ$ (10^{-3} t/s)	$\Delta H_{1\,000}$ (m)	$H_{史}>320$ m 天数(d)	$H_{史}$ (m)
1974	1 523	15.9	0.010 4	1.009 9	0.19	292	-0.24	10	322.24
1975	1 441	20.2	0.014 0	1.012 6	0.21	306	-0.06	10	321.54
1976	1 261	8.5	0.006 7	1.005 3	0.21	266	-0.09	6	320.81
1977	1 411	9.5	0.006 7	1.005 9	0.14	199	0.12	15	324.18
1978	1 229	15.5	0.012 6	1.009 6	0.14	174	-0.01	12	323.71
1979	1 380	11.2	0.008 1	1.007 0	0.16	222	-0.02	7	323.13
1980	1 371	12.5	0.009 1	1.007 8	0.16	221	0	7	321.48
1981	1 340	16.7	0.012 5	1.010 4	0.18	244	-0.10	5	321.16
1982	1 449	14.0	0.009 7	1.008 7	0.19	278	-0.10	10	321.93
1983	1 402	11.2	0.008 0	1.007 0	0.19	268	-0.18	12	320.29
1984	1 456	10.7	0.007 3	1.006 7	0.16	235	0.03	5	321.36
1985	1 241	8.8	0.007 1	1.005 5	0.19	237	-0.10	0	318.65
1986	1 510	10.1	0.006 7	1.006 3	0.20	304	-0.18	0	319.05
1987	1 024	9.14	0.008 9	1.005 7	0.18	185	0.02	9	322.68
1988	1 380	13.8	0.010 0	1.008 6	0.16	223	0.01	12	322.68
1989	1 553	12.4	0.008 0	1.007 7	0.17	266	-0.12	7	322.73
1990	1 718	13.0	0.007 3	1.008 1	0.19	329	-0.14	5	320.54
1991	1 771	17.8	0.010 1	1.011 1	0.19	340	-0.30	3	318.90
1992	1 288	16.5	0.012 8	1.010 3	0.15	195	-0.03	15	322.73
1993	1 841	20.2	0.010 9	0.012 6	0.20	373	-0.24	5	319.26
1994	1 470	13.6	0.009 2	1.008 5	0.21	312	-0.24	5	318.49
1995	1 496	17.5	0.011 7	1.010 9	0.22	333	-0.06	3	317.33
1996	1 577	21.7	0.013 8	1.013 5	0.23	368	-0.44	4	319.17
1997	1 584	21.1	0.013 3	1.013 1	0.21	337	-0.24	6	320.15
1998	1 593	28.3	0.014 8	1.017 6	0.21	340	-0.33	5	320.16
1999	1 197	18.9	0.015 8	1.011 8	0.21	254	0.01	0	318.89

(二)汛期水流功率与潼关高程升降关系

汛期除个别年份外,潼关高程均为下降,其下降幅度除与水流动率有关外,还与水沙搭配参数有关,见表 12-6。

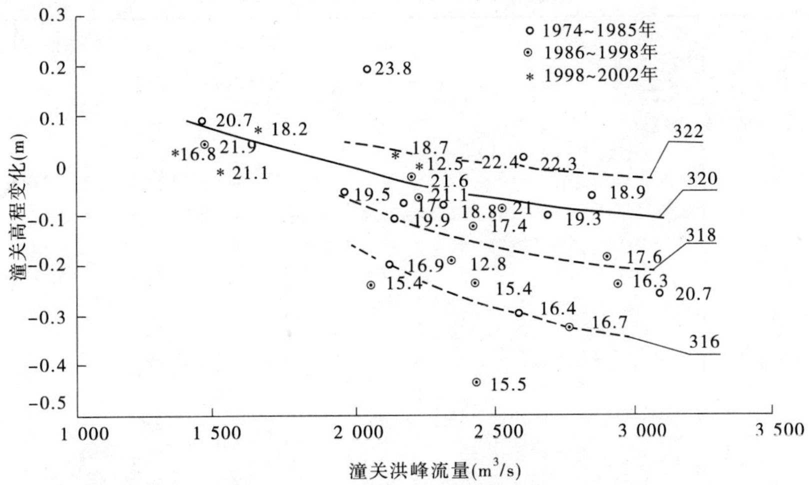

图 12-6　桃汛期潼关高程变化与洪峰流量和起调水位关系

汛期洪水来自黄河干流，也来自支流渭河，有时又同时到达潼关断面，因此对潼关高程影响又不相同，就渭河来讲又有高含沙洪水的特性。

用潼关断面水流功率（不分干流与支流）与潼关高程升降值建立关系，如图 12-7、图 12-8所示。

表 12-6　汛期潼关高程升降值、水沙因子和水流功率

年份	W（亿 m³）	W_s（亿 t）	Q（m³/s）	S（kg/m³）	S/Q（kg·s/m⁶）	J_{36-41}（‰）	$\gamma'QJ$（t/s）	$\Delta H_{1\,000}$（m）
1974	121.8	5.52	1 146	45.3	0.039 5	0.267 3	315	-0.49
1975	302.2	10.3	2 844	34.1	0.012 0	0.246 0	714	-1.19
1976	319.2	8.45	3 004	26.5	0.008 8	0.217	662	-0.59
1977	167.0	20.65	1 571	123.7	0.078 7	0.232	392	-0.58
1978	223.1	12.37	2 099	55.4	0.026 4	0.224	487	-0.21
1979	217.1	9.59	2 043	44.2	0.021 6	0.213	447	-0.14
1980	134.0	4.66	1 261	34.8	0.027 6	0.201	259	-0.44
1981	338.8	10.56	3 188	31.2	0.009 8	0.204	663	-1.01
1982	183.7	4.33	1 729	23.6	0.013 6	0.215	377	-0.38
1983	313.6	5.86	2 951	18.9	0.006 4	0.189	564	-0.82
1984	281.9	7.00	1 653	24.8	0.009 3	0.188	507	-0.43
1985	233.1	6.88	2 193	29.5	0.013 5	0.194	433	-0.32
1986	134.3	2.11	1 264	15.7	0.012 4	0.202	258	0.10
1987	75.4	2.08	710	27.6	0.038 9	0.191	138	-0.14

续表 12-6

年份	W (亿 m^3)	W_s (亿 t)	Q (m^3/s)	S (kg/m^3)	S/Q ($kg \cdot s/m^6$)	J_{36-41} (‰)	$\gamma' QJ$ (t/s)	$\Delta H_{1\,000}$ (m)
1988	186.6	12.47	1 756	66.8	0.038 0	0.203	371	-0.29
1989	205.0	6.59	1 929	32.1	0.016 6	0.202	397	-0.26
1990	139.6	5.50	1 314	39.4	0.029 98	0.197	265	-0.15
1991	61.1	1.99	574	32.7	0.056 9	0.203	119	-0.12
1992	131.0	8.05	1 233	57.7	0.046 8	0.204	261	-1.10
1993	139.6	4.08	1 314	29.2	0.022 2	0.205	274	0
1994	133.4	10.30	1 255	77.2	0.061 5	0.204	268	-0.26
1995	113.8	6.79	1 071	59.7	0.055 7	0.213	237	0.16
1996	127.8	9.62	1 203	75.3	0.062 6	0.213	268	-0.35
1997	55.7	4.11	524	73.8	0.140 8	0.198	108	-0.35
1998	86.4	4.26	813	49.3	0.060 6	0.213	178	-0.12
1999	97.0	3.73	913	38.5	0.042 2	0.200	187	-0.31
2000	73.1	1.97	688	26.9	0.039 1	0.195	136	-0.15
2001	61.1	2.71	575	44.4	0.077 2	0.194	115	-0.33

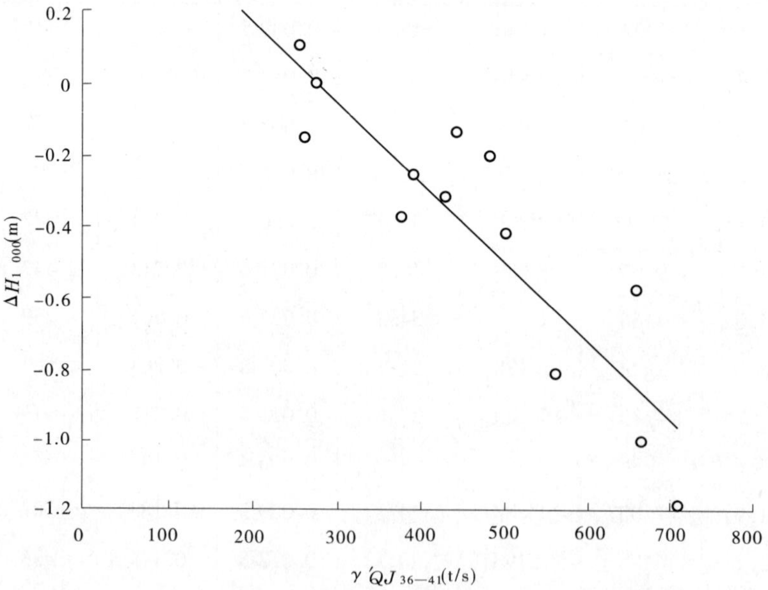

图 12-7　汛期潼关 $\Delta H_{1\,000} \sim \gamma' QJ_{36-41}$ 关系$\left(\left(\frac{S}{Q}\right)_{潼} \leqslant 0.03\ kg \cdot s/m^6\right)$

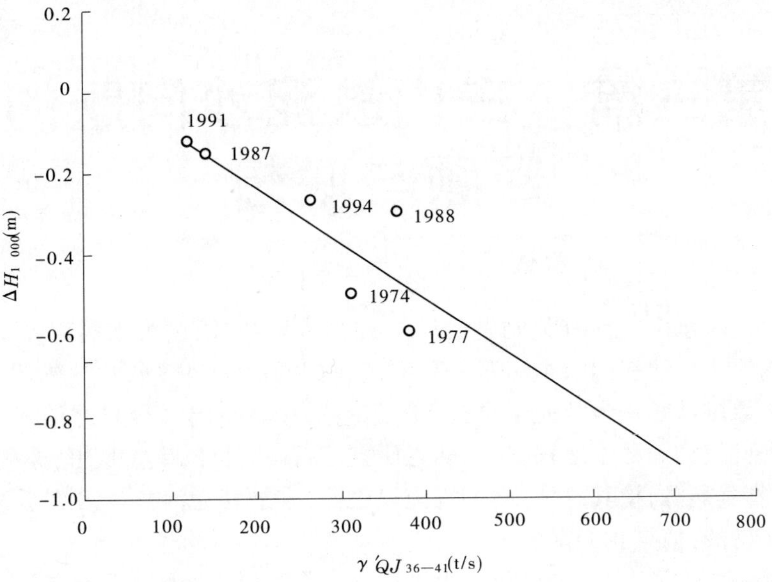

图 12-8 汛期潼关 $\Delta H_{1\,000} \sim \gamma' QJ_{36-41}$ 关系（$(\frac{S}{Q})_{潼} > 0.03\ \mathrm{kg \cdot s/m^6}$）

二、清淤试验对潼关高程的影响

如前所述，对降低潼关高程起决定性作用的是水流功率（$\gamma' QJ$），其比降 J 变幅很小，对洪水而言，浑水容量 γ' 相差不是很大。变幅最大的是流量。由此可以认定，流量大小是重要因素。从图 12-6 可以看出，当水流功率相同时，坝前水位的升降（反映在比降变化上）是另外一个不可忽视的因素。

射流能力只是局部的，即使冲起很多泥沙也需要挟带不饱和泥沙的大流量，才能将冲起来的泥沙输送到下一个河段。当上游水流达到 3 500 m^3/s 以上时，为了安全起见停止清淤作业，这限制了射流清淤发挥能量的空间。

潼关高程是三门峡库区内一个断面上的坐标，它受到多种因素的制约。“射流”是从点到面，一艘船的活动范围充其量在几平方千米范围，它能冲起河床上的泥沙，但它无法控制上游来沙落淤在河床床面上，因此它的作用是局部的、暂时的。

20 世纪 90 年代，潼关高程迅速上升，出人意料之外，采用射流清淤是不得已而为之。

参 考 文 献

[1] 姜乃迁，等．黄河潼关河段清淤关键技术研究[M]．郑州：黄河水利出版社，2004.

[2] 龙毓骞，等．三门峡水库潼关河床高程变化分析[C]//龙毓骞论文选集．郑州：黄河水利出版社，2006.

[3] 焦恩泽．历史时期潼关河段演变分析[J]．西北水电，1994(3).

[4] 焦恩泽．潼关河床高程演变规律研究[J]．泥沙研究，1996(3).

第三篇　三门峡泥沙问题的回顾与联想

通过对三门峡水库泥沙有关问题的回顾和初步总结，回过头来再思考当初“黄河流域规划治理与决定修建三门峡枢纽”一事，发现我们的治水韬略水平不高，思考问题的面较窄。水利部原副部长张含英先生早在《治河论丛》中就指出：“今日之治河，纵有科学之方法，新式之利器，如无科学之根本，长期之研究，而冒然设计，率而从事，亦犹医者对于久病之人，尚未察其病源，检其身体，而欲遽施以医药，难乎其为治矣。”现在看来，张含英先生的观点是正确的，值得我们深思。

我们修建一座大型水利水电枢纽，对工程本身及其周边地区的经济效益非常重视，但是，由于缺乏实践、经验，对与之相距较远的河道治理及可能带来的负面作用考虑的比较少，甚至是无从设想。

黄河中游的三门峡、万家寨和小浪底等大型水利枢纽建成之后，对年径流多级调节，致使黄河下游河道洪水场次减少，洪峰流量下降，河床通过的流量趋于均匀化，日平均流量小于1 000 m^3/s 的天数，年内都在300 d上下，在1 000 m^3/s 流量的条件下，长期对河床形态塑造，河床形态就变为适应新的水流条件，塑造出来的高村—孙口河段的平滩流量由20世纪60年代的6 000～7 000 m^3/s 下降到1 800 m^3/s，并且同流量水位上升。

黄河上游的龙羊峡、刘家峡等多座大型梯级水电站建成之后，也出现了青铜峡水电站以下河道的流量均匀化，对黄河的宁夏、内蒙古河段带来很多负面问题。

正在规划设计的大型水利枢纽——古贤水库，该枢纽的进库水沙条件特殊，有多沙粗颗粒泥沙来源区，有多沙细颗粒泥沙来源区，直接进入库区的7条大支流，95%以上的输沙量集中在汛期，更集中在洪水期。粗泥沙来源区产生的洪水，虽然含沙量可达到1 000 kg/m^3 以上，却仍然是牛顿流体。细泥沙来源区产生的洪水，多为非牛顿流体，进入水库之后极易转化为高含沙异重流，对排沙极为有利。非汛期降水量少，有些月份输沙量为零，这样的清水进入水库之后，首当其冲的是冲刷水库淤积的尾部段，会引起淤积形态变形，凡此种种皆应及早研究。

古贤水库地形条件极其特殊，全库区处在高山峡谷之中，各支流也是如此。7大支流几乎以接近均匀的间距进入库区，而各支流的输沙量进入干流库区，都可能堆积成拦门沙坎。在干流库区形成水下潜坝，阻挡了上游输送下来的泥沙，进而拦截了可以排出水库的泥沙，同时又影响水库淤积形态，也有可能增加淤积上延的距离，对碛口水库会产生不利影响。

宇宙在发展，事物在变化，每当做完一件事情之后，回头细细思量，发现不少遗憾和意想不到的问题。人们在不断地反思，深入思考，不断地总结、不断地完善，以求少犯错误。

上述只言片语是在回顾三门峡水利枢纽从规划、修筑以及大改建之后,引起思考而得到的,也是编写第三篇的说明和目的。

第十三章　三门峡水库泥沙是人类的财富

三门峡水利枢纽自1969年12月开始第二次大改建,在1970年6月打开三条施工导流底孔,于1973年11月基本完工之后开始运用,至今已将近40年,几十年来的实践证明工程改建和扩建是成功的。水库投入运用之后并非一帆风顺,我们每前进一步,对三门峡问题的认识就深入一层,旧的矛盾解决了,新的矛盾又出现了。我们是在不断地克服矛盾,不断前进,不断地深化认识中走过了近半个世纪的历程。在全历程中,作过了很多原型试验与研究(见第二篇),遇到了许多新问题(如高含沙小洪水、流域水沙变化),又发现了一些新问题(河道异重流,水库拦细(沙)排粗(沙))。

"水库泥沙"问题除库区的泥沙运动,冲淤规律与平衡外,还涉及水库的上下游地区的河床演变,正、负两方面的效应。再深入一步探讨牵扯到水利水电工程规划思想方面,甚至涉及全流域的规划与治理的问题。

经过几十年的艰苦奋斗,对三门峡水库泥沙作了多方面的研究与探讨,初步解决了多沙河流水库淤积的难题,为今后在多沙河流上修建水库处理泥沙问题提供了具有实际意义的方法和经验。

第一节　战略决策正确,战术实施欠佳

一、历史背景

黄河洪水灾害是历代政府心腹之患。据文献记载:清顺治元年(1644年)至光绪三十年(1904年)260年黄河共决口成灾85次,平均每三年决口一次,也有三年两决口之说。其中,记载详细、灾情严重的是道光二十三年(1843年)。据已有调查文献得知,该年洪水是千年一遇以上洪水,在黄河中游潼关至小浪底河段考察和调研过程中,发现有很多洪痕和淤沙及碑刻,有许多民谣流传至今。如"道光二十三,黄河涨上天,冲了太阳渡,捎走万锦滩"等。据当时不完全统计,这次洪水豫皖两省的重灾地区是中牟、祥符、尉氏、通许、陈留、淮宁、扶沟、西华、太康、太和等10县,次重或轻灾区有杞县、鹿邑、沈邱、阜阳、颍上、凤台、雀邱、亳县等8县,此外,渍水波及而受灾极少的尚有郑州等9县,共27个县。据清代档案不完全统计,有40余州县受灾。

20世纪中的最大洪水灾害当属1933年洪水。黄河下游堤防决口50余处,陕、冀、鲁、豫、苏5省67县受灾,受灾面积约1.2万km^2,受灾人口约364万人,死亡1.8万人,淹没耕地85万hm^2,冲毁房屋169万间。

新中国成立初期,国内七大江河洪水灾害不断,1949年珠江、长江中下游、海河,1950

年淮河,1951 年、1953 年辽河,1954 年长江、淮河均发生灾害。

上述洪水与灾情都加重了国家领导人治理黄河的决心。

二、防洪为主、其他为辅的决策是正确的

为防御黄河洪水,在干流上修建大型水库是很多专家、学者的共同呼声,为此曾多次组团查勘,认为三门峡是最为优良的坝址。1954 年,黄河规划委员会编制的《黄河综合利用规划技术经济报告》中也确定首先在三门峡修筑高坝大库。

周恩来总理于 1958 年 4 月在三门峡工地召开的现场会议时明确指出:三门峡水库首先是为解决防洪而修的,以防洪为主,其他为辅。最基本的是防止特大洪水,不使下游决口,免得下游四、五省受洪水的灾害,设计水位就是确保西安,不损害西安。

1958 年 6 月,水利电力部党组向党中央呈报的"关于黄河规划和三门峡工程问题的报告"中,提出"在任何时期,三门峡水库都必须不危及西安和咸阳市的工业基地,这是修建三门峡水库的前提。"目前,水库的任务应以防洪为主,综合利用为辅。在周总理主持的两次讨论会上,明确了三门峡工程应当根据如下原则考虑安排:

(1)一般和特殊的结合。安排工程时应为首先根据一般情况,但同时又要照顾到特殊的意外的可能。

(2)争时间和留余地。整个治理黄河工作应当积极争取时间,但在安排具体工程时又应留有余地。

(3)量变引起质变。水土保持的拦泥效益是肯定的,但少量泥沙仍是会下来的,积少成多,三门峡水库终有它的衰亡过程。

(4)三门峡水库设计牵涉许多复杂的问题,目前能定案的应该定案,目前不能定案的不要强定案,可以看一时期再定。

通过上述国家领导人和主管部门的讲话和行动可以看到,修建三门峡水库的主要目标是防御黄河下游发生特大洪水时可能造成的灾害,其他方面是"辅助性"的。由此可知,战略决策是正确的。

三、战术实施欠佳

三门峡水库建成后,因泥沙淤积严重而改变了运用方式。因此引起诸多议论,认为"原规划的设计水位,不仅工程规模过大,而且工程的战略思想和战略目标有失误"。

"泥沙"始终是造成黄河洪灾的最主要问题,也是决定三门峡水库能否长久发挥防洪效益的最主要的问题,为此也做了许多研究工作。

原苏联全苏水利科学院承担了水库淤积发展的研究任务。1959 年 9 月,水利水电科学研究院(中国水利水电科学研究院前身)河渠研究所提出《黄河三门峡水库淤积模型试验和淤积计算方法探讨报告》,遵照周总理指示,在陕西省武功县,为了模拟三门峡水库淤积的研究,占地 150 亩建造了三个野外大模型,于 1960 年汛后完成了全部试验工作。

为了研究三门峡水库投入运用后,黄河下游河道演变趋势及治理措施,1958 年 8 月到 1959 年 8 月在郑州花园口灌溉区,制作了野外河道大模型并进行试验。

此外,北京水利水电科学研究院河渠研究所在室内开展三门峡坝区异重流排沙模型试验,异重流的发生条件、异重流排沙比、异重流坝前吸出高度等基本规律的研究,对官厅水库产生异重流的实测资料作了系统分析。

尽管如此,我们的研究工作不够深入、细致,显得粗糙,主要体现在以下几个方面:

(1)对黄河流域泥沙的产生、输移基本规律不清楚,粗颗粒泥沙、细颗粒泥沙产自何处,各自的运动特性是什么,基本上一无所知。

(2)水库蓄水后,泥沙在库区的运动规律、淤积以后的形态、库区河床演变基本规律、多沙河流的水库排沙减淤及运用方式等重大问题基本不清楚,国内外也找不到相关参考文献。

(3)1947 年,张含英在《黄河治理纲要》中就指出:"……唯如何计划以便防洪、发电、蓄水三者各得其当,如何分期兴建以使工事方面最为经济,应积极详细研究。"并特别强调:"库之回水影响,不宜使潼关水位增高","其最重问题,当为水库之寿命"。对上述论点我们没有认真研究。

(4)官厅水库也是修建在多沙河流的永定河上,自 1953 年汛期开始初步拦洪运用,1955 年正式蓄水运用,库区出现各种泥沙冲淤与排沙现象, 1953 年汛期就组建了官厅水库泥沙实验站,至 1958 年汛后已有观测三年的完整资料,我们却无动于衷,没有对官厅水库泥沙冲淤资料进行深入研究。

东北辽宁省柳河闹德海水库于 1942 年建成,经过十多年运用,仍保持住 70% 的原始库容。对此,直到三门峡建成后,水库发生严重淤积,才引起人们重视,但是对闹德海水库没有投入力量,进入现场作调查研究和深入分析。

周恩来总理在 1964 年 6 月接见越南水利代表团谈话中说:"三门峡工程我们打了无准备的仗。……新中国成立后才五六年就决定兴建三门峡工程。当时想要黄河清,志向很大,夸下海口,但科学态度不够……"。

第二节　两次重要会议扭转乾坤

三门峡水库于 1960 年 9 月蓄水正式投入运用,至 1961 年 10 月全库区已经淤积了 18.29 亿 t 泥沙。淤积速度之快,超出人们的意料。1962 年春,国务院决定三门峡水库运用方式,由"蓄水拦沙"改为"防洪排沙"(后改称"滞洪排沙")运用,在汛期 12 深孔闸门全部敞开泄流。

为了解决三门峡水库淤积问题,水利电力部于 1962 年、1963 年连续两年在北京召开"三门峡水利枢纽工程技术讨论会"。会议主要议题是交换对三门峡水库运用意见,讨论枢纽改建是否必要。由于认识各异,在增建泄流排沙设施方面争论较大,均未取得一致意见。

1964 年 12 月 5 ~ 18 日,国务院为了三门峡枢纽工程改建问题在北京召开了治理黄河会议,周恩来总理亲自主持会议。会上多数代表同意立即增建两洞改建四管,并提出各自的治黄主张。周总理对三门峡工程改建问题作了重要指示,并提出:"总的战略是要把黄河治理好,把水土结合起来解决,使水土资源在黄河上中下游都发挥作用,让黄河成为一条有利于生产的河。"会议决定,为有利于泄流排沙,批准三门峡工程"两洞四管"改建方案,即在左岸增建两条泄流排沙隧洞,改建坝身四条发电引水钢管为泄流排沙钢管,在坝前水位 315 m 时,下泄流量为 6 000 m^3/s,这是第一次重要会议。

四条钢管的改建工程于 1966 年 5 月竣工,7 月 29 日投入运用。泄流排沙两条隧洞于 1968 年 8 月建成并投入运用。改建增建工程完成后,枢纽的泄洪能力增大了一倍,水库排沙比由 55% 增加到 80%,潼关以下库区由淤积转为冲刷。三门峡库区淤积速度得到有效的缓解,然而,全库区的淤积仍然没有停止。

1967 年、1968 年两年,黄河是丰水多沙年份,渭河河口段有 8.8 km 河床全部淤平,洪水出槽向两侧漫溢。它给人们的重要启示是:三门峡水利枢纽工程应当进一步改建,增加泄流排沙能力。

1968 年,水利电力部军管会决定组建三门峡工程改建规划设计工作组(简称工作组),在三门峡工地办公。

三门峡水库自 1960 年 9 月蓄水,至 1968 年汛后,库区河床演变经历了完整过程,工作组通过资料分析,总结出许多过去没有遇到的新知识、新规律和新问题。工作组在这个基础上,进行规划设计,做出创新的成果,为"四省会议"提供了重要参考文件。

1969 年 6 月,国务院委托河南省革委会主任刘建勋在三门峡市召开了晋、陕、鲁、豫四省治黄会议,研究了三门峡工程的进一步改建和黄河近期治理问题。会议决定改建原则:在"确保西安,确保下游"的前提下"合理防洪,排沙放淤,径流发电"。

这次会议决定了三门峡水利枢纽的起死回生,走上了新的征途,这是第二次重要会议。

第三节　落实"确保西安,确保下游"

周恩来总理在 1964 年 12 月在北京亲自主持召开的治理黄河会议上提出以"确保西安,确保下游"为治理黄河的指导原则,也是三门峡水利枢纽工程改建及改建完成后的水库运用和管理的基本原则。如何落实,具体落实到何处,只有深入研究三门峡水库承担的任务及水库泥沙淤积发展可能出现的新矛盾、新问题,才能较好地实现周总理的重要指示。

一、确保西安

咸阳市与西安市均傍居于渭河河畔,渭河下游河道的下段又是三门峡水库的部分库区,如何给出确保西安的一个明确指标或"晴雨表",从河流地貌学来看,潼关高程是渭河下游侵蚀基准面。潼关高程上升或下降,从长时段来看,是影响渭河下游河床冲淤演变的重要因素。潼关高程上升,会带动渭河下游河床淤积上升;潼关高程下降,会引起渭河下游河床发生冲刷下切。然而,河床的冲淤演变又与流域来水来沙的条件有直接关系。当潼关高程处在下降过程,若流域来水来沙条件不利,河床也会发生淤积;当潼关高程处在上升阶段,若流域来水来沙极为有利,河床也能冲刷下降(见本书第二章)。这种特殊情况属于暂时的,经过一个运用年之后又会恢复到正常规律上来。然而,对潼关高程演变规律和作用的认识较晚,直到 1970 年"三门峡水库泥沙经验总结"项目中才开始立项研究。

之后,黄河三门峡库区水文实验总站,水电部第十一工程局,都在 1972 年的黄河水库泥沙观测研究成果交流会上作了汇报。

潼关高程的升降涉及许多方面,如流域来水来沙(有渭河、北洛河、黄河的不同水沙组合),靠近库区上游河床冲淤演变(小北干流处在自然状态时,年均淤积0.5 亿 m^3)对水库淤积末端的作用,非汛期干支流进库输沙量和非汛期水库水位对潼关以下库区淤积部位的影响、汛期在洪水过程坝前壅高水位对排沙的影响、汛期敞泄排沙的历时及下泄流量大小……都对潼关高程有一定的正、负两方面的作用。其中,最关键的两个因素是非汛期蓄水位不能太高,汛期敞泄排沙历时应当加长。其最终目的就是控制潼关高程稳定或下降,只有如此才能实现或落实"确保西安"的任务。

二、确保下游

这里所指的确保下游是指黄河发生特大洪水时,保证黄河下游河道不决口。其中,三门峡水库就要承担削减大洪水的洪峰和拦截部分洪量在水库中。为此就要求三门峡水库在总库容中保证有一定数量的库容永久不被泥沙淤废,可以长期使用,简称为"可用库容"。

要研究泥沙在库区的输移基本规律,要求水库调度运用为此创造可行条件,可用库容能够长期存在。正如前面提到的,非汛期蓄水过程,水库水位不宜过高;汛期敞泄排沙的历时应当适当延长。此外,要及时了解潼关以下库区的冲淤变化、潼关高程演变,水库调度要随之改变,以期达到"两个确保"的目的。

第四节　两次重要学术活动

1970 年春,时值动乱时期,水电部十一工程局规划设计研究院、黄河水利委员会水利科学研究所、陕西省三门峡库区管理局、水电部西北水利科学研究所、三门峡库区实验总站、清华大学三门峡分校共同组成"三门峡水库泥沙经验总结"项目组,近百人参加,历时近半年时间,对三门峡水库建库以来的观测资料进行整理分析,其中包括三门峡水库建成后黄河下游河床演变的基本规律。

这次总结包括三门峡渭河库区冲淤演变,潼关高程,三门峡小北干流库区冲淤基本规律;潼关以下库区冲淤形态,河相关系;潼关以下库区冲淤计算方法;可用库容的研究;黄河下游河床演变等。在编写总结报告之外,还有 8 个子专题的研究附件。这次总结工作对三门峡水库泥沙问题有更深刻的认识,也发现了新的问题,提出了创新的成果:

(1)水库运用方式——蓄清排浑;

(2)多沙河流的水库冲淤计算方法;

(3)潼关高程初步分析;

(4)黄河洪水倒灌渭河形成拦门沙坎;

(5)水库建成前小北干流淤积量估算;

(6)水库的溯源冲刷与沿程冲刷;

(7)黄河下游河床冲淤计算方法。

以上成果对以后制订三门峡水库运用方案提供了可靠的技术参数。处于当时人们可以理解的情况，未能正式出版。

这一次总结工作引起了国内科研院所和已建水库的高度重视，各自开展了观测研究工作，为1972年12月会议起到了超前的动员工作。

1972年12月，由水电部黄河水利委员会主持，水电部第十一工程局协助，在三门峡市召开了“黄河水库泥沙观测研究成果交流会”。参加会议的有38个单位81位代表，其中有黄河以外河流的单位和代表。会上交流了各自水库的泥沙观测研究成果，总结出在多沙河流上修建水库的规划设计和管理运用经验，进一步提高了对泥沙运动机理和对水库、河道冲淤变化规律的认识。经过研究，将其中21篇汇编成册印刷出版为《水库泥沙报告汇编》，由水利电力出版社负责印刷出版，由于众所周知的缘故，没有书号，不署作者姓名又无销售单位，只在内部发行。

在本次学术活动中，黄河流域的重点水库几乎全部参加，流域外的有张家口市水利局、辽宁省闹德海水库、内蒙古的红山水库、山东省的冶源水库。除此之外，陕北无定河流域提供了水土保持方面的调查研究报告。

21篇论文涉及的内容极为广泛，包括水库淤积、水库排沙、水电站水草对机组运行的影响、水库冲淤规律和计算方法、龙门—潼关河段的滞洪滞沙、多沙河流洪水演算、保持有效库容等众多内容，其中有很多论点具有创造性。

在本次学术讨论会上，黑松林、闹德海两水库提出了创新的成果。

一、黑松林水库❶

黑松林是一座小(1)型水库，总库容为860万m^3，建库以后的前三年采用“蓄水拦沙”运用，库区淤积162万m^3；1962年改为“蓄水排沙(非汛期蓄水，汛期排沙)，引洪淤灌”运用，至1972年汛后，多年平均淤积量下降到9.6万m^3。这是黑松林水库深入细致地研究了水沙的时空分布特性；非汛期输沙量很少，可以蓄水；汛期输沙量多，要降低库水位排沙减淤。为了充分利用水沙资源，汛前将水库蓄水下泄进行春灌，汛期将挟带大量泥沙的洪水引入田间，增加肥力，同时又延长水库寿命。

二、闹德海水库

闹德海水库坐落在东北西辽河的支流柳河中游，1942年建成。大坝设置有5个底孔、2个中孔及坝顶溢流堰，都没有安装闸门，采用滞洪排沙运用方式。1970年对大坝进行改建，加高坝体，增设闸门。同年汛后改为冬春蓄水、汛期敞泄排沙。大坝5个底孔紧贴原河床床面，有利于泄流排沙，在较小的流量条件下，不发生壅水而且排沙比较大。至今仍保留了总库容的77%可以长期使用(见第八章)。

上述两座水库的实践拓宽了在多沙河流上修建水库处理泥沙的视野。在对水库冲淤变化的调查过程中发现了冲淤变化现象是：淤积过程遍及滩地与河槽，淤积可以达到同一

❶ 陕西省水利科学研究所，泾阳县冶峪河管理局，黑松林水库蓄清排沙引洪淤灌初步经验，水库泥沙报告汇编，169～184页。

个高程，冲刷过程只限于河槽部分，被形容为“淤积一大片，冲刷一条线”。它给人们的启示是：库区泥沙运动又一个基本规律是“死滩（滩地只淤不冲）活槽（可淤可冲）”，将库容分为“滩地库容”和“河槽库容”两个部分。人们对“活槽”作了进一步分析，河槽冲刷是依靠三种输沙能力实现的：①水库富余输沙能力；②溯源冲刷能力；③沿程冲刷能力。后两者又要依靠水库水位下降幅度较大，历时较长的前提才能实现。这就对水库调度提出要求，汛期应当在库区为很容易产生溯源冲刷、沿程冲刷创造条件，以达到河槽发生冲刷，来恢复河槽库容，河槽库容又被称做“长期可以使用库容”。

三、三门峡库区泥沙计算方法

有三个单位提出泥沙冲淤计算方法：清华大学水利系、黄委规划设计大队、水电部第十一工程局勘测设计研究院。提供给1969年6月四省治黄会议的报告，是按照水电部第十一工程局的方法完成的，实践证明是正确的。

1970年6月底，三门峡枢纽工程打开了3条施工导流底孔之后，至1973年汛后，潼关以下库区冲刷泥沙近4.0亿m^3。潼关高程下降2.0 m，自1965年第一期工程增建、改建算起，潼关以下共恢复库容10亿m^3，达到了为“四省会议”提供的设计文件中的指标。

第五节　不断总结经验，完善基本理论

1973年汛后，三门峡改建工程基本完成，水库采用“蓄清排浑”形式进行调度运用。至今已近40年，对三门峡水库不断地总结经验，以进一步完善补充水库泥沙基本理论，除前面两篇内容外，还有一些比较重要成果概述如下。

一、水库富余输沙能力

修建水库之前，三门峡潼关以下河床为粗颗粒泥沙与小卵石组成，建库后原河床被悬移泥沙淤积覆盖，河床细化，综合阻力减小，在相同水流条件下水流能量增加。同时，由于水利工程作用，坝前水位人为地上升，坝址上游水面比降减少，水流能量下降。当前者增加的能量大于后者减少的能量，就显示出在输沙能力方面的增强，这就是所谓的水库富余输沙能力。

水库中的富余输沙能力，并不是所有水库都存在，它必须是经过淤积以后，河床细化之后新的综合阻力要小于原河床的综合阻力。前、后所造成的水流能量出现的差值才能产生富余输沙能力。

二、溯源冲刷与沿程冲刷

溯源冲刷的出现在水库水位下降到淤积面高程以下时，发生了跌水冲刷，并向上游发展，称为溯源冲刷，如图13-1所示。

三门峡水库在修建之前设有陕县水文站，其位置相当于建库后的黄淤15断面，陕县水文站在建库后撤销，于黄淤22断面设置了北村水文站（汛期站），两者相距约20 km，河床形态基本相似，有可比性。在这里采用了水流功率$\gamma' QJ$（γ'为浑水容重；Q为流量；J

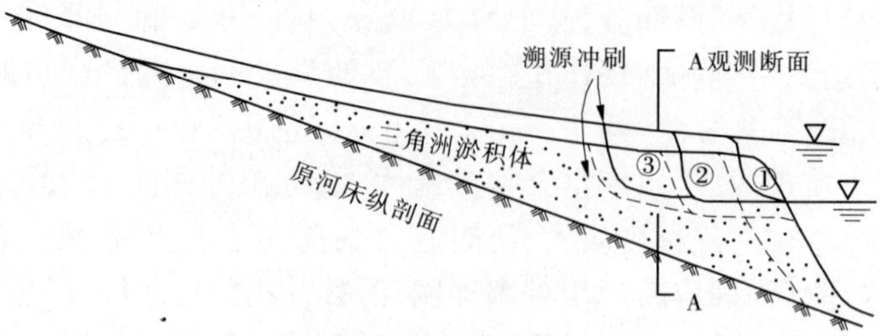

图 13-1　溯源冲刷过程及观测断面示意图

为水面比降）来表达水流输沙能力，建库前采用 1954 ~ 1956 年陕县水文站实测流量、输沙量成果，建库后来用 1963 ~ 1965 年北村水文站实测流量、输沙率成果分别作了计算，按图 13-1 分为跌水前（$J > 1.7‰$）、跌水冲刷（$1.0‰ \leqslant J \leqslant 1.7‰$）、跌水后水面平缓（$J < 1.0‰$）三种情况，计算结果如图 13-2 所示。

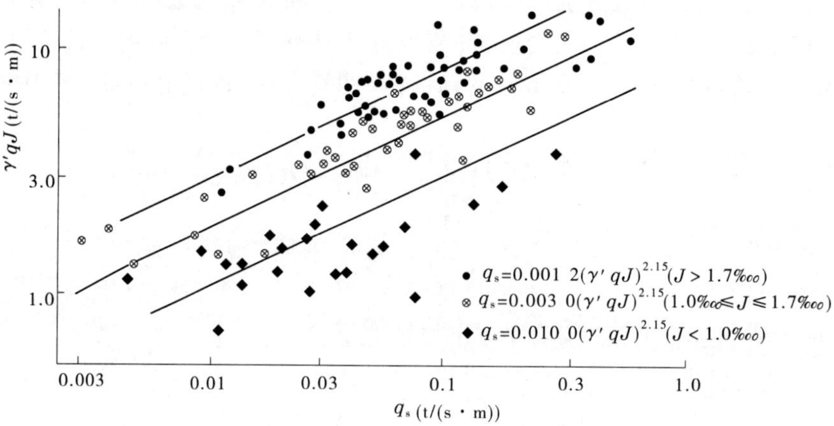

图 13-2　三门峡水库溯源冲刷期 $q_s \sim \gamma' qJ$ 关系（1963 ~ 1965 年）

三、河床演变

在河流上修建拦河大坝之后，抬高了局部侵蚀基准面，坝址上游的河床发生了激烈的变化，不论是纵剖面或横断面，都呈现出新面貌，见图 13-3、图 13-4。

河床形态计算也作了新的研究，河床形态关系如下：

$$\frac{B}{D} = a_1\left(\frac{Q}{D^2\sqrt{gDJ}}\right)^{b_1}\left(\frac{Q_s}{\gamma' QJ}\right)^{c_1} \tag{13-1}$$

$$\frac{H}{D} = a_2\left(\frac{Q}{D^2\sqrt{gDJ}}\right)^{b_2}\left(\frac{Q_s}{\gamma' QJ}\right)^{c_2} \tag{13-2}$$

$$\frac{A}{D^2} = a_3\left(\frac{Q}{D^2\sqrt{gDJ}}\right)^{b_3}\left(\frac{Q_s}{\gamma' QJ}\right)^{c_3} \tag{13-3}$$

式中：B 为稳定河宽；D 为河床质中值粒径；Q 为平滩流量；γ' 为浑水容重；J 为水面比降；H 为平滩流量时的平均水深；Q_s 为与平滩流量相对应的输沙率；g 为重力加速度；A 为平滩

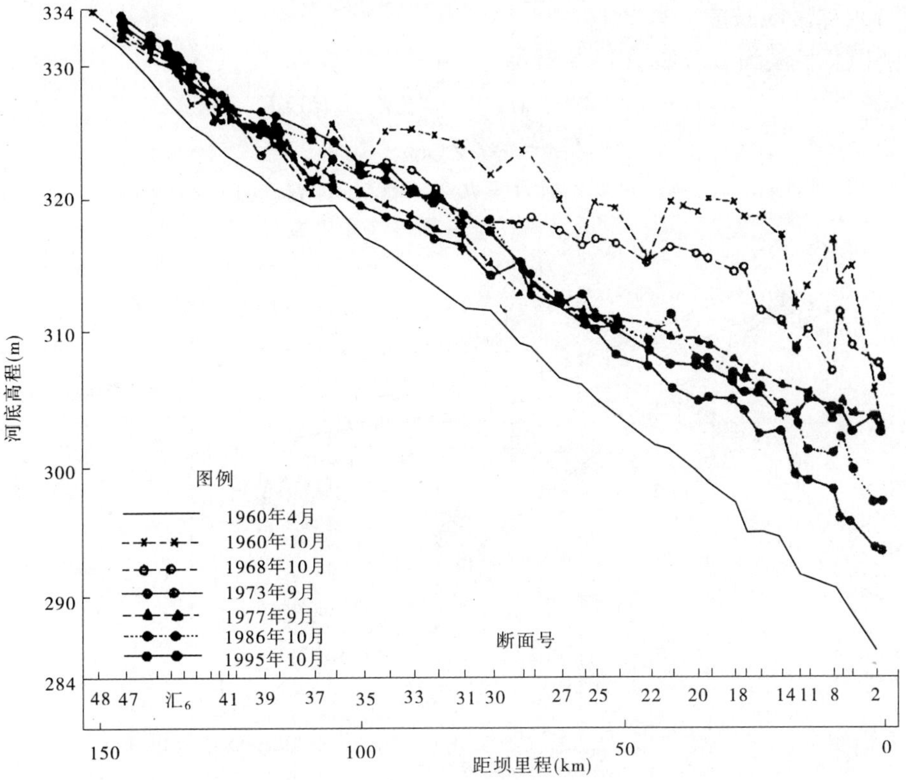

图 13-3　三门峡水库黄淤 1 断面—黄淤 50 断面纵剖面

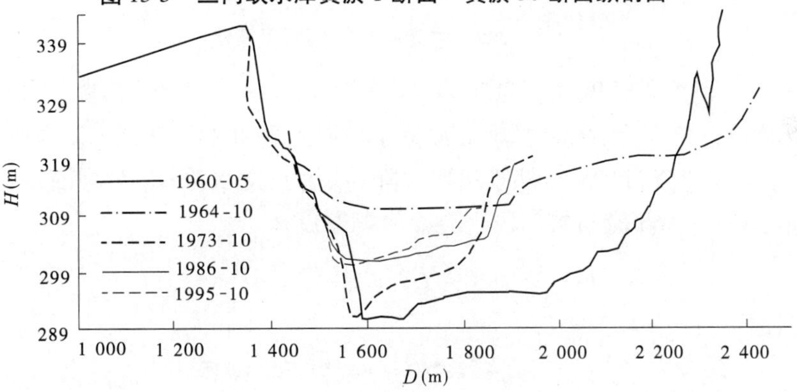

图 13-4　黄淤 12 断面历年套绘图

流量时的过水面积。

式中系数：$a_1=8.7$，$a_2=0.14$，$a_3=1.22$；式中指数，$b_1=0.36$，$b_2=0.39$，$b_3=0.75$；$c_1=0.15$，$c_2=0.24$，$c_3=-0.09$。

四、水库淤积形态

水库泥沙淤积是三向发展的，随着淤积的发展，首先是向坝前推进；其次淤积体向上游延伸；与此同时，淤积在垂直方面也随之抬升。

（一）水库淤积长度

设淤积总长度为 $L_{淤}$，如图 13-5 所示。

$$L_{淤} = L_{尾} + L_{顶} = (\Delta Z_s + H)/J_0 \tag{13-4}$$

$$L_{尾} = \Delta Z_s/(J_0 - J_{尾})$$

$$L_{顶} = \frac{(H - h_0) - \Delta Z_s}{J_0 - J_{顶}} = \frac{H}{J_0} \tag{13-5}$$

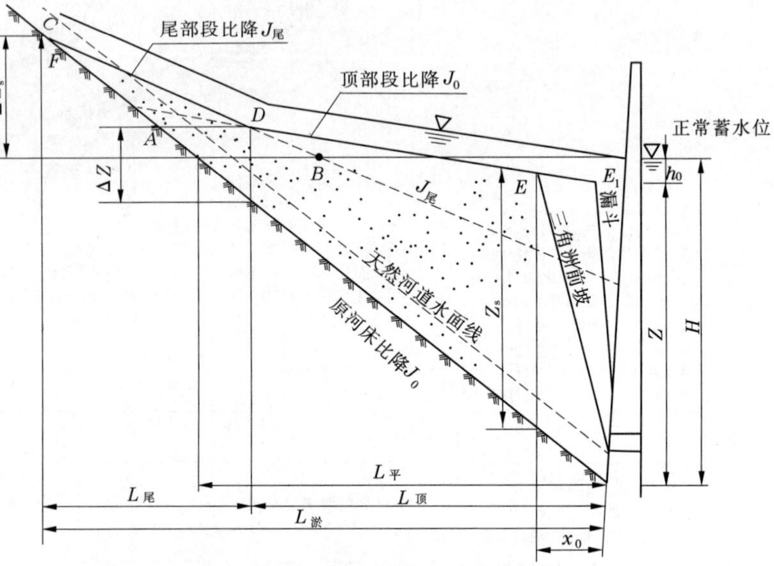

图 13-5　水库淤积纵剖面示意图

式中：$L_{尾}$ 为尾部段淤积长度；$L_{顶}$ 为顶部段淤积长度；ΔZ_s 为淤积末端高程与正常蓄水位差值，称做淤积上延高度；H 为坝前正常蓄水位与原河床高程差值；J_0 为原河床纵比降；$J_{尾}$ 为尾部段淤积比降；$J_{顶}$ 为顶部段淤积比降；h_0 为正常水深；Z_s 为坝前或锥体淤积顶点的淤积厚度；ΔZ 为顶部段与尾部段交界处淤积厚度。

$$L_{平} = \frac{H}{J_0} \tag{13-6}$$

$$L_{淤}/L_{平} = [(\Delta Z_s + H)/J_0]/[H/J_0] = 1 + \frac{\Delta Z_s}{H} \tag{13-7}$$

单宽流量在单位时间内所能提供的水流功率为 $\gamma' q J_0$，其中 γ' 为浑水容重，q 为单宽流量。用水流功率表示进库单宽输沙率所需要的水流能量，它与 $\gamma' q J_0$ 的比值可表征淤积上延高度的物理成因，如下关系式：

$$1 + \frac{\Delta Z_s}{H} = a\left(\frac{q_s}{\gamma' q J_0}\right)^b \tag{13-8}$$

根据国内 13 座水库资料求得：$a = 0.93$，$b = 0.064$。

图 13-6 是验证结果。

(二)尾部段淤积比降 $J_{尾}$

设水库修建前原河床的平衡输沙能力为：

$$\left[q_{s*} = g\frac{q^{1.6}J^{1.2}}{D^{2/5}\omega_0}e^{6.72S_V}\right]_0 \quad (13\text{-}9)$$

水库建成经过淤积达到平衡时，尾部段的输沙能力为：

$$\left[q_{s*} = g\frac{q^{1.6}J^{1.2}}{D^{2/5}\omega_0}e^{6.72S_V}\right]_{尾} \quad (13\text{-}10)$$

式(13-9)与式(13-10)相等。

从长时期考虑，进入水库的流量、含沙量、泥沙组成可以假定不变或变化很小，在消除 q、S_V、ω_0 后，可以写为：

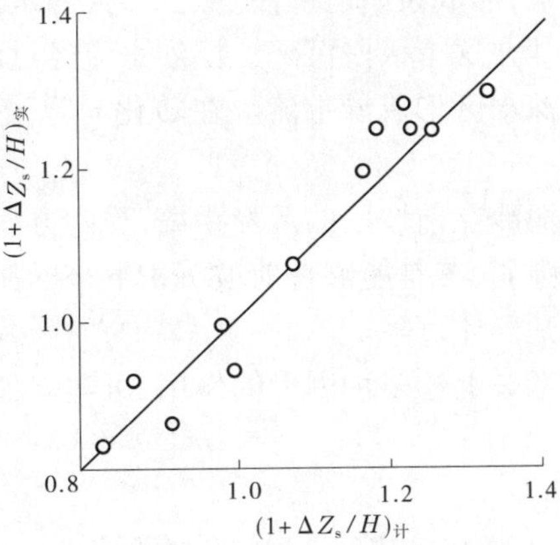

图 13-6　式(13-8)验证结果

$$(J^{1.2}/D^{2/5})_0 = (J^{1.2}/D^{2/5})_{尾} \text{ 或 } J_{尾}^{1.2} = (\frac{D_{尾}^{2/5}}{D_0^{2/5}}J_0^{1.2})$$

令$(D_{尾}^{2/5}/D_0^{2/5}) = N$，可改为：

$$J_{尾} = NJ_0 \quad (13\text{-}11)$$

根据国内 15 座水库资料求得 $N = 0.68$，见图 13-7。

(三)顶部段比降

利用水流输沙能力公式可以求出淤积三角洲顶坡(顶部)比降(见图 13-8)：

$$J_{顶} = 45.5\frac{D^{1/3}(S_i\omega_0)^{5/6}}{q^{1/2}e^{5.6S_V}} \quad (13\text{-}12)$$

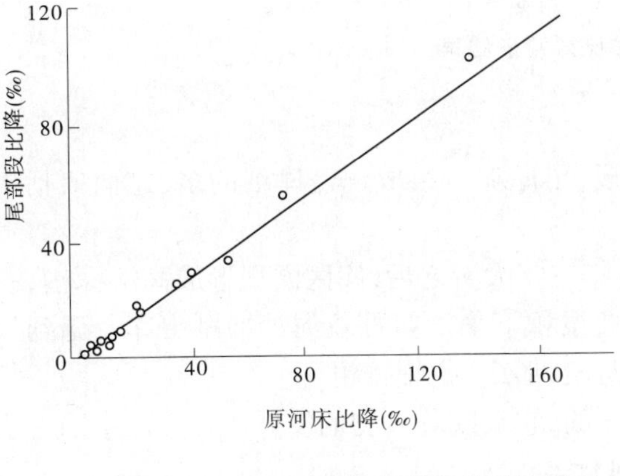

图 13-7　尾部段比降与原河床比降关系

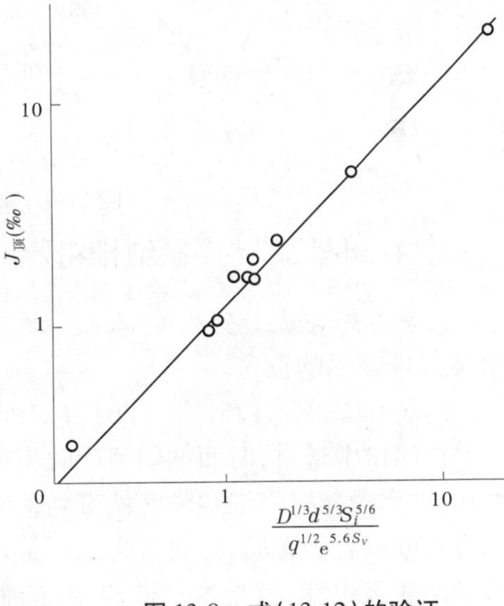

图 13-8　式(13-12)的验证

(四)前坡比降

挟沙水流进入水库回水区在通过淤积尾部段时，悬移质泥沙中最粗的颗粒就沉落在河床上，形成淤积尾部段。之后，挟沙水流继续向下游的淤积三角洲顶坡段运动，较粗颗粒泥沙在这个区段沉降。挟沙水流经过两次分选之后，泥沙组成细化，在三角洲顶点以下进入深水区形成异重流。在转化异重流的同时，有部分细颗粒泥沙，沉积成三角洲前坡段。

泥沙在前坡段的沉降距离，受两方面因素的制约：一是在三角洲顶点以下附近的水流流速强弱，二是能够在前坡沉积下来的泥沙颗粒粒径。在多沙河流上的水库，泥沙沉降又往往是群体沉降。

考虑上述多种因素的作用，可建立如下关系式：

$$J_{前} = S\frac{D_{50}^{0.6}}{Q^{0.24}e^{4.0S_V}} \tag{13-13}$$

图 13-9 是式(13-13)的验证结果。

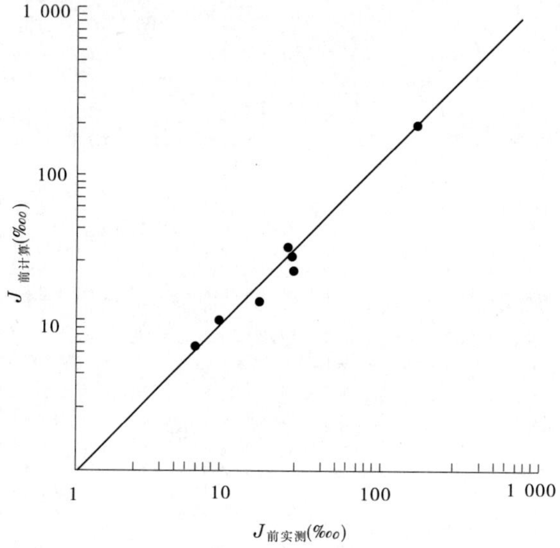

图 13-9　前坡比降验证结果

五、“拦粗排细”与“拦细排粗”

三门峡水库建成最初几年，人们分析发现，出库泥沙组成比进库细的多，进而概括出水库“拦粗排细”的概念。

三门峡水库经过 1961 年、1964 年、1966 年三年大淤之后，库区淤积形成高滩深槽，一般洪水在河槽中通过，时而冲刷河床时将前期淤积下来的粗颗粒泥沙冲刷出库。遇到较大洪水，洪水漫滩时将细颗粒泥沙带到滩地落淤，形成“拦细排粗”。

这一成果启示人们，任何事物都不是永恒的，它会随着事物的发展而转变。中国古语说的好，“乐极生悲”就是这个道理，不能绝对化。

六、拦门沙坎

河流的干、支流汇合处，由于各自流域内在不同的气象条件作用下降雨范围、降雨强度及降雨量的差别，干、支流洪水不一定在同一时期发生，在干、支流汇合处就出现发生洪水的干(支)流向没有发生洪水的支(干)流倒灌。在倒灌或顶托过程中，水流中的泥沙发生沉降，从而形成拦门沙坎。这是自然界的普遍现象。

黄河上游内蒙古包头市附近，南岸有支流西柳沟汇入黄河，西柳沟流经黄土沟壑区与沙漠交汇地带。每逢暴雨，大量泥沙被洪水带进黄河，时值黄河干流枯水，支流洪水进入黄河以后，大部分向下游流动，也有部分洪水受河道过水面积限制而向上游反射。形成暂短时间停滞，挟沙水流中的泥沙就在这一暂短时段沉积在河床上，形成拦门沙坎，沙坎上游水位壅高淹没了北岸包头钢铁公司水源地。

黄河中游的黄甫川、孤山川、窟野河发生大洪水时，黄河干流处在中枯水时期，也出现过支流洪水倒灌干流产生拦门沙坎。只是发生倒灌的河段两岸均为陡壁岩石，人烟稀少，没有出现灾害。

刘家峡水库大坝上游1.5 km处有多沙支流洮河汇入，洮河年均输沙量0.263亿t，水库建成后，洮河库区很快淤满，大量泥沙进入刘家峡坝区，经过十年左右的淤积，在坝前堆积成高65 m潜坝(拦门沙坎)，洮河来沙量中一部分泥沙形成异重流流到坝前排沙出库，一部分沿潜坝倒坡流向上游永靖川地库区，同时也拦截了干流异重流，影响排沙效益。

三门峡水库在潼关上游附近，是黄河干流与支流渭河交汇处。交汇处以上的干流河床纵比降约3.5‰，支流渭河河床纵比降约1.1‰，每逢黄河发生洪水，渭河处于平水、枯水时，干流洪水便向渭河倒灌，倒灌长度可达86 km，达到华县水文站以上(1977年8月6日)，构成渭河口拦门沙坎，对渭河下游河道的防洪问题带来不少的麻烦。

官厅水库妫水河库区库容大，水沙量极少，水库的主要水沙量来自永定河，永定河来沙在妫水河河口堆积成拦门沙坎，影响水资源利用。

七、高含沙水流研究

1973年夏，渭南地区大旱，洛惠灌区的大荔县干旱严重，洛惠渠管理局遵照李仪祉的规定："含沙量超过重量比15%以上时停灌"，大荔县领导认为：不能饿着肚皮守渠不淤，要挖渠吃饱饭。于是群众上渠推动高含沙浑水从干渠进入支渠、斗渠，最后取得秋粮丰收，渠系基本运行正常。从而掀起国内水利系统科研院所、高等院校研究高含沙水流运动高潮，很多论文在1980年北京召开的第一届河流泥沙国际研讨会上发表，受到国外专家高度评价。三门峡水库多次出高含沙洪水，对水库冲淤演变规律提出新的模式，添补了水库泥沙运动基本理论。

三门峡水库在40余年的历程中，经历了有利水沙系列(1974～1985年)。受到了黄河上游大型水电枢纽龙羊峡、刘家峡等电站的多级调节(1986～2002年)的影响，三门峡水库非汛水位的控制(2003年起)等各种情况的冲击和考验，丰富了三门峡水库泥沙运动的内涵，增加了水库调度、管理模式，同时也考验了三门峡水利枢纽改建的效益。

回顾40年历程，联想到我国的两句古语："亡羊补牢未为迟也"、"失败乃成功之母"。在建设三门峡水利工程中，我们在战术方面是有些失误，能及时纠正就是亡羊补牢未为迟。我们从失败中吸取教训，在改正过程中前进。对任何事物总是要一分为二地进行评价。

从上述各章节可以看出,围绕三门峡水库泥沙问题,我们付出了艰辛的劳动,收获到极其丰富的成果,充实和加深了水库泥沙基本理论,其中有些是处在世界领先水平。因此,三门峡创造出来的“物质”是“人类的财富”。

第六节 “四省会议”原则与落实

1969 年 6 月,根据周总理的指示,由河南省革委会主任刘建勋主持,在三门峡市召开了晋、陕、豫、鲁四省会议。会上着重讨论了三门峡水库工程改建和黄河近期治理问题。同年 6 月 19 日向国务院和周总理呈报了这次会议通过的《关于三门峡水利工程改建及黄河近期治理问题的报告》,在报告中关于三门峡水库工程改建问题提出如下意见:

(1)按照 1964 年周总理主持治理黄河会议决定的“确保西安,确保下游”的原则,三门峡水利枢纽增建的“两洞四管”已基本完成,其中的“一洞四管”已于 1966 年和 1968 年先后投入运用,对减轻库区的淤积收到了一定效果……与会人员一致认为:三门峡水利枢纽需要进一步改建,改建的原则是在“确保西安,确保下游”的前提下,“合理防洪,排沙放淤,径流发电”。

(2)改建规模:要求一般洪水水位和淤积不影响到潼关河床高程,为此要求在坝前水位 315 m 高程时,下泄流量达到 10 000 m^3/s。在不影响潼关河床淤积的前提下,利用低水头径流发电。

(3)枢纽运用原则:当上游发生特大洪水时,敞开闸门泄洪。当下游花园口可能发生超过 22 000 m^3/s 洪水时,根据上下游来水情况,关闭部分或全部闸门,增建的泄水孔原则上应提前关闭,以减轻下游的负担,冬季应继续承担下游防凌任务。发电的运用原则是:汛期的发电控制水位为 305 m 高程,必要时降到 300 m,非汛期发电水位为 310 m 高程。

三门峡水库自 1974 运用年(1973 年 11 月至 1974 年 6 月)开始运用以来,至 2008 年已运行 35 年,在执行“四省会议”所规定的指标落实情况如何,回水、泥沙淤积对潼关高程是否有影响,其程度如何,这些问题值得研讨。

(1)“四省会议”决定:“一般洪水水位,淤积不影响到潼关河床高程,为此要求在坝前水位 315 m 高程时,下泄流量达到 10 000 m^3/s。在不影响潼关河床淤积的前提下,利用低水头径流发电……”这里明确指出:汛期发电只能是“低水头”,并且是以不影响潼关河床淤积作为前提。回顾 35 年来的汛期,都处在低水位发电,甚至因为泥沙磨损停止了发电。其中,要求坝前水位 315 m 时,洪水(流量为 10 000 m^3/s)时淤积不影响潼关,这是个硬指标,基本上达到了要求,见第三章。

(2)“四省会议”决定:“非汛期发电水位为 310 m 高程”。

从第三章中可知,自 1974 年运用年以来,非汛期坝前平均水位都超过 315 m(防凌期另当别论),每年蓄水位超过 320 m 的天数也是很多的。

坝前水位达到 315 m 时,回水末端在黄淤 30 断面(大禹渡水位站);超过 320 m 时,回水末端进入潼关河段,潼关河床会出现淤积。这与“四省会议”的精神相违背。应当指出,非汛期水库水位达到或超过 315 m 时,淤积重心在黄淤 30 断面—黄淤 36 断面,淤积体就会向上延伸造成潼关河床淤积;水库水位达到或超过 320 m 时,淤积重心更偏上,是潼关河床淤积、河床高程上升的重要因素之一。

(3)春灌蓄水问题。在"四省会议"报告中,只提到:"冬季应继续承担下游防凌任务"。没有承担下游春灌蓄水任务。1981 年 2 月 23 日,国务院发出《关于三门峡水库春灌蓄水的意见》。国务院同意水利部建议,为配合黄河下游防凌,三门峡水库凌汛期间最高水位控制在 326 m 以下,凌汛后春灌蓄水位控制在 324 m 高程以下……水利部要作好水库的调度运用,掌握时机拉沙排沙,尽量减少对库区的不利影响。这个决定与"四省会议"精神相左。

三门峡水库自 1970 年汛期后已经开始为下游春灌蓄水,水库在非汛期的平均水位高于 315 m 甚至达到 320 m 高程以上(见第三章)。春灌蓄水一般起自防凌蓄水结束之后,拦截桃汛洪水至 6 月中旬止。蓄水历时较长,拦截泥沙量较多。由于蓄水位较高,泥沙在潼关以下库区淤积部位偏上,这是直接影响潼关高程上升的又一重要成因。

"四省会议"重要内涵是:汛期洪前水位 315 m 时,下泄流量 10 000 m^3/s,在不影响潼关河床淤积的前提下,利用低水头径流发电;非汛期发电水位为 310 m 高程,着重控制潼关河床不淤积、不抬升。"四省会议"决定中,没有提出三门峡水库承担春灌任务,水利部上报国务院的建议中,"春灌蓄水位可控制在 324 m 高程",又比"非汛期发电水位为 310 m 高程"抬升 14 m。回水和淤积直逼潼关高程。

经过多次各方面的协调与协商,为了降低潼关高程,水利部下达办函[2003]31 号文件《关于非汛期三门峡水库试验运用水位通知》,自 2002 年 11 月起至翌年 6 月(运用年),三门峡水库最高水位运用按照"318" 控制,即"318"试验方案。

"318"方案已实施近 10 年,潼关高程处于稳定微降的状态(见第九章),应当指出,2002 年至今,黄河流域遇到了干旱少雨的枯水枯沙系列,非汛期进入三门峡库区的输沙量之少是历年罕见的,也是潼关高程趋于稳定的重要因素之一。然而,非汛期库水位控制在 318 m 以下,毕竟是向"310 m"靠近。笔者认为,三门峡水库非汛期水位不应超过 315 m,平均水位控制在 312 m 以下为妥。

第七节　回顾"三门峡"联想到的几件事

一、规划视野要宽大和深远

三门峡水利枢纽工程改建、增建的原则是正确的,在执行过程中虽然出现一些失误,如能认真改正,可以落实"确保西安,确保下游"的目的。现在看起来,我们水利水电行业在作规划与设计工作时,眼界不够宽,思路还没扩大。改革开放之后,在审查水利水电重大项目时,增加了环评项目,而环评也只限于工程所涉及的附近地区。事实上,大型水利水电工程修建后所带来的影响,其负面作用远非如此。如三门峡水库非汛期蓄水位过高,对渭河下游下段河床的淤积、防洪水位升高、常遇洪水出现大灾、黄河下游河床形态萎缩、平滩流量下降等重大问题,在几次规划工作中都没有涉及三门峡水库长时期调水调沙运用对黄河下游河道的深远影响。

黄河上游龙羊峡、刘家峡等近 10 座梯级水电站,级级调节,兰州以下的河水已经均匀化，日平均流量小于 800 m^3/s 的天数每年超过 300 d，造成黄河在宁夏、内蒙古河段的河槽萎缩，平滩流量下降，河床淤积上升，防洪能力降低，致使近几年凌汛异常吃紧，频发灾害。

二、特大洪水输沙量设计

每项大型水利水电工程的设计，都要送到水利部相关部门审查，其中对洪水计算更为严谨。但是对与洪水相伴的输沙量却无人问津，只讨论泥沙淤积、排沙。若一次大洪水输沙量达到 20 亿 t 以上时，水库淤积量、防洪库容损失、排沙出库对下游河道的影响又如何应对？

其实，流域的产沙是与暴雨洪水的产流、汇流直致造成洪水过程是相伴随的。其差别在于暴雨中心的地貌不同而已。因此，流域产沙也具有随机性，也应与洪水同时进行审查。

水文随机特性符合皮尔逊Ⅲ曲线的前提是在自然状态下的降雨、产流、汇流形成的洪水过程。目前，我国各大流域都修建了很多大中型水利水电枢纽，人类对自然生态破坏极为严重，有些地区与自然状态相比已经面目皆非。人们不禁要问，这种情况是否还能符合皮尔逊Ⅲ曲线？要不要进行研究或修正？

三、"人造洪峰"是维持河道生命的重要举措

本书有些章节中涉及大型水利水电工程将径流调节之后，更趋于均匀化下泄到坝下游河道，对河床塑造出与之相应的断面形态，尤其是平滩流量。三门峡、小浪底水库建成后，对黄河下游的平滩流量的影响非常明显。平滩流量由建库前的 6 000 ~ 7 000 m^3/s 下降到 1 800 m^3/s（高村水文站），超过平滩流量的小洪水上滩，给滩区居民造成灾害。

小浪底水库于 2002 年开始进行"调水调沙"，每年都有一次人造洪峰过程，洪水塑造出来新的河床形态，平滩流量增加 1 倍多，达到 4 000 m^3/s 以上，河流恢复生机（见第四章）。从已经发生过的实际情况来看，人造洪水过程需要径流量为 30 亿 ~ 50 亿 m^3。

若恢复宁夏、内蒙古河段的平滩流量，进行人造洪水过程所需要的径流量与黄河上游水电站出现"利益"冲突。这种较大的"利益"应如何平衡，目前的体制尚难以解决，它又是现实问题摆在那里——小水出大灾，涉及百万人口生活与生产安全问题，是回避不了的。

原水利电力部副部长兼总工程师冯寅多次提出："治水有三怕：怕洪水、怕没有水、怕水受污染。"他点中了要害。

中国水资源奇缺，尤其是黄河流域，工业农业用水与发达国家相比相差太多。人们生活用水也是浪费太多。为长治久安计，从现在起就应当对水资源作好严格管理，合理分配，平衡各方面的利益。为此建议成立国家水务部，统管地表水、地下水，制定农业用水标准，研制节水技术。工业、城市用水也应当如此，要做到未雨绸缪，人无远虑必有近忧。

参 考 文 献

[1] 岑仲勉．黄河变迁中[M]．北京：人民出版社，1957.

[2] 胡明思，骆承政．中国历史大洪水[M]．北京：中国书店出版社，1989.

[3] 骆承政,乐嘉祥. 中国大洪水[M]. 北京:中国书店出版社,1996.
[4] 黄河三门峡枢纽志编纂委员会. 黄河三门峡水利枢纽志[M]. 北京:中国大百科全书出版社,1993.
[5] 三门峡水库运用经验总结项目组. 黄河三门峡水利枢纽运用研究文集[M]. 郑州:河南人民出版社,1994.
[6] 中国水利学会. 黄河三门峡工程泥沙问题[M]. 北京:中国水利水电出版社,2006.
[7] 范家骅. 异重流的研究和应用[M]. 北京:水利电力出版社,1959.
[8] 范家骅,焦恩泽. 官厅水库异重流初步分析[J]. 泥沙研究,1952,3(4).
[9] 侯晖昌,焦恩泽. 官厅水库 1953 ~ 1956 年异重流资料初步分析[J]. 泥沙研究,1958,3(2).
[10] 焦恩泽. 黄河水库泥沙[M]. 郑州:黄河水利出版社 2004.
[11] 焦恩泽. 可用库容问题的研究[J]. 泥沙研究,1981(3).
[12] 焦恩泽,等. 水库调水调沙[M]. 郑州:黄河水利出版社,2008.
[13] 焦恩泽. 三门峡水库蓄清排浑运用的"拦粗排细模式质疑"[J]. 人民黄河,1995(7).
[14] 程龙渊,等. 三门峡库区水文泥沙实验研究[M]. 郑州:黄河水利出版社,1999.

第十四章　龙羊峡与刘家峡在黄河上游地区的作用与问题

第一节　龙羊峡、刘家峡水电站概况

龙羊峡水电站是目前黄河上游梯级开发最上游的大型枢纽，坝址位于青海省共和县与贵南县交界处的龙羊峡峡谷进口段，下距贵德水文站 55 km，控制流域面积 131 420 km^2。

贵德水文站多年(1919～1999 年)平均径流量为 206 亿 m^3，输沙量为 1 840 万 t，平均流量为 654 m^3/s，平均含沙量为 0.89 kg/m^3，汛期径流量为 120 亿 m^3，占全年的 58.3%，汛期输沙量为 1 320 万 t，占全年的 71.7%。

水库正常蓄水位为 2 600 m 高程，相应总库容为 247 亿 m^3，库容(V)与输沙量(W_s)的比值(V/W_s)为 1 342 m^3/t。死库容为 53.4 亿 m^3，相应库沙比为 290 m^3/s。按此推算，死库容可淤沙 300 年。库容大，全年径流量蓄不满兴利库容。

龙羊峡为重力拱坝，由主坝、重力墩及副坝组成，坝长 1 226 m，混凝土重力拱坝长 396 m。坝顶高程 2 610 m，最大坝高 178 m。校核洪水位为 2 605 m，设计洪水位为 2 599 m，汛限水位为 2 594 m，死水位为 2 530 m。龙羊峡水电站工程示意图见图 14-1。

龙羊峡水电站装机容量 128 万 kW，设计年发电量为 59.8 亿 kWh。水电工程于 1977 年开工，1979 年截流，1986 年 10 月关闸蓄水，1987 年 1 号、2 号机组发电，1988 年 6 月 4 台机组安装完毕。

龙羊峡水库以发电为主，与刘家峡水库联合调度，还承担着黄河上游地区的防洪、防凌、灌溉以及城市供水等任务。

刘家峡水库坐落在甘肃省永靖县黄河刘家峡峡谷出口处，库区由黄河干流及支流大夏河、洮河组成，洮河在坝址上游 1.5 km 处汇入黄河。干流库区包括寺沟峡、永靖川地及刘家峡；洮河库区由茅笼峡、唐汪川地组成；大夏河库区处在大夏河野孤峡以下河段。水库下游有小川水文站为出库站，该站多年(1919～1999 年)平均径流量为 269.8 亿 m^3，多年平均流量为 855 m^3/s，年均输沙量为 5 450 万 t，平均含沙量为 2.02 kg/m^3。

水库拦河大坝为混凝土重力坝，最大坝高 147 m，坝长 204 m，左右两岸副坝、电站坝段与溢洪道、泄水道相联结。坝顶高程为 1 739 m，设计年发电量 57 亿 kWh。

水库校核洪水位为 1 738 m，相应总库容为 64 亿 m^3，水库主要任务是防洪、防凌、发电和灌溉。水利枢纽自 1964 年复工，1968 年 10 月建成蓄水，1969 年 3 月第一台机组发电，1974 年电站机组全部安装完毕。至 1998 年汛后 1 735 m 高程以下，尚有库容 42.1 亿 m^3。

刘家峡水库是一座不完整的年调节水库，年内运用情况：11 月至次年 6 月的非汛期，

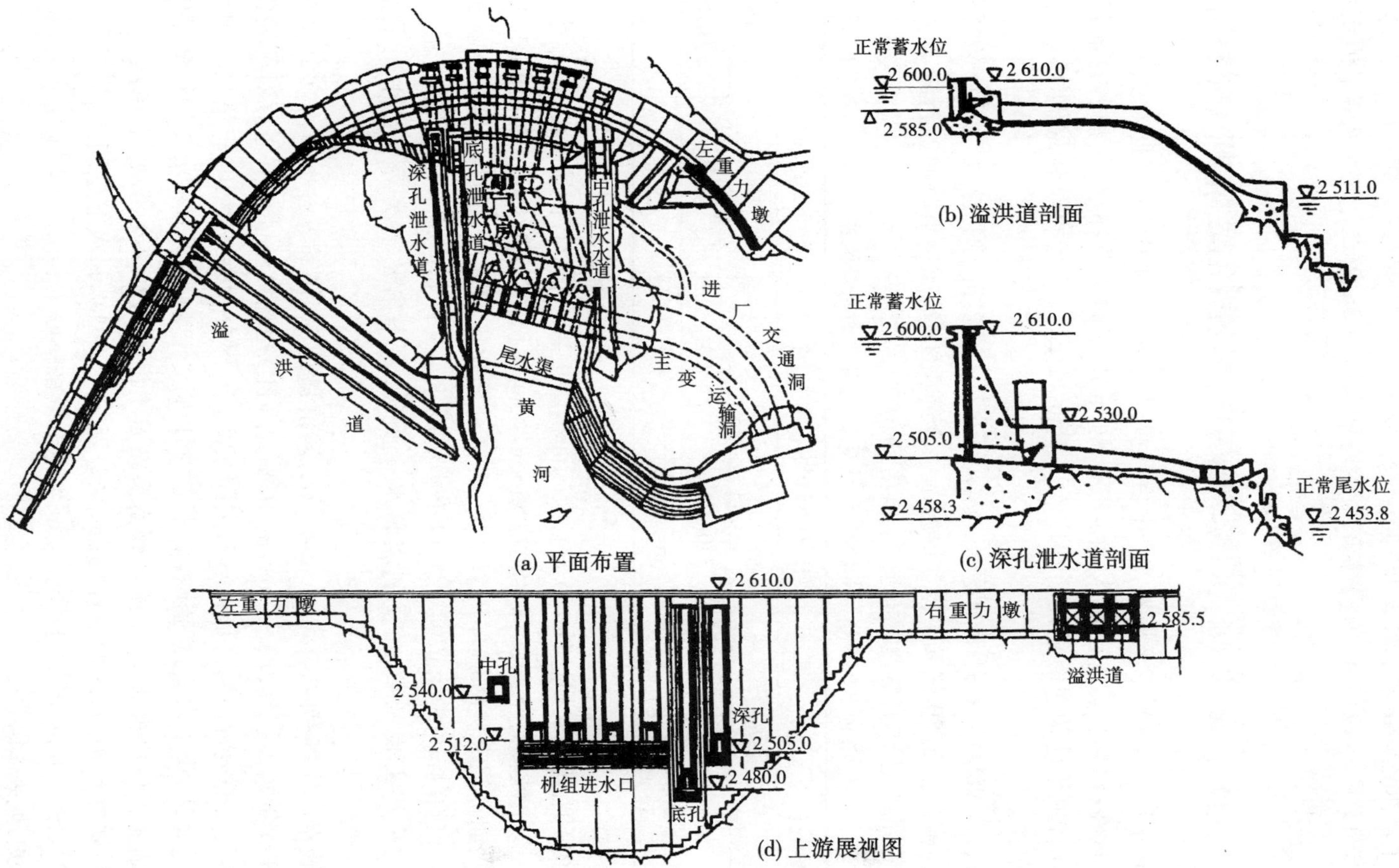

(a) 平面布置

(b) 溢洪道剖面

(c) 深孔泄水道剖面

(d) 上游展视图

图 14-1 龙羊峡水电站工程示意图

为了宁蒙河道防凌安全度汛、下游灌区引水及梯级电站发电引水需要，控制下泄流量；7月至10月为汛期，为了防洪需要，每年6月底水库开始蓄水，蓄到防洪限制水位1 726 m，10月底水库蓄水达到正常水位1 735 m。

1968年11月至1986年10月多年年平均蓄水量约28亿m^3，与非汛期下泄水量基本相等。

第二节　龙羊峡、刘家峡两座水库径流量调节概况

刘家峡水库于1968年汛后蓄水，开始对黄河上游地区的径流量进行了不完全的调节，主要表现在：汛期拦蓄部分洪水，削峰、拦泥；非汛期向下游补水，增加各月流量，尤其是防凌期间控制下泄流量。灌溉时期增加下泄量，受库容不足的限制，在年内达到蓄水、泄水基本平衡。

龙羊峡于1986年10月下闸蓄水，库容为247亿m^3，黄河上游唐乃亥水文站非汛期多年平均径流量不足80亿m^3，蓄水伊始闸门全部关闭，造成坝下游河道断流134 d，在此期间龙羊峡进库、出库月平均流量如表14-1所示。

表14-1　1986年10月至1987年1月各站流量　（单位：m^3/s）

测站位置	站名	10月	11月	12月	1月
进库站	唐乃亥	574	332	203	140
下游站	贵德	370	1.29	1.04	0.97
	循化	377	18.8	15.1	12.9

唐乃亥下距龙羊峡坝址约135 km，区间面积为9 448 km^2，有芒拉河汇入，集水面积为3 002 km^2；龙羊峡坝址下距贵德水文站55 km，区间面积约2 230 km^2。在表14-1中，龙羊峡关闸蓄水期贵德水文站仍有几个流量，贵德至循化区间面积为11 809 km^2，由隆务河（流域面积4 960 km^2）汇入黄河。表14-1中的循化水文站相应月平均流量10 m^3/s以上。小川水文站是刘家峡出库站，受刘家峡水库调节，看不出龙羊峡蓄水对小川水文站的影响。

刘家峡水库库容有限，多年来每年汛期调蓄量约28亿m^3，占小川水文站多年平均（1951～1990年）径流量（285亿m^3）的10%。因此，径流量经过调节之后对下游河道演变影响不大，主要表现在两方面：洪峰流量削减了一部分，枯水流量略有增加。用循化水文站作为进库站，小川水文站为出库站，以1981水文年为例，明显看出非汛期的平均流量小川水文站大于循化水文站，下游兰州水文站看不出有多大的改变，见表14-2。

龙羊峡水库蓄水后，库调节能力强，是一座大（1）型水利水电枢纽工程。以1992年为例，汛期大量蓄水，将汛期进库径流量的60%拦蓄在库内；非汛期向下游多补水是进库流量的50%，见表14-2。

龙羊峡水库大量的调节径流量改变了黄河上游上中段径流量的年内分配。以1989年为例，该年为丰水年，唐乃亥水文站年径流量为284.7亿m^3，兰州水文站为413.5亿

m^3。由于龙羊峡水库蓄水,汛期径流量由占全年的67.5%(唐乃亥)下降到48.5%(贵德),刘家峡水库再拦蓄一部分,汛期径流量占全年径流量的百分比下降到46.7%(小川),并且一直影响到安宁渡,见表14-3。小川水文站到兰州水文站之间有湟水、庄浪两大支流入黄,增加了径流量,使得兰州、安宁渡两站汛期径流量占全年径流量的百分比略有增加,但没有扭转改变后特征。黄河上游的中段川行于峡谷之中,偶有面积很小的川地挟杂其中。黄河上游的下段是下河沿至头道拐河段,有宁夏和内蒙古大片平原川地,是黄河挟带的泥沙经过地质年代沉积而成,因此这一段河流是冲积性微淤河床。

表14-2 黄河上游主要水文站受龙羊峡、刘家峡两座水库调节作用实例(单位:m^3/s)

年份	月份	循化	小川	兰州	年份	月份	唐乃亥	贵德	小川	兰川
1981	7	1 670	1 530	1 770	1992	7	1 760	616	827	1 070
	8	1 060	1 160	1 530		8	1 040	582	699	986
	9	3 530	3 890	4 240		9	1 080	369	521	777
	10	1 730	1 860	2 100		10	1 010	241	736	898
	11	697	836	990		11	397	543	815	860
	12	342	572	695		12	194	692	631	704
	1	254	577	655		1	173	551	587	622
	2	244	549	640		2	176	655	571	615
	3	282	464	540		3	235	508	513	567
	4	403	818	906		4	484	507	646	761
	5	817	1 130	1 210		5	701	598	1 010	1 080
	6	1 470	1 620	1 670		6	994	735	861	1 010

表14-3 1989年黄河上游主要水文站径流量分配特征值 (单位:亿 m^3)

项目	唐乃亥	贵德	循化	小川	兰州	安宁渡
汛期	192.3	137.0	144.9	158.1	206.0	204.4
非汛期	92.4	145.4	147.5	180.5	207.5	196.2
水文年	284.7	282.4	282.4	338.6	413.5	400.6
汛期/全年(%)	67.5	48.5	49.6	46.7	49.8	51.0

下河沿水文站是宁蒙河段的进口断面,头道拐水文站是出口断面。黄河上游大型水电站修建之后对径流量过程调节很大,表14-4是刘家峡、龙羊峡修建前、后不同流量的出现天数。从表14-4中可以了解到,在没修建水库的天然情况下,流量大于1 000 m^3/s的天数占88%以上;1969年以后,经过刘家峡水库调控之后,大于1 000 m^3/s流量的天数下降到74%;1987年龙羊峡蓄水,龙羊峡、刘家峡两座水库开始联合调度之后又有盐锅峡、

八盘峡、青铜峡、三盛公等水利水电枢纽再调节，使得头道拐断面的小流量天数猛增，汛期小于1 000 m^3/s 流量天数由建库前的33.7 d，增加到建库后的106 d，占汛期天数的86%。从表14-4中可以看出，龙羊峡水库的调蓄作用非常大。

表14-4 下河沿、头道拐两站不同时期汛期各级流量平均天数 （单位：d）

站名	时段(年)	<500 m^3/s	500 ~ 1 000 m^3/s	1 000 ~ 1 500 m^3/s	1 500 ~ 2 000 m^3/s	>2 000 m^3/s	说明
下河沿	1951 ~ 1968	0.6	13.6	29.0	25.8	54.0	刘家峡建成 龙羊峡建成
	1969 ~ 1986	2.3	29.4	43.1	17.6	30.6	
	1987 ~ 2002	0.9	83.9	30.8	4.1	3.4	
头道拐	1954 ~ 1968	5.7	28.0	26.9	29.1	33.3	刘家峡建成 龙羊峡建成
	1969 ~ 1986	26.7	36.2	23.6	14.4	22.1	
	1987 ~ 2002	68.1	37.8	12.8	1.5	2.8	

龙羊峡水库库容大，调蓄能力强，几乎将进库洪水均削减50%以上，最大削减率达到84.6%。再经过刘家峡及其以下多级水电站、引水枢纽的调节，到了内蒙古河段，径流量过程更为均匀，洪水出现的概率锐减，从防洪、防凌、发电及供水方面来看是很有利的。

第三节 龙羊峡、刘家峡两座水库对宁蒙河段的影响

一、宁蒙河道概况

黄河流经宁夏、内蒙古境内的河道称为宁蒙河段，属于黄河上游的下段。下河沿为宁蒙河段的进口水文站，头道拐是河段的出口水文站。全河段长为991 km，川行于宁夏的青铜峡、石嘴山峡谷之后进入银川、河套平原，及至内蒙古准格尔旗马乡后再进入黄河中游河段。河流峡谷段河谷窄深，两侧地形陡峻，纵比降大，坡陡流急；进入平原地带河谷宽阔，纵比降平缓，河床多为中细沙组成，经常发生冲淤演变。一般讲，宁蒙河段基本上是指上起石嘴山下至河口镇河段。在天然情况下处于微淤状态。

下河沿至青铜峡河段，河道长123 km，由卵石、砾石、粗沙组成的河床，多心滩、汊流、主槽在谷地之间摆动，河床宽度为0.3 ~ 3.5 km，纵向坡度为1.0‰。青铜峡至石嘴山河段，河道长195 km，黄河是由峡谷向平原过渡的准平原河道。主河槽有0.5 ~ 1.5 m厚的冲积层，冲积层以下为卵石，水流透过冲积层进入卵石层流向下游，再进入主河槽。

黄河在石嘴山进入宁蒙河段，石嘴山至三盛公河段，河长141 km，上段为峡谷，下段属于三盛公水库库区。经过多年冲淤演变，库区已经处于冲淤平衡状态。三盛公坝址以下至头道拐，河道长521 km，河床宽广，主流摆动游荡，在天然条件下处在微淤状态，为冲积性河流，纵向坡度缓，平均坡度为1.2‰。宁蒙河段情况如图14-2所示。

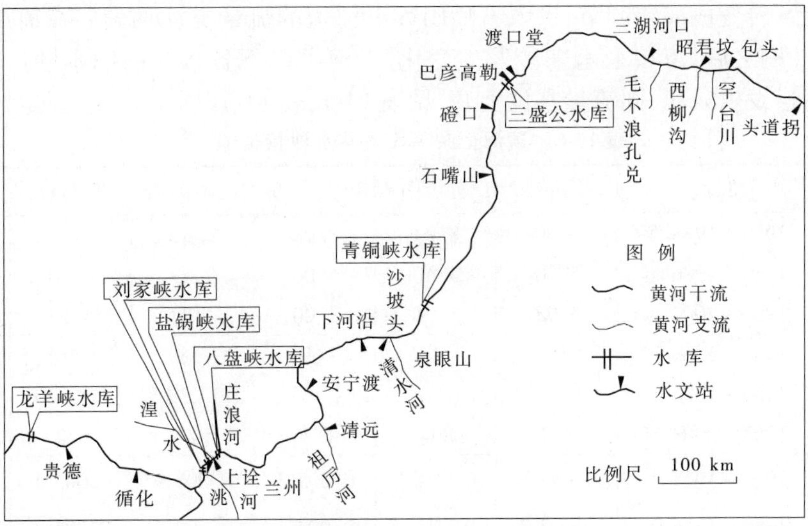

图 14-2　宁蒙河段示意图

二、宁蒙河段水沙特性

宁蒙河段是黄河上游的主要组成部分，它位居黄河上游下段，河道水沙变化受制于上、中两河段，尤其是上段。早在 20 世纪的 60、80 年代，先后建成刘家峡、龙羊峡两座大型水电枢纽工程，对多年径流量进行调节，拦截了输沙量，破坏了天然条件下的水沙搭配关系，由此也改变了下段（冲积河流）河床演变规律，从而引起河床发生新的演变。因此，宁蒙河段在水沙搭配改变以后的水沙条件、河床形态、平滩流量、平均河床高程等表征河流特性的诸多因素也随之发生新的演变过程。这些变化给人们带来的新问题，河床高程上升，相同水位下的过水面积减小，平滩流量减少，行洪能力下降，同流量水位上升（见表 14-5），水沙搭配参数增大（见表 14-6）。这些问题均由黄河上游来水来沙条件发生变化所致。表 14-7 是上游各水文站在不同时段，受人类活动影响等因素之后的径流量、输沙量等统计值。

表 14-5　水库运用前后宁蒙河段不同时期 1 000 m^3/s 水位升降（汛前）　（单位：m）

水文站	1960 ~ 1966 年	1966 ~ 1971 年	1971 ~ 1980 年	1980 ~ 1986 年	1986 ~ 2004 年
下河沿		-0.11	0.12	0	0.16
青铜峡	0.13	-0.41	-0.24	-0.39	-0.08
石嘴山	-0.14	-0.04	0.03	-0.03	0.05
磴口	0.19	-0.17	0.22	-0.24	
巴彦高勒	-0.58	-0.20	0.15	-0.70	1.80
三湖河口	-0.08	-0.46	-0.14	-0.08	1.70
昭君坟	-0.28	-0.36	0.37	-0.14	0.99*
头道拐	-0.01	-0.09	-0.70	2.04	0.24

注： * 为 1986 ~ 1995 年的变化值。

从表 14-5 中可以看出，1966 年之前，下河沿水文站以下各水文站有冲有淤；1966 ~ 1980 年，刘家峡水库建成后下泄清水，发生冲刷，各站同流量水位下降；1986 年以后龙羊峡水库建成后，转变成多年调节，进入石嘴山以下河道的流量更加均匀。在前期近20年河床被清水冲刷之后，流域来水来沙发生变化，下河沿以下各水文站的水沙搭配参数增大，各站主河槽发生淤积，同流量水位上升，见表14-5、表14-6。

表14-6　黄河上游下段各站水沙特征值

项目	时段	下河沿	石嘴山	巴彦高勒	三湖河口	昭君坟	头道拐
含沙量（kg/m^3）	1950～1968年	8.80	8.23	8.98	9.39	8.59	8.63
	1969～1986年	5.30	4.40	5.06	5.59	6.30	6.68
	1987～2003年	5.98	5.90	7.20	4.77	4.13	4.19
平均流量（m^3/s）	1950～1968年	1 965	1 882	1 696	1 587	1 561	1 527
	1969～1986年	1 615	1 527	1 172	1 232	1 223	1 212
	1987～2003年	972	894	517	574	662	557
水沙搭配参数（$kg \cdot s/m^6$）	1950～1968年	0.004 5	0.004 4	0.005 3	0.005 9	0.005 5	0.005 7
	1969～1986年	0.003 3	0.002 9	0.004 3	0.004 5	0.005 2	0.005 5
	1987～2003年	0.006 2	0.006 6	0.013 9	0.008 3	0.006 2	0.007 5

表14-7　黄河上游主要水文站及区间不同时段径流量、输沙量、含沙量

项目	站名	1950～1968年	1969～1986年	1987～2002年	区间	1950～1968年	1969～1986年	1987～2002年
径流量（亿m^3）	唐乃亥	205.0	218.7	176.9	唐—贵	10.4	5.6	-1.1
	贵德	215.4	224.3	175.8	贵—循	16.3	5.3	4.7
	循化	231.7	229.6	180.5	循—小	60.9	57.3	40.4
	小川	292.6	287.1	220.9	小—兰	49.9	39.8	40.7
	兰州	342.5	326.9	261.9	兰—下	-2.6	-2.9	-14.0
	下河沿	339.9	324.0	247.6	下—石	-20.9	-27.8	-17.5
	石嘴山	319.0	296.2	230.1	石—头	-56.0	-58.6	-74.4
	头道拐	263.0	237.6	155.7				
输沙量（亿t）	唐乃亥	0.115	0.146	0.120	唐—贵	0.103	0.131	-0.091
	贵德	0.218	0.277	0.029	贵—循	0.192	0.155	0.138
	循化	0.410	0.432	0.167	循—小	0.417	-0.275	0.020
	小川	0.826	0.157	0.187	小—兰	0.390	0.358	0.268
	兰州	1.216	0.514	0.452	兰—下	0.900	0.575	0.357
	下河沿	2.116	1.089	0.809	下—石	-0.050	-0.097	0.057
	石嘴山	2.066	0.993	0.866	石—头	-0.334	0.102	-0.452
	头道拐	1.732	1.094	0.414				

续表 14-7

项目	站名	1950～1968 年	1969～1986 年	1987～2002 年	区间	1950～1968 年	1969～1986 年	1987～2002 年
含沙量（kg/m^3）	唐乃亥	0.56	0.67	0.68	唐—贵	0.45	0.57	-0.51
	贵德	1.01	1.23	0.16	贵—循	0.76	0.65	0.76
	循化	1.77	1.88	0.93	循—小	1.05	-1.33	-0.08
	小川	2.82	0.55	0.85	小—兰	0.73	1.03	0.88
	兰州	3.55	1.57	1.73	兰—下	2.67	1.79	1.54
	下河沿	6.23	3.36	3.27	下—石	0.25	-0.01	0.50
	石嘴山	6.48	3.35	3.76	石—头	0.11	1.25	-1.10
	头道拐	6.59	4.60	2.66				

黄河上游各主要水文站之间有区间的产流汇流面积，增加径流量、输沙量。在宁蒙河段有灌溉取水工程，除区间面积增值外，大量引水使下一座水文站的径流量减少。此外，20 世纪 70 年代以后，流域内进入枯水少雨系列，使宁蒙河段径流量锐减，见表 14-7。

与径流量相比较，同期输沙量也一再减少，但不如径流量减少的多，因此含沙量增加。径流量减少反映到流量减少，由于水电工程的调控，流量过程均匀化，致使输沙能力下降，平滩流量减少，泥沙均淤积在主河槽内，进而使河床平均高程上升。

应当承认，这些是大型水利水电工程带来的意想不到的后果。人们由“不知”到“有知”，从实践中得到的“财富”，不可抛弃，既是教训又是不可多得的财富。

三、宁蒙河段河道冲淤演变

宁蒙河段在历史年代河道的地形测量工作做得很少，20 世纪 80 年代有些不连续的断面资料，此外，有水文站观测断面的资料。由于资料的匮乏，给研究河床演变造成很大困难。为了从定性方面来给出河床演变发展趋势，采用多种方法以用定量方法给出定性的结论。

（一）同量水位法

采用内蒙古河段三处水文站的平滩流量来计算河床断面面积、河床宽度、断面平均水深，如表 14-8 所示。表中“滩唇高程”项目，自然河槽两侧在一般情况下均有滩唇。所谓平滩流量，是指河槽水位与滩唇高程相等时通过河道的流量。表 14-8 中的“日期”尽可能选择在汛前，泥沙经过冬、春两季的沉积、固结，塑造出来的形态更接近于真实情况。

1986 年汛后，龙羊峡水库蓄水并开始运用，是改变黄河龙羊峡坝址以下地区径流量、输沙量大变化的起点。从表 14-8 中可以看出，1986 年之后，各站断面的过水面积等物理量变化很大。

（二）断面冲淤变化

这里选用了石嘴山、巴彦高勒和三湖河口三处水文站的实测大断面资料进行套绘，见

图 14-3 ~ 图 14-5。

表 14-8　内蒙古河段几个典型断面河床特征值

断面	时间(年-月-日)	滩唇高程(m)	面积(m^2)	河宽(m)	水深(m)	$\frac{\sqrt{B}}{H}$
巴彦高勒	1973-06-19	1 051.26	1 245	450	2.77	7.7
	1986-05-23	1 051.63	1 519	540	2.81	8.3
	1990-06-14	1 051.96	1 903	571	3.33	7.2
	2003-04-05	1 052.12	731	300	2.44	7.1
	2005-04-01	1 052.19	1 061	308	3.45	5.1
三湖河口	1965-06-01	1 020.26	1 293	402	3.21	4.2
	1972-06-15	1 020.06	1 473	446	3.30	6.4
	1986-05-10	1 019.54	1 435	397	3.62	5.5
	2004-04-04	1 019.50	678	278	2.44	6.8
	2005-04-04	1 019.84	860	310	2.77	6.4
头道拐	1965	989.27	1 220	331	3.68	4.9
	1972	989.08	1 433	549	2.61	4.0
	1986	989.90	2 604	607	4.29	5.7
	2004	990.22	2 411	613	3.94	6.3

石嘴山断面的河床为粗砂及小卵石组成，自 1970 年以后比较稳定，不论是河床宽度还是过水面积，均无大的变化，见图 14-3。

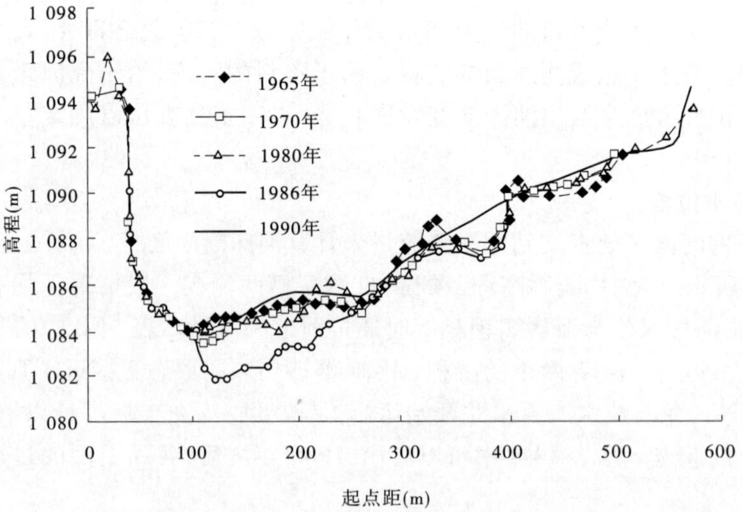

图 14-3　不同时段石嘴山水文站断面套绘图

巴彦高勒断面处在冲积性河道上,河床组成多为床沙质。随着上游来水来沙的改变,断面易冲易淤,变幅较大,见图14-4。

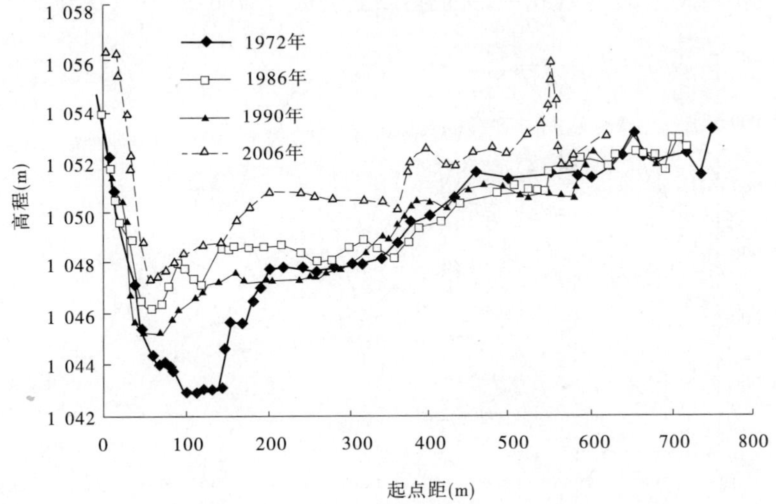

图14-4 不同时段巴彦高勒水文站断面套绘图

三湖河口断面处在巴彦高勒下游220 km处,河床由中沙、细泥沙组成,主河槽容易左右摆动,河床又极易冲刷下切和淤积上升,见图14-5。

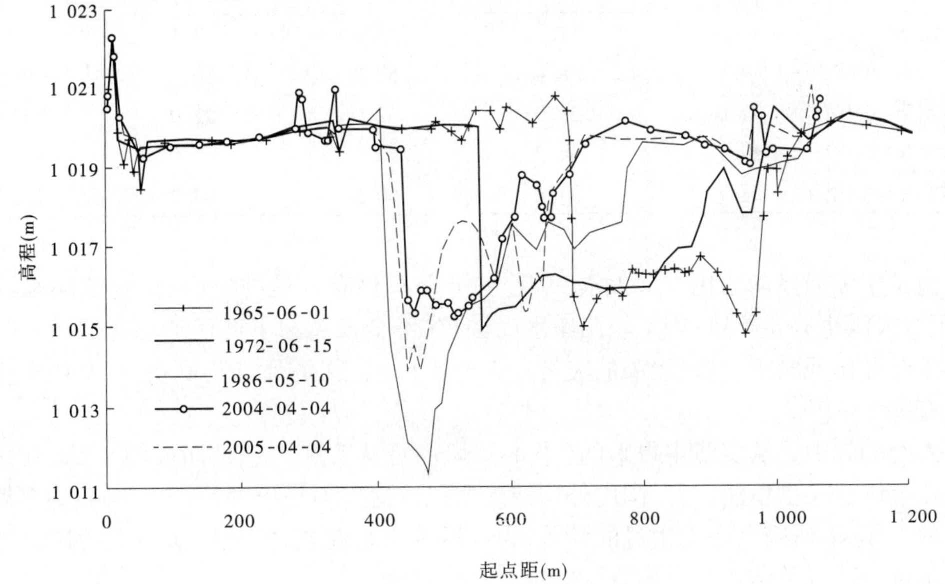

图14-5 不同时段三湖河口水文站实测大断面套绘图

(三)平滩流量减少

通过对内蒙古河段的三处水文站资料分析,三站的平滩流量自1968年开始逐年下降,见图14-6。各站平滩流量下降就表明各站在固定高程情况下测流断面的过水面积减少，河槽出现萎缩。一方面是黄河上游龙羊峡、刘家峡两座大型水库的联合调度调节径流，使下游流量过程均匀化，同时，宁蒙河段引水量增加也是原因之一，见表 14-9。从表 14-9 中可知，20 世纪 90 年代与 50 年代相比，头道拐以上引水量增加 68.4%，达到 50 亿 m^3。

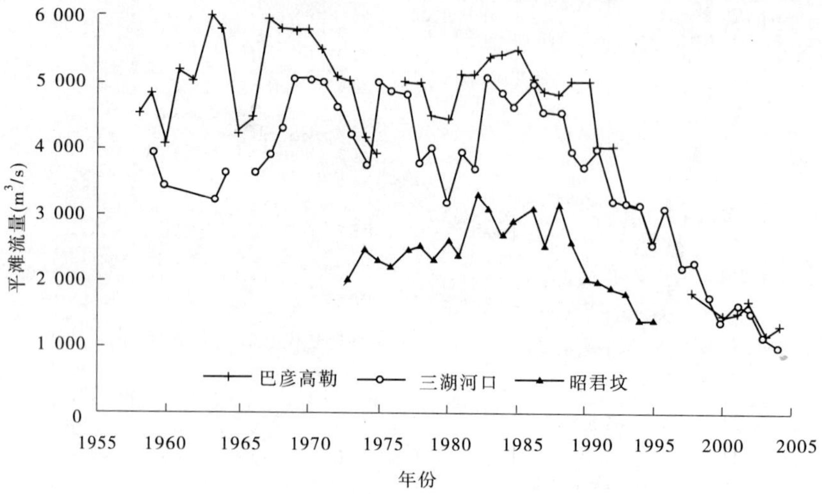

图 14-6　内蒙古河段水文站断面平滩流量变化

表 14-9　黄河上游各区间不同年代平均引水量　（单位：亿 m^3）

年代	下河沿以上	下河沿—石嘴山	石嘴山—头道拐	下河沿—头道拐	头道拐以上
20 世纪 50 年代	10.3	19.4	43.7	63.1	73.4
20 世纪 60 年代	14.7	28.4	52.2	80.5	95.2
20 世纪 70 年代	21.0	29.9	52.0	82.0	102.9
20 世纪 80 年代	24.1	34.9	62.2	97.0	121.1
20 世纪 90 年代	28.7	34.4	60.5	94.9	123.6

由于宁蒙河段向恶化方向发展，从趋势上分析仍有发展的空间，因为流域来沙量减少，上游大洪水有龙羊峡、刘家峡两座水库调控，不会像黄河下游河道那样严峻，然而，在近几年已经出现凌汛决口、漫溢的灾害。人们在猜想，这是否与龙羊峡、刘家峡大型水库建设有关？

人类的知识是从实践中得来的（书本知识也是从实践中总结而成的）。尤其是在多沙河流上修建大型枢纽工程，国内外均缺乏实践。这里不是指责，而是提醒我们多做总结经验的工作，多研究已经发生过的问题，为今后少走弯路创造条件，黄河上的许多工程确实值得进行认真总结。

参 考 文 献

[1] 焦恩泽．黄河水库泥沙[M]．郑州：黄河水利出版社，2004.

[2] 张晓华，等．黄河干流大型水库修建后上下游再造床过程[M]．郑州：黄河水利出版社，2008.

第十五章　关注古贤水利枢纽二三事

拟建的古贤水利枢纽是黄河中游一座大(1)型水电枢纽，工程规划中的目标是以防洪、拦沙为主，兼顾供水、灌溉和发电。从治理黄河，给下游两岸人民创造安居乐业的环境考虑，应当快建、早建为好。目前，黄河上中游干支流已建成大型水库十几座，从水库泥沙方面观察，出现许多问题，也解决了很多难题，而且又是各具特色的"疑难杂症"，这些都是极其宝贵的经验，也出现过在引用已有经验时照抄照搬的现象，其实这正是没有吸取教训的反映。

每一座工程，由于所处的地理、地貌条件不同，处在河流的地段各异，因此在借鉴他处的成功经验时，切忌不加筛选全盘挪用，否则可能造成始料不及的后果。

因此，当每一座水利枢纽在规划设计阶段，借鉴"他人经验"，结合本工程特征或特点，周密研究的同时，更应当多思考枢纽工程与全河的关系，建成后可能产生的后遗症应及早预防。

第一节　古贤水利枢纽概况与效益评估

一、水利枢纽工程概况

古贤水利枢纽拟建在黄河中游北干流壶口瀑布上游 10 km 处的古贤村，左岸为山西省吉县，右岸是陕西省宜川县。库区长度约 300 km，原河道坡陡流急，碛滩连绵，两岸岩石壁立，河床窄深。

枢纽控制流域面积为 49 万 km^2，其中粗泥沙来源区面积为 6.0 万 km^2，两岸支流众多，流程短，坡度陡，除几条大支流外，多为间歇性沟道，所有汇入库区的大小支流，基本上处在黄土丘陵地区，少数支流在土石山区，见图 15-1、图 15-2。

古贤水库以防洪减淤为主，兼顾发电，供水灌溉，与已建成的三门峡、小浪底水库联合调度运用，调控黄河下游水沙过程，进行综合利用。规划初步确定：正常蓄水位为 645 m，相应总库容为 165.6 亿 m^3，其中设计堆沙库容为 118 亿 m^3，水库死水位定为 598 m 高程，汛期限制水位为 630 m 高程。初步确定装机容量为 2 100 MW，年均发电量为 70.96 亿 kWh。

二、古贤水库有巨大的防洪效益

黄河下游河道防洪对象有"上大洪水"和"下大洪水"之分。所谓"上大洪水"，是指三门峡以上地区产生的洪水，三门峡以下地区产生的洪水叫做"下大洪水"。

据文献记载：上大洪水有 1843 年型洪水和 1933 年型洪水。1843 年洪水是在黄河中游地区调查洪水中最大的洪水，经鉴定认为是千年一遇以上洪水。1933 年洪水是陕县水文站 1919 年设站以来实测最大洪水。

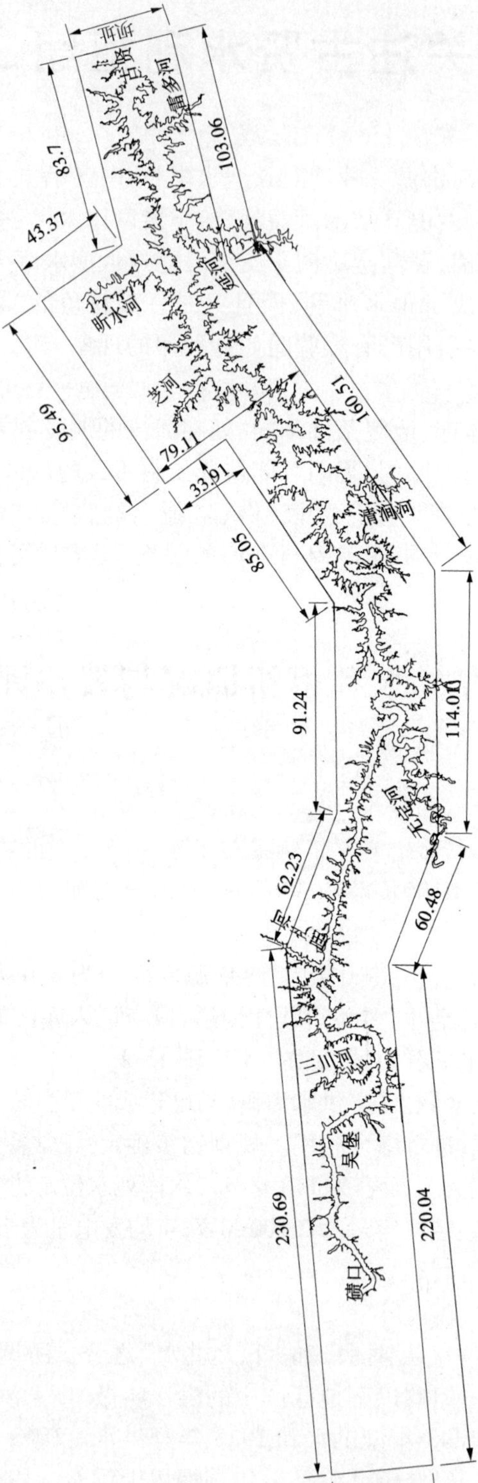

图 15-1 古贤水库库区平面图（单位：km）

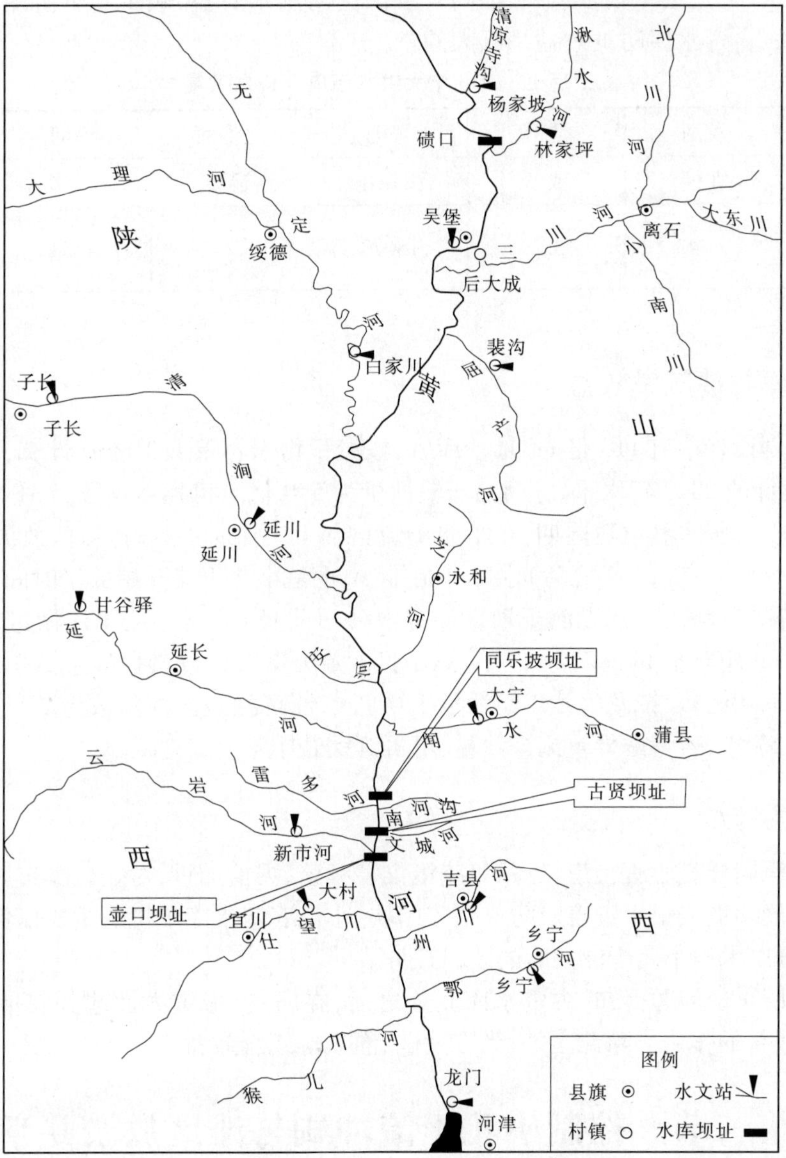

图 15-2　古贤水库库区位置示意图

对 1843 年洪水进行过多次调查，西起潼关东至小浪底，沿河徒步走访村民老者，查看沿河洪水遗痕，勾画出河段的洪水水面线，找到洪水淤积下来的泥沙，并作了矿物分析。根据调查的很多数据估算出：1843 年洪水的洪峰流量为 36 000 m^3/s，12 d 的洪水径流量为 119 亿 m^3。根据矿物分析，洪水主要产自黄河北干流吴堡以上地区。

1933 年 8 月洪水，由黄河干流和支流的泾、洛、渭共同组成，其中有 51.43% 的径流量来自黄河干流龙门以上地区，见表 15-1。

从表 15-1 中可以看出，1933 年 8 月洪水 53% 径流量来自龙门以上地区。

古贤水库初期（20 年以上）有近百亿立方米库容，可以拦截上大洪水，减轻了三门峡、小浪底的防洪压力，三库联合运用，提高了防御黄河洪水效益，减少了下游滩区的受灾概率，由此看来，古贤水库防洪效益是巨大的。

表 15-1　1933 年大洪水组成及各站洪量

河名	黄河	渭河	泾河	北洛河	汾河	黄河
站名	龙门	咸阳	张家山	洑头	河津	陕县
12 d 洪量（亿 m^3）	51.43	13.29	15.70	3.64	4.53	96.73

三、水库拦沙减淤效益

水库规划设计中有 118 亿 m^3 堆沙库容，按淤积物干容重 1.3 t/m^3 计算，可拦截泥沙 153 亿 t。设计的 2020 年水平，龙门站年输沙量为 5.0 亿 t，可拦沙年数为 31 年。

若与建设古贤水利枢纽同期，在小北干流（禹门口至潼关）进行滩区放淤工程建设，在古贤水库建成后期（20 年之后）水库开始排沙，也是小北干流开始放淤时间。

黄河勘测设计院（黄河勘测规划设计有限公司前身）曾对小北干流做过多次放淤规划，有 80 亿 m^3、100 亿 m^3 和 120 亿 m^3 三个拦沙量方案。以放淤拦沙量 100 亿 m^3 为例，可存放泥沙 130 亿 t。按龙门站年输沙量 5.0 亿 t 计，可拦截泥沙年数为 26 年，与水库拦沙年合计为 57 年，若考虑异重流排沙量，可再延缓若干年。

四、防凌作用

黄河凌汛同样是心腹之患，近几年凌汛灾害频繁，灾情加重，对壶口瀑布风景区、黄河小北干流各段均造成很大灾害。防凌是三门峡、小浪底两水库承担的主要任务之一，有了古贤水库，可以承担小北干流发生的凌汛任务。

从上述所讨论问题得知，古贤水库修建之后，在防灾、减灾方面起到其他水库（如三门峡）不能代替的作用。除此之外，尚有发电、灌溉等综合效益。

第二节　控制小北干流冲刷与滩区放淤并举

黄河出禹门口，西南流至潼关，河段长 132.5 km，称做小北干流，全河段似藕节形状，可分为三段：禹门口至庙前为上段，河道长度为 42.5 km，河道宽度在 3.5 km 以上，最大宽度为 13 km，河道纵向平均坡度为 5.7‰，河势摆动强烈；庙前至夹马口为中段，河道长度为 30 km，河道宽度为 3.5 ~ 6.6 km，河势比较平缓，纵向平均坡度为 4.7‰；夹马口至潼关为下段，河道长度为 60 km，河道平均宽度为 11.6 km，最大宽度为 18.8 km，纵向平均坡度为 3.1‰，河势摆动幅度很大而且频繁。禹门口至潼关全河段的河道面积为 1 107 km^2，其中滩区面积为 657 km^2。河道两侧台塬高出河床 10 ~ 200 m 不等。黄河小北干流是一处天然滞洪滞沙区。

古贤水库建成后的调水调沙运用期给小北干流滩区创造了极好的放淤时机，小北干流滩区也是一块难得的放淤地区,应当抓住机遇充分利用,为治黄工作建功立业。

一、古贤水库拦沙期对小北干流的影响

古贤水库在规划中拟定[1],水库建成后分为拦沙期和调水调沙期两个阶段的不同运用方案。水库拦沙期除异重流排沙外,其他时间均为下泄清水,小北干流河道会出现清水冲刷下切或者小水坐弯展宽。

(一)2008 年三门峡水库实测资料启示

2008 年进入三门峡水库的水沙量属于枯水枯沙年份,运用年的输沙量很少,见表 15-2。

表 15-2 2008 年三门峡水库进库站水沙量

站名	非汛期			汛期		
	径流量(亿 m^3)	输沙量(亿 t)	含沙量(kg/m^3)	径流量(亿 m^3)	输沙量(亿 t)	含沙量(kg/m^3)
龙门	119.0	0.41	3.45	65.4	0.21	3.21
华县	19.9	0.017	0.85	19.6	0.56	28.6
潼关	137.4	0.69	5.02	77.8	0.71	9.13

表 15-2 中给出:龙门运用年全年输沙量仅有 0.62 亿 t,与多年(1951 ~ 1991 年)平均输沙量(9.09 亿 t)相比,2008 年输沙量是多年输沙量的 6.8%,相当于水库蓄水期异重流的排沙量。汛期含沙量也只有 3.21 kg/m^3,其水沙搭配参数仅为 0.005 8 $kg \cdot s/m^6$。这样的水沙条件造成黄河小北干流全河段在运用年内不分非汛期、汛期都是冲刷,见表 15-3。

表 15-3 2008 运用年小北干流冲淤量分布 (单位:亿 m^3)

时段	黄淤 41—黄淤 45	黄淤 45—黄淤 50	黄淤 50—黄淤 59	黄淤 59—黄淤 68	黄淤 41—黄淤 68
非汛期	0.019	-0.052	-0.092	-0.177	-0.302
汛期	-0.027	-0.046	-0.076	-0.013	-0.162
运用年	-0.008	-0.098	-0.168	-0.190	-0.464

从表 15-3 中可以看出,在 2008 运用年中,在非汛期、汛期全河段几乎全是冲刷,全年全河段共冲刷 0.464 亿 m^3,当年龙门水文站运用年的径流量为 184.4 亿 m^3,是多年平均(1951 ~ 1991 年)径流量(301.0 亿 m^3)的 61.2%,汛期径流量是多年平均汛期径流量(169.7 亿 m^3)的 38.6%。汛期径流量少,全河段冲刷量也小,靠近龙门水文站的小北干流上段,纵比降大,其冲刷量大,小北干流下段,不仅纵比降小,而且远离龙门水文站,水流在上、中两段已经在进行沿程冲刷,挟沙水流逐渐恢复饱和,及至下段水流挟沙接近饱和,所以冲刷量很小,这是非常合乎情理的。

---

[1] 黄河勘测规划设计有限公司,黄河古贤水利枢纽工程项目建议书,2008 年。

(二)小浪底水库清水下泄冲刷黄河下游河道

上一节讨论了2008运用年小北干流在类似清水条件下冲刷河床的情况是否是偶然现象,这里将小浪底水库下泄清水对黄河下游河道冲刷的情况简单介绍如下:

(1)小浪底坝址至花园口水文站断面的河道长度为128 km(简称小—花段)与小北干流河道长度相接近。小—花段沿河有许多节点控制河势摆动,河床组成为粗沙、细泥沙,河床特征与小北干流有可比之处。

(2)小浪底下泄清水,黄河下游小—花段河床冲刷情况如表15-4所示。

表15-4 小浪底水库下泄清水小—花段冲淤量与径流量 (单位:亿 m^3)

年份	非汛期		汛期		运用年	
	冲淤量	径流量	冲淤量	径流量	冲淤量	径流量
2000	-0.591	117.6	-0.122	89.4	-0.713	207.0
2001	-0.327	105.6	-0.146	49.9	-0.473	155.8
2002	-0.122 4	107.8	-0.182	85.0	-0.304	192.8
2003	-0.005 6	72.7	-0.642	88.0	-0.648	160.7
2004	-0.014 3	182.4	-0.164	69.2	-0.178	251.6
2005	-0.083 0	139.1	-0.077	67.0	-0.160	206.1
2006	-0.343	195.7	-0.052	71.6	-0.395	267.3
2007	-0.070	134.8	-0.040	100.8	-0.110	235.6
2008	-0.109	182.3	-0.114	64.0	-0.223	246.3
合计	-1.665 3	1 238.4	-1.539	684.9	-3.204	1 923.3
平均	-0.185 0	137.6	-0.171	76.1	-0.356	214.7

从表15-4中可以看出,多年平均径流量为214.7亿 m^3,全河段多年平均冲刷量为0.356亿 m^3。与黄河小北干流2008年的径流量、冲刷量很相近。在长期小流量水动力不足的条件下,很难从河床上冲起大量泥沙,在小流量条件下也输送不动。

小浪底水库自2000年开始,每年下泄流量小于1 000 m^3/s 的天数在200 d以上,最多的达到225 d。

2002~2008年,小浪底水库下泄流量小于1 000 m^3/s 的天数,9年平均为308.3 d,即全年有10个月的时间都是小于1 000 m^3/s 流量,见表15-5。

表15-5 小浪底水库下泄流量小于1 000 m^3/s 的天数

年份	2002	2003	2004	2005	2006	2007	2008	平均
天数(d)	305	325	298	320	269	316	325	308.6

古贤水库与小浪底水库相比,年径流量少了许多。从系列年(1919~1998年)来看,龙门水文站为303.4亿m^3,小浪底水文站为401.3亿m^3。按2020年设计年估算也要相差几十亿立方米。因此,古贤水库建成后,下泄流量小于1 000 m^3/s的天数要比小浪底水库多,甚至全年都可能小于1 000 m^3/s。由此可以推测,古贤水库拦沙运用期下泄清水冲刷小北干流河道,其冲刷量要低于小浪底水库下泄清水冲刷小—花段河道的冲刷量,切不可将小北干流冲刷量估计过高。

二、控制冲刷河道与滩区放淤并重

古贤水库拦沙运用阶段,下泄清水进入小北干流河道,肯定会发生冲刷,或许出现展宽。不论哪种形式,都会增加进入三门峡潼关以下库区输沙量。

从"确保西安,确保下游"的总方针来考虑,潼关以下库区应当维持30亿m^3库容。否则,因淤积上延会促使潼关高程上升;库容减少将损失防洪库容,威胁黄河下游安全。因此,小北干流冲刷起来的泥沙应如何安排值得深入研究。

黄河小北干流在历史时期就是一个滞洪滞沙区,在滞洪的同时滞沙,在比降较陡、流量很大的时段滞沙,其沉积的泥沙组成较粗。因此,小北干流冲刷起来的多为粗颗粒泥沙,这样的泥沙被输送到潼关以下库区会出现三种运动形态:①三门峡水库敞泄排沙,需要1 500 m^3/s以上的下泄流量,潼关以下尤其靠近坝区,库水位大幅降落形成较陡的水面比降,进入潼关以下库区的粗泥沙不容易沉降,排沙出库。②时逢汛期发电,坝前水位在305 m高程以下,回水末端上延到距坝地40 km以外,进来的粗泥沙大部分会淤在靠近坝区范围。③处于①、②之间,也会有部分粗泥沙淤积在坝区。

如果采取极端措施,譬如强迫敞泄,将粗泥沙排向小浪底水库,偶尔几次尚可接纳,如果积少成多,小浪底水库将面对灾难来临的局面,奈何?

若小浪底水库也采取强硬措施(是否能做到另当别论)与三门峡同步敞泄排沙,让挟带粗泥沙水流穿堂而过,排沙出库进入黄河下游河道。下游河道能否承受,承受之后能维持多久? 这些问题都应当在古贤水库规划阶段做过细的工作,给出多方案的回答,确保无误为妥,三门峡的教训是深刻的,要牢记不忘。

古贤水库下泄清水冲刷黄河小北干流,将部分泥沙搬到三门峡、小浪底或黄河下游,其实搬家不如"就地安家",在小北干流进行大放淤。

第三节　古贤水库进库水沙特性

古贤水库在规划设计时可以用龙门水文站的资料,当做进库水沙条件做各种方案设计,因为古贤水库到龙门水文站只有75 km,区间面积小,无大支流汇入黄河,对长系列水沙量的多年平均值影响不大。

实际上进入古贤水库的径流量、输沙量是分散而入。其中,有黄河干流是吴堡水文站,支流是湫水河(村家坪)、三川河(后大成)、屈产河(裴沟)、无定河(白家川)、清涧河(延川)、昕水河(大宁)及延河(甘谷驿)等8处水文站控制进库水沙量。

吴堡至龙门区间的面积为64 038 km²，其中有未控区面积11 339 km²，占吴堡—龙门区间面积的17.7%。径流量多年平均值，龙门水文站为303.4亿m³，吴堡水文站为275.1亿m³；输沙量多年平均值，龙门水文站为9.22亿t，吴堡水文站为5.65亿t。吴堡—龙门区间是黄河中游主要产沙区，直接进入库区的各支流水沙特征值见表15-6。

表15-6　进入古贤水库主要支流水沙特征值

河名	站名	系列年（年）	径流量					输沙量					含沙量（kg/m³）			
			年均（万m³）	汛期（万m³）	汛期/年均（%）	洪水（万m³）	洪水/年均（%）	年均（万t）	汛期（万t）	汛期/年均（%）	洪水（万t）	洪水/年均（%）	年均	汛期	洪水	最大
湫水河	林家坪	1954～1996	8 286	6 433	77.6	5 175	62.5	1 941	1 935	99.7	1 927	99.3	234	301	372	1 010
三川河	后大成	1957～1996	24 793	15 215	61.0	7 342	29.6	2 086	2 079	99.7	2 076	99.5	84.1	137.5	282.8	876
屈产河	裴沟	1962～1996	3 476	2 737	78.7	2 243	64.5	946	939	99.3	938	99.2	272	343	418	866
无定河	白家川	1954～1996	125 776	53 935	42.9	30 954	24.6	13 693	12 870	94.0	12 618	92.2	108.9	239	408	1 280
清涧河	延川	1954～1996	14 913	10 697	71.7	8 891	59.6	3 778	3 602	95.3	3 733	98.8	253.3	336.7	419.9	1 150
昕水河	大宁	1956～1996	15 057	10 828	71.9	9 142	60.7	1 807	1 802	99.7	1 799	99.6	120	160.4	196.8	730
延河	甘谷驿	1954～1996	22 585	15 717	69.6	12 637	56.0	5 082	5 066	99.7	5 043	99.6	225	322	399	1 190

从表15-6中可看出，水库右岸支流（无定河、清涧河、延河）输沙量大于左岸各支流（湫水河、三川河、屈产河、昕水河）。

吴堡—龙门区间是暴雨区，雨强大，历时短，又降落在黄土丘陵沟壑区，每逢暴雨则水力侵蚀、重力侵蚀并发，从而产生高含沙量洪水。由此而来，汛期、洪水期输沙量占全年输沙量的90%以上，径流量在全年分配上相对较为均匀。如无定河白家川水文站洪水期径流量只占全年径流的24.6%；三川河后大成水文站洪水期径流量占全年径流量的29.6%。

进入库区各支流的输沙量也如此集中，这对古贤水库调度运用带来新课题。巴家嘴、王瑶水库均修建在高含沙水流的河道上，每逢暴雨都形成高含沙洪水，而高含沙洪水进入水库之后又都转化为高含沙异重流，高含沙异重流的排沙比特别高。水库调度时，如何利用高含沙洪水、高含沙异重流的产生与运动规律进行减淤、排沙，实属新问题，需要深入研究。

并非含沙量超过某一数量级（如含沙量大于300 kg/m³）就定为高含沙水流。英国学者拜格诺用粒径1.0 mm沙样作流变试验，在含沙量达到1 200 kg/m³时，仍为牛顿流体，不是高含沙水流，只能暂定为“多沙水流”。

高含沙水流应当是非牛顿流体，其次含沙量中粒径小于0.01 mm的含沙量（$S_{d<0.01\ \mathrm{mm}}$）要达到70 kg/m³以上的挟沙水流才能转变为非牛顿流体。

黄委水文局在古贤库区几条支流上的水文站，采取沙样作了流变试验，结果如表15-7所示。

高含沙水流具有极强的输送能力，泥沙落淤后不易固结，沉降缓慢，这对研究水库泥沙的冲淤规律、淤积形态、水库排沙等基本项目带来新课题。它将左右水库运用方式、与上下游水库联合调度、洪水期如何安排泥沙出路等一系列新问题，应及早研究。

表 15-7　进入古贤水库支流测站流变试验

河名	站名	试样含沙量（kg/m^3）	起始剪切力（g/cm^2）	黏度系数（$\times10^{-3}$）	D_{50}(mm)
清涧河	延川	300	0.002	2.38	0.025
		599	0.004	5.07	0.025
延河	延安	297	0.001	2.25	0.029
		589	0.009	3.68	0.029
昕水河	大宁	306	0.003	1.82	0.03
		599	0.014	3.43	0.03
无定河	丁家沟	295	0.001	1.70	0.034
		595	0.006	2.80	0.034
三川河	后大成	544	0.015	3.6	0.017
		557	0.007	3.6	0.022

第四节　古贤水库冲淤形态讨论

古贤水库的干支流库区均为窄深峡谷地形，还有众多支沟。这种羽毛状地形、地貌，又是多泥沙支流，在距坝址不同里程分别进入库区，将构成非常复杂的淤积形态，给编制水库运用方案带来很多难题。松花江丰满水库是带状淤积形态，就是因为各条支流在距坝不同里程进入库区形成的。

一、库容特征

古贤水库干支流库区的两侧多为岩石陡立，参差不齐，受造陆运动作用，水流切割成窄深峡谷，纵向坡度陡峻。干流原河床比降约 9.0‰，主要支流原河床比降为 28‰～68‰。因此，总库容中的滩地库容所占比例很少，而河槽库容较大，这对调水调沙运用、恢复河槽库容极为有利。

二、库区拦门沙坎问题

自坝址向上游依次有延河、昕水河、清涧河、无定河、屈产河、三川河及湫水河进入库区或黄河。各主要支流的库容（645 m 高程以下）、天然河床道比降、各支流河口处原始高程、河口距坝址里程、多年平均输沙量等河道特征值见表 15-8。

从表 15-8 中得知，7 条支流近似均匀分布在库区。其中，多年平均输沙量最大的是无定河，为 1.301 亿 t，折合体积大约 1.0 亿 m^3，在 645 m 高程以下库容为 1.28 亿 m^3，一个水文年内即可淤满。

多年平均输沙量最小的是屈产河，仅有 0.092 亿 t，其 645 m 高程原始库容为 0.11 亿

m^3，在一年内也可淤平。三川河、湫水河 645 m 高程原始库容不足 0.1 亿 m^3，很快就淤积完了。靠近坝址 3 条支流，年输沙量与库容相对比，拦沙年限要长一些；延河可达 11 年，昕水河可拦沙 38 年，清涧河可拦 5 年。

表 15-8　进入古贤水库主要支流河道特征值

河名	河口距坝址里程（km）	天然河道比降（‰）	645 m 高程原始库容（亿 m^3）	河口处原始高程（m）	多年平均输沙量（亿 t）
延河	19.22	48.0	7.18	479.5	0.484
昕水河	27.92	44.0	6.64	486.6	0.174
清涧河	74.92	67.0	2.34	519.7	0.373
无定河	135.72	28.0	1.28	574.1	1.301
屈产河	168.92	36.0	0.11	608.0	0.092
三川河	188.12	35.0	0.07	623.3	0.200
湫水河	231.14	64.0	0.09	658.3	0.200

无定河拦沙时间短，同时无定河泥沙组成较粗，多年平均粒径为 0.05 mm，D_{50} 为 0.034 mm，见表 15-9。

表 15-9　古贤水库各支流泥沙组成

项目	河名				
	延河	昕水河	清涧河	无定河	三川河
站名	甘谷驿	大宁	延川	白家川	后大成
$D<0.01$ mm（%）	22.9	34.6	23.6	19.6	29.0
D_{50}（mm）	0.030	0.018	0.029	0.034	0.23
平均粒径（mm）	0.047	0.030	0.038	0.050	0.033

无定河河口处在古贤水库库区中间偏上，在水库运用过程经常处在变动回水区范围，带进库区的粗颗粒泥沙极易落淤在变动回水区，而且容易转变成水库淤积上延的主要泥沙组成部分，在此前先堆积成拦门沙坎。若是如此，它拦截了黄河干流及屈产河、三川河来沙，存在溯源淤积的隐患。

靠近坝区的延河、清涧河两河，年均输沙量相对较大，极易在河口处干流库区上堆积成拦门沙坎，刘家峡水库洮河口拦门沙坎对水电站发电影响很大。三门峡水库蓄水初期，在距坝 13 km 处的黄淤 11 断面发生塌岸，在水下堆积成 8 m 高的“水下潜坝”，拦住了 1961 年第一、二场异重流，影响了排沙效益计算，见表 15-10。

古贤水库有 6 条较大支流进入库区，因此库区会形成多条拦门沙坎，在库区逐段拦截上游来沙量。尤其是异重流被拦截，影响排沙减淤效益。

各支流在河口处堆积成的拦门沙坎，不仅截留上游异重流排沙量，同时也控制了径流量下泄，进而影响水库调度运用，刘家峡水库的教训极为深刻。在规划设计古贤水库时，最好多收集有关拦门沙坎的产生、发展及可能带来的危害，同时提出解决拦门沙坎的预案。

表 15-10　1961 年三门峡水库异重流水沙特征值

日期（月-日）	径流量（亿 m^3）		输沙量（亿 t）		最大流量（m^3/s）		最大含沙量（kg/m^3）		排沙比（%）
	进库	出库	进库	出库	进库	出库	进库	出库	
07-02 ~ 07-07	10.93	9.893	1.13	0.000 2	3 100	2 160	357	0.05	0.02
07-11 ~ 07-20	26.66	26.09	1.31	0.057 5	5 000	3 980	100	7.4	4.4
07-23 ~ 07-28	16.49	18.34	1.38	0.271	6 660	3 800	216	22.5	19.6
08-01 ~ 08-09	24.37	19.89	1.73	0.31	7 920	2 670	158	30.5	17.9
08-10 ~ 08-25	30.75	25.08	2.01	0.341	4 000	2 440	161	27.0	17.0
08-26 ~ 09-03	21.27	11.13	0.77	0.042	3 340	1 530	55.0	13.3	5.4

三、水库冲淤形态预估

进入古贤水库的挟沙水流非常复杂多变，决定了水库淤积形态的多样性和复杂性，对已建水库淤积形态的实例只能作参考，无法直接引用。古贤水库是建筑在多沙河流上，既有粗颗粒泥沙进入库区，又有细颗粒泥沙进入库区，有单独进入库区，还有两者组合进入库区。库区地形地貌极为复杂，两岸岩石陡立，参差不齐，边壁糙率特别大。床面组成极为粗糙，碛滩连绵不断，孤石林立，卵石成片，此外，又有多沙支流在距坝址不同里程进入干流库区。

上述各种因素都直接影响水库冲淤形态，目前很难找到与之相似的实例可以借用。

（一）非牛顿流体与牛顿流体的影响

非牛顿流体输沙水流，承载和输送泥沙的能力异常强大，最大含沙量可以达到 1 500 kg/m^3 以上，能够承载粗颗粒泥沙长距离输送而且很少落淤，将这种类别的挟沙水流称做高含沙水流。高含沙水流在停滞之后，因为含有大量细颗粒泥沙，具有结构形式的蜂窝状的载体，呈“压缩式”沉降，沉降速度异常缓慢，稍有倾斜便可蠕动。当蠕动停止后，经固结、固定形成的淤积纵剖面（淤积比降）非常平缓，泾河支流蒲河上的巴家嘴水库就是如此。

进入古贤水库的延河、清涧河、无定河的水沙条件都具备产生高含沙洪水，进入库区以后，其淤积形态如何？昕水河、三川河也存在产生高含沙洪水的可能。

吴堡以上来水来沙多为一般挟沙水流，属于牛顿流体范畴，泥沙的沉积、固结及起动和输送等物理图形较为清楚。

从水力学来分析，河床纵比降 J 与流量 Q 呈正比关系，即：

$$Q = Bh\frac{1}{n}h^{\frac{2}{3}}J^{\frac{1}{2}}$$

河流地貌学从实际出发，考察河源至河口：河流的上段自源头起，汇流面积小，进入河道的流量小，但河流纵剖面陡。自上而下，随着沿程纳入许多支流，流量逐渐增加而河床纵向坡度变缓。及至下游、河口段，流量达到最大，河床坡度最缓，即坡度 J 与流量成反比。1959 年侯晖昌采用方程联解，巧妙地将水力学与河流地貌学结合在一起，给出计算方法：

$$J = K\left(\frac{SdD}{Q}\right) \tag{15-1}$$

式中：J 为河流纵比降，又称水库冲淤平衡比降；S 为含沙量；d 为悬移质泥沙粒径；D 为河床质泥沙粒径；Q 为流量；K 为系数。

对于高含沙水流淤积成的纵剖面，可用下式求得：

$$J = C\frac{\tau_B}{Q^2\gamma'} \tag{15-2}$$

式中：τ_B 为极限剪切力；γ' 为浑水容重；其他物理符号意义同前。

巴家嘴水库原河床纵比降为 22.8‰，是高含沙水流的河道。若按式（15-1）计算出来的水库淤积比降，其结果比原河床比降大，实际冲淤比降如表 15-11 所示。

表 15-11　巴家嘴水库不同运用水位纵比降

起止断面	断面间距（km）	河段落差（m）	平均比降（‰）	水库运用情况
5—27	12.93	4.32	3.34	泄空
7—33	14.68	3.28	2.23	蓄水
7—39	17.91	6.90	3.85	泄空
7—39	17.91	4.62	2.58	调水调沙

（二）拦门沙坎作用与影响

古贤水库库区除纳入 6 条大支流外，尚有众多支沟汇入库区。这些没有被控制的支流都处在黄土丘陵沟壑区，同样遭受暴雨袭击产生高含沙、多沙洪水进入水库，久而久之也会出现影响水库运用的事宜，而 6 条大支流在河口处的干流库段上造成拦门沙坎是可以预见的事实。这是古贤水库有别于其他水库的地形地貌特征。这种极具特殊的地形地貌，在水库建成后给水库管理、运用带来什么问题目前尚难以预想，在此应当吸取三门峡经验，在兴建之前多考虑、多研究意想不到的问题，尽早作出预案。

湫水河在古贤水库末端汇入黄河，河口处原始高程为 658 m。高于水库正常蓄水位 645 m，高出 13 m。低于水库淤积末端高程（淤积比按 2.5‰计，回水长度按 230 km 计，2.5 × 23 = 57.5（m），设坝前淤积面高程为 620 m，淤积末端高程为：620 + 57.5 = 678（m））。碛口坝址原河床高程约 666 m，则古贤水库淤积末端高程已经超过了碛口坝址。

如果考虑古贤水库库区复杂的淤积条件，淤积末端 678 m 高程会不会再上升，或者说淤积末端再上延，有待研究。

第五节　小北干流河道整治与放淤

黄河小北干流在古贤拦沙期可下泄清水近 30 年，30 年要防止小北干流河道冲刷下切、侧蚀展宽。不论是下切或展宽，对目前现有防护工程都会造成毁坏性的后果。为此要与建设古贤水库的同时，在小北干流河床上修筑拦沙低堰，防止冲刷下切。同时也要维护两岸现有的灌溉取水工程，避免电灌站处河床下切，造成引水工程悬空。防止现有防护堤基础被冲毁或悬空下坠；加固现有两岸堤防，防止小流量坐弯造成河道侧蚀展宽。为了达到上述目标，就要在河床上修筑若干座拦沙低堰，同时在滩区修筑与低堰高程相同土堤，以备放淤之用。

一、修建放淤闸、拦沙低堰与拦沙堤

首先在禹门口两侧各修建一座放淤闸，山西、陕西两省各用一座，闸下游开挖引浑水渠道。

在现有河道上每隔 10 ~ 15 km 修建一座拦沙低堰，堰底坎高程与现河床平均高程平齐，可以起到控制河床下切作用。同时，在拦沙堰两侧修筑土提，形成“沉沙池”。与塬边接让处预留排泄清水渠。放淤后，泥沙沉淀澄出的清水，由清水渠道排泄到下游河道。

二、小北干流河道整治

古贤水库拦沙期，黄河上中游仍然会发生暴雨洪水，汛期按防汛要求也会下泄削峰后的洪水。出库最大流量就是小北干流防洪标准。

经过水库调蓄的洪水，含沙量低、泥沙组成细，对河床的冲刷力增加。这对河槽两侧防护、堤垛的防守十分不利，在古贤水库建成以前，利用室内模型，作多方案的模拟是非常必要的。

三门峡水库修建之前，由于我们对泥沙问题认识肤浅，“防洪、发电”强劲的东风吹得人们忘乎所以，该做的没有做，浮夸风盛行。我们已经吃了很多苦头，这个教训太深刻了，绝对不能忘记，应当引以为鉴，将古贤水利枢纽的前期工作做好！

参考文献

[1] 张金良，等．黄河小浪底水库异重流研究与实践[C]//异重流问题学术研讨会文集．郑州：黄河水利出版社，2006.

[2] 胡明思，骆承政．中国历史大洪水[M]．北京：中国书店出版社，1989.

[3] 史辅成，等．黄河历史洪水调查考证和研究[M]．郑州：黄河水利出版社，2002.

[4] 山西黄河河务局．山西黄河小北干流志[M]．郑州：黄河水利出版社，2002.

[5] 焦恩泽．黄河水库泥沙[M]．郑州：黄河水利出版社，2004.

[6] 张仁，等．拦减粗泥沙对黄河河道冲淤变化影响[M]．郑州：黄河水利出版社，1998.

[7] 程龙渊，等．三门峡库区水文泥沙实验研究[M]．郑州：黄河水利出版社，1999.

[8] 武汉水利电力学院河流泥沙工程学教研室．河流泥沙工程学[M]．下册．北京：水利电力出版社，1982.

[9] 涂启华，杨赉斐．泥沙设计手册[M]．北京：中国水利水电出版社，2006.

[10] 黄河水利委员会．黄河流域特征值资料[M]．郑州：黄河水利出版社，1977.

附 表

附表　三门峡进库洪水水沙特征与潼关高程

年份	日期（月-日）	天数（d）	站名	流量（m^3/s）		径流量（亿 m^3）	含沙量（kg/m^3）		输沙量（亿 t）	潼关高程（m）		$\Delta H_{1\,000}$（m）
				最大	平均		最大	平均		起始	终了	
1962			龙门	2 100	890	4.614	385	65.7	0.303 1			
	07-08 ~ 07-13	6	华县		165	0.855		115.3	0.098 6			
			潼关	1 880	1 177	6.102	57.8	40.9	0.249 6	325.90	326.00	0.10
			龙门	4 710	1 482	6.402	609	100	0.640 2			
	07-15 ~ 07-19	5	华县	440	222	0.959	245	155	0.148 6			
			潼关	4 190	1 760	7.603	238	110	0.836 4	326.02	325.27	-0.25
			龙门	3 290	2 060	21.36	117	34.5	0.737			
	07-24 ~ 08-04	12	华县	3 540	975	10.11	654	119	1.203			
			潼关	4 410	31 58	32.74	90.0	43.4	1.421	325.53	325.21	-0.32
			龙门	4 320	1 909	32.99	179	48.8	1.610			
	08-05 ~ 08-24	20	华县	1 550	407	7.033	44.9	36.6	0.257			
			潼关	3 480	2 623	45.33	73.3	34.9	1.582	325.21	325.10	-0.11
1963			龙门	3 890	1 040	4.493	360	123	0.552 6			
	07-06 ~ 07-10	5	华县	810	438	1.892		39.8	0.075 3			
			潼关	3 270	1 522	6.575	149	63.7	0.418 8	325.35	325.21	-0.14
			龙门	5 320	1 890	17.96	172	56.2	1.009			
	07-21 ~ 07-31	11	华县		156	1.483		50.8	0.075 3			
			潼关	4 970	2 106	20.02	100	48.2	0.965	325.27	325.13	-0.14
			龙门	6 220	1 533	13.25	461	146.3	1.938			
	08-28 ~ 09-06	10	华县	1 600	527	4.553	123	62.4	0.284			
			潼关	6 120	2 132	18.42	272	106.6	1.964	325.48	325.31	-0.27
			龙门		1 679	11.61		25.6	0.297			
	09-07 ~ 09-14	8	华县		595	4.113		101	0.415 4			
			潼关	3 610	2 356	16.28	67.2	43.5	0.708	325.21	325.45	0.24
			龙门	2 730	2 451	29.65		15.7	0.465 5			
	09-16 ~ 09-29	14	华县	2 470	1 069	12.93	65.8	37.1	0.480			
			潼关	5 500	3 786	45.80	60.6	32.6	1.493	325.45	325.25	-0.20
			龙门		3 059	29.07		13.1	0.381			
	10-10 ~ 10-20	11	华县		312	2.97		4.1	0.012 2			
			潼关	3 730	3 419	32.49		20.8	0.676	325.34	325.04	-0.30

续附表

年份	日期(月-日)	天数(d)	站名	流量(m^3/s)		径流量(亿 m^3)	含沙量(kg/m^3)		输沙量(亿 t)	潼关高程(m)		$\Delta H_{1\,000}$(m)
				最大	平均		最大	平均		起始	终了	
1964			龙门	10 200	2 214	15.30	619	260	3.979			
	07-04 ~ 07-11	8	华县		309	2.14		82.9	0.177			
			潼关	9 240	2 675	18.49	465	148.4	2.744	326.03	326.68	0.65
			龙门	8 500	2 480	21.43	418	96.4	2.066			
	07-12 ~ 07-21	10	华县	2 770	678	5.86	659	279	1.634			
			潼关	7 750	3 168	27.37	462	106.3	2.91	326.68	327.06	0.58
			龙门	8 640	2 976	12.86	239	81.6	1.049			
	07-22 ~ 07-26	5	华县	3 790	1 303	5.63	452	241	1.357			
			潼关	7 430	4 332	18.71	320	107.5	2.012	327.06	326.43	-0.63
			龙门	17 300	3 484	72.24	401	62.5	4.515			
	07-27 ~ 08-19	24	华县	3 560	639	13.25	643	267	3.54			
			潼关	12 400	4 537	94.08	270	64.5	6.07	326.43	327.51	1.08
			龙门		3 092	21.37		35.6	0.761			
	08-20 ~ 08-27	8	华县	1 490	387	2.67	427	197.4	0.528			
			潼关	5 020	3 647	25.21	572	39.6	0.998	327.51	327.10	-0.41
			龙门	5 110	2 749	33.00	180	33.1	1.258			
	08-28 ~ 09-12	16	华县	4 390	1 286	17.78	136	49.6	0.882			
			潼关	5 590	4 432	61.28	70.8	36.5	2.236	327.10	327.19	0.09
			龙门	3 780	2 906	43.19	136	30.9	1.335			
	09-13 ~ 09-30	18	华县	5 130	1 774	27.59	62.1	35.4	0.977			
			潼关	7 050	5 054	78.60	86.5	30.4	2.39	327.19	328.27	1.08
			龙门	2 830	2 443	27.44		13.1	0.359			
	10-01 ~ 10-13	13	华县	4 010	1 445	16.57	28.5	15.1	0.244			
			潼关	5 560	4 368	43.86	30.2	18.1	0.888	328.27	327.88	-0.39
1965			龙门		635	2.195		30.5	0.067			
	07-08 ~ 07-11	4	华县	3 200	932	3.22	357	231	0.744			
			潼关	3 330	1 573	5.44	201	112	0.609	327.80	327.35	-0.45
			龙门	3 530	1 420	22.08	232	51.2	1.131			
	07-12 ~ 07-29	18	华县	2 650	802	12.47	69.9	45.8	0.571			
			潼关	5 400	2 278	35.43	81.2	33.6	1.190	327.35	327.45	0.10
			龙门	2 180	1 502	18.17	50.1	20.9	0.379 7			
	07-30 ~ 08-12	14	华县		188	2.27		13.2	0.030 0			
			潼关	2 320	1 749	21.16	24.1	19.4	0.410	327.45	327.71	0.26

续附表

年份	日期(月-日)	天数(d)	站名	流量(m^3/s)		径流量(亿 m^3)	含沙量(kg/m^3)		输沙量(亿 t)	潼关高程(m)		$\Delta H_{1\,000}$(m)
				最大	平均		最大	平均		起始	终了	
1966	07-18～07-20	3	龙门	7 460	2 147	5.57	933	604	3.361			
			华县		180	0.467		13.2	0.006			
			潼关	5 130	1 833	4.75	456	326	1.55	327.36	328.24	0.88
	07-21～08-09	20	龙门	10 100	2 124	36.7	504	156	5.73			
			华县	5 180	1 146	19.8	636	308	6.10			
			潼关	7 830	3 171	54.8	522	150	8.22	328.24	327.27	-0.97
	08-10～08-25	16	龙门	9 260	2 821	39.0	515	110.9	4.33			
			华县	1 340	216	2.99	624	189.2	0.565			
			潼关	5 600	2 915	41.13	219	81.8	3.36	327.27	327.50	0.23
	08-26～09-11	17	龙门	4 370	1 886	27.7	112	30.4	0.842			
			华县	2 880	607	8.92	231	128.9	1.149			
			潼关	4 180	2 839	41.7	144	62.8	2.62	327.50	327.80	0.30
	09-13～09-30	18	龙门	3 110	2 686	41.8		15.4	0.643			
			华县	4 470	1 291	20.1	81.7	42.6	0.855			
			潼关	6 070	4 247	66.0	71.5	30.4	2.01	327.80	327.76	-0.04
	10-01～10-15	15	龙门	2 650	2 558	33.15	15.5	13.3	0.441			
			华县	572	450	5.83		4.7	0.027			
			潼关	3 514	3 198	41.4		19.8	0.821	327.76	327.65	-0.11
	10-16～10-31	16	龙门		1 942	26.85		11.1	0.298			
			华县		328	4.53		4.42	0.020			
			潼关		2 310	31.93		17.1	0.546	327.65	327.13	-0.52
1967	07-18～07-22	5	龙门	8 080	2 946	12.73	447	125	1.591			
			华县		337	1.456		11.2	0.016 3			
			潼关	5 860	2 864	12.37	185	67.2	0.831	327.64	328.03	0.39
	07-23～08-09	18	龙门	15 300	3 876	60.28	268	74.8	4.509			
			华县		244	3.79	544	147	0.557 8			
			潼关	8 020	3 819	59.4	165	58.2	3.457	328.03	327.70	-0.33
	08-10～08-18	9	龙门	21 000	3 433	26.7	464	148.6	3.97			
			华县	406	226	1.76	164	89.1	0.157			
			潼关	9 530	3 530	27.45	274	101.2	2.778	327.70	328.13	0.43
	08-20～08-30	11	龙门	14 900	4 547	43.2	326	13.07	5.648			
			华县		105	0.998		40.8	0.041			
			潼关	6 950	3 997	37.99	199	90.8	3.45	328.13	328.00	-0.13

续附表

年份	日期（月-日）	天数（d）	站名	流量（m^3/s）		径流量（亿 m^3）	含沙量（kg/m^3）		输沙量（亿 t）	潼关高程（m）		$\Delta H_{1\,000}$（m）
				最大	平均		最大	平均		起始	终了	
1967	08-31～09-06	7	龙门	14 500	4 566	27.62	357	121	3.343			
			华县	557	287	1.74	320	207	0.359			
			潼关	6 290	4 316	26.10	159	92.0	2.401	328.13	328.19	0.06
	09-07～10-08	32	龙门		4 601	127.2		28.4	3.613			
			华县	2 000	768	21.23	73.4	44.3	0.941			
			潼关	6 800	5 444	150.5	45.9	24.0	3.612	328.19	327.98	-0.21
1968	07-09～07-26	18	龙门	5 560	2 382	37.04	223	57.8	2.14			
			华县	600	189	2.94	482	167	0.491			
			潼关	4 610	2 474	38.48	91.9	44.0	1.693	328.71	328.64	-0.67
	07-27～07-31	5	龙门	4 210	1 540	6.65	353	176.4	1.174			
			华县		150	0.648		274	0.178			
			潼关	3 750	1 758	7.59	228	111.4	0.846	328.64	328.58	-0.06
	08-04～08-12	9	龙门	2 510	1 653	12.85	65.0	43.4	0.558			
			华县	1 980	548	4.26	727	32.9	1.402			
			潼关	3 210	1 881	14.63	230	69.8	1.021	328.57	328.62	0.05
	08-13～08-22	10	龙门	6 580	2 633	22.75	156	67.2	1.529			
			华县	830	243	2.10	286	151.0	0.317			
			潼关	5 330	2 672	23.1	202	71.5	1.651	328.62	328.60	-0.02
	08-23～09-05	14	龙门	5 680	1 628	19.69	250	42.6	0.839			
			华县	770	407	4.92	753	175.2	0.863			
			潼关	4 280	2 066	24.99	322	86.2	2.154	328.60	328.60	0
1969	07-27～08-04	9	龙门	8 860	1 762	13.70	752	311	4.261			
			华县	965	298	2.32	555	368	0.853			
			潼关	5 680	2 225	17.30	404	246	4.256	328.67	328.80	0.13
	08-07～08-13	7	龙门	4 300	1 388	8.395	734	182.1	1.529			
			华县	725	200	1.210	601	306	0.370			
			潼关	4 910	1 622	9.81	434	156	1.530	328.23	328.24	-0.01
	09-26～10-06	11	龙门	1 950	835	7.936		35.3	0.280			
			华县	946	569	5.408	79.4	45.9	0.248			
			潼关	2 570	1 633	15.52	56.1	44.3	0.688	328.65	328.29	-0.36
	08-02～08-08	7	龙门	113 800	1 545	9.344	826	553	5.167			
			华县	2 540	1 259	7.614	702	367	2.794			
			潼关	8 420	2 673	16.17	631	354	5.674	328.34	326.88	-1.46

续附表

年份	日期（月-日）	天数（d）	站名	流量（m^3/s）		径流量（亿 m^3）	含沙量（kg/m^3）		输沙量（亿 t）	潼关高程（m）		$\Delta H_{1\,000}$（m）
				最大	平均		最大	平均		起始	终了	
1970	08-09～08-14	6	龙门	5 750	1 639	8.497	777	395	3.356			
			华县	628	309	1.602	219	140	0.224			
			潼关	4 930	1 958	10.15	513	263	2.670	326.88	328.44	1.56
	08-25～09-07	14	龙门	6 840	2 600	31.45	221	69.0	2.170			
			华县	4 320	863	10.44	527	225	2.349			
			潼关	6 680	3 300	40.03	232	112.4	4.499	328.35	327.73	－0.62
	09-08～09-15	7	龙门		1 534	9.278		17.4	0.161 4			
			华县		660	3.992		40.1	0.160			
			潼关	3 030	2 225	13.46	39.4	31.5	0.424	327.73	327.78	0.05
	09-16～09-22	7	龙门		999	6.042		22.7	0.137 2			
			华县		754	4.56		107	0.488			
			潼关	3 140	1 936	11.71	177	44.3	0.519	327.78	327.72	－0.06
	09-23－10-03	11	龙门		556	5.284		5.77	0.030 5			
			华县	3 250	1 247	11.85	54.4	29.7	0.352			
			潼关	3 560	1 900	18.06	742	34.3	0.619	327.72	327.53	－0.19
1971	07-07～07-15	9	龙门	2 760	919	7.146	436	165	1.179			
			华县	1 280	409	3.180	271	71.5	0.227			
			潼关	2 680	1 636	12.72	247	87.1	1.108	327.53	327.71	0.18
	07-25～07-28	4	龙门	14 300	2 985	10.32	509	379	3.910			
			华县		21	0.073		0.8	≈0			
			潼关	10 200	2 928	10.12	633	292	2.955	327.58	327.84	0.26
	10-08～11-15	39	龙门	2 990	2 076	69.95	27.5	17.8	1.245			
			华县		84	2.83		19.3	0.055			
			潼关	3 350	2 349	79.12	45.6	32.5	2.56	327.61	327.50	－0.11
1972	07-01～07-06	6	龙门	2 920	1 128	5.847	364	75.3	0.4403			
			华县		59	0.306		27.4	0.0084			
			潼关	2 480	1 245	6.454	302	71.4	0.461	327.41	327.70	0.29
	07-20～07-29	10	龙门	10 900	1 904	16.45	387	104.7	1.722			
			华县		89	0.769		2.7	0.002 3			
			潼关	8 600	1 902	16.43	258	82.8	1.361	327.45	327.66	0.21
	08-14～08-20	7	龙门	2 560	1 603	9.695	99	27.7	0.269			
			华县		4.0	0.024		0	0			
			潼关	2 250	1 867	11.29	38	19.3	0.218	327.55	327.55	0
	08-30～09-12	14	龙门	1 970	1 210	14.64	22.0	12.6	0.184			
			华县	1 800	406	4.91	127	36.3	0.178			
			潼关	3 130	1 697	20.53	52.0	26.5	0.544	327.55	327.32	－0.23

续附表

年份	日期(月-日)	天数(d)	站名	流量(m^3/s) 最大	流量(m^3/s) 平均	径流量(亿 m^3)	含沙量(kg/m^3) 最大	含沙量(kg/m^3) 平均	输沙量(亿 t)	潼关高程(m) 起始	潼关高程(m) 终了	$\Delta H_{1\,000}$(m)
1973	07-17～07-27	11	龙门	4 500	1 783	16.95	328	74.6	1.264			
			华县	679	167	1.587	519	402	0.638			
			潼关	4 840	1 986	18.87	206	95	1.793	328.04	327.39	-0.65
	08-20～08-24	5	龙门	3 840	1 602	6.92	129	88.5	0.6125			
			华县	1 210	387	1.672	505	300	0.5016			
			潼关	3 550	2 002	8.649	225	137	1.185	327.70	327.05	-0.65
	08-26～09-03	9	龙门	6 210	1 468	11.42	334	111	1.267			
			华县	5 010	1 832	14.25	572	365	5.200			
			潼关	5 080	3 427	26.65	527	242	6.450	327.05	325.37	-1.68
	09-04～09-20	17	龙门	2 710	1 994	29.20	59.5	44.8	1.312			
			华县	1 220	498	7.315	56.8	35.2	0.257			
			潼关	3 450	2 522	37.04	49.7	44.9	1.663	325.37	326.49	1.12
	10-04－11-06	34	龙门	1 830	1 156	33.96		15.4	0.523			
			华县	3 180	530	15.57	56.3	22.6	0.352			
			潼关	4 270	1 970	57.9	60.8	25.9	1.499	326.58	326.64	0.06
1974	07-30～08-03	5	龙门	9 000	1 771	7.651	533	257	1.966			
			华县	590	240	1.037	697	463	0.480			
			潼关	7 040	1 966	8.493	421	218	3.576	327.24	326.53	-0.71
	08-06～08-13	8	龙门	3 720	1 473	10.181	290	89.4	0.910			
			华县	1 080	216	1.493	664	167.3	0.250			
			潼关	3 620	1 825	12.61	176	81.8	1.039	326.57	326.71	0.15
	09-12～09-18	7	龙门		346	2.153		7.66	0.016 5			
			华县	3 150	1 196	7.233	47.8	27.9	0.202			
			潼关	3 000	1 610	9.737	75.1	42.5	0.413 8	326.97	326.67	-0.30
	10-01～10-10	10	龙门		1 083	9.357		17.6	0.165			
			华县	1 790	1 818	7.068	34.1	20.0	0.141			
			潼关	3 220	1 991	17.20	45.7	28.9	0.497	326.80	326.51	-0.29
1975	07-11～07-16	6	龙门		1 322	6.853		11.0	0.075 4			
			华县	2 440	669	3.468	32.6	14.5	0.050 3			
			潼关	2 760	2 022	10.48	72.2	19.0	0.199 2	327.07	327.03	-0.04
	07-21～08-04	14	龙门	4 840	2 215	26.79	269	56.8	1.522			
			华县	1 680	424	5.129	634	275	1.410			
			潼关	5 860	2 943	35.599	256	85.2	3.033	326.58	326.69	0.11

续附表

年份	日期（月-日）	天数（d）	站名	流量（m^3/s）最大	流量（m^3/s）平均	径流量（亿 m^3）	含沙量（kg/m^3）最大	含沙量（kg/m^3）平均	输沙量（亿 t）	潼关高程（m）起始	潼关高程（m）终了	$\Delta H_{1\,000}$（m）
1975	08-07～08-31	25	龙门	4 310	2 371	51.21	103	22.5	1.152			
			华县		171	3.694		57.9	0.2139			
			潼关	4 690	2 538	54.82	50.5	23.8	1.305	326.75	326.64	－0.11
	09-01～09-10	10	龙门	5 940	1 815	15.68	172	43.9	0.688			
			华县		684	5.91		59.5	0.352			
			潼关	5 320	2 684	23.19	93.3	46.7	1.083	326.64	326.77	0.13
	09-13～10-08	26	龙门		2 011	45.18		15.1	0.682			
			华县	4 010	1 663	37.36	274	32.9	1.229			
			潼关	5 910	3 778	84.76	110	34.5	2.924	326.77	326.17	－0.60
	10-11～10-22	12	龙门		2 459	25.49		12.5	0.319			
			华县		1 001	10.38		9.1	0.094 4			
			潼关		3 480	36.10		16.9	0.610	326.17	326.13	－0.04
	10-23～11-09	18	龙门		1 623	25.24		8.23	0.208			
			华县		470	7.31		4.98	0.036			
			潼关		2 217	34.48		13.7	0.472	326.13	326.03	－0.10
1976	07-16～08-07	23	龙门	10 600	2 019	40.12	270	52.0	2.086			
			华县	315	51	1.013	208	94.8	0.096			
			潼关	7 030	2 093	41.59	120	35.9	1.493	326.64	326.31	0.07
	08-08～08-18	11	龙门		2 687	25.54		22.5	0.574 6			
			华县		116	1.102		57	0.062 8			
			潼关		2 637	25.06		23.6	0.591 5	326.83	326.64	－0.19
	08-19～10-04	47	龙门	4 930	3 214	130.5	152	19.9	2.597			
			华县	4 900	1 077	43.7	186	56.0	2.449			
			潼关	9 220	4 635	188.2	102	29.7	5.591	326.64	326.25	－0.39
	10-05～10-28	24	龙门	2 420	1 584	32.85		9.12	0.299 6			
			华县		314	6.51		7.78	0.050 7			
			潼关		2 006	41.6		25.8	1.073	326.25	326.23	－0.02
1977	07-05～07-10	6	龙门	14 500	2 548	13.21	690	284.3	3.755			
			华县	4 470	1 279	6.63	795	500.8	3.32			
			潼关	13 600	4 055	21.02	616	342.9	7.208	327.31	324.70	－2.61
	07-11～07-14	4	龙门	2 360	1 916	6.622	35.8	29.8	0.197 3			
			华县	1 790	923	3.190	181	135	0.431			
			潼关	3 570	3 270	11.301	136	64.4	0.728	324.73	325.03	0.30
	08-02～08-05	4	龙门	13 600	2 640	9.124	551	294	2.682			
			华县	286	171	0.591	270	149	0.088			
			潼关	12 000	2 593	8.961	238	161	1.443	325.35	325.71	0.36

续附表

年份	日期（月-日）	天数（d）	站名	流量（m³/s）最大	流量（m³/s）平均	径流量（亿 m³）	含沙量（kg/m³）最大	含沙量（kg/m³）平均	输沙量（亿 t）	潼关高程（m）起始	潼关高程（m）终了	$\Delta H_{1\,000}$（m）
			龙门	12 700	2 702	14.01	821	394.1	5.520			
	08-06～08-11	6	华县	1 450	821	4.138	905	628	2.599			
			潼关	15 400	3 715	19.26	911	339	6.529	325.71	325.86	0.15
			龙门		1 592	13.75		95.4	1.312			
1977	08-15～08-24	10	华县		50	0.432		8.3	0.003 6			
			潼关		1 987	17.18		64.2	1.102			
			龙门	2 170	1 539	10.64		21.6	0.230	325.56	326.28	0.72
	09-17～09-25	8	华县	460	167	1.154	420	105	0.121			
			潼关	2 190	1 736	11.999		27.7	0.333	326.61	326.54	-0.07
			龙门		116	0.400		17.0	0.006 8			
	07-04～07-07	4	华县	2 520	1 195	4.130	134	54.1	0.223 4			
			潼关	2 570	1 433	4.952	140	81.4	0.403 1	327.30	327.29	-0.01
			龙门		553	3.822		66.3	0.253 4			
	07-11～07-18	8	华县	1 960	929	6.42	468	248	1.592			
			潼关	2 540	1 524	10.534	421	170	1.791	327.27	326.94	-0.33
			龙门	2 680	1 009	5.230	440	176	0.920 6			
1978	07-21～07-26	6	华县	2 280	876	4.54	419	274	1.244			
			潼关	3 380	1970	10.21	341	193	1.971	326.95	326.58	-0.37
			龙门	3 970	1 227	6.360	461	218	1.387			
	07-27～08-01	6	华县		422	2.188		87.7	0.192			
			潼关	3 730	1 862	9.652	274	131	1.264	326.58	326.78	0.20
			龙门	2 520	1 380	7.154	377	85.6	0.613			
	07-29～08-03	6	华县	837	508	2.633	590	405	1.067			
			潼关	2 570	2 112	10.95	399	223	2.441	327.61	327.00	-0.61
			龙门	3 140	2 085	14.41	167	43.9	0.633			
	08-04～08-11	8	华县	640	253	1.749	216	142	0.248			
			潼关	3 820	2 485	17.18	152	61.4	1.054	327.00	327.51	0.51
			龙门	13 000	3 048	65.84	299	47.2	3.107			
	08-12～09-05	25	华县		107	2.31	115	84.4	0.195			
1979			潼关	11 100	3 070	68.74	266	50.8	3.48	327.59	327.58	-0.01
			龙门	3 290	2 140	40.68		15.1	0.614			
	09-06～09-27	22	华县	866	302	5.74	39.7	23.4	0.134			
			潼关	3 430	2 492	41.66		19.3	0.804	327.58	327.64	0.06
			龙门	2 520	2 048	30.08	17.6	12.9	0.388			
	10-01～10-17	17	华县	281	177	2.60	6.56	4.6	0.012			
			潼关	2 640	2 186	32.11	19.1	15.6	0.501	327.82	327.70	-0.12

续附表

年份	日期（月-日）	天数（d）	站名	流量（m^3/s）		径流量（亿 m^3）	含沙量（kg/m^3）		输沙量（亿 t）	潼关高程（m）		$\Delta H_{1\,000}$（m）
				最大	平均		最大	平均		起始	终了	
			龙门	1 280	331	2.288	465	146	0.334			
	06-30～07-07	8	华县	3 770	1 175	8.122	398	67.8	0.551			
			潼关	2 790	1 360	9.400	171	72.6	0.682	327.91	327.84	−0.07
			龙门	1 710	958	6.622	92.5	30.7	0.203 3			
	07-25～08-01	8	华县	1 430	463	3.20	691	320	1.024			
			潼关	2 950	1 610	11.13	347	104	1.157	327.67	327.95	0.28
			龙门		567	2.45		10.8	0.026 7			
1980	08-03～08-07	5	华县	2 800	806	3.482	227	147	0.512			
			潼关	2 770	1 412	6.100	122	73.9	0.451	327.95	327.83	−0.12
			龙门	1 370	961	4.982	185	54.7	0.272 5			
	08-24～08-29	6	华县	1 580	514	2.66	245	65.2	0.173 7			
			潼关	2 740	1 663	8.621	149	46.7	0.402 6	327.67	327.65	−0.02
			龙门	3 190	1 743	16.57	24.7	14.1	0.233 6			
	10-03～10-13	11	华县		162	1.54		2.3	0.003 5			
			潼关	3 180	2 116	20.11	29.4	20.1	0.404	327.37	327.31	−0.06
			龙门	6 400	2 297	23.82	298	62.1	1.479			
	07-03～07-14	12	华县	970	357	3.70	117	45.5	0.168 4			
			潼关	6 430	2 577	26.72	114	46.6	1.245	327.62	327.56	−0.06
			龙门	5 200	1 725	29.81	208	48.3	1.44			
	07-15～08-03	20	华县	3 210	417	7.21	109	69.9	0.504			
			潼关	4 600	2 338	40.4	373	45.7	1.846	327.56	327.45	−0.11
			龙门	3 610	1 231	12.81	237	43.2	0.553 6			
1981	08-18～08-29	12	华县	5 380	1 784	18.5	671	67.1	1.241			
			潼关	4 780	3 074	31.87	373	64.3	2.049	327.42	327.35	−0.07
			龙门		1 837	23.81		15.7	0.374			
	08-31～09-14	15	华县	5 360	2 217	28.73	52.1	30.4	0.873			
			潼关	6 540	4 128	53.5	58.2	32.19	1.760	327.40	327.32	−0.08
			龙门	5 830	3 918	20.31	16.3	10.6	0.215 3			
	08-15～10-20	6	华县		498	2.58		6.52	0.016 8			
			潼关	6 420	4 473	23.19	19.5	16.2	0.375 6	327.32	326.90	−0.42
			龙门	5 050	1 880	16.24	221	79.4	1.290			
	07-30～08-08	10	华县	1 620	654	5.65	339	101.4	0.573			
			潼关	4 760	2 830	24.45	103	53.5	1.308	327.36	327.11	−0.25
			龙门	2 600	1 899	16.41	86.7	41.8	0.686			
1982	08-09～08-18	10	华县		308	2.66		146.3	0.389			
			潼关	3 170	2 248	19.42	57	41.7	0.810	327.12	327.18	0.06
			龙门		972	8.398		15.6	0.131			
	08-30～09-08	10	华县	1 280	816	7.05	62.9	28.3	0.199			
			潼关	2 530	2 032	17.56	44.6	25.6	0.449	327.09	327.09	0

续附表

年份	日期（月-日）	天数（d）	站名	流量（m^3/s）		径流量（亿 m^3）	含沙量（kg/m^3）		输沙量（亿 t）	潼关高程（m）		$\Delta H_{1\,000}$（m）
				最大	平均		最大	平均		起始	终了	
1983			龙门	4 900	2 953	56.13	48.4	18.1	1.016			
	07-18 ~ 08-08	22	华县	3 170	721	13.70	128	23.3	0.319			
			潼关	6 200	3 732	70.94	80.1	19.4	1.376	327.32	326.90	-0.42
			龙门	3 160	2 913	15.10	15.5	11.0	0.166			
	08-09 ~ 08-15	6	华县		268	1.39		8.7	0.012 4			
			潼关	3 460	3 386	17.55	19.7	13.5	0.237	326.90	327.36	0.46
			龙门	3 040	1 440	8.71	11.4	8.82	0.077			
	08-16 ~ 08-22	7	华县	1 990	981	5.93	126	55.6	0.330			
			潼关	3 640	2734	16.54	73.2	28.7	0.475	327.36	327.15	-0.21
			龙门	3 500	2 220	38.26	163	22.8	0.875			
	08-23 ~ 09-11	20	华县	2 200	596	10.3	153	50.6	0.521			
			潼关	4 190	3 006	51.94	72.9	23.4	1.215	327.15	326.74	-0.41
			龙门		1 327	14.90	10.9	8.4	0.125			
	09-22 ~ 10-04	13	华县	4 160	1 412	15.86	38.2	25.9	0.411			
			潼关	4 310	2 922	32.82	27.9	23.0	0.755	327.80	327.70	-0.10
			龙门	2 830	1 930	46.69	14.9	9.62	0.449			
	10-05 ~ 11-01	28	华县	3 800	1 378	33.34	31.3	11.1	0.370			
			潼关	4 560	3 507	84.84	32.7	15.3	1.298	327.70	326.57	-1.13
1984			龙门	4 000	1 610	13.91	71.7	22.0	0.306			
	07-01 ~ 07-10	10	华县	2 500	1 031	8.91	45.0	19.8	0.176 4			
			潼关	4 530	2 655	22.94	49.3	21.0	0.481 7	327.03	327.05	0.02
			龙门		1 445	12.48		15.5	0.193 5			
	07-11 ~ 07-20	10	华县	2 130	1 244	10.75	60.9	25.6	0.275			
			潼关	4 270	2 921	25.24	35.7	17.6	0.444 2	327.05	326.94	0.11
			龙门	2 450	2 123	16.51	18.3	14.4	0.237 7			
	07-21 ~ 07-29	9	华县	1 930	909	7.07	158	45.9	0.324			
			潼关	4 280	3 168	24.63	56.0	21.1	0.519 8	326.94	326.95	0.01
			龙门	5 860	3 140	13.56	78.1	33.5	0.454 4			
	07-30 ~ 08-03	5	华县	665	597	2.58	40.8	27.7	0.071 5			
			潼关	5 690	3 812	16.47	42.4	24.5	0.403	326.95	326.31	-0.64
			龙门	4 220	3 371	20.39	58.8	18.5	0.377 2			
	08-04 ~ 08-10	7	华县	2 870	998	6.04	514	187	1.129			
			潼关	6 400	4 412	26.68	218	54.0	1.441	326.31	326.11	-0.20
			龙门	3 730	2 646	38.86	21.7	12.5	0.486			
	08-11 ~ 08-27	17	华县		322	4.73		61.9	0.293			
			潼关	4 110	3 278	48.15	46.5	16.4	0.789 6	326.11	326.94	0.83

续附表

年份	日期（月-日）	天数（d）	站名	流量（m^3/s）		径流量（亿 m^3）	含沙量（kg/m^3）		输沙量（亿 t）	潼关高程（m）		$\Delta H_{1\,000}$（m）
				最大	平均		最大	平均		起始	终了	
			龙门	3 250	1 634	9.88	170	48.4	0.478			
	08-25～09-03	7	华县		501	3.03		181.5	0.550			
			潼关	4 600	2 450	14.82	123	65.7	0.974	326.94	327.14	0.20
			龙门		1 138	11.80		8.84	0.104			
1984	09-04～09-15	12	华县	3 900	12 15	12.60	50.6	34.0	0.428			
			潼关	4 800	2 450	26.33	65.1	31.6	0.832	327.32	327.19	-0.13
			龙门	1 240	1 046	15.36		5.61	0.086 2			
	09-22～10-08	17	华县	2 660	1 231	18.08	34.5	13.9	0.342			
			潼关	4 120	2 627	38.6	43.3	19.0	0.733	327.06	326.82	-0.24
			龙门	2 860	1 380	10.73	34.4	20.1	0.215 7			
	07-10～07-18	9	华县	442	243	1.89	59.8	19.9	0.037 6			
			潼关	3 080	1 730	13.45	27.2	18.1	0.243 5	326.93	326.79	-0.14
			龙门	6 720	1 425	6.156	246	112	0.689			
	08-06～08-10	5	华县		64.6	0.279		2.8	0.000 8			
			潼关	4 990	1 423	6.15	114	61.2	0.376	326.80	326.85	0.05
			龙门	3 060	1 321	14.84	157	46.0	0.682 5			
1985	08-12～08-24	13	华县	610	231	2.564	531	293.4	0.761			
			潼关	3 080	1 629	18.30	173	70.6	1.292	326.91	327.48	0.57
			龙门	2 830	1 548	18.63	102	38.5	0.717			
	08-26～09-08	14	华县	1 200	352	0.629	284	123.4	0.077 6			
			潼关	3 520	2 096	25.35	64.3	47.0	1.192	327.48	327.06	-0.42
			龙门	4 160	2 277	88.53	105	15.2	1.346			
	09-09～10-24	45	华县	2 660	690	26.82	97.1	26.2	0.703			
			潼关	5 540	3 448	134.0	52.2	24.1	3.23	327.01	326.51	-0.50
			龙门	2 220	1 030	4.45	116	59.7	0.265 6			
	06-27～07-01	5	华县	2 980	819	3.54	485	292	1.033			
			潼关	4 620	1 930	8.34	267	129	1.076	327.07	327.52	0.45
			龙门	2 950	1 553	8.051	45.2	28.0	0.225			
1986	07-04～07-09	6	华县	1 310	633	3.281	76.7	48.0	0.157 5			
			潼关	3 560	2 097	10.87	53.5	27.9	0.303	327.55	327.43	-0.12
			龙门	3 520	2 012	29.55	37.1	17.3	0.511 3			
	07-10～07-26	17	华县	2 600	576	8.46	85.3	34.1	0.288			
			潼关	3 940	2 600	38.19	55.2	23.5	0.897	327.43	326.83	-0.60
			龙门	6 840	1 510	11.74	375	112	1.315			
1987	08-24～09-01	9	华县	777	164	1.275	462	105	0.134			
			潼关	5 450	1 702	13.23	122	69	0.913	327.26	327.29	0.03

续附表

年份	日期（月-日）	天数（d）	站名	流量（m^3/s）最大	流量（m^3/s）平均	径流量（亿 m^3）	含沙量（kg/m^3）最大	含沙量（kg/m^3）平均	输沙量（亿 t）	潼关高程（m）起始	潼关高程（m）终了	$\Delta H_{1\,000}$（m）
1988	07-06～07-12	7	龙门	3 640	1 008	6.096	287	102.1	0.622 4			
			华县	2 510	1 016	6.145	71.8	50.3	0.309 1			
			潼关	3 790	2 106	12.74	79.8	59.1	0.753	327.63	327.43	-0.20
	07-15～07-18	4	龙门	4 230	1 193	4.123	441	205.5	0.847 3			
			华县		347	1.199		32.8	0.039			
			潼关	3 970	1 677	5.796	136	93.3	0.541	327.43	327.14	-0.29
	07-19～07-28	10	龙门	4 000	1 385	11.97	298	100.7	1.205			
			华县	1 560	595	5.14	554	247.7	1.273			
			潼关	4 330	2 219	19.17	308	126.6	2.427	327.14	328.14	1.00
	07-30～08-03	5	龙门		798	3.447		66.6	0.229 6			
			华县		614	2.652		32.2	0.085 4			
			潼关		1 800	7.78		38.2	0.297	328.14	327.80	-0.34
	08-04～08-08	5	龙门	10 200	2 782	12.02	500	295.1	3.547			
			华县	1 150	478	2.06	425	114.1	0.236			
			潼关	8 260	2 972	12.84	234	148.2	1.903	327.80	328.07	0.27
	08-09～08-13	5	龙门	1 720	999	4.316	189	119.5	0.516			
			华县	3 090	1 621	7.00	466	294.4	2.06			
			潼关	5 360	3 342	14.44	363	215.3	3.108	328.07	327.49	-0.58
	08-14～08-17	4	龙门	3 340	1 944	6.718	85	48.8	0.328			
			华县		1 110	3.836		49.7	0.191			
			潼关	5 500	3 953	13.66	107	65.8	0.899	327.49	327.20	-0.29
	08-18～08-24	7	龙门	2 390	1 411	8.534	27.5	18.5	0.158			
			华县	3 980	1 327	8.026	162	69.2	0.555			
			潼关	5 870	3 350	20.26	87.4	46.3	0.936	327.20	327.17	-0.03
	08-25～09-01	8	龙门		797	5.51		29.9	0.165			
			华县		484	3.35		32.4	0.108			
			潼关		2 029	14.02		28.3	0.397	327.17	327.15	-0.02
1989	07-16～07-20	5	龙门	3 800	931	4.022	466	254	1.022			
			华县	1 910	582	2.514	516	251	0.631			
			潼关	3 410	1337	5.78	434	151	0.872	327.53	327.78	0.25
	07-22～07-29	8	龙门	8 310	2 218	15.33	356	146.5	2.246			
			华县	694	372	2.57	172	79.1	0.203			
			潼关	7 280	2 502	17.29	434	115.6	1.999	327.58	327.63	0.05
	08-12～08-28	17	龙门	2 620	2 040	29.96	40.3	18.2	0.545			
			华县	2 630	535	7.85	75.1	33.0	0.259			
			潼关	4 940	2 637	38.73	70.1	24.4	0.945	327.72	327.28	-0.44

续附表

年份	日期（月-日）	天数(d)	站名	流量(m^3/s) 最大	流量(m^3/s) 平均	径流量(亿 m^3)	含沙量(kg/m^3) 最大	含沙量(kg/m^3) 平均	输沙量(亿 t)	潼关高程(m) 起始	潼关高程(m) 终了	$\Delta H_{1\,000}$ (m)
1989	08-29～09-08	11	龙门		2 589	24.61		11.2	0.276			
			华县		388	3.69		15.0	0.055			
			潼关		2 914	27.60		32.6	0.900	327.28	326.95	-0.33
	09-11～09-17	7	龙门	3 360	2 707	16.37	18.0	13.4	0.219 4			
			华县	668	443	2.68	15.4	8.49	0.022 8			
			潼关	3 820	3 089	18.68	20.5	17.9	0.336	326.95	327.12	0.17
	09-18～09-23	6	龙门	3 410	2 787	14.45	14.6	11.5	0.166 1			
			华县	272	213	1.104	3.28	2.71	0.003			
			潼关	3 480	2 975	15.42	18.8	17.0	0.262	327.12	327.48	0.36
	09-24～10-05	12	龙门	3 960	2 310	23.95	19.1	10.4	0.249			
			华县	1 180	412	4.27	30.2	11.5	0.049			
			潼关	4 480	2 702	28.01	41.1	23.0	0.644	327.48	327.03	-0.45
1990	07-05～07-10	6	龙门	1 360	990	5.132	151	53.8	0.276			
			华县	3 250	1 301	6.744	281	83.5	0.563			
			潼关	4 430	2 251	11.67	134	56.7	0.662	327.68	327.68	0
	07-25～07-30	6	龙门	3 700	1 084	5.62	308	86.7	0.487			
			华县	530	213	1.104	177	52.2	0.057 6			
			潼关	3 040	1 398	7.247	216	61.0	0.442	327.67	327.86	0.19
	08-14～08-21	8	龙门		1 213	8.384		28.0	0.235			
			华县	1 250	601	4.15	218	30.2	0.125			
			潼关		1805	12.48		49.2	0.614	327.71	327.59	-0.12
	08-27～08-31	5	龙门	2 620	1 268	5.478	258	86.1	0.472			
			华县		438	1.892		94.2	0.178			
			潼关	3 690	2 022	8.735	79.0	53.8	0.470	327.53	327.50	-0.03
1991	06-03～06-16	14	龙门	2 800	1 179	14.26	230	70.8	1.010			
			华县	1 680	724	8.76	494	143	1.252			
			潼关	4 510	2 048	24.27	283	85.4	2.116	327.99	328.05	0.06
	07-28～08-03	7	龙门	4 590	1 276	7.717	396	113	0.872			
			华县	900	219	1.324	233	125	0.166			
			潼关	3 310	1 424	8.612	143	81.4	0.701	327.89	327.82	-0.07
	09-16～09-19	4	龙门	1 870	612	2.115	111	47.3	0.100			
			华县	625	378	1.306	70.1	60.1	0.078 5			
			潼关	2 080	1172	4.050	57.0	43.5	0.176	327.83	327.81	-0.02
1992	08-09～08-17	9	龙门	7 720	1 659	12.90	381	106.9	1.379			
			华县	3 950	1 202	9.35	528	341.9	3.196			
			潼关	4 020	2 747	21.36	379	179.1	3.826	328.10	326.50	-1.60

后 记

在我国多沙河流上修建水库,由于库区所处流域的位置,河段的地形地貌、进入水库的水文泥沙条件,水库开发目标以及水库建成后对上下游可能带来的效应等差异很大,解决水库泥沙问题的方针也各不相同。我国修建在多沙河流的水库,有很多特殊情况,现列举如下。

一、官厅水库

官厅水库于 1951 年开始兴建,1953 年实施拦洪,1955 年汛后开始蓄水运用。水库是以防洪为主,兼顾发电,以及工农业及城市用水的综合利用为目标,经过若干年运用后,成为北京市的最主要的水源地之一,主要面向城市工业、生活用水。在水库下游的山峡河道上,又修建了两座反调节中小型水库。

水库正式运用后,为了向北京市供水,在年内很少开闸排沙。即使有泥沙下泄,也被两座中小型水库拦截,进入北京市的全是清水。因此,官厅水库的下泄清水出山峡后被直接引用,没修建沉沙池。官厅水库是一座修建在多沙河流上不排沙、全部拦沙于库内的典型水库。

1963 年 8 月河北南部及 1975 年 8 月河南发大特大洪水后,我们对历史洪水有了更深刻的认识。官厅水库已淤积 5.89 亿 m^3,占原始库容(22.7 亿 m^3)的 26%,经综合分析,原防洪标准由 1 000 年一遇下降到 370 年一遇。1983 年 12 月在北京召开的会议决定:在官厅水库原土坝基础上加高 7 m,使其库容达 41.6 亿 m^3 以上。按年沙量 0.1 亿 m^3 计算,可用 400 年以上。

20 世纪 30 年代,永定河时常泛滥,在下游开辟一片滞洪泛区,任其游荡,泥沙在泛区落淤,清水进入海河。新中国成立后修建的官厅水库控制了洪水,使永定河泛区经济得到了发展良机,人口迅速增加,村落相连。若官厅水库大量排沙,泥沙将直驱进入海河,海河将变成“黄河”。因此,官厅水库只能拦沙不能排沙。

二、闹德海水库

闹德海水库位于在辽宁省彰武县,是辽河支流柳河上的控制性大型水库,1942 年建成,为拦洪滞沙运用,库区北临库尔沁河沙池,东西两侧人口稀少,控制面积内主要是牧区,间有农业。

闹德海水库大坝为混凝土重力坝,原设计坝顶高程为 188 m,相应库容为 1.68 亿 m^3。改建加固后,坝顶高程为 194 m,坝长 167 m;校核洪水位为 193.1 m,相应库容为 2.28 亿 m^3,溢流堰顶高程为 181.5 m,相应库容为 0.496 亿 m^3。在靠近原河床(151.5 m 高程)设 5 孔泄洪排沙底孔,每孔宽 1.7 m,高 2.25 m;在 163.5 m 高程设 2 个中孔,每孔宽 1.5 m,高 1.75 m。

闹德海水库为河道型水库，近坝 4 km 处为峡谷，谷宽为 50 ~ 100 m，其上游为复式河槽，河宽为 200 ~ 300 m，滩坎间距为 1 200 ~ 1 500 m。

闹德海水库多年平均进、出库径流量、输沙量如表 1 所示。

表 1　闹德海水库多年平均进、出库径流量、输沙量

项目	进库			出库		
	汛期	非汛期	全年	汛期	非汛期	全年
径流量（亿 m^3）	1.595	1.186	2.781	1.540	1.078	2.618
输沙量（万 t）	1 203.4	100.7	1 304.1	1 297.3	100.5	1 397.8

从表 1 中可知，非汛期进库径流量占全年径流量的 42.6%，输沙量占 7.7%，平均含沙量为 8.5 kg/m^3。

水库自 1942 年至 2002 年 61 年，经历了 5 个大洪水年（1949 年、1962 年、1963 年、1984 年、1994 年）。其中，1949 年、1963 年两年洪量大、泥沙多，淤积量分别为 0.97 亿 m^3、0.686 亿 m^3。遇到中小水年份，库区发生冲刷，库容逐渐恢复，至 2002 年汛后，尚有库容 1.34 亿 m^3。

闹德海大坝在 1970 年以前共设 5 个底孔、2 个中孔及坝顶溢流堰，没有安装闸门，水流自由溢流，水库处在滞洪排沙运用阶段。1970 年汛后，大坝全部安装闸门，控制出库流量过程。采用“冬蓄春放”的运用方式，其实质仍然是“调水调沙”方式。近十几年来，水库上游来沙减少，只要做到“峰前水库泄空，敞泄排沙”，其他时期适当拦蓄兴利，就可以保持库区冲淤平衡。

闹德海水库的周边地区及其上游河道人烟稀少，即使在大洪水（300 年一遇）来临时，也没出现赔偿问题；水库下游有一大水塘，面积约几十平方公里，两侧与台地高差十多米，是一处天然沉沙池。闹德海水库建成后，削减了洪峰，使洪水过程趋于平坦化，出库洪水进入大水塘进一步坦化，泥沙落淤，洪水流进柳河下游及至辽河干流，因含沙量很低，没有造成灾难性的事故，如表 2 所示。

表 2　闹德海坝下游河道平均高程

地点	距坝里程（km）	河床高程（m）			
		1940 年 10 月	1955 年 12 月	1963 年 6 月	1963 年 10 月
大板桥下游	12.5	122.0	127.2	126.7	127.0
东六家子	17.5	117.0	120.0	119.7	120.8
腰木头营	22.5	111.3	112.5	114.8	115.4
大庙	32.5	99.8	102.6	105.3	104.9
六合堂	37.5	94.2	96.2	100.3	99.5
馒头	42.5	89.8	90.9	93.6	93.0
彰武铁桥	52.5	79.9	80.6	81.9	81.2
西六家子	62.5	69.8	70.0	71.1	71.4
牤海林子	67.5	66.6	68.1	67.0	67.1

续表 2

地点	距坝里程(km)	河床高程(m)			
		1940 年 10 月	1955 年 12 月	1963 年 6 月	1963 年 10 月
哈拉轧海	72.5	62.6	65.2	63.2	63.2
大汗屯	82.5	55.6	53.0	54.3	54.8
程汤	87.5	50.8	49.7	51.2	51.3
高新桥	97.5	42.5	43.0	42.5	43.2
前营子	102.5	40.0	39.5	39.5	40.6
沈山桥	107.5	35.5	35.5	36.0	36.9

从上述可知,闹德海上游没负担,下游无后患,只要保住库容,就万事大吉。

三、古贤水库

古贤水库是黄河勘测设计有限公司进行规划设计的一座特大型水利枢纽工程,拟建在黄河北干流下段壶口瀑布上游 10 km 处的古贤村。

古贤水库是一座特大型水利枢纽工程,水库淤积末端上溯到拟建的碛口坝址,有 7 条大支流直接进入库区,各支流又有少部分库容。坝址下游是瀑布风景区,水沙运行 65 km 便是龙门峡谷出口的禹门口。禹门口至潼关为黄河小北干流,“三十年河东,三十年河西”的名言就来源于此。小北干流尾闾为潼关,河段的冲淤变化与潼关高程升降又互为影响。即上有碛口控制,下有潼关约束。

古贤水库的入库水沙条件极为奇特:吴堡是干流水沙进入库区的控制水文站,河口镇至吴堡是干流水沙进入库区控制的水文站,河口镇至吴堡区间是黄河粗泥沙来源区。泥沙颗粒粗,含沙量大,最大含沙量都在 1 000 kg/m^3 以上;吴堡有 7 条大支流直接汇入库区,其中无定河、清涧河、延河是细泥沙来源区,汛期经常发生高含沙洪水。这些水文泥沙特性会造成水库淤积形态的特殊性,如各支流的输沙量会在河口处干流库段堆积成拦门沙坝;最上游湫水河的输沙量进入水库末端发生淤积,可能使泥沙上延,从而影响到碛口坝址。

直接汇入库区的 7 条支流的输沙量在库区的 7 个河口库段堆积成 7 座拦门沙坝,拼成 7 座“土坝”,将库区分割成 7 个梯级,各梯级分别蓄水拦沙。果真如此,古贤水库的运用调度将如何编制与操作? 7 座拦沙坝应配备 7 艘挖泥船,为充分利用水资源,排沙减淤做开路先锋。

古贤水库堆沙库容很大,初期淤沙容重按 1.25 t/m^3 计,可用拦沙约 148 亿 t;年来沙量按 5 亿 t 计,可拦沙近 30 年。如此,则水库下泄清水应在 20 年以上。

清水进入小北干流河道,则河道必然发生冲刷。这对治理小北干流,维护潼关高程都会带来好处。

对于古贤水库,要联想到许多不利的条件,吸取三门峡水库的教训,同时三门峡水库取得的经验又不完全适合古贤水库,应用时应当慎之又慎。

四、三门峡水库

三门峡水利枢纽闻名于世。然而,“战术上的失误”,“将正确的战略”推向错误的深渊。在三门峡断面修筑大坝,犯了地域的忌讳。张含英先生早在 1947 年就指出:在三门峡建坝,不应影响潼关断面水位上升,潼关水位上升就意味着修建水库影响渭河下游。

1960 年 9 月,三门峡水库开始蓄水投入运用,1962 年初,实践证明我们犯了错误。1962 年、1963 年,我国举行了两次规模较大的学术研讨会,会议上专家对错误的认识很不一致。1964 年 12 月,周恩来总理亲自主持治理黄河会议,提出“确保西安,确保下游”的目标,为了解决燃眉之急,相关部门下定决心,对三门峡工程进行改建。1966 年、1967 年相继两年黄河出现大水大沙年,水库淤积加剧,1967 年黄河龙门水文站发生 21 000 m^3/s 洪水倒灌渭河,同时北洛河发生高含沙洪水,造成渭河下游 8.8 km 处河段淤死,随后渭河出现洪水溢向两岸,灾情异常严重,时值动乱年月,天灾与人祸齐至,苦难与饥饿共生。1968 年春,周恩来总理亲自解放一批干部,派往各地开展水利大检查。是年冬季,我国组建三门峡水利枢纽改建工作规划设计组织。1969 年夏,在三门峡市召开“四省会议”,商议三门峡改建和近期治理黄河工作。会议决议上报国务院,经批准于 1969 年 12 月开始对三门峡进行第二次工程大改建。经历了近 10 年的试验与研探,总算是知错开始改正了,犯错误容易,改正错误又何其难?

50 年来,围绕三门峡水库泥沙问题,专家和学者作了很多室内外、现场原型试验研究,取得了突破性的成就,具有重要的参考价值。

值得注意的是,这些成果是在三门峡水库的具体条件下得到的,可贵但不是万能的,可以参照但不能照搬,引用时应当慎重。为此,特置后记。